"十三五"国家重点出版物出版规划项目
面向可持续发展的土建类工程教育丛书

U0220404

工程招标投标与
合同管理

◎主编　王俊安
◎参编　宋海风　曾　建　哈名铎

机械工业出版社
CHINA MACHINE PRESS

本书以中国特色社会主义市场经济理论为指导，紧紧围绕工程招标投标与合同管理应支持业主"在可持续发展过程中以诚信为本实现物有所值"这一目标，积极贯彻"物有所值、经济、诚信、适合用途、效率、透明和公平"这些核心采购原则，系统介绍了工程招标投标及合同管理的国际惯例以及我国的良好实践和理论研究成果，全面反映了我国招标投标及合同管理领域最新的法律、法规、规章、标准招标文件（合同示范文本）、管理规范等内容，以及《世界银行投资项目贷款（IPF）借款人采购规则：投资项目贷款采购货物、工程、非咨询服务和咨询服务》（2017 年修订版）的相关内容。

本书共分 9 章，主要内容包括：绪论、招标投标制度、招标条件与规则、投标业务与方法、招标投标监督、合同的商签与履行、建设工程合同管理、工程担保与保险、违约与合同争议的处理。本书作为高校学生学习招标投标与合同管理知识和技能的入门教材，以项目业主招标投标与合同管理需要为主线，适当照顾工程建设领域其他众多主体的不同需求，重新构建了知识体系和编写体例，注重基本术语和核心内容的凝练，以及本课程知识与相关课程的衔接，以期既体现招标投标与合同管理的工作实际，又满足高校教学的实际需要。

本书主要作为高等教育管理科学与工程类工程管理、房地产开发与管理、工程造价专业，土木类土木工程专业，建筑类建筑学专业，工商管理类物业管理专业等"工程招标投标与合同管理"课程的本科教材。同时，也可供各类从事招标投标与合同管理的专业人员学习参考。

图书在版编目（CIP）数据

工程招标投标与合同管理/王俊安主编. —北京：机械工业出版社，2018.12
（2021.6 重印）
（面向可持续发展的土建类工程教育丛书）
"十三五"国家重点出版物出版规划项目
ISBN 978-7-111-61432-6

Ⅰ.①工…　Ⅱ.①王…　Ⅲ.①建筑工程—招标—高等学校—教材②建筑工程—投标—高等学校—教材③建筑工程—经济合同—管理—高等学校—教材　Ⅳ.① TU723

中国版本图书馆 CIP 数据核字(2018)第 267311 号

机械工业出版社（北京市百万庄大街 22 号　邮政编码 100037）
策划编辑：冷　彬　　　　责任编辑：冷　彬　刘　静　商红云
责任校对：刘雅娜　潘　蕊　封面设计：张　静
责任印制：常天培
北京捷迅佳彩印刷有限公司印刷
2021 年 6 月第 1 版第 3 次印刷
184mm×260mm·19 印张·468 千字
标准书号：ISBN 978-7-111-61432-6
定价：48.00 元

凡购本书，如有缺页、倒页、脱页，由本社发行部调换
电话服务　　　　　　　　　　网络服务
服务咨询热线：010-88379833　　机 工 官 网：www.cmpbook.com
读者购书热线：010-88379649　　机 工 官 博：weibo.com/cmp1952
　　　　　　　　　　　　　　　教育服务网：www.cmpedu.com
封面无防伪标均为盗版　　　　金 书 网：www.golden-book.com

前　言

　　招标投标制度和合同管理制度是我国改革开放后形成的建设工程管理的两项基本制度。随着中国特色社会主义进入新的历史时期，在深化招标投标领域供给侧结构性改革的大环境下，招标投标与合同管理也面临着新的变化，比较突出的有三个方面：一是建设项目招标采购的目标，正从注重"节资防腐"向支持业主"在可持续发展过程中以诚信为本实现物有所值"转变；二是招标项目及合同管理从结果导向向目标导向转变；三是招标投标与合同管理手段正面临从传统方式向绿色的、全程电子化的"互联网＋"模式转变。本书正是为了适应这些需要而编写的。

　　本书以中国特色社会主义市场经济理论为指导，紧紧围绕工程招标投标与合同管理应支持业主"在可持续发展过程中以诚信为本实现物有所值"这一目标，积极贯彻"物有所值、经济、诚信、适合用途、效率、透明和公平"这些核心采购原则，系统介绍了工程招标投标及合同管理的国际惯例以及我国的良好实践和理论研究成果，全面反映了《中华人民共和国招标投标法》《中华人民共和国合同法》《中华人民共和国民法总则》《中华人民共和国招标投标法实施条例》《建设工程项目管理规范》（GB/T 50326—2017）和国家有关部门最新颁布（修改）的工程招标投标及合同管理方面的法律、法规、规章、标准招标文件（合同示范文本）、管理规范等内容，以及《世界银行投资项目贷款（IPF）借款人采购规则：投资项目贷款采购货物、工程、非咨询服务和咨询服务》（2017 年修订版）的相关内容。

　　本书按照注重理论联系实际，加强通用性、实用性、操作性，力求学以致用的指导思想进行编写，力求内容先进、概念清楚、结构合理、方法实用、叙述简明。

　　本书由王俊安担任主编，负责编写大纲的拟定和全书统稿。参加编写人员的编写分工为：第 1 章至第 7 章由王俊安编写，第 8 章由曾建、哈名铎共同编写，第 9 章由宋海风编写。配套电子课件由王俊安制作。

　　本书在编写过程中参考了大量的文献资料，由于资料浩繁，不能一一列出，仅将主要参考文献列于书末，谨此向作者和资料提供者致以衷心的感谢。

　　鉴于编者自身学力所限，书中难免有不当或错误之处，敬请广大读者批评指正。

编　者

目　录

第1章

绪 论

招标投标与合同管理是创立建设工程不可或缺的手段，属于广义项目采购的范畴。在我国，招标投标作为一种日趋成熟的建设工程承包（供应/服务）商的选择方法，其应用领域在不断拓宽，规范化程度也正在进一步提高；同时人们越来越意识到，仅仅找到优秀的建设工程承包（供应/服务）商是远远不够的，要有严谨、合理的合同以及有效的合同管理才能保证建设目标的逐步实现。

1.1 建设工程的采购

建设工程采购是指建设单位（业主）在建设期对工程建设项目本身的采购，是在满足特定的约束条件下，按照既定的目标，将建设资金价值转变为使用价值的全部活动。

1.1.1 建设工程

建设工程是人类有组织、有目的投资兴建固定资产的经济活动。

1. 建设工程的含义

建设工程在实际应用中的含义十分广泛，要根据不同情况和使用场合来体现其具体内涵。

《建设工程分类标准》（GB/T 50841—2013）中对建设工程的定义是：建设工程是指为人类生活、生产提供物质技术基础的各类建（构）筑物和工程设施，按照自然属性可分为建筑工程、土木工程和机电工程三类。

在法律层面上，国务院《建设工程质量管理条例》等明确规定：建设工程是指土木工程、建筑工程、线路管道、设备安装工程及装修工程。

2. 建设项目

在项目管理层面上，建设工程中属于"项目目标和实现方法二者的不确定性程度都比较低"的项目，称为工程建设项目，简称为建设项目或工程项目。

建设项目是在特定条件约束下以形成固定资产为目标的一次性事业。一个建设项目必须按一个总体规划或设计进行建设，由一个或若干个互有内在联系的单项工程组成，运作上要经过特定的建设程序和特定的建设过程，目标上要满足特定的约束条件、形成确定的固定资产。因此，建设项目也称为固定资产投资项目或投资项目。

建设项目根据投资的标的物可以分成两类：一类是兴工动土的建造过程，另一类是单纯设备购置。本书所指为前者，即《中华人民共和国招标投标法实施条例》（以下简称《招标投标法实施条例》）明确界定的工程建设项目，是指工程⊖以及与工程建设有关的货物、服务。所称工程，是指建设工程，包括建筑物和构筑物的新建、改建、扩建及其相关的装修、拆除、修缮等；所称与工程建设有关的货物，是指构成工程不可分割的组成部分，且为实现工程基本功能所必需的设备、材料等；所称与工程建设有关的服务，是指为完成工程所需的勘察、设计、监理等服务。

建设项目按建设性质可分为新建、扩建、改建和技术改造、单纯建造生活设施、迁建、恢复、单纯购置项目七类。

3. 建设程序

建设程序是建设项目投资建设程序的简称，是指国家有关行政部门或主管单位按照投资建设客观规律、项目成长期各阶段的内在联系和特点，对建设项目投资建设的步骤、时序和工作深度等提出的管理要求。

建设程序由客观规律性程序和主观调控性程序构成。客观规律性程序是指由项目建设内在联系所决定的先后顺序，如先论证、后决策，先勘察、后设计，先设计、后施工，先竣工验收、后投产运营。对于某些先后程序衔接较好的项目，可视具体情况允许上下道程序合理交叉，以节省建设时间。主观调控性程序是指有关行政管理部门按其调控意愿和职能分工制定的管理程序。例如，政府投资项目先评估、后决策，先审批、后建设等。

根据《国务院关于投资体制改革的决定》和《中共中央关于全面深化改革若干重大问题的决定》的规定，我国对不同投资主体建设的项目施行分类管理：政府投资的项目实行审批制；企业投资建设的重大和限制类项目，实行核准制；核准目录之外的企业投资建设项目，除国家法律、法规和国务院专门规定禁止投资的项目外，实行备案制。

根据建设市场发展的程度，我国现行工程建设程序可概括地分为三个大阶段，每个阶段又各包含若干环节。

（1）工程建设前期阶段。包括编制项目建议书、可行性研究、立项（项目评估、审核）、建设准备、勘察设计发包、初步设计等环节。

（2）工程建设实施阶段。包括施工图设计、设计文件审查、施工发包、施工准备、工程施工、生产准备与试生产、竣工验收等环节。

（3）投产阶段。包括生产运营或交付使用、承包商的期内保修、项目后评价等。

4. 工程建设活动的特殊性

从项目管理的视角看，工程项目具有如下基本特征：

（1）独特性，又称唯一性。

（2）一次性。一次性是指项目有明确的开始时间和明确的结束时间。

（3）渐进明晰性。渐进明晰性是指项目是一种持续不断的、滚动的、迭代增长过程。

⊖ 工程的概念实际上存在着广义与狭义之分。当工程与货物、服务并列时是指其狭义含义，即所谓"工程施工"之意涵。广义的"工程"与"工程建设项目"或者"建设工程"是同义语。

因而，项目的工作需要仔细、详细，通盘考虑，并持续滚动式改进。

（4）项目的多目标属性。工程项目具有明确的目标。项目目标一般包括成果性目标和约束性目标。

（5）整体性与不可逆转性。

（6）项目需要各种资源来完成，同时包含着一定的不确定性。

1.1.2 建设工程的参与者

工程建设活动是一个系统性的工作，根据我国现行规定，除了政府的管理部门（如行政管理、质量监督等部门）、金融机构及建筑材料、设备供应商之外，我国从事建设活动的单位主要有建设单位、房地产开发企业、工程项目管理企业、工程勘察设计企业、工程监理企业、建筑业企业以及其他工程咨询服务单位等。建设项目参与者典型关系如图1-1所示。对参与不同范围建设活动的当事人，法律常赋予特定的名称。例如，建设单位在招标投标活动中为招标人、签订合同时为发包人或委托人，等等。

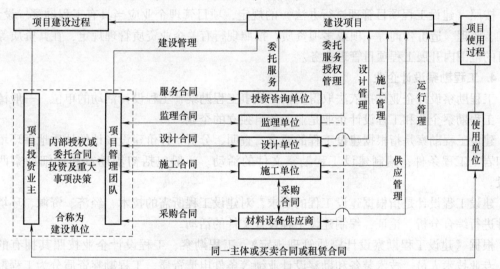

图1-1 建设项目参与者典型关系

1. 建设单位

建设单位有广义与狭义之分。广义上是指拥有相应的建设资金，办妥工程建设手续，以建成该项目达到其经营使用目的的政府部门、事业单位、企业单位、其他组织或个人，即项目的投资人。这是本书所称建设单位（或业主）的含义。狭义的建设单位是指项目建设管理团队，即建设项目法人及房地产开发商，为实施工程项目建设而设置或委托的管理机构。考虑行业习惯，在不需要特别区分的情况下，本书将项目投资人与建设管理团队合称为建设单位（或业主）。

建设单位是工程建设项目建设全过程的总负责方，拥有确定建设规模、功能、外观、选用材料设备、按照法律法规规定选择承包（供应/服务）商等权力。

在国际上，通常使用业主（Owner）一词，也有些国家和地区使用雇主（Employer）一词，其含义是一样的。目前，我国政府投资项目的建设单位已实行项目法人责任制，实际上就是类似于业主的角色。从2004年起，国家对于项目单位缺乏相关专业技术人员和建设管理经验的政府直接投资和资本金注入项目，开始推行代理建设制度（代建制）。

2. 房地产开发企业

房地产开发企业是指在城市及村镇从事土地开发、房屋及基础设施和配套设施开发经营业务，依法取得相应资质等级证书，具有企业法人资格的经济实体。未取得房地产开发资质等级证书（简称资质证书）的企业，不得从事房地产开发经营业务。

根据《房地产开发企业资质管理规定》，房地产开发企业的资质等级，按照其拥有的专业技术人员和开发业绩等条件划分为一、二、三、四级资质和暂定资质。各资质等级企业应当在规定的业务范围内从事房地产开发经营业务，不得越级承担任务。

在工程建设中，房地产开发企业的角色和一般建设单位相似。

3. 工程项目管理企业

工程项目管理企业是以工程项目管理技术为基础，以工程项目管理服务为主业，受工程项目业主方委托，根据合同约定，对工程建设全过程或分阶段进行专业化管理和服务活动的企业。

按照《建设工程项目管理试行办法》的规定，项目管理企业应当具有工程勘察、设计、施工、监理、造价咨询等一项或多项资质，按照现行有关企业资质管理规定，在其资质等级许可的范围内开展工程项目管理业务。

4. 工程勘察设计企业

工程勘察设计企业是指依法取得资格，从事工程勘察、工程设计活动的单位。一般情况下，工程勘察企业和工程设计企业是业务各自独立的企业。

建设工程勘察是指根据建设工程的要求，查明、分析、评价建设场地的地质地理环境特征和岩土工程条件，编制建设工程勘察文件的活动。一般包括初步勘察和详细勘察两个阶段。

建设工程设计是指根据建设工程的要求，对建设工程所需的技术、经济、资源、环境等条件进行综合分析、论证，编制建设工程设计文件的活动。

根据《建设工程勘察设计资质管理规定》，工程勘察、工程设计企业按照其拥有的资产、专业技术人员、技术装备和勘察设计业绩等条件申请资质。工程勘察资质分为工程勘察综合资质（只设甲级）、工程勘察专业资质（设甲级、乙级，部分专业可以设丙级）、工程勘察劳务资质（不分等级）。工程设计资质分为工程设计综合资质（只设甲级）、设计行业资质、设计专业资质和工程设计专项资质，后三类设计资质设甲级、乙级，个别可以设丙级，建筑工程专业资质可以设丁级。

《工程勘察资质标准》《工程设计资质标准》规定了建设工程勘察、工程设计资质标准及其承担业务范围。

5. 工程监理企业

工程监理企业是指依法成立并取得建设主管部门颁发的工程监理企业资质证书，从事建设工程监理与相关服务活动的服务机构。西方国家承担监理任务的公司，一般通称"工程师"单位。

建设工程监理是指工程监理单位接受业主的委托和授权，根据法律法规、工程建设标准、勘察设计文件及合同，在施工阶段对建设工程质量、进度、造价进行控制，对合同、信息进行管理，对工程建设相关方的关系进行协调，并履行建设工程安全生产管理法定职责的服务和相关服务活动。

根据《工程监理企业资质管理规定》，工程监理企业按照其拥有的资产、专业技术人员和工程监理业绩等资质条件申请资质。资质分为综合资质（只设甲级）、专业资质和事务所资质，专业资质原则上分为甲、乙、丙三个级别，事务所不分等级。

《工程监理企业资质标准》规定了各类各级工程监理企业资质标准及其承担业务范围。

6. 建筑业企业

建筑业企业，我国过去也称工程施工企业，在国际上一般称为承包商，是指从事土木工程、建筑工程、线路管道设备安装工程的新建、扩建、改建等施工活动的企业。所谓"施工"，就是将设计文件转化为项目产品实物的过程，包括建筑、安装和试验等作业。

建筑业企业按照其拥有的资产、主要人员、已完成的工程业绩和技术装备等条件申请资质。根据《建筑业企业资质管理规定》，我国的建筑业企业分为施工总承包资质、专业承包资质、施工劳务资质三个序列。施工总承包企业资质等级分类设特级、一级、二级、三级四个等级，专业承包企业资质等级分类设一级、二级、三级三个等级，劳务分包企业资质不分类别与等级。

《建筑业企业资质标准》和《施工总承包企业特级资质标准》规定了建筑业企业资质等级标准和各类别等级资质企业承担工程的具体范围。

7. 其他工程咨询单位

广义上，工程咨询单位是指为工程决策与实施全过程提供咨询和管理的智力服务的单位。《建筑工程咨询分类标准》（GB/T 50852—2013）依据工作属性和服务目标把建筑工程咨询分为12类，这属于广义工程咨询单位的范畴。

国家发展和改革委员会《工程咨询行业管理办法》划分的工程咨询单位的服务范围属于狭义工程咨询。

1.1.3 建设项目的采购

建设项目的交易，从买方的角度讲是项目的采购（也称发包），站在卖方的角度讲就是对项目的承包（供应/服务）。

1. 项目采购的含义

采购的本意是"选择购买"，这是采购的狭义含义。从广义上讲，采购是指除了以购买的方式从组织外部有偿取得物品和服务之外，还可以用租赁、委托、雇用等各种方式有偿取得标的物。

采购大致可以分为目标型和条件型两种类型。所谓目标型采购，是指需求方所要采购的商品存在大量的供应商，且标准统一，品牌、型号、规格以及相关服务都已确定，在最后决定是否购买时只需对价格进行比较和选择。所谓条件型采购，是指尽管需求方在产生购买需求时可能存在着某些参考条件，如商品的品牌、型号、服务、功能和价格等，但这并不能完全满足需求方的实际需求，需求方要根据最后所要达到的目的，参考上述条件，制定出针对本次采购需求所特定的一些商务技术条件，如交货期、付款比例和方式、技术参数性能等。

项目采购的内容包括工程咨询、管理、规划、勘察设计、施工、设备安装调试等全部或其中的某（几）项，在有的情况下也包括项目运营期的运营和维护。项目采购的对象是工程项目的整体，核心内容是设计与施工，属于条件型采购，不是建设的材料、设备、劳务等目标型的单项采购。

项目管理实践证明，要确保建设项目的成功和经济效益，项目采购必须有一整套完备且得到严格执行的采购工具，包括采购方式、采购程序和采购文件范本等。

2. 项目采购的特点

在市场经济环境下，建设项目的主要采购活动包括工程咨询、设计、施工等全部或单项采购，都是在建筑市场完成的。不过这些采购不是"一手交钱、一手易货"，而是"先订货，后生产"。由于现代的社会化大生产和专业化分工，建设项目产品和服务的供给具有如下特点：

（1）建设单位买不到符合特定功能要求的现成的全新项目。

（2）项目生产是一项专业性很强的活动，建设单位必须委托专业单位承担。

（3）由于专业分工细，一般情况下，建设单位不得不委托多家单位承担同一项目的某一部分工作。

（4）建设单位必须参与整个建设生产过程，负责计划、组织、指挥、协调和控制。

3. 项目采购模式

项目采购模式是指对建设项目的合同结构、职能范围划分、责任权利、风险等进行确定和分配的方式，其本质上是建设项目的交易方式。

传统上，项目采购模式是"设计-招标-施工"（DBB）。近二十几年来项目采购模式出现多元化趋势，设计-采购-施工总承包（EPC）、设计-施工总承包（DB）等工程总承包的基本模式以及风险型建设管理（CM at Risk）模式等在国际工程中发展十分迅速，已成为工程承包的主要实施模式。在国内的工程承包市场中总承包项目市场份额较小，依然处于探索阶段。

由于项目采购的特殊性，采购模式的核心内容是围绕设计与施工这两个必需的专业内容的"分""合"发展变化的，而设计之前的工程咨询、工程勘察工作往往需要建设单位单独采购。不同项目采购模式的承包范围如图1-2所示。

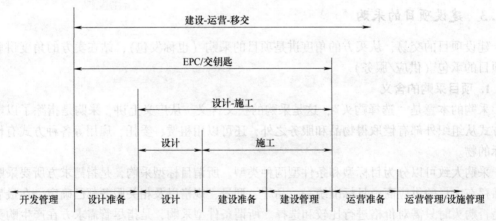

图1-2　不同项目采购模式的承包范围

设计-招标-施工（DBB）模式最突出的特点，是强调工程项目实施必须按照设计-招标-施工的顺序进行，只有一个阶段结束后另一个阶段才开始。设计、施工分别由不同的承包（服务）商完成。

工程总承包是指从事工程总承包的企业受业主委托，按照合同约定对工程项目的设计、采购、施工等实行全过程或若干阶段的承包，并对工程的质量、安全、工期和造价等全面负责的工程建设组织实施方式。工程总承包一般采用设计-采购-施工总承包（EPC）或者设计-施工总承包（DB）方式。建设单位也可以根据项目特点和实际需要，按照风险合理分担原则采用其他工程总承包方式，如设计-采购总承包（EP）、采购-施工总承包（PC）等方式。

目前，为了促进工程设计、采购、施工等各阶段的深度融合，提高工程建设效率，国家正在加快推进工程总承包方式。

4. 项目采购方式

采购方式是指采购人实现其采购目标的方法和手段。

按是否具备招标性质，可将采购方式分为招标采购和非招标采购两大类。招标采购一般包括公开招标和邀请招标。国际经验表明，公开招标与其他采购方式相比，无论是透明度上，还是程序上，都是最富有竞争力和最规范的采购方式。非招标采购方法很多，通常使用的有竞争性谈判采购、竞争性磋商采购、询价采购、单一来源采购等。

按运用的采购手段，可将采购方式分为传统采购方式和电子化采购方式两类。传统采购方式指的是通过报刊来发布采购信息，基本依靠人与人面对面的互动，使用纸质文件完成整个采购过程的一种采购方式。电子化采购方式是指利用现代信息技术，依托基于国际互联网的电子系统平台，以数据电文形式进行的无纸化采购方式。常用的电子化采购方式主要有电子招标投标和电子反拍（也称电子逆向拍卖）。

项目采购是一种复杂的、多样化的行为，这就决定了绝没有哪一种采购方式能适应所有的采购情况。只有根据具体的情况采用具体的、最适应的方式才能使项目采购行为真正贯彻"物有所值、经济、诚信、适合用途、效率、透明和公平"这些核心采购原则。

1.2 招标投标的发展与规范

招标投标作为一种重要的采购方式和订立合同的特殊程序，是按照预先规定的条件，对外邀请符合条件的建设工程承包（供应/服务）商投标，最后由采购者从中选出条件最优的投标人，与之签订合同。在这种交易中，对工程、货物、服务的采购者来说，他们进行的业务是招标；对项目承包（供应/服务）商来说，他们进行的业务是投标。

1.2.1 招标投标制的发展

招标投标制出现至今已有 200 多年的历史，我国改革开放以后大力推行招标投标制也有 40 年的时间了，经过多年的实践，招标投标作为一种交易方式已经得到广泛应用，并日趋成熟，目前已经形成了一套较为完整的体系。

1. 国际招标投标制的发展

招标投标活动起源于英国。18 世纪后期，英国政府和公用事业部门实行"公共采购"，形成公开招标的雏形。19 世纪初英法战争结束后，英国军队需要建造大量军营，为了满足建造速度快并节约开支的要求，决定每一项工程由一个承包商负责，由该承包商统筹安排工程中的各项工作，并通过竞争报价方式来选择承包商，结果有效地控制了建造费用。这种竞争性的招标方式由此受到重视，其他国家也纷纷仿效。

最初的竞争招标要求每个承包商在工程开始前根据图纸计算工程量并做出估价，到 19 世纪 30 年代发展为以业主提供的工程量清单为基础进行报价，从而使投标的结果具有可比性。进入 20 世纪，特别是第二次世界大战之后，招标投标制的影响力不断扩大，先是西方发达国家，接着世界银行（WB）及其他国际金融组织在货物采购、工程承包、咨询服务中大量推行招标方式，近几十年来，发展中国家也日益重视，采用设备采购和工程建设招标。

联合国有关机构和一些国际组织对于应用招标投标方式进行采购，也做出了明确的规定。

可以说，招标投标目前已被公认为一种成熟而可靠的交易方式，被世界各国及国际组织广泛采用。

2. 我国招标投标的沿革

由于我国的商品经济一直没有得到很好的发展，招标投标在我国的起步较晚。但是有人认为我国招标投标是改革开放的产物，则有失公允。我国清朝末期已有了关于工程招标投标活动的文字记载，在 1949 年以前也普遍运用招标投标方式，中华人民共和国成立后曾继续保留过一段时间，以后才完全取消了。

就招标投标商品交换择优选择的意义及其外在形式而言，可以认为，在我国悠长的历史中它早有应用。有研究认为，最早出现于后唐明宗时期（约公元 930 年前后）的买扑（也称扑买）这一竞争性缔约交易方式，已经具有现代招标投标制的性质。

招标投标在我国建设工程中的发展历程，可追溯到明代的建筑工程承包制。

1840 年鸦片战争以后，西方殖民者的入侵、外国资本的侵入，使得当时国外已经采用的现代招标投标方式也引入了我国；清代末期，我国长期采用的封建的"工官制度"受到冲击，并逐步被瓦解。最晚在 19 世纪 60 年代，以投标制、包工制为特色的近代工程承包方式已经在上海出现。

史料记载，国人最早采用招商比价（招标投标）方式发包工程的是 1902 年张之洞创办的湖北制革厂。到 1929 年当时的武汉市采购办委员会曾公布招标规则，规定公有建筑或一次采购物料大于 3000 元以上者，均需通过招标决定承办厂商。但在清末和民国时期，并没有形成全国性的招标投标制度。

中华人民共和国成立之前，营造厂争揽工程，主要采取投标方式，也有通过"比价商议"或亲友介绍的方式。投标分硬标和软标两种。硬标以最低价作为得标标准，软标则由业主和建筑师全面衡量营造厂的信誉、技术、资金和标价的情况决定得标人。

中华人民共和国成立后，1951 年 6 月 11 日，中华全总召开全国建筑工作会议，提出整理与改革建筑业的十一条办法，其中包括废除投标制，实行工程任务分配制和废除层层转包，建立合同制。自此到改革开放，由于商品经济基本窒息，招标投标也不可能被采用，因此招标投标制被长期封存。

1978 年，党的十一届三中全会之后，经济改革和对外开放揭开了我国招标发展历史的新篇章。1979 年，我国土木建筑企业最先参与国际市场竞争，以投标方式在亚洲、非洲开展国际承包工程业务，取得了国际工程投标的经验与信誉。国务院在 1980 年 10 月颁布了《关于开展和保护社会主义竞争的暂行规定》，指出"对一些适宜于承包的生产建设项目和经营项目，可以试行招标、投标的办法"。世界银行在 1980 年提供给我国的第一笔贷款，即第一个大学发展项目时，便以国际竞争性招标方式在我国（委托）开展其项目采购与建设活动。20 世纪 80 年代引起"鲁布革冲击波"的鲁布革水电站引水工程，也是按照世界银行要求通过国际竞争性招标方式交易的，这对于中国招标投标制的建立具有标志性意义。

1980 年开始，上海、广东、福建、吉林等省市又开始试行工程招标投标。1984 年，国务院决定改革单纯用行政手段分配建设任务的老办法，实行招标投标制，并制定和颁布了相应的法规，随后便在全国进一步推广。随着经济体制的改革，招标投标已逐步成为我国工程、服务和货物采购的主要方式。

20 世纪 90 年代初期到中后期，全国各地普遍加强对建设工程招标投标的管理和规范工作，也相继出台了一系列法规和规章，招标方式也从议标为主转变到以邀请招标为主。

我国政府有关部委为了推行和规范招标投标活动，先后发布了多项相关规章。《中华人民共和国招标投标法》（以下简称《招标投标法》）于 2000 年 1 月 1 日起施行。2003 年 1 月 1 日起施行的《中华人民共和国政府采购法》（以下简称《政府采购法》），确定招标投标方式为政府采购的主要方式。这两部法律的施行标志着我国招标投标活动从此走上法制化的轨道，我国招标投标制进入了全面实施的新阶段。《招标投标法》颁布后，有关部委相继出台了与之相配套的部门规章，招标投标体制不断完善，招标投标制在各地各部门得到了进一步的推广。

《招标投标法实施条例》于 2012 年 2 月 1 日起施行。《中华人民共和国政府采购法实施条例》（以下简称《政府采购法实施条例》）于 2015 年 3 月 1 日起施行。这两个法规的颁布施行，使我国招标投标制得到进一步充实、完善。

2017 年 12 月 27 日，《招标投标法》第一次修改，取消了招标代理资格认定。国务院先后于 2017 年 3 月 1 日和 2018 年 3 月 19 日，对《招标投标法实施条例》进行了局部修正，取消了招标职业资格和招标代理资格认定。

目前，我国已经在建设工程、政府采购、土地出让、机电设备进口、科研课题、教材、药品采购、物业管理、企业承包经营、特许经营权、产权交易等多个领域推行招标投标制。

统计表明，我国每年的招标投标市场金额达到 20 万亿元左右，约占当年全国固定资产投资完成额的 1/3，国内每年参加招标投标的企业占大中型企业的 80%。

1.2.2 招标投标的法律规范

招标投标制是一种充分发挥市场机制作用的制度。我国的招标投标法律规范是在研究借鉴国际上招标投标通行做法、认真总结我国推行招标投标制的实践经验的基础上逐步建立、完善的。

1. 发达国家及国际组织招标投标规则的形成

从历史上看，各国的招标投标制往往都起始于政府采购。法治国家一般都要求通过招标的方式进行政府采购，也往往在政府采购制度中规定招标投标的程序。不少国家和国际组织都制定了自己的采购法。

1782 年，英国政府首先设立了文具公用局，作为负责政府部门所需办公用品采购的机构，该局在设立之初就规定了招标投标的程序，该局以后发展成物资供应部门，专门采购政府各部门所需物资。

美国联邦政府的招标投标历史可以追溯到 1792 年。

欧共体早在 1966 年，就通过了有关政府采购的专门规定。为了在欧共体范围内彻底消除货物自由流通的障碍，欧共体此后相继颁布了关于公共采购各个领域的公共指令，构成了目前欧盟的公共采购法律体系。

世界银行为规范借款国的招标采购行为，于 1985 年颁布了《国际复兴开发银行贷款和国际开发协会信贷采购指南》，该指南经七次修订，到 2016 年修改为《世界银行投资项目贷款（IPF）借款人采购规则：投资项目贷款采购货物、工程、非咨询服务和咨询服务》（以下简称《世行采购规则》，2017 年 11 月又做了局部修订⊖）。世界银行采购指南及其标准招标文件文本是中国制定公共采购政策和完善公共采购制度的蓝本。

获得国际社会普遍认可的招标采购规则，并不是一蹴而就的，它的形成经历了一个漫长的过程。从 1963 年，代表发达国家的"经济合作与发展组织（OECD）"首先开始讨论制定政府采购的国际公共规则，到 2012 年 3 月世界贸易组织（WTO）政府采购委员会正式通过 1994 年版《政府采购协定》（GPA）的全面修订文本，期间经历了近 50 年。《政府采购协定》⊜是世界贸易组织框架下的一项诸边协议（不是加入世界贸易组织时必须签署的协议），由世界贸易组织成员自愿加入，只对签署方具有约束力。

1994 年，联合国国际贸易法委员会的《关于货物、工程和服务采购示范法》发布，于 2014 年修改为《公共采购示范法》⊜（以下简称《示范法》）。《示范法》反映了国际上的最佳做法，旨在协助各国制定现代采购法。

2.《示范法》

《示范法》分为 8 章 69 条。《示范法》提出了多种采购方法。要求以公开招标作为建议采用的采购方法，凡采用其他采购方法的，要求说明客观理由。采购实体（从事采购的任何政府部门、机构、机关或其他单位，或其任何下属机构或联合体）可以通过下列方式进行采购：公开招标、限制性招标、询价、不通过谈判征求建议书、两阶段招标、通过对话征求建议书、通过顺序谈判征求建议书、竞争性谈判、电子逆向拍卖㉨和单一来源采购。

3.《政府采购协定》

WTO《政府采购协定》，包括正文 22 条和 4 个附录。《政府采购协定》所采用的采购方式统一规范为公开招标、选择性招标、有限性招标和电子反拍四种。

4.《世行采购规则》

《世行采购规则》适用于全部或部分使用世行资金的货物、工程、非咨询服务和咨询服务㉕的采购。《世行采购规则》包括正文 7 章 242 条和 15 个附录。

《世行采购规则》为采购货物、工程和非咨询服务定义了以下批准的选择方法：征询建议书（RFP）、征询投标书（RFB）、询价（RFQ）、直接选择。特定情况下，可以采用如下批准的选择安排：竞争性对话、公私合作伙伴关系、商业惯例、联合国机构、电子逆向拍

⊖ 世界银行投资项目贷款（IPF）借款人采购规则：投资项目贷款采购货物、工程、非咨询服务和咨询服务（2017 年 11 月修订版）［EB/OL］.［2018-02-08］. https：//policies. worldbank. org/sites/ppf3/PPFDocuments/Forms/DispPage. aspx？docid =7398246c-6904-4546-9313-4dd7a8f93faa&ver = current.

⊜ WTO《政府采购协定》（2012 版）［EB/OL］.［2018-02-08］. http：//www. ccgp. gov. cn/wtogpa/files/201310/t20131029_3588919. htm.

⊜ 联合国国际贸易法委员会. 公共采购示范法［EB/OL］.［2018-02-08］. http：//www. uncitral. org/pdf/chinese/texts/procurem/ml-procurement/2011-Model-Law-on-Public-Procurement-c. pdf.
联合国国际贸易法委员会. 公共采购示范法颁布指南［EB/OL］.［2018-02-08］. http：//www. uncitral. org/pdf/chinese/texts/procurem/ml-procurement/Guide-Enactment-Model-Law-Public-Procurement-c. pdf.

㉨ 逆向拍卖是指供应商或承包商在规定期限内相继提交更低出价，出价自动评审，采购实体选出中选提交书。

㉕ 世界银行认为，可行性研究、项目管理、设计服务、金融和会计服务、培训和开发等属于咨询服务；而钻探、航拍、卫星成像、测绘和类似的业务，属于非咨询服务。

卖、进口方案、商品的采购、社区主导发展、自营工程。

《世行采购规则》为选择咨询公司定义了以下批准的方法：基于质量和费用的选择（QCBS）、基于固定预算的选择（FBS）、基于最低费用的选择（LCS）、基于质量的选择（QBS）、基于咨询顾问资格的选择（CQS）、直接选择。特定情况下，可以采用如下批准的选择安排：商业惯例、联合国机构、非营利组织（如非政府组织）、银行、采购代理。

5. 中国法律中有关招标投标的规定

有关我国《招标投标法》及其配套法规的内容我们将在后续章节详细介绍，这里仅介绍除了《招标投标法》之外，在法律层面上，其他法律中涉及的招标投标内容。

《中华人民共和国合同法》（以下简称《合同法》），第十五条、第一百七十二条、第二百七十一条涉及了合同招标事项。其中明确了招标公告为要约邀请。

《中华人民共和国建筑法》（以下简称《建筑法》），第十六条、第十八条、第十九条、第二十条、第二十一条、第二十二条、第二十三条、第七十八条等，对建筑工程发包与承包的招标投标活动相关内容进行了规定。

《政府采购法》，第四条、第十二条、第二十六条、第二十七条、第二十八条、第二十九条、第三十四条、第三十五条、第三十六条、第三十七条、第四十二条、第七十一条等条文，对政府采购中的招标投标内容做了规定。

《中华人民共和国刑法》（以下简称《刑法》），第二百二十三条对扰乱市场秩序罪（串通投标罪）的处罚进行了规定。

《中华人民共和国物权法》（以下简称《物权法》），第一百三十三条、第一百三十七条、第一百三十八条涉及了招标投标的内容。其中规定，工业、商业、旅游、娱乐和商品住宅等经营性用地以及同一土地有两个以上意向用地者的，应当采取招标、拍卖等公开竞价的方式出让。

《中华人民共和国公路法》，第二十三条规定，公路建设项目应当按照国家有关规定实行法人负责制度、招标投标制度和工程监理制度。

《中华人民共和国航道法》，第十一条规定，航道建设单位应当根据航道建设工程的技术要求，依法通过招标等方式选择具有相应资质的勘察、设计、施工和监理单位进行工程建设。

《中华人民共和国行政许可法》，第四十五条、第五十三条对行政许可中的招标内容做了规定。其中规定，实施法律所列事项的行政许可的，行政机关应当通过招标、拍卖等公平竞争的方式做出决定。

《中华人民共和国城市房地产管理法》，第十三条规定，土地使用权出让，可以采取拍卖、招标或者双方协议的方式。商业、旅游、娱乐和豪华住宅用地，有条件的，必须采取拍卖、招标方式。

《中华人民共和国公证法》，第十一条规定，根据自然人、法人或者其他组织的申请，公证机构办理招标投标公证事项。

《中华人民共和国农村土地承包法》，第三条规定，农村土地承包采取农村集体经济组织内部的家庭承包方式，不宜采取家庭承包方式的荒山、荒沟、荒丘、荒滩等农村土地，可以采取招标、拍卖、公开协商等方式承包。

《中华人民共和国促进科技成果转化法》，第十五条规定，各级人民政府组织实施的重点科技成果转化项目，可以由有关部门组织采用公开招标的方式实施转化。有关部门应当对中标单位提供招标时确定的资助或者其他条件。第二十五条规定，研究开发机构、高等院校可以参与政府有关部门或者企业实施科技成果转化的招标投标活动。

《中华人民共和国固体废物污染环境防治法》，第三十九条规定，县级以上地方人民政府环境卫生行政主管部门应当组织对城市生活垃圾进行清扫、收集、运输和处置，可以通过招标等方式选择具备条件的单位从事生活垃圾的清扫、收集、运输和处置。

《中华人民共和国可再生能源法》，第十三条规定，建设应当取得行政许可的可再生能源并网发电项目，有多人申请同一项目许可的，应当依法通过招标确定被许可人。

《中华人民共和国反垄断法》，第三十四条规定，行政机关和法律、法规授权的具有管理公共事务职能的组织不得滥用行政权力，以设定歧视性资质要求、评审标准或者不依法发布信息等方式，排斥或者限制外地经营者参加本地的招标投标活动。

《中华人民共和国科学技术进步法》，第二十五条规定，政府采购的产品尚待研究开发的，采购人应当运用招标方式确定科学技术研究开发机构、高等学校或者企业进行研究开发，并予以订购。

《中华人民共和国海域使用管理法》，第二十条规定，海域使用权除依照本法第19条规定的方式取得外，也可以通过招标或者拍卖的方式取得。

《中华人民共和国测绘法》，第二十九条规定，测绘项目实行招投标的，测绘项目的招标单位应当依法在招标公告或者投标邀请书中对测绘单位资质等级做出要求，不得让不具有相应测绘资质等级的单位中标，不得让测绘单位低于测绘成本中标。中标的测绘单位不得向他人转让测绘项目。

1.2.3 招标投标的适用条件

招标投标是市场经济的产物，具有很强的资源配置和价格发现功能，需要有规范的市场环境。

1. 需要有能够开展公平竞争的市场经济运行机制

按经济调节机制划分，经济模式可分为市场经济模式和计划经济模式。在计划经济条件下，绝大多数企业为政府所拥有，产品购销和工程建设任务都是按照指令性计划统一安排，大多数产业中几乎不存在竞争，没有必要也不可能采用招标投标的交易方式。市场经济是竞争性经济，市场通过价值规律与供求规律，将有限的资源调配给效率高的企业，实现社会资源的合理配置，在整个资源配置过程中，竞争发挥着重要作用。

"物竞天择，适者生存"是一条自然规律。它不仅存在于自然界，同样也存在于人类社会。招标投标实质上是一种选择行为，是有目的的择优、汰劣活动。作为一种有规范、有约束的竞争活动，招标投标是商品经济和竞争机制发展到一定高度的必然产物和结果。

2. 必须存在招标投标采购标的物的买方市场

买方市场是指在能弥补生产者平均成本的现行价格下，产品充裕，供求适应甚至供应量超过需求量的市场趋势。在买方市场上，能够形成卖方（供应方）多家竞争的局面，卖方存在降低销售条件以求成交的局势，买方才能居于主导地位，有条件以招标方式从多家竞争者中选择中标者。在卖方市场条件下，商品供不应求，买方没有选择卖方的余地，卖方也没有必要通过竞争来出售自己的产品，也就不可能产生招标投标的交易方式。

3. 最适用于交易频率低的交易或条件型采购

理论研究认为，招标投标是简单的匿名市场合约的一种常见形式，是站在买方角度，意欲通过卖方之间的竞争，从而达到买方在与卖方的博弈中取胜，降低购买成本的目的。在一定程度上讲，招标投标机制是以零和博弈为依据，与利益相关者理论所提倡的"合作共赢"相背离，而且交易的不确定性较高，合约的不完全性程度较高，执行和监督成本较高，产生机会主义的可能性较大。如果对于交易频率（指在一定时间内交易发生的次数）频繁的交易，采用招标投标方式，虽然可以降低采购成本，但从整个社会角度看，整个交易成本可能增高，不利于实现社会效益的最大化。因此，招标投标方式仅适用于交易频率低的交易，如工程建设及其工程货物采购等。

此外，招标投标采购方式也比较适用于条件型采购。在条件型采购中，买方的需求是复杂的、综合的，在现有市场中难以直接获取。买方只能够描述他的最终愿望以及为实现这些愿望所必须满足的条件。卖方对买方所提出的所有强制性条件的回应与满足将是所有卖方之间竞争的重点。卖方的报价尽管也是获得买方合同或订单的必要环节，但一般只作为次要条件予以考虑。在保证买方的需求获得最大限度满足的基础上，选择性能价格比最优的卖方，是实现买方愿望的最佳选择。因此，条件型采购更适合于使用招标方式，因为它需要专家的参与，对卖方能否合理地满足所有条件做出判断，这是一个复杂的特殊过程。

1.3 合同与合同管理的地位

合同是市场经济分配任务的有效手段，既表现了当事人的自主意愿，又是法律的载体及信用的凭证。合同在采购过程中建立，在采购成功时签署。完善的合同与有效的合同管理对于建设项目的创造、交易秩序的稳定，有着极其重要的作用。

1.3.1 合同的性质与地位

建设项目的治理结构可以描述为通过一系列合同和项目内外的制度或机制来协调项目各参与方关系，保证项目目标的实现。项目组织是一个临时性的组织，在这个临时性的组织中业主对资源进行分配，以达到其发展目标。除了最小的项目外，一般项目业主不可能拥有自己实现项目的充足资源，所以就需要从外部获得资源。因此，项目合同就成了项目管理中的一个必要组成部分，它是业主引进资源创建项目的必由之路。

1. 合同及其法律性质

合同，又称为契约，有广义、狭义之分。广义上的合同是指一切产生权利义务的协议。狭义上的合同是指作为平等主体的自然人、法人、其他组织之间设立、变更、终止民事权利义务关系的协议。反映交易关系的合同系指狭义上的合同，亦即我国《合同法》调整的合同。

合同具有以下法律性质：

（1）合同是一种民事法律行为。合同以意思表示为要素，并且按意思表示的内容赋予法律效果。

（2）合同是两方以上当事人的意思表示一致的民事法律行为。合同成立必须有两方以上的当事人，他们相互做出意思表示，并且取得一致。如果合同当事人的意思不一致，就形不成合同。

（3）合同是以设立、变更、终止民事权利义务关系为目的的民事法律行为。设立民事权利义务关系，是指当事人依法订立合同后，便在他们之间产生民事权利义务关系；变更民事权利义务关系，是指当事人依法成立合同后，便使他们之间原有的民事权利义务发生变化，形成新的民事权利义务关系；终止民事权利义务关系，是指当事人依法成立合同后，便使他们之间既有的民事权利义务关系归于消灭。

（4）合同是当事人在平等、自愿的基础上产生的民事法律关系。合同当事人的法律地位平等，一方不得将自己的意志强加给另一方；当事人依法享有自愿订立合同的权利，任何单位和个人不得非法干预。

（5）合同是具有法律约束力的民事法律行为。依法成立的合同，对当事人具有法律约束力。所谓法律约束力，就是说，当事人应当按照合同的约定履行自己的义务，非依法律规定（如不可抗力）或者取得对方同意，不得擅自变更或者解除合同。如果不履行合同义务或者履行合同义务不符合约定，就要承担违约责任。

2. 合同的订立、成立与生效

任何合同的订立过程总会有一个结果，但并不是任何合同的订立过程都会产生一个合同。合同订立的结果可以分为积极结果和消极结果。积极结果是经过合同的订立过程，当事人意欲订立合同的目的实现，形成了一个具体的合同。消极结果是在合同的订立过程完结后，当事人意欲订立合同的愿望失败，没有形成具体的合同。

合同成立意味着双方达成合意。合同的订立不同于合同的成立。合同的订立是一个动态过程，是当事人基于缔约目的而进行意思表示的互动过程；合同的成立是合同订立过程的结果，是当事人间合同关系的形成与开始。合同的订立作为具体合同的形成过程，可以包括要约邀请、要约、承诺等诸阶段；合同的成立则是合同订立过程的一个阶段，并且是最终阶段。

合同的成立与合同的生效是不同的。判断合同成立与否，解决的是意思表示内容的一致性；判断合同生效与否，解决的是意思表示内容的合法性。因此，生效的合同必须是已经成立的合同，而已经成立的合同未必是一个生效的合同，如合同虽已成立但无效，或被撤销，或效力未定。

3. 合同的成立要件

合同订立的积极结果是合同成立。这也是当事人的目的所在。合同属于法律行为中的双方法律行为，由要约和承诺两个意思表示组成。当事人、标的和意思表示，称为合同的三要素，也是合同的成立要件。

（1）当事人。合同既属于双方法律行为，其当事人应有双方。各方的当事人可以是一人或多人，分属于对立的双方。所谓对立，是指双方的利益和行为目的是对立的，不像共同行为中的多数当事人的利益和目的是一致的（同方向的）。法律常赋予各种合同的当事人以特定的名称，例如称建设工程合同中收受工程款而交付工程的一方为承包人，称其对方（支付工程款而接收工程）为发包人等。这样便于明确各方的权利义务。

（2）标的。合同的标的与合同的客体是同一概念。法律行为的标的是指当事人通过法律行为所要完成的事项，是合同当事人的权利义务指向的对象及其数量。

（3）意思表示。意思表示是指行为人以一定的方式将其内心意思表示于外部的行为。

合同的成立，不仅双方当事人都要有意思表示，即要有对立的两个意思表示，而且双方的意思表示要"一致"，即双方达成一个"合意"。所谓合意，即双方当事人的意思表示在内容上的一致。法律对双方的意思表示特称为要约与承诺。

4. 合同分类

按照一定的标准，可以将合同分类。

(1) 有名合同与无名合同。按照合同在法律上有无名称，可将合同分为有名合同与无名合同。

有名合同是指法律加以规范，并赋予一定名称的合同。无名合同是指法律尚未特别规定的合同。

(2) 诺成合同与践成合同。按照合同的成立是否需要交付标的物，可分为诺成合同与践成合同。

诺成合同又称不要物合同，是指双方当事人意思表示一致即为成立的合同。践成合同又称要物合同、实践合同，是指合同的成立除双方意思表示一致外，还需交付标的物的合同。

(3) 要式合同与不要式合同。按照合同的成立是否为特定方式，可分为要式合同与不要式合同。

符合特定方式（如法律要求必须具备一定形式和手续）合同方可成立的，为要式合同；无须以特定方式合同即可成立的，为不要式合同。

(4) 口头合同与书面合同。按照合同成立的形式，可分为口头合同、书面合同及其他形式合同。

合同的形式是指作为合同内容的合意的外观方法或者手段。根据合同法原理，合同当事人意思表示的形式包括书面意思表示、口头意思表示以及通过行为做出的意思表示三种类型。

书面形式是指以文字表现合意内容而订立合同的形式，即合同书、信件和数据电文（包括电报、电传、传真、电子数据交换和电子邮件）等可以有形地表现所载内容的形式。口头形式是指没有合同书、信件和数据电文等可以有形地表现所载内容、双方以口头语言达成协议的形式。其他形式也称为默示形式、事实契约、事实合同，当事人没有用书面或语言明确表示订立合同的合意，而是根据当事人的行为或者特定情形推定合同成立的。主要包括视听资料形式和默示行动。

(5) 双务合同与单务合同。按照合同双方当事人权利义务的关联性，可分为双务合同与单务合同。

双务合同是指双方当事人互有债权债务，一方的义务正是对方的权利，彼此形成对价关系的合同。单务合同又称片务合同，是指一方当事人只承担义务，另一方当事人只享有权利，彼此没有对价关系的合同。

(6) 主合同与从合同。按照合同能否独立存在，可分为主合同与从合同。

能够独立存在的合同为主合同。依附于主合同方能存在的合同为从合同。主合同无效，从合同也无效；从合同无效，不影响主合同的效力。

(7) 有效合同与无效合同。按照合同的效力可分为有效合同与无效合同。

合法的合同、未被撤销的可撤销合同、被追认的合同，均为有效合同；被撤销的合同、未被追认的合同和法定无效的合同，均为无效合同。有效合同发生法律效力，产生当事人之间的民事权利义务关系。无效合同自始无效，产生无效民事行为的法律效果。

5. 要约与承诺

要约、承诺是法律对订立合同过程中双方当事人的意思表示的特称。提出要约的一方为要约人，接受要约的一方为被要约人。通过一方提出要约、另一方做出承诺的方式而达成合意，订立合同，这是订立合同最通常的方式，也是主要方式。

（1）要约。要约是希望和他人订立合同的意思表示。在商业习惯用语上，通常把要约称为发价、报价、出盘、发盘等。

要约具有以下性质：①要约必须是特定人的意思表示，必须是以缔结合同为目的；②要约的内容必须具体确定；③要约必须是向受要约人发出；④要约的内容必须充分，即要约一经受要约人承诺，要约人即受该意思表示约束，合同就足以成立。

要约撤回是指要约在发生法律效力之前，取消要约，使要约不发生法律效力的一种意思表示。要约人可以撤回要约，撤回要约的通知应当在要约到达受要约人之前或同时到达受要约人。

要约撤销是要约到达受要约人之后（即要约已生效）受要约人发出承诺通知之前，要约人取消要约意思表示。要约可以撤销，撤销要约的通知应当在受要约人发出承诺通知之前到达受要约人。但有下列情形之一的，要约不得撤销：①要约人确定了承诺期限或者以其他形式明示要约不可撤销；②受要约人有理由认为要约是不可撤销的，并已经为履行工作做了准备工作。

（2）承诺。承诺是受要约人同意要约的意思表示。在商业习惯用语上，承诺又称为接受、接盘等。

承诺具有以下特征：①承诺必须由受要约人以通知的方式做出；②承诺只能向要约人做出；③承诺的内容应当与要约的内容一致；④承诺必须在承诺期限内到达要约人。

受要约人在承诺期限内发出承诺，按照通常情形能够及时到达要约人，但因其他原因承诺到达要约人时超过承诺期限的，除要约人及时通知受要约人因承诺超过期限不接受该承诺的以外，该承诺有效。

承诺的撤回是承诺人阻止或者消灭承诺发生法律效力的意思表示。承诺可以撤回。撤回承诺的通知应当在承诺通知到达要约人之前或者与承诺通知同时到达要约人。

（3）要约邀请。有些合同在要约之前还会有要约邀请行为。要约邀请又称引诱要约，是希望他人向自己发出要约的意思表示。

要约邀请不是合同订立过程中的必要阶段。《合同法》明确规定，寄送价目表、招标公告、拍卖公告、商业广告（如果商业广告的内容符合要约规定的，视为要约）、招股说明书等为要约邀请。

（4）反要约。反要约也称新要约，是指受要约人延迟承诺或者将原要约的实质内容加以扩张、限制或变更后而予以接受的意思表示。受要约人做出的上述意思表示，不属于"受要约人同意要约的意思表示"，而视为受要约人对原要约人发出的新的要约，属于"希望和其订立合同的意思表示"。

《合同法》第二十八条规定，受要约人超过承诺期限发出承诺的，除要约人及时通知受要约人该承诺有效的以外，为新要约。第三十条规定，承诺的内容应当与要约的内容一致。受要约人对要约的内容做出实质性变更的，为新要约。有关合同标的、数量、质量、价款或者报酬、履行期限、履行地点和方式、违约责任和解决争议方法等的变更，是对要约内容的实质性变更。第三十一条规定，承诺对要约的内容做出非实质性变更的，除要约人及时表示反对或者要约表明承诺不得对要约的内容做出任何变更的以外，该承诺有效，合同的内容以承诺的内容为准。

（5）要约和承诺的生效。对于要约和承诺的生效，世界各国有不同的规定，但主要有发信主义和受信主义两种确定原则。

发信主义也称投邮主义，即要约人（受要约人）将其书面要约（承诺）有目的地发出后，要约（承诺）即生效。受信主义又称到达主义，即要约（承诺）到达受要约人（要约人）时生效。目前，世界上大部分国家和《联合国国际货物买卖合同公约》都采用了受信主义，我国《合同法》也采用了受信主义。

6. 合同的地位与作用

从某种意义上说，建设项目的实施过程就是一系列合同的签订和履行过程。工程实施中的一切活动都是为了履行合同，都必须按合同办事，当事人的行为主要靠合同来约束，合同具有法律上的最高优先地位。在市场经济中企业的形象和信誉是企业的生命，而能否圆满地履行合同是企业形象和信誉的重要方面。

合同在工程建设中的特殊地位和作用主要表现在如下几个方面：

（1）合同确定了项目实施和管理的主要目标。

（2）合同规定了双方的经济关系。

（3）合同是双方的最高行为准则。合同限定和调节着合同当事人的义务和权利，项目管理以合同为核心。

（4）合同和它的法律约束力是项目实施和管理的保证。

（5）合同是双方解决争执的依据。

1.3.2　合同管理的地位

J. Rodney Turner 在《项目中的合同管理》一书中写道：有效的项目合同管理能够提升项目绩效（或节省成本）8% 以上，甚至能够提高项目绩效 30% 或更多。在中国目前的社会经济发展阶段，有效的项目合同管理已经成为一个急需解决的问题。

1. 合同管理的概念

"合同管理"一词在不同的场合有不同的含义。从广义讲，工程项目合同管理有两个层次：第一层次是政府对工程合同的宏观管理，第二层次是合同当事人各方对合同实施的具体管理。

政府对工程合同的宏观管理，又称合同监督处理，是指国家行政机关依职权，对利用合同危害国家利益、社会公共利益的违法行为，进行监督并依法进行处理或者移交司法机关追究刑事责任的活动。政府对合同的管理主要包括制定法规、编制或认定标准合同条件（或示范文本）和监督合同执行等几个方面。

合同当事人各方对合同实施的具体管理，存在着不同的理解：一种是广义的理解，认为以合同为依据的所有管理工作，均可归入合同管理的范畴，包括质量、工期、费用、信息、沟通、风险等全部管理工作；在中义上对合同管理的理解，是指各方在合同的订立和履行过程中自身所进行的计划、组织、指挥、控制和协调等活动；而狭义上对合同管理的理解，是指对合同执行的监控活动。

在《项目管理 术语》（GB/T 23691—2009）中，合同管理（contract administration）是指确保供方绩效满足合同要求的活动。这是合同管理的狭义概念。在《建设工程项目管理规范》（GB/T 50326—2017）中，合同管理（contract management）是对项目合同的编制、订立、履行、变更、索赔、争议处理和终止等的管理活动。这是中义上的合同管理的概念，也是本书所谈的合同管理的含义。

合同管理是项目管理系统中一个重要的子系统，也是项目管理中其他活动的基础和前提。

在管理学中，对于管理一词可以有不同的理解。到目前为止，还没有一个统一的定义。在《质量管理体系 基础和术语》（ISO 9000：2015）中，对管理的定义是，指挥和控制组织的协调的活动。

一般认为，管理是一个组织内部用行政命令机制调配组织有限的资源而获得最佳配置效率的过程，因此，管理工作涉及效率和效果两个方面。如果说效率涉及组织是否"正确地做事"，那么，是否选择"正确的事"去做就是与效果相关的问题。管理的任务就是获取、开发和利用各种资源来确保组织效率和效果双重目标的实现。

在我国，经过改革开放的洗礼，工程建设合同签约的各方面正在成熟起来。但目前合同意识淡薄、合同管理水平低仍是我国工程建设中的普遍现象。

2. 合同管理在项目管理中的地位

工程管理专业出现在 20 世纪 80 年代末期。

在工程项目管理中，合同管理是一个较新的职能。近年来，合同管理已成为工程项目管理一个重要的分支领域和研究的热点。在发达国家，20 世纪 80 年代前人们较多地从法律方面研究合同；20 世纪 80 年代，人们较多地研究合同事务管理；80 年代中期以后，人们开始更多地从工程项目管理的角度研究合同管理问题。

中华人民共和国成立后，长期实行计划经济，造成长官意志、人情观念代替了法制，在工程建设行业没有树立起合同的权威。现在人们越来越清楚地认识到，合同管理在项目管理中有着特殊的地位和作用。

在研究内容上，采购管理的范围应包含合同管理，但由于合同在建设工程实施中的重要地位，我国相应的管理规范均将合同管理单列。例如：《建设工程项目管理规范》（GB/T 50326—2017）、《建设项目工程总承包管理规范》（GB/T 50358—2017）和《中国工程项目管理知识体系》（第 2 版）都把"合同管理"作为独立的一章，作为非目标性管理的一个主要内容做了要求。

国外许多工程项目管理公司（咨询公司）和大的工程承包企业都十分重视合同管理工作，将它作为工程项目管理中与成本（投资）、工期、组织等管理并列的一大管理职能（图 1-3）。

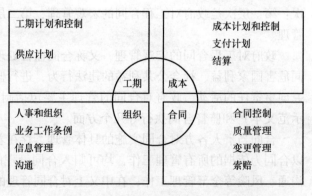

图 1-3　项目管理职能图（德国国际工程项目管理公司）

合同管理作为工程项目管理一个重要的组成部分，它必须融合于整个工程项目管理中。研究表明，工程实践中需要构筑以合同为核心，质量、时间、费用为基础，范围管理、组织管理、风险管理和健康、安全、环境（HSE）管理为依托，信息管理为重要手段，可持续发展为拓展的管理要素集成体系。合同管理与其他管理职能密切结合，共同构成工程项目管理系统（图 1-4）。

图 1-4　建设实施管理要素集成体系

1.3.3　合同的法律基础

从法律层面看，签订合同是一个法律行为。合法的合同受法律保护；签约者必须对自己的行为负责，全面履行合同；不履行合同是违约行为，必须承担相应经济的甚至法律的责任。

1. 合同法律基础的概念与作用

任何合同都在一定的法律条件下起作用，受到该法律的保护与制约，该法律即被称为合同的法律基础或法律背景。

法律基础对合同的实施和管理有如下两个作用：

（1）合同在其签订和实施过程中受到这个法律的制约和保护，该合同的有效性和合同签订与实施带来的法律后果按这个法律判定。

（2）对一份有效的合同，除合同作为双方的第一行为准则外，如果出现合同规定以外的情况，或出现合同本身不能解决的争执，或合同无效，应依据适用于合同关系的法律解决。它决定了争执解决的程序，以及这些法律条文在应用和执行中的优先次序。

合同的法律基础是合同的先天特性，它对合同的签订、履行、合同争执的解决常常起决定性作用。这里应注意：合同是指合同的全部内容，包括合同协议书、合同变更文件、合同的各种附件；法律是指合同签订和实施过程中所涉及的全部法律、法规，而不是指某一方面的法律。

需要注意的是，世界法律制度主要存在两大法系，即英美法系和大陆法系。英美法系又称普通法系或判例法系。其立法精神是：除非某一项目的法例因为客观环境的需要或为了解决争议而需要以成文法制定，否则，只需要根据当地过去对于该项目的习惯而评定谁是谁非。普通法是判例之法，而非制定之法。FIDIC 合同条件具有浓厚的英美法系合同法色彩，符合英美法系合同法的原则，故被世界银行等国际组织所推荐。大陆法系也被称作成文法，其最重要的特点就是以法典为第一法律渊源，法典是各部门法律系统、综合的首尾一贯的成文法汇编。我国标准合同条件（合同示范文本）属典型的成文法合同。因此，需要了解这两大法系的合同法的原则差异，使合同文件适应所处的法律环境，不能照抄照搬，更不能生搬硬套以避免造成合同中某些"法律责任混扰和霸王条款"。

2. 我国合同制度的建立和发展

合同是商品经济的产物，随着商品经济的产生而产生，随着商品经济的发展而发展。合同法则与合同的产生、发展相伴随，是商品交换关系的法律表现。通过考古所知，我国最早的合同始于西周时期（公元前 1046 年—公元前 771 年）。到了清代及民国时期，民事行为中大量以合同作为凭证，以确认双方的权利和义务。中国合同习惯的形成，是基于"重义轻利"的影响，社会并不赞赏个人逐"利"的行为，以至于在处理争议时须商请第三方协调、裁定。在中国的古代和近代，中国长期处于自给自足的农业经济形态，因而商品经济的发展十分缓慢，合同相对简单。

自 1949 年中华人民共和国成立以来，由于法统以及意识形态等方面的变化，中国的经济合同也发生了巨大变化。在此后的 30 多年里，真正意义上的经济合同曾经一度濒于绝迹。直到 20 世纪 80 年代初我国开始大力发展商品经济，合同才又重新回到其应有位置并得到了前所未有的发展。1981 年 12 月通过的《中华人民共和国经济合同法》，初步确定了我国经济合同制度。1985 年 3 月通过的《中华人民共和国涉外经济合同法》，进一步完善了我国经济合同制度。1987 年 6 月通过《中华人民共和国技术合同法》后，形成了我国特定历史时期的三部合同法并存的立法模式。值得特别指出的是，1986 年 4 月通过的《中华人民共和国民法通则》(以下简称《民法通则》)，明确规定了民事权利制度和民事责任制度，对完善我国合同法体系起了十分重要的作用。

1999 年 10 月 1 日起正式实施《合同法》，标志着我国合同制度的统一和完善。

总的来说，我国的现代合同是在《合同法》颁布后才发生巨大的变化并逐步进入理性时代。目前，政府推行的工程合同标准文本、合同示范文本，基本与国际接轨。由于各地经济发展状况不同、行业不同、管理水平不同，发达地区的某些项目合同无论是制作还是管理均已达到极高的水平。但工程建设领域总体上缺乏精细化管理的习惯，企业的合同水平在总体上还有大幅度提高的空间。

3. 我国工程建设合同法律体系的完善

在我国，所有国内工程建设合同都必须以我国的法律作为基础。根据《中华人民共和国立法法》(以下简称《立法法》)有关立法权限的规定，我国法律规范体系由如下五个层次组成：①法律；②行政法规；③地方性法规、自治条例和单行条例；④部门规章；⑤地方规章。

法律规范的效力具有等级性。宪法具有最高的法律效力，一切法律、行政法规、地方性法规、自治条例和单行条例、规章都不得同宪法相抵触。法律的效力高于行政法规、地方性法规、规章。行政法规的效力高于地方性法规、规章。地方性法规的效力高于本级和下级地方政府规章。部门规章之间、部门规章与地方政府规章之间具有同等效力，在各自的权限范围内施行。

按照《立法法》的规定，最高人民法院可以做出主要针对具体法律条文的、属于审判工作中具体应用法律的解释。最高人民法院发布的司法解释，具有法律效力。

法律的适用有优先性。同一机关制定的法律、行政法规、地方性法规、自治条例和单行条例、规章，特别规定与一般规定不一致的，适用特别规定；新的规定与旧的规定不一致的，适用新的规定。即"特别法优于一般法""新法优于旧法"。

由于工程建设是一个非常复杂的社会生产活动，在我国，适用于工程建设合同关系的法律法规主要包括：

(1)《建筑法》。

(2)《招标投标法》。

(3)《政府采购法》。

(4)《合同法》。

(5)《最高人民法院关于审理建设工程施工合同纠纷案件适用法律问题的解释》。

(6)《最高人民法院关于适用〈中华人民共和国合同法〉若干问题的解释（一）》。

(7)《最高人民法院关于适用〈中华人民共和国合同法〉若干问题的解释（二）》。

(8)《最高人民法院关于民事诉讼证据的若干规定》。

(9)《民法通则》。

(10)《中华人民共和国民法总则》(以下简称《民法总则》)。

(11)《中华人民共和国劳动法》。

(12)《中华人民共和国专利法》。

(13)《中华人民共和国侵权责任法》。

(14)《中华人民共和国文物保护法》。

(15)《刑法》。

(16)《中华人民共和国安全生产法》。

(17)《中华人民共和国环境保护法》。

(18)《中华人民共和国担保法》(以下简称《担保法》)。

(19)《中华人民共和国保险法》(以下简称《保险法》)。

(20)《中华人民共和国节约能源法》。

(21)《立华人民共和国产品质量法》。

(22)《中华人民共和国仲裁法》(以下简称《仲裁法》)。

(23)《中华人民共和国民事诉讼法》(以下简称《民事诉讼法》)。

(24)《招标投标法实施条例》。

(25)《政府采购法实施条例》。

(26)《建设工程质量管理条例》。

(27)《建设工程安全生产管理条例》。

(28)《建设工程勘察设计管理条例》。

(29)《建设项目环境保护管理条例》。

(30)《文物保护法实施条例》。

第**2**章

招标投标制度

招标投标制度是在长期的交易实践中形成的旨在约束招标投标行为的一系列规则和惯例，其表现形式是一国或某个国际组织管理招标投标活动的法律和规则。实际上，各国正是通过管理招标投标活动（主要是通过管理公共采购）的立法确立招标投标制度的。招标投标制度是我国社会主义市场经济体制的重要组成部分。

2.1 我国的招标投标法律制度

我国的招标投标法律制度，是在总结我国推行招标投标活动的实践经验、研究借鉴国际招标投标通行做法的基础上逐步确立起来的，其基本规则和程序集中体现于《招标投标法》中。

2.1.1 招标投标的基本概念

在市场经济条件下，通过招标投标活动，可以使招标人、投标人双方获得双赢的结果，这种制度安排符合市场经济规律。招标的本质意义在于，在公开、公平、公正、择优与规范的原则下，通过竞争，优化社会资源配置，建立有序的竞争机制，维护社会的公正。

1. 招标投标概念的界定

招标投标活动是《招标投标法》所调整的对象，是对招标、投标、开标、评标、中标等程序和步骤的概括。在我国的许多立法中，都对法律适用对象进行了明确定义。令人感到遗憾的是，《招标投标法》并未像其他法律一样，给招标投标活动下一个明确的定义，这给实际工作带来了诸多不便，使人们对招标投标活动的认识存在各种争议。

对招标投标的含义，学界有多种不同的表述方法和表达方式。有的将招标投标作为一个整体概念解释，有的将招标、投标分别加以解释，且指出招标与投标是相互对应的一对概念，是一个问题的两个方面。

从概括招标投标活动的全貌和特征的角度讲，招标投标必须作为一个整体概念进行定义，这样才便于正确理解招标投标行为的内涵。

招标投标，或称招标投标活动，可以这样定义：是招标人对工程、货物和服务事先公开招标文件，吸引多个投标人提交投标文件参加竞争，并按招标文件的规定经由评标委员会评选，而后选择交易对象的行为。

2. 招标投标活动中的主要参与者

招标投标活动中的主要参与者包括招标人、投标人、招标代理机构、评标委员会、招标投标交易场所和政府监督部门。

（1）招标人。招标人是指依照法律规定提出招标项目、进行招标的法人或者其他组织，也就是工程、货物或服务的需求者。

根据《民法总则》的规定，法人是具有民事权利能力和民事行为能力，依法独立享有民事权利和承担民事义务的组织，分为营利法人（包括有限责任公司、股份有限公司和其他企业法人等）、非营利法人（包括事业单位、社会团体、基金会、社会服务机构等）和特别法人（机关法人、农村集体经济组织法人、城镇农村的合作经济组织法人、基层群众性自治组织法人）。其他组织即非法人组织，是指不具有法人资格，但是能够依法以自己的名义从事民事活动的组织，包括个人独资企业、合伙企业、不具有法人资格的专业服务机构等。

（2）投标人。投标人是响应招标、参加投标竞争的法人或者其他组织，也就是工程、货物或服务的供给者。

招标公告或者投标邀请书发出后，所有对招标公告或投标邀请书感兴趣的并有可能参加投标的人，称为潜在投标人。那些响应招标并领购招标文件、参加投标的潜在投标人称为投标人。

（3）招标代理机构。招标代理机构是依法设立、从事招标代理业务并提供相关服务的社会中介组织。招标代理机构受招标人委托，代为办理有关招标事宜，如编制招标方案、招标文件，组织评标，协调合同的签订等。招标代理机构在招标人委托的范围内办理招标事宜，并遵守法律关于招标人的规定。

（4）评标委员会。评标委员会是由招标人依法组建，负责评标活动，向招标人推荐中标候选人或者根据招标人的授权直接确定中标人的临时性组织。评标委员会由招标人或其委托的招标代理机构熟悉相关业务的代表，以及有关技术、经济等方面的专家组成，根据招标文件规定的评标标准和方法，对投标文件进行评审、比较、排序，选择并推荐最大限度满足事先公布条件要求的最佳投标人。

（5）招标投标交易场所。招标投标交易场所是经政府主管部门批准，为建设工程交易活动提供服务的场所。其名称多为"有形建筑市场""建设工程交易中心"或者"公共资源交易中心"等。按照规定，招标投标交易场所应是由设区的市级以上地方人民政府设立的、集中统一的、独立于行政监督部门的、不以营利为目的公共服务组织（属事业单位）。交易场所按照公共服务、公平交易的原则，为招标投标活动提供场所和信息服务，为政府监管提供便利，它不代行行政监督职责，也不扮演招标代理机构的角色。

（6）政府监督部门。招标投标的政府监督部门，就是招标投标活动的行政执法部门。在我国，由于实行招标投标的领域较广，有的专业性较强，涉及不少部门，目前还没有由一个部门统一进行监督，只能根据不同项目的特点，由有关部门在各自的职权范围内分别负责监督。目前，国务院明确的政府监督部门主要有：国家发展和改革委员会（以下简称发改委）、住房和城乡建设部（以下简称住建部）、交通运输部（含铁道）、工业和信息化部

（以下简称工信部）、水利部、商务部等。

3. 招标投标的基本程序

招标投标要遵循一定的程序，工程建设已经形成了一套相对固定的招标投标程序。按照国际惯例，公开招标的基本程序是：招标→投标→开标→评标→定标→签订合同。整个流程是瀑布式的一次性的过程，不允许反复和交叉。每个环节有的由招标人单方面组织进行，有的由投标人单方面组织进行，有的则由招标人和投标人双方共同参加。这个过程按工作特点不同，可划分成三个阶段：招标准备阶段、发标及投标阶段和定标成交阶段。招标准备阶段从招标人成立招标机构开始，到编制完成招标所需文件结束；发标及投标阶段从招标人发布招标信息（招标公告或资格预审公告）开始，到投标截止结束；定标成交阶段，从开标开始，到签订合同结束。公开招标程序如图 2-1 所示。

（1）招标。招标是招标人单独的行为。在这一环节，招标人所要经历的步骤主要有：组成招标机构、编制招标文件（需要标底、最高投标限价的要确定标底、最高投标限价）、发布招标公告（采用资格预审的要发布资格预审公告）、发售招标文件、统一答疑或修改招标文件等。这些工作主要由招标机构组织进行。

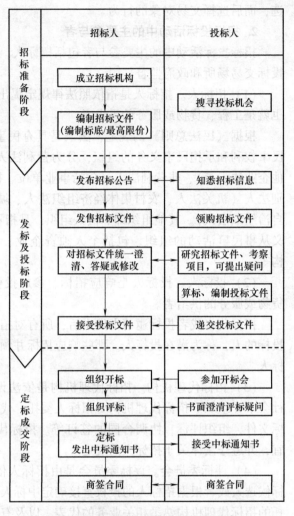

图 2-1　公开招标（资格后审）程序

（2）投标。投标是投标人单独的行为。在这一环节，投标人所要经历的步骤因具体招标项目的不同特点和招标人的要求而定，主要有：搜寻投标机会、领购招标文件（采用资格预审的需要申请投标资格）、研究招标文件、考察招标项目、算标⊖及编制投标文件、递交密封的投标文件等。

（3）开标。开标是招标机构在预先规定的时间和地点将各投标人的投标文件正式启封揭晓的行为。开标由招标机构主持进行，须邀请所有投标人代表参加。在这一环节，由投标人或其推选的代表检查投标文件的密封情况。工作人员要按要求对每份投标文件当众拆封，公开宣布投标人的名称、投标价格及投标文件中的其他主要内容。

（4）评标。评标是招标人确定的评标委员会根据招标文件规定的评标标准和方法，对所有投标文件进行评审，选择并推荐最大限度地满足事先公布条件要求的最佳投标人作为中

⊖　习惯上将投标人确定投标报价的过程，称为算标；将编写投标文件和确定报价的过程称为做标。

标候选人的行为。评标是招标人的单独行为，但需要由其依法在开标前组建的评标委员会具体实施。在这一环节，所要经历的步骤主要有：审查投标文件在形式、响应性方面是否符合招标文件要求、审查是否存在应否决其投标的情况，按照招标文件规定的方法和标准对前述初步审查合格的投标文件进行详细评审、比较，对存在的某些问题要求投标人加以澄清，最终给出评审意见并写出评标报告等。

（5）定标。定标也称决标，是指招标人在评标的基础上，最终确定中标人，或者授权评标委员会直接确定中标人的行为。定标对招标人而言，是授标；对投标人而言，则是中标。定标也是招标人的单独行为。在这一环节，招标人所要经过的步骤主要有：公示中标候选人、裁定中标人、通知中标人其投标已被接受、向中标人发出中标通知书、通知所有未中标的投标人，并向他们退还投标担保等。

（6）签订合同。签订合同习惯上也称授予合同，因为它实际上是由招标人将合同授予中标人并由双方签署的行为。签订合同是业主与中标的承包（供应/服务）商双方共同的行为。在这一阶段，通常先由双方进行签订合同前的谈判，就投标文件中已有的内容再次确认，对投标文件中未涉及的一些技术性和商务性的具体问题达成一致意见；双方意见一致后，由双方授权代表在合同上签署，合同随即生效。为保证合同履行，签订合同后，中标的承包（供应/服务）商还应按约定向业主提交一定形式的履约担保。

2.1.2 《招标投标法》及其配套法规

《招标投标法》于1999年8月30日经九届全国人大常委会第十一次会议审议通过，自2000年1月1日起实施。2017年12月首次进行了局部修正。

1. 招标投标法的概念

招标投标法是国家用来规范招标投标活动、调整在招标投标过程中产生的各种关系的法律规范的总称。按照法律效力的不同，招标投标法律规范分为三个层次：第一层次是由全国人大及其常委会颁布的招标投标法律；第二层次是由国务院颁发的招标投标行政法规；第三层次是由有立法权的地方人大颁发的地方性招标投标法规、国务院有关部门颁发的招标投标的部门规章以及有立法权的地方人民政府颁发的地方性招标投标规章。

《招标投标法》是社会主义市场经济法律体系中非常重要的一部法律，是整个招标投标领域的基本法，一切有关招标投标的法规、规章和规范性文件都必须与《招标投标法》相一致。

2. 《招标投标法》的基本内容

《招标投标法》共六章，六十八条。第一章为总则，规定了《招标投标法》的立法宗旨、适用范围、强制招标的范围，以及招标投标活动中应遵循的基本原则；第二章至第四章根据招标投标活动的具体程序和步骤，规定了招标、投标、开标、评标和中标各阶段的行为规则；第五章规定了违反上述规则应承担的法律责任；第六章为附则，规定了本法的例外适用情形以及生效日期。

3. 《招标投标法》的立法目的

招标投标立法的根本目的，是维护市场竞争秩序，完善社会主义市场经济体制。市场经济的一个重要特点，就是要充分发挥竞争机制的作用，使市场主体在平等条件下公平竞争，优胜劣汰，从而实现资源的优化配置。

从上述根本目的出发,《招标投标法》的直接立法目的有以下四点:

(1) 规范招标投标活动。

(2) 提高经济效益。

(3) 保证项目质量。

(4) 保护国家利益、社会公共利益和招标投标活动当事人的合法权益。这个立法目的从前三个目的引申而来,也是《招标投标法》最直接的立法目的。

4. 《招标投标法》的配套法规

《招标投标法》颁布以后,国务院根据《招标投标法》的授权或《招标投标法》实施的具体情况出台了相关的政策文件。例如,国务院办公厅以国办发〔2000〕34 号发布了《关于国务院有关部门实施招标投标活动行政监督的职责分工的意见》等。

省级地方人大和政府相继修改、制定了配套的招标投标条例或《招标投标法》实施办法。中央有关部门或单独或联合颁布了相关的专业招标投标管理办法或规定。

这些配套法规的颁布有力地推动了《招标投标法》的实施,为最终形成完整的招标投标法律体系奠定了良好基础。同时,随着招标投标市场的发展,实践中也暴露出了一些矛盾和问题,亟待通过健全制度、完善机制来解决。为此,国务院决定制定《招标投标法实施条例》,从 2006 年启动起草工作,并于 2011 年 11 月 30 日经国务院第 183 次常务会议通过,自 2012 年 2 月 1 日起施行。《招标投标法实施条例》针对当前突出问题,主要细化、完善了保障公开公平公正、预防和惩治腐败、维护招标投标正常秩序的规定。其后国务院两次对《招标投标法实施条例》的条文进行了局部修正。

《招标投标法实施条例》实行以后,中央相关部门部署了对招标投标的规章和规范性文件进行全面清理。国家发展和改革委员会等九部门颁发了《关于废止和修改部分招标投标规章和规范性文件的决定》,对中央相关部门涉及招标投标的规章进行了清理、修订,各地也对相关规章和规范性文件进行了修改和完善,确保制度规范统一。现行有效的招标投标部门规章及部分规范性文件名录见附录 A。

2.1.3 实行招标投标制的作用

招标是一种引发竞争的程序,投标就是竞争,是竞争的一种具体方式,招标投标是竞争机制的具体运用。招标投标作为一种竞争制度,作为一种高级的、有规范的、有约束的竞争活动,有诸多的特殊作用。

1. 确立了竞争的规范准则,有利于开展公平竞争

我国发展社会主义市场经济的目的就是要利用价值规律、竞争规律、供求规律,实现资源的合理配置。而招标是走向市场经济的"催化剂",它作为规范化的一种竞争手段,在促进社会资源的合理流动与配置上起着十分重要的作用。

现代竞争与原始竞争的根本区别在于,现代竞争遵循着已经形成的规范准则。包括:

(1) 平等准则。现代竞争必须合乎等价交换、平等交易这一商品经济的内在要求;竞争主体的法律地位一律平等,不容歧视。

(2) 信誉准则。商品经济是一种契约经济,它要求发生经济关系的各方具有良好的信誉,有足够的信誉保证。

(3) 正当准则。竞争只能是质量、价格、技术、服务等的竞争,而不允许竞争主体采用各种损人利己、欺诈与腐败等不正当的行为和手段进行竞争。

（4）合法准则。各种竞争行为、竞争活动、形成的竞争关系，都必须符合有关法律、法规的条款，违法的要受到禁止和制裁。

竞争是招标投标机制中最为根本的内涵之一。

招标投标的直接目的是择优，通过择优，实现时间的节约、资金的节约、劳动的节约，最终实现资源的优化配置。

招标投标机制有助于解决无序竞争的问题，促进建立统一、开放、竞争、有序的市场体系。

招标投标制度的建立有利于培育"公开、公平、公正"的市场竞争秩序。

2. 扩大了竞争范围，可以使招标人更充分地获得市场利益，社会获得更大的效益

招标投标在不同领域的应用，其功用或目的也是不尽相同的。最初的招标，是在买方市场的条件下，具体买家所采取的一种交易方式，其基本目的只是降低购买成本，追求的只是经济效益。社会效益也许是客观存在的，但当时的人们并没有去发现它，因此也未去计较或追求它。

采用招标方式采购货物、服务或进行工程发包，可以广泛吸引投标人参与投标，从而扩大竞争范围。竞争范围的扩大、竞争主体的增加，将使招标人有可能以更低的价格采购到所需要的货物、服务或付出更少的工程建设款项，可使项目更早地投入生产运营，从而更充分地获得市场利益。

通过推行招标投标制度，所获得的社会效益是多方面的。仔细观察招标投标机制的发展历史及其在不同领域的应用，我们可以发现它有两个"万变不离其宗"的最基本的功用和目的：一是按市场原则实现资源优化配置；二是以廉政为原则防止腐败。前者可以称为招标投标的自然属性，后者则是其社会属性。这也就是我们常说的经济效益和社会效益。

毋庸讳言，招标投标在我国并没有得到应有的发展，人们对于招标投标的认识，无论是对它所产生的经济效益，还是对它所带来的社会效益，都有待进一步深入研究。

3. 有利于引进先进技术和管理经验，提高企业有效竞争能力

通过国际竞争性招标，发展中国家不仅可以节省大量外汇，而且还可以引进发达国家的一些先进技术和管理经验。我国鲁布革水电站引水系统实行国际招标，对我国工程建设管理的"冲击"，就是很好的例证。

国际竞争性招标，对货物、服务和工程等均有客观的通常惯用的衡量标准。发展中国家的制造商和承包商通过参与投标，可以了解和熟悉这些标准，从而使自己的产品和工程建造达到国际公认的质量标准，提高国际竞争能力。

4. 提供正确的市场信息，有利于规范交易双方的市场行为

实行招标投标制度，招标人始终处于主导地位，掌握着选择投标人与投资决策等大权。但是招标人必须做好前期的规划、落实投资资金、招标文件和合同条件等一系列前期的准备工作，才能依法进行招标工作。这就保证了工程前期必须严格地按照需要的科学化程序办事，从而使项目招标后，按照承包合同顺利地实施。

同时，竞争具有定价功能。运用招标投标交易方式进行采购，其结果不仅仅使特定招标人采购到的标的物价廉物美，事实上每一次招标投标的结果都传导了比较真实的价格信息，竞争越是充分、完全，价格信息越趋真实准确。

招标方式下的采购，尤其是有专职招标代理机构介入的情况下，竞争相对要更加完全[⊖]，就有可能营造出充分竞争的氛围。在这种竞争态势之下，作为竞争结果的价格，就比较准确地反映了供求状况；它对社会资源流动提供的是正常的导向信息。

招标投标交易方式给我们提供了一种创造近乎完全竞争的方法，因此，运用招标投标方式进行的采购，不仅符合市场经济的竞争原则，同时还促进了竞争，规范了交易双方的行为，最终促进了社会资源的优化配置。

2.1.4 招标投标的适用范围

招标投标具有十分广泛的社会适用性。一些学者经过研究认为：凡有竞争的存在，就有招标投标介入的可能性和必要性。同时，招标投标作为一种交易方式也并非万能，也有其自身的局限。

1. 招标投标适用范围的含义

招标投标的适用范围，是指哪些主体对哪些标的进行交易最适合采用招标投标的方式。一般而言，包括三个方面的内容：一是招标的主体是谁；二是招标的标的是什么；三是实行招标投标的标的数量或价值必须达到多少（即招标限额）才适用。这三个方面是相互联系的，构成一个整体，缺一不可，舍其一不足以说明招标适用范围的全部含义。

招标投标的特点决定了招标采购方式所需准备的文件很多，从发布招标公告、投标人做出反应、评标到最后授予合同，一般都要几个月甚至一年以上的时间。所以，招标投标方式一般适用于那些采购数额较大、技术和质量要求高，并对其技术性能和质量有客观衡量标准的采购项目。此外，招标投标虽然比较规范并有一定的约束，但毕竟有些规范还不具有法律效力，因而也难免产生那些其他交易方式也可能产生的问题。同时，法律层面上确定招标的适用范围，由于涉及有关交易主体的权利和义务以及国家的管理和监督职权，不是任意设定的；在国际条约、协定的规定方面，还涉及参加国的承诺和保留以及国内法与它的协调等一系列问题。

2. 招标的主体范围

目前，世界各国由于具体国情不同，法律在确定招标主体的范围时不完全一致。

在我国，《政府采购法》把各级国家机关、事业单位和团体组织纳入招标采购的主体范围之内。《中华人民共和国城市房地产管理法》、《中华人民共和国土地管理法》把出让国有土地使用权的市、县人民政府土地行政主管部门纳入招标的主体范围之内。《招标投标法》把使用国有资金（或者国家融资）、使用国际组织或者外国政府贷款、援助资金的单位列入招标的主体范围之内。这实际上明确了国有企事业或国有资产投资者实际拥有控制权企事业的工程建设应纳入招标范围。

3. 招标的标的范围

从有关国家、国际组织的法律、条约、协议等规定来看，招标投标的标的分为货物、工

⊖ 招标代理机构的介入：一方面，使原来单一的买方形成了一个买方群体，这一关键的变化对投标人之间的整个竞争态势起到了催化或放大的作用，无形之中加剧了投标人所承受的竞争压力。另一方面，由于招标代理机构的存在，招标采购信息与投标人之间的传递、沟通渠道更顺畅，这可以在更广泛的范围内通知尽可能多的投标人前来参与竞争，由此形成更为充分的竞争。卖方的增多，同样对竞争也会起到乘数作用。

程和服务,已经成为一种共识。

随着社会的进步及社会经济的发展,以及我国社会主义市场经济体制的建立与完善,市场竞争日趋激烈,因此,招标投标的运用范畴不断延伸。《国务院办公厅关于进一步规范招投标活动的若干意见》(国办发〔2004〕56 号)提出:积极引入竞争,进一步拓宽招标投标领域。按照深化投资体制改革的要求,逐步探索通过招标投标引入竞争机制,改进项目的建设和管理;对经营性的、有合理回报和一定投资回收能力的公益事业、公共基础设施项目建设,以及具有垄断性的项目,可逐步推行项目法人招标制;进一步探索采用招标等竞争性方式选择工程咨询、招标代理等投资服务中介机构的办法;对政府投资的公益项目,可以通过招标选择项目管理单位对项目建设进行专业化管理;大力推行和规范政府采购、科研课题、特许经营权、土地使用权出让、药品采购、物业管理等领域的招标投标活动。

4. 招标的限额

招标的限额标准又称招标的"门槛金额"。

《招标投标法》第三条规定:工程建设项目的具体范围和规模标准,由国务院发展计划部门会同国务院有关部门制订,报国务院批准;法律或者国务院对必须进行招标的其他项目的范围有规定的,依照其规定。

《必须招标的工程项目规定》明确,规定范围内的项目,其勘察、设计、施工、监理以及与工程建设有关的重要设备、材料等的采购,达到下列标准之一的,必须招标:

(1)施工单项合同估算价在 400 万元人民币以上。

(2)重要设备、材料等货物的采购,单项合同估算价在 200 万元人民币以上。

(3)勘察、设计、监理等服务的采购,单项合同估算价在 100 万元人民币以上。

同一项目中可以合并进行的勘察、设计、施工、监理以及与工程建设有关的重要设备、材料等的采购,合同估算价合计达到前款规定标准的,必须招标。

《政府采购法》第八条规定:政府采购限额标准,属于中央预算的政府采购项目,由国务院确定并公布;属于地方预算的政府采购项目,由省、自治区、直辖市人民政府或者其授权的机构确定并公布。比如,国务院办公厅公布,中央预算单位 2017—2018 年政府集中采购货物或服务的项目,单项达到 200 万元以上的,必须采用公开招标方式。

2.1.5 招标投标活动的原则

一部法律的基本原则,贯穿于整部法律,统率该法律的各项制度和各项规范,是该法律立法、执法、守法的指导思想,是解释、补充该法律的准则。《招标投标法》第五条明确规定,招标投标活动应当遵循公开、公平、公正和诚实信用的原则,这也是一切民事法律行为所共同遵守的一条原则,是所有市场竞争行为所应遵守的规范。从《招标投标法》中还可以提炼出其他四项原则,即强制与自愿相结合原则、合法原则、开放性原则和依法监督原则。

1. 公开、公平、公正和诚实信用的原则

这是招标投标活动应当遵循的基本原则。《招标投标法》始终以其为主线,在总则及分则的各个条款中予以具体体现。

所谓"公开"原则,从招标人的角度说,就要求把整个招标投标活动程序、要求、标准公之于众;从投标人的角度说,就是能够了解整个招标投标活动的程序、要求、标准以及整个过程透明可见。综合而言就是要求招标投标活动具有较高的透明度，实行招标信息、招标程序、评标标准和程序以及中标结果公开，使每一个投标人获得同等的信息，知悉招标的一切条件和要求。透明度高、规范性强的交易程序具有可预测性，使投标人可以计算出他们参加投标活动的代价和风险，从而提出具有竞争力的价格。"公开"原则还有助于防止招标人做出随意的或不正当的行为或决定，从而增强潜在投标人参与竞争并中标的信心。

"公平"原则，就是要求在招标投标活动中，双方当事人的权利、义务要大致相等，合情合理。同时，对于招标人和投标人之间的关系来说，双方在交易活动中地位平等，不歧视任何一方，任何一方不得向另一方提出不合理要求，不得将自己的意志强加给对方。此外，投标人也不以不正当的手段参加竞争。

"公正"原则，就是要求招标人对每一个投标人应一视同仁，给予所有投标人平等的机会，评标时按事先公布的程序和标准对待所有投标人。对所有投标截止日期以后送达的投标文件都应拒收，与投标人有利害关系人员不得作为评标人员。

"诚实信用"原则，也称诚信原则，其含义是，招标投标当事人应以诚实、善意的态度行使权利，履行义务，以维持双方的利益平衡，以及自身利益与社会利益的平衡。在当事人之间的利益关系中，诚信原则要求尊重他人利益，以对待自己事务的态度对待他人事务，保证彼此都能得到自己应得的利益。在当事人与社会的利益关系中，诚信原则要求当事人不得通过自己的活动损害第三人和社会的利益，必须在法律范围内以符合其社会经济目的的方式行使自己的权利。从这一原则出发，《招标投标法》规定了不得规避招标、串通投标、泄露标底、骗取中标、非法律允许的转包合同等诸多义务，要求当事人遵守。

2. 强制与自愿相结合原则

所谓强制与自愿相结合原则，是指法律强制规定范围内的项目必须采取招标方式进行交易，而强制招标范围以外的项目采取何种交易方式（招标或非招标）、何种招标方式（公开招标或邀请招标）都由当事人依法自愿决定。这是我国《招标投标法》的核心内容之一，也是最能体现立法目的的原则之一。

《招标投标法》规定，我国对特定项目实行强制招标制度。这和世界各国及世行等国际金融组织采购规则的精神是一致的。

根据《招标投标法》的相关规定，我国对招标项目实行差别化管理，强制招标范围以外的项目可以不采用招标方式采购。这是因为在有些情况下，招标方式并不是最有效的采购方式，而其他采购方式或许更加适宜。

3. 合法原则

所谓合法原则，是指在我国境内进行的一切招标投标活动，必须符合《招标投标法》。

凡是在中国境内进行的招标投标活动，不论招标主体的性质、招标采购项目的性质如何，只要采购人选择了招标方式，就应当遵守《招标投标法》的有关规定。只是强制招标的程序要求比自愿招标更为严格，自愿招标的选择余地更为灵活。为了体现区别管理，《招标投标法》及其实施条例的一些专门针对依法必须招标项目的条款，不适用于自愿招标的项目。

4. 开放性原则

《招标投标法》第六条规定，依法必须进行招标的项目，其招标投标活动不受地区或者部门的限制。任何单位和个人不得违法限制或者排斥本地、本系统以外的法人或者其他组织参加投标，不得以任何方式非法干涉招标投标活动。《招标投标法实施条例》第六条更特别规定，禁止国家工作人员以任何方式非法干涉招标投标活动。

这些规定的实质是确立了招标投标活动的另一项基本原则——不得进行部门或地方保护，不得非法干涉——开放性原则。

从我国近些年的招标情况看，部门垄断、地方保护、画地为牢、近亲繁殖、非法干涉造成的后果相当严重，成为一些重大恶性工程质量事故的灾难性根源。一个统一、开放、竞争的市场，不存在任何形式的限制、垄断或干涉，是招标发挥作用的外部环境和前提条件。

5. 依法监督原则

《招标投标法》第七条规定：招标投标活动及其当事人应当接受依法实施的监督；有关行政监督部门依法对招标投标活动实施监督，依法查处招标投标活动中的违法行为。

依法监督原则包括两层意思：一方面，招标投标活动及其当事人应当依法接受监督；另一方面，有关行政管理部门对招标投标活动的监督检查必须依法进行。没有法律根据的或者是滥用职权的所谓监督权是无效的、不被允许的。

2.2 招标投标制度设计

制度是人类伟大的发明，它的生成是一个动态无意识自发演进和有意识人为设计的双线索互动统一的过程。其中，制度设计是制度生成的重要方式，招标投标制度的创设也是如此，是人们积极开展制度设计的结果。

2.2.1 招标投标机制的内涵

招标投标机制寓于市场机制之中，并受市场机制的调节。招标投标在市场竞争机制的调节下，通过"公开、公平、公正"优胜劣汰的竞争，完成了商品的交换，实现了物化劳动的社会价值，使社会资源得以优化配置。

1. 机制、市场运行机制与竞争机制

（1）机制。机制一词现在用于泛指一个工作系统的组织或部分之间相互作用的过程和方式。

机制的建立，一靠体制，二靠制度。

在任何一个系统中，机制都起着基础性的、根本的作用。在理想状态下，有了良好的机制，甚至可以使一个社会系统接近于一个自适应系统——在外部条件发生不确定变化时，能自动地迅速做出反应，调整原定的策略和措施，实现优化目标。

（2）市场运行机制。机制在经济机体运行中发挥功能，称为运行机制。

市场运行机制是市场经济的总体功能，是经济成长过程中最重要的驱动因素，是由价格机制、竞争机制、风险机制、供求机制所构成的。价格机制是市场经济的核心机制，竞争机制是市场经济的关键机制，风险机制是市场经济的基础机制，供求机制是市场经济的保证机制。

（3）竞争机制。竞争机制是商品经济活动中优胜劣汰的手段和方法。商品的价值决定、价值规律的实现，都离不开竞争。

竞争机制反映竞争与供求关系、价格变动、资金和劳动力流动等市场活动之间的有机联系。它同价格机制和信贷利率机制等紧密结合，共同发生作用。竞争包括买者和卖者双方之间的竞争，也包括买者之间和卖者之间的竞争。竞争机制充分发挥作用和展开的标志是优胜劣汰。

2. 招标投标机制

建立招标投标机制，就是要研究招标投标与市场经济的关系、招标与投标之间的关系，招标人（招标代理人）和投标人的关系，研究市场调节功能与竞争机制，研究招标投标的特点、功能及其运行规律等，从而建立适应这些关系，符合招标投标本质特征及其运行规律的招标投标管理体制和运行机制。

市场机制的运行规律是"竞争→发展→再竞争→再发展"，如此循环下去。招标投标的运行规律是"需求→竞争→优胜劣汰→成交"，竞争贯穿了招标投标的全过程。

招标投标机制的内涵可以概括为如下几个主要方面：

（1）建立规范有序的市场运行准则是招标投标的首要功能。

（2）充分的竞争与有组织的选择是招标投标的基本属性。

（3）追求综合效益最大化是招标投标的直接动因。

（4）实现资源合理化配置是招标投标的最终目标。

3. 业主选择招标投标的基本目标

工程项目的招标投标是业主和承包（供应/服务）商双方互相选择的过程，是承包（供应/服务）商之间互相竞争的过程，又是合同的形成过程。对此业主的基本目标是：

（1）采购有较好的经济性和效率性。也就是说，所采购的工程、货物、服务应具有优良的质量，招标投标的总成本（采购对象的成本与采购活动的成本之和）最低，以及在合理的、较短的时间内完成采购，以满足项目工期的要求。

（2）选择一个能胜任项目工作的承包人。他必须有雄厚的经济技术实力，有丰富的承包经验，且要有较好的资信。

（3）签订一个有利的合同。包括：①适当的公平的反映市场水平的合同价格；②完备的，没有漏洞、二义性和矛盾的合同条件；③合理且明确地分配项目的工作和工程责任、合理地分配风险，以保证项目工作能及时、按质、按量地完成。

2.2.2 招标竞争的主要方式

招标投标方式是采购的基本方式，决定着招标投标的竞争程度，也是防止不正当交易的重要手段。

1. 招标的基本方式

总体来看，目前世界各国和有关国际组织的有关采购法律、规则都规定了公开招标、邀请招标为主要的招标方式。

公开招标，又叫无限竞争性招标，是指招标人以招标公告的方式邀请不特定的法人或者其他组织投标，所有有兴趣的承包（供应/服务）商都可以提交投标文件的招标方式。公开招标方式被认为是最系统、最完整和规范性最好的招标方式，其他招标方式往往参照公开招标方式进行。

邀请招标，也称选择性招标或有限性招标，是指招标人以投标邀请书的方式邀请特定的法人或者其他组织投标，只有被邀请的承包（供应/服务）商才能够提交投标文件的招标方式。《招标投标法》规定，招标人采用邀请招标方式的，应当向 3 个以上具备承担招标项目的能力、资信良好的特定的法人或者其他组织发出投标邀请书。

招标的两种基本方式各有千秋。在实际中，各国或国际组织的做法也不尽一致。例如，《欧盟采购指令》规定，如果采购金额达到法定招标限额，采购单位有权在公开招标和邀请招标中自由选择。实际上，邀请招标在欧盟各国运用得非常广泛。

2. 按照地域范围及竞争性分类

（1）国际招标和国内招标。按照地域范围的不同，招标可分为国际招标和国内招标两种。

国际招标的地域不限于招标国本国，而是面向国际市场。

国内招标的范围只限于国内，可用本国语言编写招标文件和投标文件，只在国内的媒体上登出广告，通常用于合同的规模和金额小（世界银行规定一般 50 万美元以下）、采购品种或地点比较分散、分批交货、时间或工期较长、劳动密集型、商品成本较低而运费较高、当地价格明显低于国际市场等的采购。

（2）无限竞争性招标、有限竞争性招标和非竞争性招标。招标按照竞争性强弱和有无限制，可分为无限竞争性招标、有限竞争性招标、非竞争性招标、排他性招标和混合型招标等。

采用无限竞争性招标时，一切有兴趣参加投标竞争的承包（供应/服务）商，只要通过资格预审，都可以参加投标竞争，一切投标人都有均等的竞争机会。

有限竞争性招标也称邀请招标，只有得到招标人邀请的承包（供应/服务）商才能参加有限竞争性招标。由于被邀请参加的投标竞争者有限，不仅可以节约招标费用，而且提高了每个投标人的中标机会。

非竞争性招标在国内也称议标。这种招标方式的做法是业主邀请一家自己认为理想的承包（供应/服务）商直接进行协商谈判，通常不进行资格预审，不需开标。严格说来，这并不是一种招标方式，而是一种合同谈判、一种直接采购。

排他性招标是特殊情况下的招标方式。在利用外国政府贷款采购项目时，一般都规定必须在借款国和贷款国同时进行招标，只有借、贷两国的承包（供应/服务）商可以参加投标，第三国的承包（供应/服务）商不得参加，即属于排他性招标。

混合型招标是指兼有不同类型招标的特征或保留招标的优点又混有其他交易方式特点的招标方式。比较典型的是两阶段招标。

3. 按照标的范围及信息载体分类

（1）单项招标、总承包招标和分包招标。按照招标标的范围可以分为单项招标、总承包招标和分包招标。

单项招标是指对建设项目涉及的货物、工程、服务分别、切块进行招标，由招标人与不同的承包（供应/服务）商分别签订合同。

总承包招标是指工程以及与工程建设有关的货物、服务（不包括工程监理）全部或者部分捆绑在一起招标，由招标人与一个承包（供应/服务）商签订一份总承包合同。

分包招标是指对总承包合同范围内的工程、货物、服务实施的招标，由总承包人与中标的分包人签订相应的合同。

（2）纸质招标和电子招标。按照招标交易信息载体的形式，可以分为纸质招标和电子招标。

纸质招标即招标投标各方以纸质文件为信息载体，完成招标、投标、开标、评标和定标的交易活动。

电子招标是指以数据电文形式为载体，依托电子招标投标系统完成的全部或者部分招标投标交易、公共服务和行政监督活动。

4. 按照技术需求形成的方式及投标文件封拆形式分类

（1）一阶段招标和两阶段招标。招标按照采购的技术需求形成的方式，可以分为一阶段招标和两阶段招标。

一阶段招标也称一次性招标，是指招标投标的发标环节不分阶段、一次发标一次投标单次性完成的招标方式。一阶段招标中，招标人不需借助投标人的建议，而是自主确定招标项目的技术需求、编制招标文件。通常所说的招标投标，都是指一阶段招标。

两阶段招标⊖也称两步法招标程序，是指招标投标的发标环节明显分为两个阶段完成，投标也对应地分成两次的招标方式，是对仅有"一次投标"的公开招标方式的改良。只有特殊情况，如无法精确拟定技术规格的项目，才采用两阶段招标。两阶段招标中，第一阶段，招标人需要投标人按照招标公告或投标邀请书的要求提交一份不带报价的技术建议书。一般地，招标人会评审技术建议书，或召开双边探索会议，来帮助自己明晰招标项目的技术要求。招标人根据投标人提交的技术建议书，确定（修订）技术标准和要求，编制招标文件。第二阶段，招标人向第一阶段提交技术建议的投标人提供招标文件，投标人则按照招标文件的要求提交包括最终技术方案和投标报价的投标文件，从而通过两个阶段完成"一次招标"。

若站在投标人的立场，可以把一阶段招标看成是"单投"的"一次投标"——参与"一次"招标投标，只递交一次投标文件；而两阶段招标是"两投"的"一次投标"——参与"一次"招标投标，需要递交一次不带报价的技术建议书和一次包含技术方案和投标报价的投标文件。

《招标投标法实施条例》规定，对技术复杂或者无法精确拟定技术规格的项目，招标人可以分两阶段进行招标。世界银行规定，两阶段招标程序适用于：大型复杂设施的设计、供货和安装单一责任合同（包括交钥匙合同），或大型复杂设施或工业成套设备的供货和安装单一责任合同；非常复杂和特殊性质的土建工程；技术日新月异的复杂的计算机信息和通信技术。

（2）一阶段单信封招标与一阶段双信封招标。招标按照投标文件封拆形式，可以分为一阶段单信封招标与一阶段双信封招标。

一阶段单信封招标要求在一个信封内同时递交技术和财务投标书，技术和财务内容一次公开并评审。

⊖ 《世行采购规则》把采用多阶段程序的采购通称为征询意见书（RFP），包括两阶段招标方式，还包括允许在建议书评审后、合同授予之前采购人与投标人/建议人进行谈判的程序，以及使用"最佳最终要约（BAFO）"。"最佳最终要约"也称最佳最终报价，是指在投标书/建议书评审后，采购人再给交递了实质上响应需求的投标人/建议人一个最后的机会来改进他们的投标书/建议书，包括降低价格、澄清或修改他们的投标书/建议书或提供额外的信息。

一阶段双信封招标要求技术、财务部分各用一个信封封装：第一个信封包含资格和技术部分，第二个信封包括财务（价格）部分，两个信封按照约定程序依次打开并评审。

在两阶段招标的第二阶段，可以要求单信封投标，也可以要求双信封投标。

2.2.3 招标人投标人的权利和义务

法学一般认为，权利是指法律关系的当事人一方实现正当利益的行为依据，义务则是指法律关系的当事人一方为了满足他方利益所实施的行为依据。

1. 招标人的权利和义务

（1）招标人享有的权利一般包括：

1）自行组织招标或者委托招标代理机构进行招标。若采用委托代理机构招标时，有权自由选定招标代理机构，并且有权参与整个招标过程。

2）自主决定对投标人的资格审查。

3）自主决定答疑的方式及是否组织现场踏勘。

4）自主澄清、修改招标文件（资格预审文件）。

5）自主确定其代表是否进入评标委员会。

6）自主决定是否编制标底。

7）主持开标。

8）根据评标委员会推荐的候选人确定中标人或授权评标委员会直接确定中标人。

9）拒绝非法干预。

（2）招标人应该履行的义务一般包括：

1）不得侵犯投标人的合法权益。

2）保持招标具有竞争性。

3）委托招标代理机构进行招标时，应当向其提供招标所需的有关资料并支付委托费。

4）合理编制招标文件，公开招标的要求与条件。

5）依法组建评标机构。

6）承担招标过程中的保密、协助、通知工作。

7）拒绝不合要求的投标。

8）中标人确定前不与投标人进行实质性谈判。

9）对异议及时做出答复。

10）接受招标投标管理机构的监督管理。

11）与中标人签订并履行合同。

2. 投标人的权利和义务

（1）投标人享有的权利一般包括：

1）平等地获得招标信息。

2）自主投标。

3）要求招标人或招标代理机构对招标文件（资格预审文件）中的有关问题进行答疑。

4）投标截止日前改变投标。

5）依法分包。

6）参加公开开标。

7）异议或者投诉。

（2）投标人应该履行的义务一般包括：

1）按招标文件规定编制、报送投标文件。

2）保证所提供的投标文件的真实性。

3）投标截止日后不得改变投标。

4）应约对投标文件的有关问题进行答疑。

5）提供投标担保。

6）被确定为中标人前不与招标人进行实质性接触。

7）中标后与招标人签订并履行合同，非经招标人同意不得转让或分包合同。

2.2.4 招标代理机构

招标代理机构有广义和狭义之分，狭义的招标代理机构是指接受招标人委托，代为从事招标组织活动的中介机构。而广义的招标代理机构还应该包括专门从事政府采购活动，而由相应层级的政府依法设立的集中采购机构。本书所用为其狭义含义。

1. 招标代理机构的性质

招标代理机构是独立于政府和企业之外，受招标人委托，代为从事招标组织活动并提供相关服务的社会中介组织。在代办招标过程中，招标机构不仅要接受招标人和投标人的监督，还要受到国家法律法规和社会的监督，以及职业道德的约束。

从法律意义上说，招标代理属于委托代理的一种。招标代理机构在招标人委托的权限范围内，以招标人名义办理招标事宜，为招标人取得权利、设定义务。因此，在招标投标活动中，尽管投标人是与招标代理机构联系的，但招标代理机构代表的是招标人的利益，行为后果也由招标人承担。

2. 招标代理从业管理制度

根据《招标投标法》和《招标投标法实施条例》的规定，住建部、商务部、发改委、工信部等部门，按照规定的职责分工对招标代理机构依法实施监督管理。

招标代理机构一般应当具备下列条件：①有从事招标代理业务的营业场所和相应资金；②有能够编制招标文件和组织评标的相应专业力量。

2017 年 12 月 28 日政府全面取消招标代理机构的资格管理，改为名录公开与信用管理。

3. 招标代理机构的权利和义务

招标代理机构一般受招标人的委托开展招标代理活动，也可以受投标人委托开展投标代理活动，其代理范围由委托人授权，其行为对委托人产生效力。

（1）作为一种民事代理人，受招标人委托的招标代理机构享有的权利包括：

1）组织和参与招标投标活动。

2）拒绝非法干涉。

3）按照约定标准收取招标代理费。

4）招标人授予的其他权利。

（2）招标代理机构也应该履行相应的义务：

1）维护招标人和投标人的合法权益。

2）组织编制、解释招标文件或资格预审文件。

3）遵守招标投标法律法规关于招标人的规定。

4）不得自己代理、双方代理，也不得为所代理项目的投标人提供咨询。

5）不在所代理项目中投标。

6）保守秘密。

7）接受招标管理机构的指导、监督。

2.2.5 招标投标的法律性质

招标投标的目的在于选择中标人，并与之签订合同。因此，学界普遍认为，招标投标是当事人双方经过一个轮次的"要约和承诺"两阶段订立合同的一种特殊竞争性程序，整个流程具有连续性和层层递进、环环相扣的特征，招标（要约邀请）、投标（要约）和中标（承诺）只发生一次，秉持"一言既出，驷马难追"的理念，不允许招标投标双方在招标投标过程中协商谈判和随意修改招标项目的实质性内容，其特点是在合同订立过程中引入竞争机制，以便使合同订立更有效率。招标投标中的具体法律行为主要有招标行为、投标行为和确定中标人（授标）行为。

1. 招标行为的法律性质是要约邀请

招标的直接目的在于邀请投标人投标。其真实的意图是通过广告（公开发布或定向投递）的方式使相对人获得招标人的公开信息，即招标文件（招标人关于招标的程序、要求以及合同条件和中标条件）。

招标文件的内容包括了合同条件，但它仍构不成要约。它不符合《合同法》关于要约要"具体"（应包括标的、数量、价格三要素）且"表明经受要约人承诺，要约人即受该意思表示约束"的要求。

因此，招标行为属于要约引诱的性质，即要约邀请，不具有要约的效力⊖。

对于要约邀请在法律上是否要承担责任是有分歧的。主要有两种观点，一种认为要约邀请是订立合同的预备行为，属事实行为，在法律上无须承担责任；另一种观点认为要约邀请是具有法律意义的意思表示，受其中具有承诺意义内容的约束，特别是当要约邀请中包含承诺方法或承诺标准的内容时，比如定标方法与标准等，如果他人发出要约，而要约邀请人却不按要约邀请中既定的方法或标准承诺，需承担缔约过失责任或者反不当竞争法上的责任。要约邀请只是不产生对方一旦接受就成立合同的效力。

站在招标投标活动的角度，后一种观点是容易接受的。因为这种观点在解释招标投标过程中的许多规则时比较容易让人接受。

据此，招标是具有法律意义的意思表示，招标人应承担其违反有效招标而产生的法律责任。

招标行为是有时效的。招标程序启动的标志是招标广告（招标公告或投标邀请书）发布，按《民法总则》的规定，以公告方式做出的意思表示，应以公告发布时生效；以非对话方式做出的意思表示，到达相对人时生效，也就是说公开招标与邀请招标的生效时点不一样。实践中，招标的生效往往从招标文件开始发出之日开始。一般讲，招标文件开始发出之

⊖ 也有人认为不可一概而论，如果招标人在招标公告或投标邀请书中明确表示必与报价最优者签订合同，则招标人负有在投标后与其中条件最优者订立合同的义务，这种招标的意思表达可以视为要约。

日也就是首个投标人领购到招标文件之时，这与有相对人且采用非对话的意思表示的生效采用到达主义原则基本一致。从招标生效到投标截止日期止，是投标准备期，也可以说是招标的有效期。由于招标是要约邀请性质，在此期间招标人可以依法修改或变更招标文件。对于招标人是否可以撤回招标文件，《招标投标法》没有明确规定，《招标投标法》第二十三条，仅规定招标人可以澄清或修改招标文件，没有涉及撤回招标文件或终止招标的内容。《工程建设项目施工招标投标办法》和《工程建设项目勘察设计招标投标办法》都明确规定了除不可抗力原因外，招标人在发布资格预审公告、招标公告或者发出投标邀请书后不得终止招标，也不得在出售资格预审文件、招标文件后终止招标。投标人可以根据招标文件的邀约准备投标文件；超过招标有效期这个期限，招标人不得再对招标文件做任何修改和变更，更不得撤销，招标文件作为邀约投标的作用完全丧失，投标人也不得再以此为据进行投标。

招标生效后，遇有下列情形之一的，招标失效，招标人不再受其约束：①招标文件发出后，在招标有效期内无任何人响应；②招标已依法结束；③招标项目取消，如项目所必需的条件因国家产业政策调整、规划改变、用地性质变更等非招标人原因而发生重大变化，导致招标工作不得不终止，或者因不可抗力取消招标项目；④招标人终止，如解散、被撤销或宣告破产等。

2. 投标行为的法律性质是要约

投标是投标人按照招标人提出的招标文件的要求，在规定期间内向招标人发出的以订立合同为目的的意思表示，符合要约的特征。投标文件中包含有将来订立合同的具体条款，包括项目的价格，只要招标人承诺（宣布中标）就可按投标文件提出的内容签订合同。作为要约的投标行为具有法律约束力，表现在：投标是一次性的，同一投标人不能就同一标的进行一次以上的投标；各个投标人对自己的报价负责；在投标文件发出后的投标有效期内，投标人不得随意修改投标文件的实质性内容和撤回投标文件；投标人必须接受投标经招标人承诺后即成立合同的法律后果。

投标行为也存在时效问题。投标是要约行为，应发生要约的效力。关于投标的生效时间《招标投标法》采用了与《合同法》一致的原则，但规定的时间不是投标文件送达招标人的时间⊖，而是投标截止时间，按我国法律规定也就是开标时间。所以，投标在开标时生效，同时对招标人发生效力，使其取得承诺的资格。但招标人无必须与某一投标人订约的义务，除在招标文件中有明确相反表示外，招标人可以否决全部投标，不与投标人中的任何一人订约。

实践中，投标的有效期一般到合同签订日止。为了保证在开标后有足够的时间进行评标、审批、中标人收到中标通知，商签合同，在招标文件中通常规定投标的有效期到投标截止日后多少日止。投标生效后，遇有下列情形之一，投标失效，投标人不再受其约束：①投标人或投标文件不符合招标文件的要求；②投标有效期届满；③投标人未同意或未按招标人要求延展投标有效期；④招标人对投标文件做出实质性变更；⑤投标人终止，如解散、被撤销或宣告破产等。

⊖ 《合同法》上所称"要约到达受要约人时生效"，这里的"到达"应包括两方面的含义：一是指在空间上要约已经从要约人处抵达受要约人；二是受要约人已经知晓或者应当知晓要约的内容。因此，投标文件送达招标人，只是形式上的到达，而非全部法律意义上的"到达"。

3. 授标行为的法律性质是承诺

招标人一旦确定中标人，发出中标通知书，就是对中标人的承诺。《招标投标法》第四十五条规定："中标人确定后，招标人应当向中标人发出中标通知书，并同时将中标结果通知所有未中标的投标人。中标通知书对招标人和中标人具有法律效力。中标通知书发出后，招标人改变中标结果的，或者中标人放弃中标项目的，应当依法承担法律责任。"中标通知书发出后，招标人和中标人各自都有权利要求对方签订合同，也有义务与对方签订合同。另外，在确定中标结果之前，双方不能就合同的内容进行谈判。

授标也有时效问题。中标人的选定意味着招标人对该投标人的条件完全同意，双方当事人的意思表示完全一致，合同即告成立。招标人做出承诺的法定方式是发出中标通知书。关于授标生效的时点，理论界和实务界一直存有争议。实际上，《招标投标法》并未直接规定中标通知书发出后即生效，但有专家认为可以从有关法律条款中推定认为中标通知书发出时生效，即招标订约的"承诺"采取了与《合同法》一般性承诺完全不同的方式，是采取"发信主义"。也有专家认为，根据《合同法》"承诺通知到达要约人时生效"的规定，中标通知书如果被认定为承诺，则非常明确地应当认定其送达中标人时即生效，否则将产生一个悖论，即投标人尚未知道自己中标的情况下，合同即已经成立。因此，实践中，多以中标通知书送达中标人时生效，即授标的生效也采取"到达主义"。自中标通知书发出之日起30日内，招标人和中标人应当按照招标文件和中标人的投标文件订立书面合同。

2.2.6 招标投标制度设计的理论基础

人类创造了很多能够诱导人们显示并测度他们效用的技术和制度，如拍卖和招标投标制度。为什么招标投标机制会在现实经济生活中有着如此广泛的应用呢？经济学家通过几十年的研究，形成了一套系统的经济理论，用来分析和理解招标投标机制的优越性，也为实际操作提供了许多有用的建议。

1. 基础术语

（1）资源配置。资源配置是对相对稀缺的资源在各种不同用途上加以比较做出的选择。

如何把稀缺资源有效地配置到各种不同的、相互竞争的需要上，始终是人类在生存和发展中要解决的一个基本问题。人类配置资源的方式可以分为市场机制、行政命令、法律强制、投票制、随机抽奖等，当然还包括各种欺诈方式。在上述资源配置方式中，市场机制以其快速、高效和公正的特点在世界各国得到了最广泛的应用，我国的实践也表明，市场在资源配置中具有决定性作用。市场机制也称市场竞争机制，又可分为纯粹的市场竞争、垄断的市场竞争、拍卖、招标投标、双边谈判等。

（2）激励相容。在市场经济中，每个理性经济人都会有自利的一面，其个人行为会按自利的规则行为行动；如果能有一种制度安排，使行为人追求个人利益的行为，正好与企业实现集体价值最大化的目标相吻合，这一制度安排就是"激励相容"。

（3）拍卖和招标。拍卖和招标是信息经济学一个十分精彩的专题，因为其中存在私有信息。在拍卖和招标中，金钱的流动方向是不同的，两相比较，在商品拍卖中，人们对"已经存在的"拍卖品的了解是比较完全的，而在工程或服务招标中，人们对"未来完成的"工程和"未来提供的"服务的信息，就不那么完全清楚，这是因为后者牵涉"未来"的不确定性。拍卖和招标的本质区别就在这里。所以，商品拍卖总是"价高者得"，但是工程和服务招标，除了比较价格以外，还要考虑企业实施承诺和企业信誉等其他因素，而不能只是强调"价低者得"。

在注意了上述本质区别的前提下，可以发现，拍卖和招标不仅在形式和操作上有许多共同的地方，而且在经济学意义上有许多共同的规律。在理论研究中，把招标投标等同于密封拍卖，认为招标投标与拍卖相类似，也是通过竞争确定特定物品价格的市场机制，只不过竞价是以密封的方式进行，且竞争不是在需求方而是在供给方（卖方）间展开，以价格最低者成交。

2. 拍卖理论

（1）拍卖理论基本内容。拍卖作为商品交易的一种方式，已存在了 2500 多年，但是对拍卖理论的研究直到 20 世纪 60 年代才开始。1961 年，美国经济学家威廉·维克瑞（William Vickrey）开创性地提出了拍卖理论，随后拍卖理论蓬勃发展，形成了比较完善的理论。

传统观点认为，如果交易者双方所掌握的信息不对称，市场上产生的均衡结果将是一种无效率的状态。但是，维克瑞却以拍卖这种具有重大实践意义的市场制度为例指出，并非信息不对称的市场一定无效率。市场是否有效率，就取决于其规则是否符合"激励相容"的约束，是否能够有效地诱导自利的市场参与者说出他们真正愿意支付的价格。

威廉·维克瑞引入了著名的"第二价格拍卖"，分析了不同种类的拍卖市场机制。

一般来说，只要弄懂四种基本拍卖形式和一条基本拍卖定理（等价收入定理），大致就可以明白所谓的拍卖理论。

第一种形式是升价拍卖，又叫英式拍卖，就是我们最常见到的拍卖，即狭义的拍卖。大家在一起公开竞标，往上抬价，出价最高者获得拍品。

第二种是降价拍卖，又叫荷兰式拍卖，价格则是由高往低降，第一个接受价格的人获得拍品。

剩下两种是密封式竞价。第一价格密封拍卖是说，每个人都对拍品单独报价，相互不知底细，填了标价封在信封里交上去，最后拍卖师拆开信封，出价最高者获胜；第二价格密封拍卖与第一价格密封拍卖类似，唯一不同的是，最后出价最高的人获得拍品，但他无须付出自己所喊价格，只需要按照排位第二高的价格付钱就行。

（2）拍卖理论的基本结论。拍卖理论定量描述了经济环境最基本的假设是所谓的独立私人价值假设：投标者是风险中性的；每个投标者知道拍卖品对他的价值，但不知道其他投标者对拍卖品的价值；所有投标者对拍卖品的估值是独立同分布的随机变量，招投双方均知道这个分布函数。在这些理想的假设条件下，拍卖有以下特征：

1）英式拍卖与第二价格密封拍卖是等价的。无论假设投标者是风险中性或风险厌恶都成立。

2）荷兰式拍卖与第一价格密封拍卖策略等同。在风险厌恶假设下，投标者的最优报价随其风险厌恶程度的增大而增大，一般大于其私人价值。

3）英式及第二价格密封拍卖的结果是帕累托最优的。

4）收入等同定理。无论采用何种拍卖方式，招标者最优的预期收入相同，而且等于预期的次高私人价值。该定理只有在投标者风险中性假设下才成立。如果投标者是风险厌恶的，那么第一价格与荷兰式拍卖收入随着风险厌恶程度增大而增大，而且大于第二价格与英式拍卖的收入。

5）拍卖理论研究同时表明，设定适当的最低保留值有利于招标人提高其收入。招标人设定的保留值严格大于其对拍卖品的估值。如果所有投标人的报价均低于此保留值，则招标人拒绝卖出拍卖品。这主要用于应对当投标人之间的估值具有加盟性质即不独立时的情形。

6）进一步的理论研究还显示，招标人公开地显示有关拍卖品品质和期望卖价的某些信息可以提高招标收入。在实际的拍卖中，投标人往往是风险厌恶的，他们对拍卖物品的估值也依赖于其他投标人的估值以及对拍卖品某些品质的估计，必具有加盟性质，因此招标人必须注重公开招标信息，增加招标透明度。

3. 博弈论

（1）博弈的类型。一般认为，博弈主要可以分为合作博弈和非合作博弈。合作博弈和非合作博弈的区别在于相互发生作用的当事人之间有没有一个具有约束力的协议，如果有，就是合作博弈，如果没有，就是非合作博弈。

从行为的时间序列性看，博弈分为静态博弈和动态博弈两类。静态博弈是指在博弈中，参与人同时选择或虽非同时选择但后行动者并不知道先行动者采取了什么具体行动；动态博弈是指在博弈中，参与人的行动有先后顺序，且后行动者能够观察到先行动者所选择的行动。

按照参与人对其他参与人的了解程度，博弈分为完全信息博弈和不完全信息博弈。完全信息博弈是指在博弈过程中，每一位参与人对其他参与人的特征、策略空间及收益函数有准确的信息。如果参与人对其他参与人的特征、策略空间及收益函数信息了解得不够准确，或者不是对所有参与人的特征、策略空间及收益函数都有准确的信息，那么在这种情况下进行的博弈就是不完全信息博弈。

（2）经济学中的"智猪博弈"。这个例子讲的是：猪圈里有两头猪，一头大猪，一头小猪。猪圈的一边有个踏板，每踩一下踏板，在远离踏板的猪圈的另一边的投食口就会落下少量的食物。如果有一只猪去踩踏板，另一只猪就有机会抢先吃到另一边落下的食物。当小猪踩动踏板时，大猪会在小猪跑到食槽之前刚好吃光所有的食物；若是大猪踩动了踏板，则还有机会在小猪吃完落下的食物之前跑到食槽，争吃到另一半残羹。

那么，两只猪各会采取什么策略？答案是：小猪将选择"搭便车"策略，也就是舒舒服服地等在食槽边；而大猪则为一点残羹不知疲倦地奔忙于踏板和食槽之间。

"小猪躺着大猪跑"的现象是由故事中的游戏规则所导致的。

为使资源最有效配置，规则的设计者是不愿看见有人搭便车的。而能否完全杜绝"搭便车"现象，就要看游戏规则的核心指标设置是否合适了。

（3）囚徒困境博弈。"囚徒困境"博弈模型，是含有占优战略均衡的一个著名例子。

假设有两个小偷 A 和 B 联合犯事、私入民宅被警察抓住。警方将两人分别置于不同的两个房间内进行审讯，对每一个犯罪嫌疑人，警方给出的政策是：如果一个犯罪嫌疑人坦白了罪行，交出了赃物，于是证据确凿，两人都被判有罪，如果另一个犯罪嫌疑人也做了坦白，则两人各被判刑 8 年；如果另一个犯罪嫌疑人没有坦白而是抵赖，则以妨碍公务罪（因已有证据表明其有罪）再加刑 2 年，而坦白者有功被减刑 8 年，立即释放；如果两人都抵赖，则警方因证据不足不能判两人的偷窃罪，但可以私入民宅的罪名将两人各判入狱 1 年。表 2-1 给出了这个博弈的支付矩阵。

表 2-1　囚徒困境博弈

	B 坦白	B 抵赖
A 坦白	-8，-8	0，-10
A 抵赖	-10，0	-1，-1

从表 2-1 可知，对 A（B）来说，尽管他不知道 B（A）做何选择，但他知道无论 B（A）选择什么，他选择"坦白"总是最优的。结果是两人都被判刑 8 年。但是，倘若他们都选择"抵赖"，每人只被判刑 1 年。在表中的四种行动选择组合中，（抵赖、抵赖）是帕累托最优的，因为偏离这个行动选择组合的任何其他行动选择组合都至少会使一个人的境况变差。不难看出，"坦白"是任一犯罪嫌疑人的占优战略，而（坦白，坦白）是一个占优战略均衡。这个结局被称为"纳什均衡"，也叫非合作均衡。

"囚徒的两难选择"有着广泛而深刻的意义。个人理性与集体理性的冲突，各人追求利己行为而导致的最终结局是一个"纳什均衡"，也是对所有人都不利的结局。他们两人都是在坦白与抵赖策略上首先想到自己，这样他们必然要服长的刑期。只有当他们都首先替对方着想时，或者相互合谋（串供）时，才可以得到最短时间的监禁的结果。

（4）博弈中最优策略的产生。艾克斯罗德（Robert Axelrod）在开始研究合作之前，设定了两个前提：①每个人都是自私的；②没有权威干预个人决策。也就是说，个人可以完全按照自己利益最大化的企图进行决策。在此前提下，合作要研究的问题是：①人为什么要合作；②人什么时候是合作的，什么时候又是不合作的；③如何使别人与你合作。

在研究中发现，合作的必要条件是：①关系要持续，一次性的或有限次的博弈中，对策者是没有合作动机的；②对对方的行为要做出回报。

提高合作性的方法包括：①要建立持久的关系；②要增强识别对方行动的能力，如果不清楚对方是合作还是不合作，就没法回报他了；③要维持声誉，说要报复就一定要做到，对方才知道你是不好欺负的，才不敢不与你合作；④能够分步完成的对局不要一次完成，以维持长久关系；⑤不要嫉妒别人的成功；⑥不要首先背叛，以免担上罪魁祸首的道德压力；⑦不仅对背叛要回报，对合作也要做出回报；⑧不要耍小聪明，占别人便宜。

囚徒困境扩展为多人博弈时，就体现了一个更广泛的问题——"社会悖论"或"资源悖论"。人类共有的资源是有限的，当每个人都试图从有限的资源中多拿一点儿时，就产生了局部利益与整体利益的冲突。解决这些问题，关键是通过研究，制定游戏规则来控制每个人的行为。

重复博弈在现实中是很难完全实现的。一次性博弈的大量存在引发了很多不合作的行为，而且，对策的一方在遭到对方背叛之后，往往没有机会也没有还手之力去报复。在这些情况下，社会要使交易能够进行，并且防止不合作行为，必须通过法制手段，以法律的惩罚代替个人之间的"一报还一报"，规范社会行为。

4. 机制设计理论

（1）机制设计理论研究的主要内容。机制设计理论讨论了信息不完全带来的信息无效和激励不足问题。在信息不完全、决策分散化、自愿选择和交换条件下，机制设计理论考虑了如何设计出一套经济机制，避免信息不完全所带来的资源配置损失，实现资源最优化利用等既定社会目标的理论。该理论旨在说明，即使在市场机制不能充分实现效率最大化目标时，社会仍能通过选择某种其他经济机制来达到既定的社会目标。

（2）机制设计理论的主要结论。好的机制需要较小的信息成本。在达到效率最大化的目标上，没有什么经济机制能够比市场机制具有更少的信息维度。因此，当市场机制能够解决资源最优配置问题时，应该让市场来解决；在市场无能为力的情况下，需要设计其他一些机制来补充市场机制的失灵。

好的机制设计必须满足激励相容条件。所制定的机制要能够给每个参与者以激励，使参与者在追求个人利益的同时也达到机制所制定的目标。要实现某一个目标，首先，要使这个目标是在技术可行性范围内；其次，要使它满足个人理性，即参与性，如果一个人不参与你提供的博弈，因为他有更好的选择，那么你的机制设计就是虚设的；最后，它要满足激励相容约束，要使个人自利行为自愿实现制度的目标。

5. 招标投标的经济学分析

招标制度作为在长期的经济活动中形成的一种成熟的交易方式，在经济学上具有特殊的意义。招标制度由于其一次性报价的特点，形成投标人之间的博弈，从而有利于消减买卖双方的信息不对称，有利于买方以较低的价格达成采购。招标投标的整个过程就是招标人与投标人、投标人与投标人之间的博弈过程。这些有着各自不同利益的主体在决策时相互影响和作用，成为博弈中的各方。

（1）招标人与投标人之间的关系。招标投标中，招标人与投标人之间的信息是不对称的，交易者双方都拥有一些对方不知道的私人信息，并可在交易中策略性地利用这些信息为自己谋利。

招标人与投标人之间的关系是典型的非对称信息博弈。

信息经济学的研究成果表明，当市场参与人之间存在信息不对称时，任何一种有效的资源配置机制必须满足"激励相容"和"个人理性"条件。招标投标正是能满足激励相容和个人理性条件的一种有效的市场机制。在招标投标中，激励相容是指投标人贡献私人真实信息对自己有利，对招标人也有利；个人理性是指投标人只有在参与投标的获得水平比不参与投标更高时才会决定参与招标投标活动。

在信息不对称的条件下，能够形成招标、拍卖这类有效的市场机制，主要是"事先的承诺"起了作用。所谓"事先的承诺"，就是招标人事先确定并公开的一系列规则。这些规则约束对方的行为，更重要的是约束了自己的行为。正是因为招标人约束了自己的行为，投标人才肯报告自己的真实信息。因为，任何投标人都知道招标人在看到报价后不能改变他的承诺，就是事后违约可以给他带来好处，他也不能毁约。当然，如果投标人事先知道招标人会反悔，那他将不会像事先规定的那样出价。在招标中，承诺的好处是可以采用规定的程序使投标人按招标人期望的方式出价。承诺会固定交易中某些可变因素，使交易中可能出现的结果收敛到对承诺方有利的某一点上。

（2）招标投标的机制设计。机制设计理论的主要贡献就在于说明如何设计出一种制度或契约，使之能产生出一种激励机制，让拥有私人信息的交易者出于自身利益的考虑而主动吐露"真情"，从而实现有效率的交易。

激励的含义是机制设计者（招标人）诱使具有私人信息的代理人（投标人）从自身利益出发而采取行动以符合招标人的目标要求。其中不完全信息的存在是激励存在的先决条件，正因为机制设计者不知道投标人的私人信息，也就是对他们的行为模式只有不确定性的了解，激励的使用才有必要。激励也可以视为使投标人真实公布（或表现）其私人信息的手段。

招标人设计机制的目的是最大化自己的期望效用。一方面，机制应激起人们参与的动力，使他们能通过参与而获得好处，即参与应比不参与好。另一方面，激励应保证投标人说实话比不说实话好，按要求做比不按要求做好。

典型的机制设计是一个三阶段的不完全信息博弈：①在第一阶段，招标人设计一个"机制"（或合同、激励方案）。这里，机制是一个博弈规则（或简称博弈），根据这个规则，投标人发出信号（如在招标中投标人报价），实现的信号决定配置结果（如谁中标、支付什么价格）。②在第二阶段，投标人同时选择接受或不接受招标人设计的机制。如果投标人选择不接受，他即得到外生的保留效用（即机会成本）。③在第三阶段，接受机制的投标人根据机制的规定进行博弈。

（3）招标投标的博弈过程及最优策略的选取方法。招标过程中，招标人并不清楚众多投标人的真实情况，招标人只能观察到投标文件，包括投标人的报价，但是这些书面资料存在着投标人说谎的问题。投标人书面资料的可信度取决于投标人的诚信情况，也受招标文件设置的定标标准和方法的制约，招标人定标标准和方法得当，可以最大限度地避免投标人说谎的现象出现。

设想有一项建设工程要招标，假设选择标价最低者为中标人，并按其投标价承包（通过招标签订合同的价格 P，是中标人的报价 b^*），类似于第一价格密封拍卖。因此，在正常情况下，招标投标属于比较典型的不完全信息静态博弈，从而也就可以用相应的理论来解释和指导。

根据第一价格密封拍卖博弈模型理论⊖推导出的招标博弈的贝叶斯纳什均衡⊖为

$$P = b^*(c) = \frac{c_h}{n} + \frac{n-1}{n}c_i$$

式中，n 为投标人数量；c_h 为投标人共知的真实价格的最高值；c_i 为投标人 i 的真实价格（即私人价值）；$b^*(c)$ 表示投标人的报价 b^* 与投标人的真实价格 c 正相关的函数关系。

从上式可以看出，投标人的报价 b^* 与投标人的真实价格 c 之间的差距随投标人的数量 n 的增加而递减。显然，b^* 会随 n 的增加而减小。特别地，当 $n \to +\infty$ 时，$b^* \to c$，这就是说，投标人越多，招标人所付出的价格就越低；当投标人趋于无穷时，招标人所付出的价格将几乎等于中标人的真实生产成本。因此，让更多的人加入竞标是招标人的利益所在。

理论上认为，如果考虑采用第二价格密封招标方法——投标价最低者中标，但却以第二低标价为价格得以承包，会更合理、有效。但是，在实际中，第二价格密封招标方法几乎没有被采用，主要原因是容易被投标人合谋和操纵。

⊖ 该模型被称为基准模型，是建立在如下假设基础之上的：所有投标人都是风险中性（指对待风险的态度为无所谓）；标的对每一个投标的私人价值不依赖于其他投标人的价值；投标人的支付价格只依赖于自己的报价；投标人是信息对称的，即所有投标人知道自己的私人价值 c_i，其他人只知道 c_i 的概率分布函数 $f(x)$，所有投标人的价值概率分布函数相同，即投标标的成本分布函数是公共信息；投标人将以相同的方式选择投标策略，即 $b_i = b(c_i)$。

⊖ 贝叶斯纳什均衡是这样一种类型依从战略组合：给定自己的类型和别人类型的概率分布情况下，每个参与人的期望效用达到了最大化，也就是说，没有人有积极性选择其他战略。

（4）招标机制设计中的注意点

1）以价格定标的因素应是标的的生产成本，而不应是其他。

2）应保证一定数量的投标人参与投标，不应人为限制投标人的数量。Kenneth Gaver 和 Jerold Zimmerman 通过大量的案例研究发现，当工程项目的投标人数增加 1% 时，投标报价要下降 2%。这是招标人应该严肃对待的一个问题。另外，投标人数量达到一定程度的时候，从理论上说，投标人报价下降幅度并不明显，反而会造成投标人正常投标成本上升，中标预期下降，影响投标人参与投标的积极性，影响招标的有效性和效率。当正常投标成本高于非正常投标成本时，还会诱使投标人采用非正常手段参与投标，进一步影响招标的有效性。

2.3 招标投标制度的特征

世界上没有完全相同的两片叶子，也没有完全相同的两件事。招标投标作为一项制度和法律行为，也有自己的特点，正是这些与众不同的特点，人们才得以把它与其他制度和法律行为区分开来。

2.3.1 招标投标与一般方式缔约的比较

招标投标的特征是在与其相近的社会现象相比较的过程中显示出来的特殊征象和标志。

1. 缔约方式

按照合同的订立方式可以将合同分为自由缔约和竞争缔约。

自由缔约一般采取即时交易方式、谈判缔约方式、交换函电方式和寄送订货单或样品的方式等。传统上一般缔约方式是磋商谈判，你来我往多次要价还价。采取谈判缔约方式时，其缔约过程大致可分为准备、谈判、签约三个阶段。在此过程中，信件、电报、电传等，只要明确地表达了当事人的意思且传达到了对方，均可作为有效方式。

2. 招标相对于一般方式缔约的特点

招标投标与一般缔约方式之间最大的区别在于交易费用和交易信息的对称性。

招标投标交易方式可以节约交易费用。

招标投标交易方式促使交易双方的信息趋于对称。

招标投标缔约方式与一般缔约方式的比较结果见表 2-2。

表 2-2　招标投标缔约方式与一般缔约方式的比较结果

缔约方式	招标投标方式缔约	一般方式缔约
缔约条件、要求的提出	一个轮次、公开透明；当事人一般不直接接触	谈判了解、多轮沟通、渐进式明朗；当事人直接接触
缔约当事人	一个招标人对多个竞争的投标人；一般是法人和其他组织；最终的缔约相对人需经过一个评议程序产生	一般一对一；法人、其他组织和自然人均可；最终的缔约相对人一般即时产生
缔约标的	规定项目的缔约必须采用招标投标方式	自愿选择
缔约过程	具体程序明确、公开；包括要约邀请、要约、承诺（三段）；一个轮次、书面方式进行	具体程序不确定、隐蔽；包括要约、承诺（二段）；要约、新要约可以多次、交替出现、反复拉锯、次数不定，可以是书面、口头或其他方式

（续）

缔约方式	招标投标方式缔约	一般方式缔约
信息交换过程及程度	招标人通过招标文件一次性公开其要求；报价及其他承诺一次性在投标文件中公开；信息披露较彻底	卖方根据谈判的进度，向采购人提供自己产品的信息；卖方提供信息的前提总是在于已有利的条件之下；买方也总是不会主动地放弃对有关信息的搜索；信息交换过程往往是旷日持久的、"挤牙膏式"的
合意的表达方式	必须书面；合同成立与生效有一定间隔	任意方式；一般合同成立即生效

2.3.2 招标投标与其他竞争性交易的比较

竞争性交易是指由市场上有交易需求的一方（买方/卖方）引起的他方两个以上经营者进行角逐争夺交易（对象）（卖方/买方）的活动。

1. 竞争性交易方式的种类与比较结果

招标投标活动是一种竞争性交易方式，也有的称为是一种竞争性采购方式。

招标投标活动只是竞争性交易方式中的一种，其他主要的具有竞争性的交易方式还有拍卖、竞争性谈判、询价等方式。

几种竞争性交易方式的特点归纳见表 2-3。

表 2-3　几种竞争性交易方式的特点

交易方式	招标投标	拍卖	竞争性谈判	询价
交易当事人	提出交易的一方一般是买方；一个买方/多个卖方；招标人、多个投标人；符合一定条件的法人或其他组织	提出交易的一方一般是卖方；一个卖方/多个买方；拍卖人、委托人、多个竞买人；自然人、法人或其他组织	提出交易的一方一般是买方；一个买方/多个卖方；自然人、法人或其他组织	
交易组织方式	自行或委托代理	委托	自行或委托代理	
交易要求、条件明示方式	招标公告或投标邀请书；招标文件/投标文件	拍卖公告；标的说明资料；现场竞价	谈判邀请；谈判文件/最终报价	询价通知书；报价
交易标的	工程、货物、服务	财产及财产权利	货物、服务	货物
竞价方式	一次；秘密；书面	多次；公开；一般口头	多次；秘密；一般书面	一次；秘密；一般书面
交易过程	一般有资格审查、现场踏勘步骤；交易双方不就实质内容进行面对面接触；只有评标过程不对投标人公开	有展示拍卖标的、看样步骤；交易双方不就实质内容进行面对面接触；一般全过程公开	交易双方就实质内容进行面对面接触；过程对谈判双方公开，对第三谈判方秘密	交易双方不就实质内容进行面对面接触；过程对询价双方公开，对第三询价方保密
竞争内容	价格、服务、单位实力等多方面	价格唯一	一般是价格	
确定最终交易对象方式	经评审程序；最满足评标标准者得中	一般无评审程序；最高应价者得中	简易对比；一般低价者得中	

2. 招标投标与拍卖的区别

在实践中，拍卖⊖和招标经常被混为一谈，有必要进行较细的区分。

招标和拍卖都具有竞争和公平的特性，两种交易方式都是在固定的时间、固定的地点、按照固定的程序和条件进行的，其重要的经济功能都在于揭示价格——通过竞争发现价值、确定价格。但拍卖与招标有本质的区别：通俗地说，当一方要买，而多方争着卖时，买方根据一定的条件选择一个卖方的交易叫招标⊖，招标方式可使买方的效益最大化；当一方想卖，而多方争着买，卖方按价高者得的原则选择一个买方的交易叫作拍卖，拍卖方式可使卖方的效益最大化。

此外，除了表 2-3 已经列明的特点，招标与拍卖还有以下几点不同：

（1）在拍卖中，前一竞买人的应价在后一竞买人又有更高应价时，即失去约束力，不发生法律上的后果。但在招标中，在规定期限内投标的，能否中标不取决于投标先后，即使前投标人提出比后投标人在某些方面更令招标人满意的方案，然而在全面衡量后，仍可选择后投标人中标。

（2）《招标投标法》规定，招标人具有编制招标文件和组织评标能力的，可以自行办理招标事宜。而拍卖却不同，《中华人民共和国拍卖法》规定，非拍卖企业不得从事拍卖活动，拍卖人不得在其组织的拍卖活动中拍卖自己的物品和财产权利。

（3）招标可分为公开招标和邀请招标，而拍卖只能是公开拍卖。

（4）拍卖是以价格为最大约束的，只要竞买人应出的价格是最高的，就卖给他，而不考虑其他因素。招标除了价格的因素外，还要满足招标文件的其他条件，否则出价再合招标人的意，也可能落标。

（5）从合同订立的角度来讲，拍卖人的叫价和竞买人的叫价或应价，均为要约引诱，不是要约本身。但投标人的报价，除另有约定外，其均视为要约，不能随便撤销或更换。

（6）招标要有五个以上（单数）成员组成的评标委员会根据招标文件确定的评标标准进行评审，确定中标人或推荐中标候选人交由招标人确定中标人；而拍卖时，一位拍卖师就可以根据最高叫价或应价当场宣布成交，确定买受人。

（7）招标是根据《招标投标法》进行的，拍卖是根据《中华人民共和国拍卖法》进行的。

2.3.3　招标投标的特点

总体而言，招标投标活动具有以下八个方面的特点：

1. 招标投标活动顺次进行，层层递进、环环相扣

根据招标投标惯例，招标投标过程是一个轮次的要约和承诺，不允许出现新要约的情

⊖　《中华人民共和国拍卖法》第三条定义"拍卖是指以公开竞价的形式，将特定物品或者财产权利转让给最高应价者的买卖方式。"

⊖　实践中也有以招标方式出卖的，即所谓的"标卖"方式。在标卖方式下，由卖方作为招标人，提出出卖的标的物及出卖条件，由买方作为投标人投标竞买，卖方从中选择在出价等方面最符合自己要求的投标人中标，与其签订标的物买卖合同。如我国法律规定国有土地使用权可以采取招标方式出让。本书所说的招标投标活动，除特别说明外，都是指由采购方作为招标人，货物的卖方和工程的承包方、服务的提供方作为投标人的招标投标活动。

形。招标、投标、开标、评标、中标等环节瀑布式顺次进行，前一个环节没有完成，后一个环节不能启动，而且每个环节只能进行一次，不允许反复和交叉。结合我国招标投标法律的规定，招标投标活动的这个特点应该包括如下几个要素：

（1）招标投标过程按照招标、投标、开标、评标、中标等环节顺次进行，不得跨越，不得交叉，也不允许在个别的两个或几个环节循环反复。

（2）单次招标投标活动的各个环节只能进行一次，非法定事由不得重复做第二次。

（3）招标投标某个环节的活动，出现法定情形，可以暂停。

（4）某个环节出现违法行为，可能造成招标投标活动无效，使该次招标投标活动终止。

2. 招标投标活动是由符合一定条件的组织发起的

在国内外，招标投标主要应用于公共采购领域，招标人是政府部门、国有企业或社会组织，且一般采取委托招标代理机构进行招标的组织和实施。因此，招标投标活动发起人的组织性特征十分明显[⊖]。结合我国招标投标法律的规定，招标投标活动的这个特点应该包括如下几个要素：

（1）招标投标活动的发起者不能是自然人，只能是法人或者其他组织。

（2）发起招标投标活动的招标人至少应是招标项目资金已经落实的法人或其他组织。

（3）自行办理招标事宜的招标人应具备相应的能力。

（4）受托组织招标的代理人应是具备相应条件的组织。

3. 招标投标程序与规则具体、明确、公开

目前各国的招标投标活动大多参考国际惯例进行，从招标、投标、评标、定标到签订合同，每个环节都有严格的程序、规则，并且多数以法律或行业规则的方式予以公开。这些程序和规则具有强烈的法律约束性，当事人不能随意改变。在具体的招标投标活动中，相关程序、规则，还要结合具体标的，在书面的招标文件中明确、公开。

这个特点包括：

（1）招标投标活动需遵循一定的程序和规则。

（2）各种标的、各地的招标投标活动具有基本相同的程序与规则。

（3）招标投标活动是按事先确定的时间、地点、步骤进行的。

（4）招标投标活动的程序与规则是事先确定且向公众或特定投标人公开的。

4. 招标要求和条件通过招标文件一次性公开

招标文件是整个招标投标活动的纲领性文件。提供书面招标文件是招标人公开自己要求和条件的法定形式，招标人发布招标公告或发出投标邀请书的目的就是邀约潜在投标人在投标前领购招标文件。

潜在投标人通过招标文件了解招标要求（条件）、招标程序、投标规定及授标标准，根据招标文件的内容和自身的条件决定是否参与投标竞争。

这个特点包括：

（1）招标投标活动需要编制招标文件。

⊖ 事实上，由于招标标的一般具有数量大、价值高、技术要求复杂等特点，招标投标的投标人一般也是法人或其他组织，但法律规定有例外情况，自然人可以成为投标人。《招标投标法》规定，科研项目允许个人参加投标；《政府采购法》规定，自然人可以成为政府招标采购货物或服务的投标人。

（2）一个项目的招标只编制一份书面的招标文件。

（3）招标文件主要写明招标人的招标要求和条件。

（4）招标文件向潜在投标人公开。

5. 有多个投标人以递交一份密封的投标文件的方式参与竞争

招标投标是一项竞争性很强的市场经济活动，投标人应达到一定数量时才能引起充分竞争，按惯例，至少有三家投标人才能带来有效竞争。

投标文件的内容是投标人对招标文件提出的实质要求和条件做出的响应，递交书面的投标文件表明投标人决定参与竞争、愿意受招标文件的约束，作为中标人完成招标文件确定的标的。为了保证竞争的公平，招标投标活动要求投标人以密封方式报送投标文件，在公开开标时才予开启。

这个特点包括：

（1）招标投标活动存在多个参加竞争的投标人。

（2）一个投标人只能编制一份书面的投标文件。

（3）投标人以递交投标文件的方式参与竞争，且只有以密封方式递交给招标人才可能参与竞争。

6. 投标文件由招标人在投标人在场的情况下公开开启

公开开标即意味着投标人应知悉秘密投标的结果，这是避免暗箱操作的主要措施。通过公开开标，可以揭开投标过程十分神秘的面纱，招标人对将来的中标人大致心中有数，投标人也可以明了自己投标实力、技巧和策略应用的效果，同时，为进一步评判评标的公正性提供了基础。《招标投标法》规定：开标时投标文件的密封情况经确认无误后，由工作人员当众拆封，宣读投标人名称、投标价格和投标文件的其他主要内容。

这个特点包括：

（1）密封的投标文件需要公开开启、当场公布招标文件规定需要宣读的内容。

（2）投标文件开启活动由招标人主持。

（3）开标时投标人在场。一般而言，正式开标时所有投标人都应在场⊖。投标人对开标有异议的，应当在开标现场提出，招标人应当当场做出答复，并制作记录。

同时需要特别注意，《招标投标法实施条例》规定：投标人少于 3 个的，不得开标。

7. 交易对象的选择由一定的组织按公开的程序和标准秘密进行

交易对象的选择即评标，是审查确定中标人的必经程序，也是考察招标投标活动是否公平、公正的一个重要环节，评标标准和程序是《招标投标法》规定的招标文件必须载明的实质性内容之一。按照《招标投标法》的规定：①评标由招标人依法组建的评标委员会负责；②评标委员会成员的名单在中标结果确定前应当保密；③招标人应当采取必要的措施，保证评标在严格保密的情况下进行；④评标委员会应当按照招标文件确定的评标标准和方法，对投标文件进行评审和比较。《招标投标法实施条例》进一步明确：招标文件没有规定的评标标准和方法不得作为评标的依据。

⊖ 《FIDIC 招标程序》建议：正式开标可视具体情况按下列两种方式中的一种进行：在报纸上刊登开标（含日期、时间、地点）的广告的公开开标方式；在那些希望参加开标的投标人到场的情况下开标的限制性开标方式。无论哪一种开标方式，均应将开标信息通知所有投标人。一般情况下应采用限制性开标方式。

这个特点包括：

（1）交易对象的选择有明确的程序和标准。

（2）交易对象的选择程序和标准对所有投标人是预先书面公开的。

（3）交易对象的选择建议由符合一定条件的组织（评标委员会）提出。

（4）交易对象评审的具体过程秘密进行。

（5）评审交易对象的具体人员在中标结果确定前保密。

8. 招标人以发出中标通知书的方式确定交易对象、公开最终交易结果

招标人对评标结果的确认，也是通过书面方式做出的，这就是中标通知书，中标通知书所载投标人为中标人。《招标投标法》规定：中标人确定后，招标人应当向中标人发出中标通知书，并同时将中标结果通知所有未中标的投标人。中标通知书对招标人和中标人具有法律效力。一般一个具体标的的招标投标活动只发一份中标通知书，中标人获得与招标人签订合同的权利。

这个特点包括：

（1）中标结果需要以中标通知书的书面形式做出。

（2）中标通知书由招标人签发。

（3）中标结果需要向所用投标人公开。

（4）中标通知书是判断中标人和中标内容的法律文件。

2.4 强制招标制度

强制招标法律制度在理论上又称法定招标制度，是指法律规定某些公共采购主体采购某些类型的采购项目，达到规定的规模标准的，必须以招标方式进行采购，否则应承担法律责任。我国的公共采购强制招标法律制度在借鉴吸收西方国家立法规定的基础上，结合我国具体情况和实际需要，主要由《招标投标法》与《政府采购法》共同建立。

2.4.1 实行强制招标制度的法理与经济学基础

强制招标制度的核心是"契约自由与市场管制"的关系问题，也即私法与公法的关系问题，法理上涉及权力与权利的界限问题，经济学上涉及"花钱矩阵理论"。

1. 权力与权利的辩证关系

权力和权利是紧密相连的两个概念。二者存在着一种内在的、对立统一的辩证关系。

所谓权力，即公权力，是指国家权力或公共权力的总括，主要是指以维护公益为目的的国家公权力机关及其责任人在职务上的权利。它是基于社会公众的意志而由国家机关具有和行使的强制力量，其本质是处于社会统治地位的公共意志的制度化和法律化。

所谓权利，也称私权利，意指个人权利，与"公权力"相对应，具有"私人"（个人）性质，故常被称为"私权"或"私权利"，它涵盖了一切不为法律明文禁止的个人行为。

公权力与私权利相辅相成，相互联系，相依共生。私权利是目的，而公权力是手段，公权力来源于私权利的授权，是私权利的保障。

公权力与私权利之间沟通的桥梁是公共利益。当公权力需要介入私权利的时候，必须是基于公共利益的考虑。公权力机关必须是为了维护社会秩序和公共利益，才可对私权利进行一定范围和一定程度的干预。否则，便构成了对私权利的侵犯。反之，私权利的行使也应止于公共利益，不得损害公共利益，否则，公权力便可以对其进行干涉。

从法律的角度讲，招标投标法律关系是民事法律关系，但也带有一定的行政色彩。招标领域以法定方式实行强制招标，主要基于维护公共利益的公平正义的考量，以法律的强制力限制权力与权利在招标方式选择上的滥用。

2. 契约自由及其限制

契约自由原则是近代民法的一项基本原则。契约自由原则的内容包括：是否缔结契约的自由，与谁缔结契约的自由，订立什么内容的契约的自由，以何种方式订立契约的自由。但出于公平和公共利益考虑，绝大多数国家的立法都对契约自由做了限制性规定，我国立法也不例外。

《中华人民共和国宪法》第五十一条就是关于不得滥用公民权利和自由的规定：公民在行使自由和权利的时候，不得损害国家的、社会的、集体的利益和其他公民的合法的自由和权利。

一般认为，法律中规定的公平原则、诚实信用原则、公序良俗原则和禁止权利滥用原则均构成对契约自由的限制。法律介入契约自由的领域，也是基于公平正义的考量。

3. 公权力不得越界

法国启蒙思想家孟德斯鸠曾说过："一切有权力的人都容易滥用权力，这是一条千古不变的经验。有权力的人直到把权力用到极限方可休止。"由于公权力具有天生的强烈的自我扩张性，其行使的空间必须有边界。

行政法中的一项基本原则是依法行政，依法行政简单地说就是"法无授权不得行，法有授权必须为，超越立法目的和法治精神的权力行使无效"。可见，依法行政原则的精神严格划定了公权力的界限。

为规范政府有关行为，防止出台排除、限制竞争的政策措施，国务院发布《关于在市场体系建设中建立公平竞争审查制度的意见》（国发〔2016〕34号），决定自2016年7月起对国务院各部门、各级人民政府及所属部门制定市场准入、招标投标、政府采购、经营行为规范、资质标准等涉及市场主体经济活动的规章、规范性文件和其他政策进行公平竞争审查。

4. 花钱矩阵理论

"豪华采购""天价采购""质量不高"是公共采购中受到诟病最多的一个现象，媒体戏称为"只买贵的，不买对的！"现象。2012年中国社科院法学所公布的《法治蓝皮书》披露，高达八成的政府采购商品价格高于市场平均价，高于市场价1.5倍以内的商品占70%，高于市场价3倍以内的商品占1.86%。这种有违常理的现象，用花钱矩阵理论可以得到很好的阐释。

1976年经济学诺贝尔奖获得者、美国经济学家米尔顿·弗里德曼（Milton Friedman）在其论述自由市场的巨著《自由选择》中，详细探讨了花钱的四种方式，被后人称为"花钱矩阵理论"，大致意思是：花自己的钱办自己的事，既讲节约，又讲效果；花自己的钱办人家的事，只讲节约，不讲效果；花人家的钱办自己的事，只讲效果，不讲节约；花人家的钱办人家的事，既不讲效果，又不讲节约。

民营资本的采购是一种典型的"花自己的钱办自己的事"，既讲节约，又讲效果。

公共采购，特别是政府采购，花的都是纳税人的钱，显然是在花人家的钱办自己的事和花人家的钱办人家的事。因此，出于人的本性，在没有刚性约束的情况下，公共采购只会产生不讲节约、不讲效果的后果。因此，对于公共采购要从机制上形成一组约束，使得"花人家的钱办自己的事"和"花人家的钱办人家的事"的时候，尽可能地像"花自己的钱办自己的事"一样。只有这样，公共采购的市场活动才能是有效的。

2.4.2 强制招标制度的内容

1. 实行强制招标的目的

在社会经济活动中，招标方式实际上以两种途径发挥着作用：一方面，大量的私人企业出于利润最大化目的，自主采用招标投标方式进行营利性的市场交易；另一方面，在公共采购领域，招标投标已经逐步由一种市场交易方式上升为政府的强制性行为。

在各国政府采购、公共资金使用以及国际金融组织贷款采购等领域，都存在信息不对称比较严重、代理成本比较高的问题。各国政府和国际组织都要求在这些领域强制性采用招标方式，以增加资金使用的透明度，最大限度地减少腐败现象的产生。

一般招标制度的使用，是市场主体追求经济效率的结果，强制招标的采用，除了追求经济效率目标外，更重要的是要保证资金使用的公开、公正，以及消除反竞争的动机。

《必须招标的工程项目规定》将实行强制招标的目的，直接表述为"规范招标投标活动，提高工作效率、降低企业成本、预防腐败"。

2. 确定强制招标范围考虑的因素

招标投标从根本上讲是市场交易行为，强制招标制度的基本功能是保证公平交易。同时，强制招标的范围要合理适度，并非越大越好。

因此，确定强制招标的项目范围需要考虑的要素主要有：①项目是否具有公共性。具有公共性的项目，采购人在节约成本、提高质量等方面通常缺乏足够的动力，有必要将其纳入强制招标范围。②成本因素。只有达到一定的规模，通过招标节约的资金能弥补因为招标耗时较长增加的成本的项目，才有必要纳入强制招标范围。③市场发育程度。对于具有公共性的项目，如果成本、质量、效益、工期等约束机制比较健全，也可以不纳入强制招标范围，发挥市场机制的作用即可。

3. 强制招标的主体

国际上，强制招标适用于特定主体。将中央、地方的政府部门和某些公共机构或企业作为强制招标的主体，已被国际社会广泛接受，并且强制招标主体的确定与其采购资金的来源密不可分。

是否应将非政府的其他公共实体和企业确定为强制招标的主体，国际上是有争议的。私营企业成为公共采购强制招标的主体，是欧盟公共采购立法的一个重大突破。私营企业成为公共采购法主体的前提是其在某一领域内获得了政府授予的特许经营权。

我国由于受政企不分的影响，加上中央与地方政府在事权界定上的模糊性，长期以来强制招标的主体很宽泛。《必须招标的工程项目规定》从根本上改变了这一局面。根据《招标投标法》第三条和《必须招标的工程项目规定》第二至四条的规定，只要从事下列工程建设项目的采购，都是强制招标的主体：

（1）全部或者部分使用国有资金投资或者国家融资的项目。

　　其范围包括：使用预算资金 200 万元人民币以上，并且该资金占投资额 10% 以上的项目；使用国有企业事业单位资金，并且该资金占控股或者主导地位的项目。

　　所谓"控股或者主导地位"，根据《中华人民共和国公司法》第二百一十六条的规定，是指国有资金占有限责任公司资本总额 50% 以上或者国有股份占股份有限公司股本总额 50% 以上；国有资金或者国有股份的比例虽然不足 50%，但依出资额或者所持股份所享有的表决权已足以对股东会、股东大会的决议产生重大影响的，或者国有企事业单位通过投资关系、协议或者其他安排，能够实际支配公司行为的，也属于国有资金占控股或者主导地位。

　　（2）使用国际组织或者外国政府贷款、援助资金的项目。

　　其范围包括：使用世界银行、亚洲开发银行等国际组织贷款、援助资金的项目；使用外国政府及其机构贷款、援助资金的项目。

　　（3）大型基础设施、公用事业等关系社会公共利益、公众安全的项目。

　　不属于前述（1）（2）规定情形的大型基础设施、公用事业等关系社会公共利益、公众安全的项目，必须招标的具体范围由国务院发展改革部门会同国务院有关部门按照确有必要、严格限定的原则制定，报国务院批准。经国务院批准的《必须招标的基础设施和公用事业项目范围规定》具体包括：①煤炭、石油、天然气、电力、新能源等能源基础设施项目；②铁路、公路、管道、水运，以及公共航空和 A1 级通用机场等交通运输基础设施项目；③电信枢纽、通信信息网络等通信基础设施项目；④防洪、灌溉、排涝、引（供）水等水利基础设施项目；⑤城市轨道交通等城建项目。

　　根据《政府采购法》第二条和第十五条的规定，各级国家机关、事业单位和团体组织如果使用财政性资金进行采购，就成为强制招标的主体。

4. 强制招标的对象

　　在市场经济国家，对公共采购强制招标对象的规定经历了一个逐步发展的过程。起先，强制招标的对象只有货物，后来逐步推广到工程和服务领域。同时，对服务的界定是法律遇到的一个难题。通常采取的做法是，先在法则中泛泛地下一个定义，然后在附录中具体列出本法则所指服务的范围。如何界定混合性的强制招标对象，有关国家和国际组织的立法做了明确的规定。如《欧盟采购指令》中规定：如果强制招标对象包含服务和货物及货物的安装、放置，在分类上应看两者各自的价值，以价值高的为准；若强制招标对象同时包含工程和服务，而两者之间没有相对价值的比较，应视合同的主要目的而定。

　　《招标投标法》将工程建设项目规定为强制招标的对象，《招标投标法实施条例》进一步定义，工程建设项目是指工程以及与工程建设有关的货物、服务。

　　《政府采购法》则直接将强制招标的对象划分为货物、工程和服务，并将服务泛泛定义为"除货物和工程以外的其他采购对象"。《政府采购法实施条例》进一步说明：政府采购的服务包括政府自身需要的服务和政府向社会公众提供的公共服务。

5. 强制招标的限额标准

　　妥适设定强制招标项目限额标准非但在宏观上影响市场中"政府管制"与"契约自由"的边界，而且在微观上可以避免将众多小额项目强行纳入到强制招标范围所导致的经济成本和项目实施效率成本。

　　有关国家和国际组织的公共采购强制招标法律规定中，货物、工程和服务的强制招标限额不尽相同。从有关国家和国际组织在加入 WTO《政府采购协定》时承诺的强制招标限额看，这些国家和组织规定的强制招标限额具有以下特点：①货物和服务的门槛金额基本相同，一般限额基准是 13 万特别提款权（约合 130 万元人民币），而工程与货物、服务的门槛金额差别巨大。绝大部分参加方中央政府实体货物、服务和施工（建筑服务）的门槛金额比例为 13：13：500。②中央公共采购实体比次中央（地方）公共采购实体的招标限额低，而次中央公共采购实体又比其他公共采购实体的招标限额低。

《必须招标的工程项目规定》要求，规定范围内的各类工程建设项目全国执行统一的规模标准，货物、服务和施工的门槛金额比例为 200：100：400（万元人民币）。

政府采购限额标准的制定，实行分级管理。中央政府公开招标采购货物、服务的限额标准为 200 万元人民币。

6. 强制招标投标的例外情形

强制招标投标的例外情形，也称法定不招标情形。《招标投标法》和《政府采购法》及其实施条例都有对于客观上不可能或者不适宜进行招标项目的特殊情形的规定。

《招标投标法》第六十六条规定："涉及国家安全、国家秘密、抢险救灾或者属于利用扶贫资金实行以工代赈、需要使用农民工等特殊情况，不适宜进行招标的项目，按照国家有关规定可以不进行招标。"

《招标投标法实施条例》第九条规定，有下列情形之一，可以不招标：①需要采用不可替代的专利或者专有技术；②采购人依法能够自行建设、生产或者提供；③已通过招标方式选定的特许经营项目投资人依法能够自行建设、生产或者提供；④需要向原中标人采购工程、货物或者服务，否则将影响施工或者功能配套要求；⑤国家规定的其他特殊情形。同时规定，招标人为适用前款规定弄虚作假的，属于《招标投标法》第四条规定的规避招标。

《政府采购法实施条例》第二十三条规定，采购人采购公开招标数额标准以上的货物或者服务，符合《政府采购法》有关采用邀请招标、竞争性谈判方式采购、单一来源方式采购、询价方式采购规定情形或者有需要执行政府采购政策等特殊情况的，经设区的市级以上人民政府财政部门批准，可以依法采用招标以外的采购方式。

第 **3** 章

招标条件与规则

建设项目的采购已普遍地采用招标投标形式。一般地讲，"招标"与"投标"是买方与卖方两个方面的工作。从买方角度看，招标是一项有组织的采购活动，作为购买方的业主，应着重分析招标的程序与组织方法，以及法律、国际惯例与规则；从卖方的角度看，投标是利用商业机会进行竞卖的活动，卖方应侧重于投标的竞争手段和策略的研究。

3.1 招标的基本内容

招标作为一个名词，有着十分丰富的内涵。招标类型也随着中国特色社会主义市场经济体制的不断完善，呈现出多样性趋势。

3.1.1 招标的内涵

招标的内涵可以从招标的含义、招标内容以及招标方案予以反映。

1. 招标的含义

在实际应用中，招标概念有广义、中义和狭义之分。

广义的招标是指由招标人对工程、货物和服务事先公开招标文件，吸引多个投标人提交投标文件参加竞争，并按招标文件的规定选择交易对象的行为。这实际上就是招标投标的全过程。

中义招标，或称次广义招标，是指由招标人对工程、货物和服务事先公开招标文件，并按招标文件的规定选择交易对象的行为。这实际上是招标投标活动中由招标人所做的全部工作内容。

狭义的招标是指招标人向社会或几个特定的承包（供应/服务）商发出投标邀请，事先公开招标文件的行为，是招标人希望他人根据公开的招标文件向自己投标的意思表示。

当人们笼统地提招标时，通常是指广义的招标；当招标与投标一起使用时，则多指中义招标；当将招标投标活动分解成招标、投标、开标、评标、中标等不同步骤时，是指狭义的招标。

与中义的招标相对的一个概念是投标，投标是指投标人接到招标通知后，根据招标通知的要求领购招标文件、编制投标文件，并将其送交给招标人的行为，是投标人响应招标，向招标人投标，希望中标的意思表示。

可见，从中义上讲，招标与投标是一个过程的两个方面，分别代表了买方（卖方）和卖方（买方）的交易行为。

2. 招标内容

招标内容是指招标所包含的实质性事物，比如招标范围、招标方式、招标组织形式等。

招标范围是指招标项目所包括的内容，说明建设项目的工程、货物、服务是全部招标还是部分招标，哪些部分进行招标，哪些部分不进行招标。

招标方式分为公开招标和邀请招标两种。

招标组织形式分为委托招标和自行招标两种。

3. 招标方案

招标方案是指招标人为了有效实施工程、货物和服务招标，通过分析和掌握招标项目的技术、经济、管理的特征，以及招标项目的功能、规模、质量、价格、进度、服务等需求目标，依据有关法律法规、技术标准和市场竞争状况，针对一次招标组织实施工作（即招标项目）的总体策划。

招标方案是科学、规范、有效地组织实施招标投标工作的必要基础和主要依据。

3.1.2 招标类别

为了不同的管理目的，招标项目可以从多个角度进行种类划分。

1. 按照招标项目资金来源划分

按照资金来源不同，招标项目可以分为政府采购招标、企业采购招标、个人采购招标以及政府和社会资本合作（Public-Private Partnership，PPP）模式招标。

政府采购招标是指各级国家机关、事业单位和团体组织，使用财政性资金，以招标方式进行采购货物、工程和服务的活动。

政府和社会资本合作模式招标，是指政府通过招标方式选择、确定社会资本合作伙伴的活动。

2. 按照招标标的的属性划分

按照招标标的的属性，招标项目可分为工程建设项目招标、单独的拆修项目招标和与工程建设无关的货物（服务）招标。

工程建设项目是指《招标投标法实施条例》所明确的工程以及与工程建设有关的货物和服务。

单独的拆修项目是指与建筑物和构筑物的新建、改建、扩建无关的单独的装修、拆除、修缮等项目。

与工程建设无关的货物（或服务）是指工程建设项目涵盖范围之外的货物（或服务）。

后两种大多数是机关、企事业单位在日常运营中的工程改造或所需货物（或服务）采购。

3. 按照招标标的的性质划分

按照招标对象（标的）的性质，招标项目还可以分为以实物为对象的招标、以能力为对象的招标、以技术方案为对象的招标以及招标对象为两个或两个以上的混合招标。

实物是现实的具体的东西，比如工程建设中各种设备、材料。以采购实物为对象的招标，招标人看中的是投标人所供物品的性能和质量。

能力是指顺利完成某一活动所必需的主观条件和水平，总是和人（或组织）完成一定的实践相联系在一起的，比如工程建设中的工程咨询、施工、设计（单独设计方案除外）、工程监理等。以能力为对象的招标，重在选具体实施招标项目的人或单位的专业能力（表现在构思方案＋技术服务建议）。

技术方案是为研究解决各类技术问题，有针对性、系统性地提出的方法、应对措施及相关对策。规划方案或设计方案招标是典型的以方案为对象的招标，重在选择适用、经济的技术方案。

混合招标是指招标对象包括实物、能力、技术方案中至少两项内容，比如设备采购安装一体化招标、代建单位招标、设计-施工总承包招标、项目法人招标等是工程建设中常见的混合招标类型。

4. 工程建设项目招标的类型细分

工程建设项目按照招标采购对象（标的）划分的类型如图 3-1 所示，在现行制度条件下，普遍实行的阶段招标包括工程施工招标、工程货物招标、工程服务招标三类。

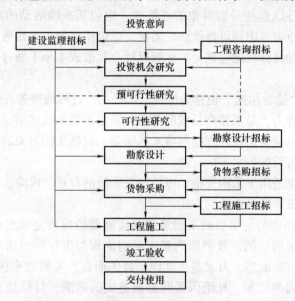

图 3-1　工程建设项目按照招标采购对象（标的）划分的类型示例

服务招标和施工、货物的招标比，有其自身的特点。比如设计招标，特别是规划或建筑方案的招标，一般采用设计竞赛的方式进行，其主要特点有：①不确定因素多，是一种难以定量的技术性服务；②重在选人、选单位、选方案，交易价格是次要的；③设计招标费用高、代价大⊖；④往往涉及知识产权保护。

⊖　采用设计竞赛方式招标的，招标文件一般会规定对那些提交符合要求的投标文件的投标人给予一定金额的补偿（获奖金）。而不像其他类型的招标那样，参与投标的全部费用均由投标人自己承担。

3.1.3 招标采购原则与规则

招标采购要真正发挥"支持业主在可持续发展过程中以诚信为本实现物有所值"的发动机作用，需要具备两个方面的条件：①需要确定正确的招标原则，并在这些原则指导下做出招标决定；②需要在遵守法律规定的前提下，设计出适合具体项目的可操作性采购规则和程序，并严格执行。

1. 招标采购应遵循的原则

招标采购除应遵循《招标投标法》所确定的原则之外，具体作业应遵循物有所值、经济、适合用途和效率这四项核心原则。

（1）物有所值。"物有所值"的英文直译表达方式是资金价值（Value for Money），是西方发达国家历经200多年政府采购实践淬炼出来的核心理念。物有所值意味着有效、高效和经济地使用资源，这就要求评审有关的成本和效益，同时评估风险、非价格属性，适当时评估生命周期成本。单独价格因素不一定代表物有所值。

"物有所值"体现了相较于价格追求的更高层面的价值追求，是项目采购质量、价格、效率等核心要素的综合平衡和统一。

（2）经济。经济原则，或称最少费用原则，是以极少的费用和劳力获得最大效果的原则。项目采购的经济性既包括采购对象的经济性，也包括采购活动的经济性、制度的经济性。项目采购的经济原则考虑到可持续性、质量、非价格属性、生命周期成本等因素，支持物有所值。理想的招标投标状况应该是招标投标社会耗散成本小于通过招标方式为招标人节省的投资。

（3）适合用途。"适合用途"也称适用性，即产品、过程或服务在给定条件下，实现预定目的或规定用途的能力，是根据产品或服务是否满足需要来描述质量的术语。从关注客户的角度进行定义，质量是满足顾客现在和将来的期望，包括采购对象的规格、性能、安全等方面的要求，还涉及售后服务水平。

适合用途的原则也适用于采购安排，以便根据采购的背景、风险、价值和复杂性来确定满足项目发展目标和成果的最合适的方法。

（4）效率。效率原则是指项目的采购策划与实施要适应特定项目的需要，以迅速、简便与经济的方式达到采购目的。效率原则要求采购流程与潜在项目活动的价值和风险成正比。采购安排通常对时间敏感，力求避免延误。具体而言，采购效率包括采购时间要合理、采购次数要少、采购周期要短，杜绝因采购漏洞造成的迟滞，目标是要及时满足采购人的需要。

2. 招标规则

招标规则是在招标原则指导下设计出来供招标投标活动共同遵守的制度，是保证招标目标实现的基础。

招标人是具体项目招标规则的制定者，需要依据现有法律法规制定招标规则，并根据招标人和招标项目的具体情况细化相关要求。

招标规则的内容主要包括：关于招标程序的规定；关于招标交易条件的规定；关于投标文件格式的规定。具体招标项目的招标规则直接体现在招标文件中。采用资格预审的项目，有部分内容包括在资格预审文件中。

3.1.4　招标策略

招标策略是指招标人在竞争的环境中，考量采用招标方式的优劣，据以发扬优势、摒弃劣势、杜绝欺诈与腐败，实现招标效率与效益所采取的计策。正确制定和实施招标策略是实现招标优越性的前提。招标策略的制定应遵循扬长避短、扬长避短、扬长补短的原则。

1. 以实现"物有所值"为目标

新形势下的招标目标，已经从注重"节资防腐"向实现"物有所值"转变。而物有所值是通过一系列预先安排的连贯、互映的活动实现的。因此，在项目采购和实施的整个过程的各个阶段，均应考虑到"物有所值"。

物有所值可通过以下的应用而实现：①确保整个采购过程诚信；②明确说明需求和采购目标；③采购路径和方法与采购的风险、价值、环境、性质以及复杂性相匹配；④适当要求的技术规范、规格标准；⑤选择适当的合同安排；⑥合适的评审标准；⑦选择最好满足需要和采购目标的公司；⑧确保合同成功实施，实施有效的合同管理。

2. 编制项目发展采购战略

项目发展采购战略是业主编制的项目层面的战略文件。编制项目发展采购战略的基本方法就是 SWOT 分析。

项目发展采购战略应满足如下要求：①说明采购活动将如何支持项目的发展目标和在基于风险的方法下实现物有所值。②应为采购计划中的选择方法提供充分的理由。③细节和分析程度应该与项目采购的风险、金额和复杂性相匹配。

项目发展采购战略文件应涵盖以下内容：①描述项目概况及发展目标；②确定具体的项目需求；③评估项目运行环境及其对采购方法、投标人参与的潜在影响；④评审执行机构的采购及管理能力、资源和以前采购本类型活动的经验；⑤评价市场响应采购的适当性、行为和能力；⑥分析风险管理计划，通过实施采购安排实现明确的需求；⑦给出项目合同优先的采购安排；⑧根据市场分析、风险和运行环境以及项目的具体情况，对拟议的采购安排的合理性进行论证。

3. 致力提高招标效率

提高招标的效率有两个含义：①加快招标进程的速度；②优化招标的效果。若要达到这两个目的，就应加强对招标进行程序的计划和控制。

招标效率的管理策略可概括为如下四点：

（1）掌握时限。招标的特点之一是，招标的程序和时间并不是全部由招标人自主确定，而是要在满足法定要求的前提下，根据项目实际情况确定。各时限确定后，关键在于管理。同时，各项时限都有制后作用。前一项时限超过预定计划，必然影响下一项，以至后继所有各项时限。

掌握时限，重在控制。招标人可以利用招标项目的工作分解结构（WBS）⊖和计划评审技术，建立项目分析表和制定作业时间表两项内容管理招标进程。

⊖　工作分解结构（Work Breakdown Structure，WBS）是对全部工作范围的层级分解。一般表达为层级树状结构，分解的基本原则是：彼此独立、互无遗漏；同层同辈、同组同父。

（2）细定规则。招标进行时间最长、工作最艰巨者，当属评标。而对投标文件评定的关键项目在于价格和品质。只要将这两项规则定细，整个评标工作就可以顺利进行。制定价格评判规则主要是确定最高限价或标底，制定品质评判规则，就是制定发包人要求。

（3）加强预见。加强预见是指招标人应注意对招标全过程及其每一阶段进展情况做事先估计，防患于未然。应避免出现购买方式选择不当、招标计划或规则制定不周、招标纪律不严等工作失误。

（4）严格审查。建立审查制度，在招标全过程进行严格的审查，是加强招标管理、防范招标中出现各种问题的积极手段。严格审查制度，不仅有防弊的作用，同时还可在审查过程中补充资料，使招标计划和规则更趋合理。

对招标的审查包括招标人内部的审查、招标人对招标代理人成果的审查以及必要时行政监督部门的审查。

4. 警惕招标中的高价围标

高价围标是串通投标的一种形式，是指一些投标人在投标前暗中达成协议，以高价投标，并保证互不竞争，迫使招标人不得不以较高的价格达成交易。

高价围标是招标之大忌，对招标破坏力极大。从目前各国招标管理的经验看，还没有一种灵丹妙药可以杜绝高价围标。但招标机构若严密防范于前，起码可以减少投标人高价围标的机会。避免高价围标的措施包括：①细致调查、审查招标项目的潜在投标人情况，保证充分的竞争；②招标过程中始终坚持绝对保密的原则。

5. 有效预防低价抢标

高价围标对招标造成巨大威胁，而低价抢标同样也会影响招标效果。低价抢标即投标人以不正常的低价——一般指以低于企业个别成本的价格投标，恶意抢标，谋求签约。低价抢标是招标中一种不正当的竞争手段，应严防其得逞。

中标后，低价抢标人会用各种不正当方法滋扰招标人，招标人的利益常常会受到不同程度的损害。全面预防恶意低价抢标的主要预防措施有：①严肃资格预审，选择潜在投标人素质较高者参与投标；②明确规定发包人要求，严防招标条件规定的疏漏，严格评标制度；③定好底价和风险警戒值，引导投标人合理报价，强化标后合同的跟踪管理。

6. 适当应用联合招标

联合招标是指多家采购单位联合协作、通过一个招标机构，将各家所需货物汇总于同一招标文件中发出，收回投标文件后，以统一的评标规则、办法评审标书并授予合同，最后，由招标机构统一或由各采购单位分别与中标人签约。

联合招标将分散的招标集中一次进行，聚合了多家买方的力量，会增加对投标人的吸引力、起到加剧投标竞争的作用，可明显强化买方在招标中的主动权，提高招标的效率和效益。

3.1.5 招标投标的时间要求

招标投标有很强的时间性，出于对契约自由原则的尊重，法律法规中有关招标投标各环节的时间规定，大多限于强制招标项目。

1. 招标

资格预审文件或者招标文件的发售期不得少于 5 日。

依法必须进行招标的项目提交资格预审申请文件的时间，自资格预审文件停止发售之日起不得少于 5 日。

依法必须进行招标的项目，自招标文件开始发出之日起至投标人提交投标文件截止之日止，最短不得少于 20 日。采用电子招标投标在线提交投标文件的，最短不得少于 10 日。

招标人对已发出的资格预审文件或者招标文件进行澄清或者修改，其内容可能影响资格预审申请文件或者投标文件编制的，招标人应当在提交资格预审申请文件截止时间至少 3 日前，或者投标截止时间至少 15 日前，以书面形式通知所有获取资格预审文件或者招标文件的潜在投标人；不足 3 日或者 15 日的，招标人应当顺延提交资格预审申请文件或者投标文件的截止时间。

潜在投标人或者其他利害关系人对资格预审文件有异议的，应当在提交资格预审申请文件截止时间 2 日前提出；对招标文件有异议的，应当在投标截止时间 10 日前提出。招标人应当自收到异议之日起 3 日内做出答复；做出答复前，应当暂停招标投标活动。

2. 投标

投标人撤回已提交的投标文件，应当在投标截止时间前书面通知招标人。招标人已收取投标保证金的，应当自收到投标人书面撤回通知之日起 5 日内退还。

3. 开标、评标和中标

开标应当在招标文件确定的提交投标文件截止时间的同一时间公开进行。

投标人对开标有异议的，应当在开标现场提出，招标人应当当场做出答复，并制作记录。

招标项目设有标底的，招标人应当在开标时公布。

评标委员会提出书面评标报告后，招标人一般应当在 15 日内确定中标人，但最迟应当在投标有效期结束日 30 个工作日前确定。

依法必须进行招标的项目，招标人应当自收到评标报告之日起 3 日内公示中标候选人，公示期不得少于 3 日。投标人或者其他利害关系人对依法必须进行招标的项目的评标结果有异议的，应当在中标候选人公示期间提出。招标人应当自收到异议之日起 3 日内做出答复；做出答复前，应当暂停招标投标活动。

依法必须进行招标的项目，招标人应当自确定中标人之日起 15 日内，向有关行政监督部门提交招标投标情况的书面报告。

招标人和中标人应当自中标通知书发出之日起 30 日内，按照招标文件和中标人的投标文件订立书面合同。

招标人最迟应当在书面合同签订后 5 日内向中标人和未中标的投标人退还投标保证金及银行同期存款利息。招标文件中规定给予未中标人经济补偿的，也应在此期限内一并给付。

4. 投诉及处理

投标人或者其他利害关系人认为招标投标活动不符合法律、行政法规规定的，可以自知道或者应当知道之日起 10 日内向有关行政监督部门投诉。

行政监督部门应当自收到投诉之日起 3 个工作日内决定是否受理投诉，并自受理投诉之日起 30 个工作日内做出书面处理决定。

3.2 招标人及招标项目的条件

招标人和招标项目需要达到一定条件，才能实施招标活动。

3.2.1 招标内容的确定

招标人"进行招标"，包括提出招标方案、拟定或决定招标方式、编制招标文件、发布招标公告、审查潜在投标人资格、主持开标、组建评标委员会、确定中标人、订书面合同等。

1. 招标人的条件

招标人具有编制招标文件和组织评标能力的，可以自行办理招标事宜。

招标人自行办理招标的能力要求，具体包括：①具有项目法人资格（或者法人资格）；②具有与招标项目规模和复杂程度相适应的工程技术、工程造价、财务和工程管理等方面专业技术力量；③有从事同类工程建设项目招标的经验；④熟悉和掌握《招标投标法》及有关法规规章。

2. 自行招标与委托招标的选择

选择合适的招标组织形式是成功组织实施招标采购工作的前提。招标人达到规定的能力条件，是否一定自行办理招标事宜？这主要还是看哪种招标组织方式更有利于节约资金，更有利于招标的工作效率。

一般情况下，招标组织形式选择至少需要考虑如下三个因素：①招标活动的成本核算。招标人应核算、比较自行招标和委托招标二者的成本。如果自行招标所节省的费用大于增加的成本和委托招标所节省的投资，可以采取自行招标。②招标工作的重复率。如果是较大规模的单位，其项目较大，且常年有类似项目，可以考虑组建自己专门的招标部门。否则应考虑委托招标代理机构招标。③市场的接受程度。在现有市场环境下，自行招标受招标人的法律、技术专业水平以及公正意识的限制，投标人对其规范性、权威性、公正性多有疑虑，因此，从不影响招标工作的规范和成效方面考虑，即使招标人具有一定的自行招标能力，也宜优先采用委托招标。

3. 工程项目招标方式选择

依法必须进行招标的项目，全部使用国有资金投资或者国有资金投资占控股或者主导地位的，应当公开招标。

国家重点项目和地方重点项目应当公开招标；但不适宜公开招标的，经国务院发展改革部门或省、自治区、直辖市人民政府批准，可以进行邀请招标。

国有资金占控股或者主导地位的依法必须招标项目有下列情形之一的，可以邀请招标：①技术复杂、有特殊要求或者受自然环境限制，只有少量潜在投标人可供选择；②采用公开招标方式的费用占项目合同金额的比例过大。有第②项所列情形，属于按照国家有关规定需要履行项目审批、核准手续的依法必须进行招标的项目，由项目审批、核准部门在审批、核准项目时做出认定；其他项目由招标人申请有关行政监督部门做出认定。

4. 招标范围确定

《招标投标法》和《必须招标的工程项目规定》对必须招标项目的范围、规模标准做了明确规定，这是确定工程招标范围的法律依据。

招标人可以依法对工程以及与工程建设有关的货物、服务全部或者部分实行总承包招标。以暂估价形式包括在总承包范围内的工程、货物、服务属于依法必须进行招标的项目范围且达到国家规定规模标准的，应当依法进行招标。装配式建筑原则上应采用工程总承包模式。政府投资工程应带头推行工程总承包。

同时要注意，招标范围确定不要出现有意或无意的规避招标情况。

5. 招标内容审核

按照现行投资体制，政府投资项目实行审批制，重大项目和限制类项目实行核准制，其他项目为备案制。

《招标投标法实施条例》规定，需要履行项目审批、核准手续的依法必须进行招标的项目，其招标内容应当报项目审批、核准部门审批、核准。项目单位在报送的项目可行性研究报告或者资金申请报告、项目申请报告中增加有关招标的内容。

项目审批、核准部门，应依法提出是否予以审批、核准的意见，并及时将审批、核准确定的招标内容通报有关行政监督部门。

3.2.2　工程建设招标的条件

招标项目必须具备招标人已经依法成立、履行审核手续、落实资金来源这三个条件，才能开始招标程序。其中，资金来源已经落实是指资金虽然没有到位，但其来源已经确定，如银行已经承诺贷款，已签订贷款协议。工程建设不同性质的招标，应当具备的条件也有所不同或有所偏重。

1. 勘察设计招标的具体条件

依法必须进行勘察设计招标的工程建设项目，在招标时应当具备下列条件：

（1）按照国家有关规定需要履行项目审批或者核准手续的，已履行审批或者核准手续，取得批准。

（2）勘察设计所需资金已经落实。

（3）所必需的勘察设计基础资料已经收集完成。

（4）法律法规规定的其他条件。

建筑工程设计招标可以采用设计方案招标或者设计团队招标，招标人可以根据项目特点和实际需要选择。设计方案招标是指主要通过对投标人提交的设计方案进行评审确定中标人。设计团队招标是指主要通过对投标人拟派设计团队的综合能力进行评审确定中标人。

根据设计条件及设计深度，建筑工程方案设计招标类型分为建筑工程概念性方案设计招标和建筑工程实施性方案设计招标两种类型。

2. 工程施工招标的具体条件

依法必须招标的工程建设项目，应当具备下列条件才能进行施工招标：

（1）招标人已经依法成立。

（2）初步设计及概算应当履行审批或者核准手续的，已经批准。

（3）有相应资金或资金来源已经落实。

（4）有招标所需的设计图及技术资料。

同时，招标人应注意对招标项目永久用地的征地拆迁、场地平整、道路交通、水电、排污、通信以及其他外部条件进行落实，确保外部条件满足工程连续施工的需要。

3. 工程货物招标的具体条件

依法必须招标的工程建设项目，应当具备下列条件才能进行货物招标：

（1）招标人已经依法成立。

（2）按照国家有关规定应当履行项目审批、核准或者备案手续的，已经审批、核准或者备案。

（3）有相应资金或者资金来源已经落实。

（4）能够提出货物的使用与技术要求。

4. 工程监理招标的具体条件

进行施工监理招标的工程项目，应当具备下列条件：

（1）建设工程全过程监理招标，已完成立项审批核准或者备案手续；建设工程施工阶段监理招标，应当完成勘察和初步设计工作。

（2）建设资金已经落实。

（3）项目法人或者承担项目管理的机构已经依法成立。

5. 一体化项目招标的具体条件

一体化项目招标是指招标人通过招标方式将建设项目的勘察、设计、施工、设备采购等全部或者多项，委托给具有相应资质的总承包单位的活动。

一体化招标可采用下列类型：①勘察-设计一体化招标；②设计-施工一体化招标；③设计-采购-施工一体化招标；④其他工程总承包方式一体化招标。

一体化招标可在下列两个阶段开始实施：①报建后，进行各类型一体化招标；②项目完成勘察招标、方案设计招标（设计发包范围仅包括方案设计和初步设计）后，在该项目取得初步设计批复后进行施工图设计、施工一体化招标。

一体化项目招标应具备的条件，可结合具体实施阶段，参考各阶段单项招标条件确定。

3.3 招标准备与实施

在正式对外招标之前，招标单位需要做一系列准备工作。充分的招标准备是顺利实施的前提和保证。

3.3.1 招标准备

招标准备工作除了场地准备、技术物质准备以外，主要工作是：成立招标机构、确定招标方案、编制招标用文件等。

1. 招标工作一般程序

不同类型的招标有着不同特点的具体流程。

采用资格预审的招标工作一般按下列程序进行：

（1）招标人成立招标机构。

（2）确定招标方案。

（3）编制招标用文件。

（4）发布招标信息。

（5）发售资格预审文件。

（6）按规定日期接受潜在投标人的资格预审申请文件。

（7）组织对潜在投标人资格预审申请文件进行审查。

（8）告知资格预审申请人资格预审结果。

（9）向资格预审合格的潜在投标人发售招标文件，并按规定将招标文件向行政主管部门备案。

（10）组织领购招标文件的潜在投标人现场踏勘，召开标前会进行答疑。

（11）在规定时间和地点，接受投标人的投标文件。

（12）组织开标会。

（13）组建评标委员会评标。

（14）评标委员会向招标人提交书面评标报告。

（15）评标结果公示。

（16）在评标委员会推荐的中标候选人中，确定中标人。

（17）发中标通知书，并将中标结果通知所有投标人。

（18）进行合同谈判，并与中标人订立书面合同。

（19）向行政主管部门提交招标投标情况的书面报告。

（20）项目资料归档。

2. 招标用文件的基本类型

招标用文件是一个概括性术语，是指以文字或图示描述招标投标内容、通过规定程序由有权人员签署发布、要求接收者据此做出响应的电子文档或纸质文档。其本质作用在于招标人向投标人传递招标投标的各类信息。

招标用文件的基本要求是：内容完备、结构严谨、明确简洁。

根据文件所传达的信息性质与作用，招标用文件可以分成如下几类：

（1）公告类文件。一般包括：招标公告、资格预审公告；中标结果公示⊖；中标结果公告；招标终止公告等。

（2）章程类文件。一般包括：招标文件、资格预审文件，以及招标文件和资格预审文件的澄清或修改文件。

（3）通知类文件。一般包括：投标邀请书、资格预审结果通知书、问题澄清通知、中标通知书、中标结果通知书、招标终止通知书等。

3. 成立招标机构

任何一项招标，招标人都要有一个专门的招标机构，并由该机构全权负责整个招标活动。招标机构的主要职责一是决策，二是处理日常事务工作。具体事项主要有：审定招标项目；拟定招标方案和招标用文件；组织招标、开标、评标和定标；组织签订合同。采用委托招标方式的，招标人的日常事务可以授权代理公司具体实施。

招标机构作为专门性机构，由各方面人员组成，具体人员则可根据特定采购项目的性质和要求而定。按照惯例，招标机构至少要由 3 名成员组成。

为了有效地管理招标程序，业主或代理机构需要指定专人作为招标协调员。

⊖　公示除了有公开告之之意外，还有事先预告周知，用以征询意见的含义。

4. 研究确定招标方案

招标方案是在做了项目发展战略研究之后制订出的行动计划。制订招标方案的基本思路是：发挥优势因素，克服弱点因素，利用机会因素，化解威胁因素。运用系统分析的综合分析方法，将排列与考虑的各种内外因素相互匹配起来加以组合，得出一系列项目招标可选择的对策。

招标方案需要根据采购的风险、规模、环境条件，选择适宜的招标方式、方法和手段，以实现物有所值。应重点考虑如下要素以实现采购目标：最有可能从市场吸引更多有竞争力的响应和适合的投标人的选择方法和安排；适当选用以详细的技术规范为基础的要求或以绩效/功能为基础的要求；最能让投标人证明他们能够提供价值的评审标准，包括价格、生命周期成本；公认或通用的质量标准和技术规范；最适合于特定具体采购的合同类型与合同条款。

招标方案是招标组织实施工作的总体策划，也是业主合同总体策划的一个重要组成部分，其基本内容包括：

（1）招标项目概况。

（2）招标项目特点以及难点的分析。

（3）招标条件落实情况分析。

（4）招标项目需求及市场供求状况分析。

（5）招标的经济性和适用性分析。

（6）招标范围和标段划分方案。

（7）招标方式、方法和手段选择。

（8）资格审查方式选择。

（9）招标工作关键环节说明以及解决方案。

（10）合同主要条款。

（11）招标工作目标、时序和计划。

（12）招标项目组人员构成以及分工。

（13）工作责任分解计划。

（14）招标质量、进度等保障措施。

（15）招标风险分析以及应对措施。

（16）其他事项。

5. 划分标段

标段的划分也称分标、分标段、分标包或捆包，是指招标人在充分考虑合同规模、技术标准规格分类要求、潜在投标人状况，以及合同履行期限等因素的基础上，将一项工程、服务，或者一个批次的货物拆分为若干个合同进行招标的行为。也就是对划分的招标标段独立编制招标文件进行招标。每一批招标可以包括一个或几个合同。

招标项目划分标段，通常基于以下两个方面的客观需要。一是适应不同资格能力的投标人。招标项目包含不同类型、不同专业技术、不同品种和规格的标的，分成不同标段才能使有相应资格能力的单位分别投标。二是满足分阶段实施要求。同一招标项目由于受资金、设计等条件的限制必须划分标段，以满足分阶段实施要求。集中表现为业主对包括工程发包方式在内的项目交易模式的选择。比如，针对具体的工程发包方式可采用排除法，从各种发包方式（图 3-2）中排除不能适应工程和建设条件属性的发包方式。如工程的工期要求很紧迫，此时，DBB 类发包方式可能就被排除了；如根据工程技术方面要求，在建设市场上难以找到 DB 和 EPC 承包商，此时，DB 和 EPC 发包方式就被排除。

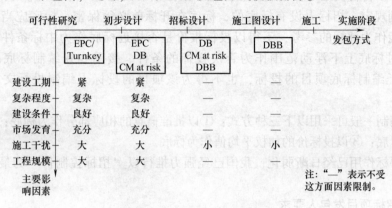

图 3-2　工程发包方式分析图

划分标段实质上是为了吸引并选择承包（供应/服务）商。标段的划分核心内容是其合理性。划分标段要考虑以下几个方面：①法律法规规定；②经济因素；③市场结构情况；④可否组合在一起；⑤需用的时间；⑥竞争性；⑦市场惯例、运输及其他费用；⑧招标人和项目本身的特点。

对整个项目所需采购的全部类目，包括设备、其他货物、工程和服务的标段、时间划分应统筹考虑，应制定整个项目全部标段的 WBS 和进程表，明确每个标段的招标内容、范围，正确描述其数量、工作内容、工作边界（包括场地、时间、空间的边界及相邻界面的配合要求）条件等。以便在项目实施中彼此衔接，相互协调，避免出现错误（错）、丢项（漏）、重叠（碰）或内容不全（缺）等问题。

6. 确定工程量清单、招标控制价（标底）

（1）招标工程量清单。《建设工程工程量清单计价规范》（GB 50500—2013）规定，施工招标，招标工程量清单必须作为招标文件的组成部分。这是强制性条文。

招标工程量清单应由具有编制能力的招标人或受其委托具有相应资质的工程造价咨询人编制。招标工程量清单是工程量清单计价的基础，应作为编制招标控制价、投标报价以及计算或调整工程量、索赔等的依据之一。

（2）招标控制价。招标控制价系招标人编制的招标工程的最高投标限价。《建设工程工程量清单计价规范》（GB 50500—2013）规定，国有资金投资的建设工程招标，招标人必须编制招标控制价。这是强制性条文。《招标投标法实施条例》规定，招标人设有最高投标限价的，应当在招标文件中明确最高投标限价或者最高投标限价的计算方法。招标人不得规定最低投标限价。

招标控制价应由具有编制能力的招标人或受其委托具有相应资质的工程造价咨询人编制。招标人应在发布招标文件时公布招标控制价，同时应将招标控制价及有关资料报送工程所在地或有该工程管辖权的行业管理部门工程造价管理机构备查。

（3）标底。标底是我国工程招标（有些工程材料、设备的采购也会编制标底）中的一个特有概念，它是招标人期望的工程造价。在国外，标底一般被称为"估算成本""合同估价"或"投标估值"。设立标底的做法是针对我国当时建筑市场发育状况和国情而采取的措施。

招标人可以自行决定是否编制标底。一个招标项目只能有一个标底。《招标投标法》及其实施条例规定：招标人设有标底的，标底在开标前必须保密；标底应当在开标时公布。标底只能作为评标的参考，不得以投标报价是否接近标底作为中标条件，也不得以投标报价超过标底上下浮动范围作为否决投标的条件。接受委托编制标底的中介机构不得参加受托编制标底项目的投标，也不得为该项目的投标人编制投标文件或者提供咨询。

标底的编制一般可采用以下三种方式：①以批准概算的相应部分作为标底；②委托造价工程师编制标底；③以投标价的加权平均值作为标底。

标底的评标作用已经日渐弱化，我国已经强力推行以"招标控制价"为最高限价的无标底评标方式。

7. 确定招标项目发包人要求

发包人要求是指工程、货物或服务的特性的技术要求，如质量、性能、安全、检验方法、生产工艺与方法以及与招标人规定的合格评定程序有关的要求。"发包人要求"根据不同招标项目类别，往往有特定的名称，如施工招标为技术标准和要求，货物（材料、设备）招标为技术规格及要求（供货要求），设计-施工一体化招标为发包人要求，勘察、设计招标为发包人要求（勘察、设计任务书），监理招标为委托人要求及监理规范，招标代理、造价咨询、项目管理招标为委托人要求。

发包人要求中品质的表示方法有如下五种：①样品。主要用于难以用文字表示品质的货物。②成分或含量。适用于那些可通过试验分析鉴定品质的货物。③等级或标准。主要用于有国际上普遍使用或我国正在使用的等级规定或公认标准的货物、服务。④图纸和说明。适用于机械产品、建筑工程的品质规格要求。⑤商标或牌号。

制定发包人要求的基本要求是：严密、公正。发包人要求（标准）应以有关的特征和性能要求为依据，应避免要求或标明某一特定的专利、商标、名称、设计、原产地或生产供应者。如果必须引用某一生产供应者的技术规格（标准）、商标或商品目录才能准确或清楚地说明拟招标项目的技术标准时，则应当在参照后面加上"或相当于"的字样。

3.3.2 资格预审文件的编制

采用资格预审的招标，需编写资格预审文件和招标文件，而不进行资格预审的招标只需编写招标文件。资格预审是指招标人在发出投标邀请前，对潜在投标人订立合同的资格和履行合同的资格进行审查，以确定入围投标名单的过程。只有通过资格预审的潜在投标人，方可取得投标资格。《世行采购规则》将采购货物、工程或非咨询服务邀请递交投标书之前确定入围名单的过程称为资格预审（Prequalification），邀请递交建议书之前确定入围名单的过程称为初步选择（Initial Selection），将采购咨询服务邀请递交建议书之前确定入围名单的过程称为短名单（Shortlist）。

1. 资格审查的方式与目的

资格审查的目的是通过一定的方式调查、检查投标人是否有具有独立订立合同的资格以及是否具有相应的履约能力。资格审查是招标投标程序中的一个必需步骤。

资格审查有资格预审和资格后审两种方式。资格预审是在招标人发出投标邀请书或者发售招标文件前，由专门组建的资格审查委员会对潜在投标人进行的资格审查；资格后审是在开标后由评标委员会对投标人进行的资格审查，属于评标工作的一部分。采用何种资格审查方式属于招标人自主决策的事项。

《招标投标法》规定，招标人可以根据招标项目本身的要求，在招标公告或者投标邀请书中，要求潜在投标人提供有关资质证明文件和业绩情况，并对潜在投标人进行资格审查；国家对投标人的资格条件有规定的，依照其规定。

《招标投标法实施条例》规定，公开招标项目招标人采用资格预审办法对潜在投标人进行资格审查的，应当发布资格预审公告⊖、编制资格预审文件。招标人采用资格后审办法对投标人进行资格审查的，应当在开标后由评标委员会按照招标文件规定的标准和方法对投标人的资格进行审查。

2. 资格预审的采用条件

在什么情况下采用资格预审，世界银行的相关规定可供参考：对于大型或复杂的合同，或在准备详细的投标文件成本很高不利于竞争的情况下，诸如需要为客户定制设计的设备、成套设备、专业化的服务、某些复杂的信息和技术、交钥匙合同、设计和建设合同或管理承包等，对投标人进行资格预审是适合的。

从某种意义上说，资格预审程序的设计，把招标选择投标人的过程分为明显的两个阶段进行。第一阶段是选择"合格的潜在投标人"，第二阶段是从"合格的潜在投标人"中选出"最优投标要约的投标人"。

3. 资格预审的标准和方法

招标人发出的资格预审文件应当载明资格审查办法。

资格预审审查办法如同评标办法一样重要，其核心内容是资格审查的标准和方法。

资格预审的审查标准一般根据具体的审查因素设立，审查因素集中在申请人的投标资格条件和履约能力两个方面。一般包括申请人的资质、机构、营业状态、财务、业绩、信誉和生产资源情况等。相应的审查标准则区别审查因素设立为定性或定量的评价标准。需要强调的是，能够量化的标准应该进行量化；无法精确量化的，应该给予详细的标准说明，尽可能地限制评审委员会自由裁量的空间。

资格预审的审查方法一般分为合格制和有限数量制。所谓合格制，是按照资格预审文件载明的审查因素和审查标准对申请人的资格条件进行符合性审查，凡通过审查的申请人均允许参加投标。所谓有限数量制，是指在合格性审查的基础上，按照资格预审文件载明的审查因素和审查标准进行定量评分，从通过合格性审查的申请人中择优选择一定数量参与投标。但不得以抽签、摇珠等随机方式确定通过资格预审的申请人。从提高投标的竞争性考虑，资格预审应当尽可能采用合格制。

4. 资格预审文件的内容

资格预审文件是指招标人编制的，告知潜在投标人招标项目的内容、范围和数量、投标资格条件、资格预审程序与规则、资格预审标准和方法以及资格审查申请要求的书面文书。

一般情况下，一个标段对应一份资格预审文件。

⊖ 资格预审方式既适用于公开招标项目，也适用于邀请招标项目，但邀请招标不一定要发布资格预审公告。

资格预审文件需要载明以下主要内容：①资格预审公告；②申请人须知；③资格审查办法；④资格预审申请文件格式；⑤项目建设概况。

采用资格预审的，资格预审公告代替招标公告成为公开招标活动的要约邀请，在管理上，资格预审公告适用有关招标公告的规定。另外，从实质上看，资格预审文件的内容本系招标文件的一部分，故法律上对资格预审文件的编制、发售、使用等方面的要求也是比照招标文件的。

招标人需要区别项目性质、特点和要求，编制相应的资格预审文件，不能人为地和不必要地将资格预审复杂化。在投标申请人符合法定投标资格条件的情况下，合格标准不应过高，审查条件也不宜过多，以避免排斥潜在投标人。

招标人发售资格预审文件、招标文件收取的费用应当限于补偿印刷、邮寄的成本支出，不得以营利为目的。

招标人应当合理确定提交资格预审申请文件的时间。

5. 不能通过资格审查的一般条件

招标人可以根据招标项目的实际情况，本着"慎重拒绝"的原则设定不能通过资格审查的条件，较直接的做法是在资格审查办法中集中列示。

施工招标资格预审，申请人或其资格预审申请文件不能通过资格审查的情形一般包括：

（1）在初步审查、详细审查中，评标委员会认定申请人的资格预审申请文件不符合资格审查办法前附表中规定的任何一项评审标准的。

（2）未按照审查委员会要求澄清、说明或补正的。

（3）有"申请人不得存在"的利益冲突或不良状态的任何一种情形的：①为招标人不具有独立法人资格的附属机构（单位）；②与招标人存在利害关系且可能影响招标公正性的；③为本标段前期准备提供设计或咨询服务的，但设计施工总承包的除外；④为本标段的监理人；⑤为本标段的代建人；⑥为本标段提供招标代理服务的；⑦与本标段的监理人或代建人或招标代理机构同为一个法定代表人的；⑧与本标段的监理人或代建人或招标代理机构相互控股或参股的；⑨与本标段的监理人或代建人或招标代理机构相互任职或工作的；⑩被责令停业的；⑪被暂停或取消投标资格的；⑫财产被接管或冻结的；⑬在最近三年内有骗取中标或严重违约或重大工程质量问题的；⑭被列入严重违法失信企业名单或失信被执行人名单的。

（4）在资格预审过程中发现存在弄虚作假、行贿或者其他违法违规行为的。

（5）申请人以任何方式干扰、影响资格预审的审查工作的。

（6）法律法规或者申请人须知前附表规定的其他情形。

此外，对于关联公司同时参加资格预审应予以特别说明。一般明确，单位负责人为同一人或者存在控股、管理关系的不同单位，对同一标段投标或者未划分标段的同一招标项目提出资格预审的，最多只能有一家通过资格预审。

6. 评分标准的设定

采用有限数量制进行资格预审的，对于定量审查的内容需要在初步审查标准和详细审查标准之外单独列出，形成独立的评分标准。评分标准应当载明评分因素（该因素的评分项）、量化的分值和记分标准，评分因素一般应当实行百分制（招标人不限制投标人数量，又实行定量评分法的，应当在审查办法中明确一个合格分数线，如：60分以上为合格），施工招标资格预审具体标准、条件、分值可参考下列原则⊖：

（1）人力资源，分值 20～30 分，包括：①拟派项目经理，评分项可以从职称、学历、类似工程业绩等考察，分值占该部分分值的 40% 左右；②拟派项目技术负责人，评分项同①，分值占该部分分值的 30% 左右；③拟派项目管理人员构成，一般应当鼓励呈"腰鼓"形比例搭配，且专业齐全，分值占该部分分值的 30% 左右。

（2）财务状况，分值 20 分左右，包括：①净资产总值，以近 n 年平均值为准；②资产负债率，以近 n 年平均值为准；③年度授信余额。

（3）拟投入生产的机械设备，分值 20～30 分，包括：①自有机械设备情况，如数量和性能；②市场租赁施工机械设备情况，如数量、性能和来源保障程度；③拟投入主要施工机械设备总体情况，如配置合理程度、满足工程施工需要程度。

（4）企业认证体系，分值 5 分以下，包括：企业的质量管理体系、环境管理体系、职业安全健康管理体系的认证及运行情况。质量体系可以是 2 分，其他认证可以均分该部分分值。

（5）类似项目业绩，分值 10 分左右，包括：①近 n 年类似项目业绩，可以按照取得数量区分几个等级记分；②在施工程和新承接工程情况，考察企业该项内容的能力及占用资源情况。

（6）信誉，分值 10 分左右，包括：①近 n 年诉讼和仲裁情况，一般以没有或虽有但无败诉为最高得分项；②近 n 年不良行为记录；③近 n 年合同履约率。

（7）其他，分值 5～10 分。

3.3.3　招标文件的编制

招标文件是招标投标活动中对招标人和投标人都具有约束力的文件，其编制是招标准备工作中最为重要的一环。招标文件编制质量的优劣，直接关系到招标投标活动是否规范、是否会引起投标人或其他利害关系人的异议或投诉，进而关系到合同能否全面履行，直接影响到采购的效果和进度。

1. 招标文件的内涵与作用

招标文件，也有简称标书的，是告知潜在投标人招标项目的内容、范围和数量、投标资格条件、招标投标的程序规则、投标文件编制和递交要求、评标的标准和方法、拟签订合同的主要条款、技术标准和要求等信息的书面文书。

法律赋予了招标文件十分重要的地位，只要其所做的规定不违反法律，均为有效，它是指导招标投标活动全过程的纲领性文件，是招标投标活动得以进行的基础。招标文件在一定程度上可以看作招标人的需求说明书和招标投标规则。

招标文件在招标过程中的作用主要包括：①是招标人招标承建工程项目、采购货物或服务的法律性文件；②是投标人编制投标文件及投标的依据；③是评标委员会对投标文件进行评审并推荐中标候选人或者直接确定中标人的依据；④是招标人与中标人签订合同所遵循的文件。

下大力量认真准备招标文件，是招标采购工作得以顺利进行的关键一步。

⊖　要注意避免因项目与分值的设计不合理而助长挂靠、围标等不良行为。

2. 招标文件的内容

招标文件一般包括编写和提交投标文件的规定、投标文件的评审标准与方法、合同的主要条款以及附件等内容。

招标文件中包含的技术要求、投标报价要求和主要合同条款等内容是招标文件的关键内容，统称实质性要求。应根据招标项目的具体特点和需要，将对合同履行有重大影响的内容或因素设定为实质性要求和条件。招标文件规定的实质性要求和条件应在评标办法中列明 ⊖，并明示不满足该要求即否决其投标，以防止评标委员会滥用。

当前国际上通用的完整的标准招标文件（或示范文本），是招标采购经验的结晶，不仅具有可操作性，也包含了工程法律学、工程管理学和商务贸易学的机理，涉及商务、法律、财务、经济、专业技术等多个专业内容，并且在招标文件的各个组成部分中相互交叉和渗透。

项目性质不同、招标范围不同，招标文件的内容和格式也有所区别。

招标文件的具体内容和范例见本书第 3.4 节。

3. 招标文件编制的基本要求

招标人或其委托的招标代理机构应本着公平、互利的原则，务必使文件完整、严密、周到、细致，内容明确、合理合法，以使投标人能够充分了解自己应尽的职责和享有的权益。

招标文件应为潜在投标人提供准备投标文件所必需的所有信息，其编制应特别注意以下几个方面：

（1）充分利用标准招标文件或范本，且应尽可能少做改动。《招标投标法实施条例》第十五条规定：编制依法必须进行招标的项目的资格预审文件和招标文件，应当使用国务院发展改革部门会同有关行政监督部门制定的标准文本。

（2）招标文件应明确规定投标人做好投标准备所需要的一切必要资料。

（3）招标文件的详细程度和复杂程度应随着招标项目和合同的大小、性质不同而有所变化。要切合招标项目的实际，展现个性，反映招标投标及合同履行的主要信息和数据。

（4）招标文件中引用的标准和技术规格应鼓励更广泛的竞争。对投标价格比较敏感的主要材料和设备，应在招标文件的技术要求中详细规定有关的技术标准，从而保证各个投标人能够在统一的质量标准下，使投标文件之间具有较高的可比性。招标文件还应明确规定用于判定提交的货物或完成的工程是否和技术要求相一致所需的测试、标准和方法。

（5）图纸应该和技术要求的内容相一致，应明确规定两者的优先顺序。除合同另有规定外，技术规范应要求招标项目中使用的所有货物和材料是新的、未使用过的，并应为现行或最新型号的。

（6）招标文件应明确说明将要签订的合同类型以及包括合适的合同条款。

（7）如果投标允许根据替代设计方案、材料、完成时间和付款条件等来投标的话，应该明确说明可接受的条件和评价方法。

（8）注意公正地处理招标人和承包（供应/服务）商的利益，使承包（供应/服务）商

⊖ 实践中较好的做法是，对招标文件中的重要条款（参数）加注星号（"＊"），并注明如不满足任一带星号（"＊"）的条款（参数）将被视为不满足招标文件实质性要求，并导致投标被否决。对于一般条款（参数），规定允许偏差的最大范围、最高项数和调整偏差的方法。

能获得合理的利润，如果不恰当地将过多的风险转移给承包（供应/服务）商一方，势必迫使承包（供应/服务）商加大风险费用，提高投标报价，最终还是招标人一方增加支出。

4. 招标文件编写的具体问题

（1）投标有效期。招标文件应当载明投标有效期。投标有效期是投标文件保持有效的期限，从提交投标文件截止之日起计算。一般项目为 60~90 天，大型项目为 120 天左右。

投标有效期的确定一般需要考虑三个因素：①组织评标委员会完成评标需要的时间；②确定中标人需要的时间；③签订合同需要的时间。

（2）评标标准与要求。招标文件中规定的评标标准和评标方法应当合理，不得有与招标项目的具体特点和实际需要不相适应或者与合同履行无关的条件，招标文件不得要求或者标明特定的专利、商标、品牌、原产地或者供应商以及含有倾向或者排斥潜在投标人的其他内容，不得妨碍或者限制投标人之间的竞争。

评标需量化的因素及其权重应当在招标文件中明确规定。应当在招标文件中明确投标人不得以低于成本价的价格投标。招标人选择使用经评审的最低投标价法的，应当在招标文件中明确启动投标报价是否低于投标人成本评审程序的警戒线，以及评标价的折算因素和折算标准。

《评标委员会和评标方法暂行规定》明确，招标文件应当对汇率标准和汇率风险做出规定。未做规定的，汇率风险由投标人承担。

评标办法的内容见本书第 3.5.4 小节。

（3）投标保证金。投标保证金是投标人按照招标文件规定的形式和金额向招标人递交的，约束投标人履行其投标义务的担保。在招标文件中应明确是否需要提交投标保证金。招标人在招标文件中规定的投标保证金应当是依据招标项目估算价计算的一个具体的和绝对的金额，不宜在招标文件中要求一个基于投标报价的百分比，以避免可能提前泄露投标报价。

投标保证金一般应优先选用银行保函、专业担保公司的保证担保或保险公司的保证保险。

投标保证金有效期应当与投标有效期一致。

（4）投标偏差性质的界定。招标投标活动本身固有的竞争性，决定了投标人总是试图通过对招标文件要求的合理偏差，来争取在竞争中赢得些许优势，当偏差构成实质性不响应招标文件要求时，属于"重大偏差"（也称重大偏离），投标文件会被否决，当偏差属于"细微偏差"（也称较小的偏离）时，也存在招标人能否接受的问题。细微偏差不影响投标文件的有效性。招标文件应该规定，评标委员会应当书面要求存在细微偏差的投标人在评标结束前予以补正。拒不补正的，在详细评审时可以对细微偏差做不利于该投标人的量化，量化标准应当在招标文件中规定。

招标文件应该对投标偏差性质给予明确的界定。判断一份投标文件对招标文件的要求是重大的偏离还是较小的偏离，最基本的原则是要考虑对其他投标人是否公平。

按惯例，下列情况的每种情形均属于重大偏差：①没有按照招标文件要求提供投标担保或者所提供的投标担保有瑕疵；②投标文件没有投标人授权代表签字和加盖公章；③投标文件载明的招标项目完成期限超过招标文件规定的期限；④明显不符合技术规格、技术标准的要求；⑤投标文件载明的货物包装方式、检验标准和方法等不符合招标文件的要求；⑥投标文件附有招标人不能接受的条件；⑦不符合招标文件中规定的其他实质性要求。

（5）履约保证金。履约保证金属于中标人向招标人提供的用以保障其履行合同义务的担保。招标文件可以根据合同履行的需要，要求中标人在签订合同前提交或不提交履约保证金。招标文件要求提交的，应载明履约保证金的形式、金额以及提交时间。履约保证金金额最高不得超过中标合同金额的10%。

履约保证金通常作为合同订立的条件，要在合同签订前提交。履约保证金的有效期自合同生效之日起至合同约定的中标人主要义务履行完毕止。

（6）备选方案的采用。完全按照招标文件的实质性要求准备的投标文件称为正选标或者正选方案，如果招标文件允许备选标或者备选方案，投标人在正选方案之外偏离招标文件任何实质性要求的投标称为备选方案或者备选标。

投标人针对招标文件要求编制的多个施工方案，从本质上讲，并不具备备选方案对招标文件实质性要求提出偏差的特性，因而不能构成备选方案。

如果招标人允许有备选方案，招标文件的投标须知中应当对备选方案的提交做出相应规定。一般地，投标人递交备选方案的前提条件是，投标人已按招标文件规定的合同条件编制并递交了正选标，否则评标委员会将拒绝投标人所递交的投标文件。只有排名第一的中标候选人的备选方案才会予以评审。优于招标文件规定的技术标准的备选方案所产生的附加效益，不计入评标价折算。

按照公开性的要求，评标办法中应当载明对备选方案进行评审的标准、条件和方法，并明确选择采用备选方案的具体原则。备选方案的提出和其内容往往是出人意料的，一般宜采用定性评审的方式进行评审。

（7）"暗标"评审的采用。在招标实践中，为了减少评标委员会成员感情因素而产生的倾向性对评标工作的影响，有时要对投标文件技术部分中容易受到人为感情因素影响的评审内容，采用在隐去投标人身份以及任何可以识别投标人身份的文字和图表（如投标人名称或其他可识别投标人身份的任何字符、徽标、业绩、荣誉或人员姓名等）等标识的条件下进行评审的方法，这种评审方法被称为"暗标"评审。

由于"暗标"评审可以用预设的技术手段屏蔽掉评标委员个人感情色彩对评标结果的非正常影响，因此越来越受到广大招标人和投标人的欢迎。

采用"暗标"评审的内容一般是技术标中难以准确量化的，且能够通过投标人按照招标文件统一的规定进行简单处理就可以隐去其身份的评审项目，如施工招标中的施工组织设计、设计招标中的设计方案等。如施工招标技术标评审内容中，除了容易暴露投标人身份的项目部组织机构和人员外，其余评审内容一般均可纳入"暗标"评审的范畴。

"暗标"评审配套的措施包括：①"暗标"评审必须"暗标"制作，单独装订成一册。在招标文件中要明确采用"暗标"评审的范围和"暗标"在编制、装订、包装和内容上的具体要求，尽可能简化编制和装订要求。要求在投标文件中不得出现投标人的名称或者其他可识别投标人身份的字符、徽标、人员姓名以及其他特殊标记。②对"暗标"开标后即对"暗标"做保密处理——由工作人员做统一编码处理。③参与编码的人员不应与评标委员会成员有任何接触的机会，应该有防止编码透露给评标委员会成员的具体措施。④招标文件应该明确暗标评审的顺序及相关文件传递要求，防止投标人的身份被提前识别。比如："开标记录"应在暗标评审完成后再向评标委员会提供。

5. 项目经理答辩的采用

随着对项目管理要求的不断提高，项目经理在项目管理中的作用日渐重要。在实践中，招标人越来越多地要求在评标阶段对项目经理本人的实际执业能力进行考核，设立项目经理答辩环节。项目经理答辩在性质上也可以归类于质疑和澄清、说明及补正。

项目经理答辩的内容，主要集中于对项目特点和难点的认识，以及采取哪些相应的对策、组织管理措施等。一些招标项目也同时要求项目技术负责人参加答辩。

项目经理答辩的方式要采取项目经理与评标委员会成员互不见面的方式进行。例如，可利用招标场所专门设立的音频或者可视传媒方式进行，保证评标委员会成员不能识别项目经理所代表的投标人。

3.3.4 招标实施过程

招标实施是整个招标过程的实质性阶段。招标实施的过程主要包括以下几个具体步骤：

1. 发布招标公告（或资格预审公告）

（1）发布招标公告（资格预审公告）的渠道及要求。招标公告是面向公众公开发布的载明招标人、招标项目情况、投标截止日期以及获取招标文件的办法等事项的书面文告。

公开招标项目应发布招标公告。招标人采用资格预审办法对潜在投标人进行资格审查的，应当发布资格预审公告。

在公开招标中，招标公告（或资格预审公告）是发布招标信息的唯一合法渠道，是公开招标最显著的特征之一。发布招标公告（或资格预审公告）是招标实施过程的开始。

依法必须招标项目的招标公告（或资格预审公告）应当在"中国招标投标公共服务平台"或者项目所在地省级电子招标投标公共服务平台（以下统一简称"发布媒介"）发布。发布媒介应当免费提供依法必须招标项目的招标公告和公示信息发布服务。招标人或其招标代理机构也可以同步在其他媒介公开，并确保内容一致。

（2）招标公告（资格预审公告）的内容。招标公告应以简短、明了和完整为宗旨。

依法必须招标项目的资格预审公告和招标公告，应当载明以下内容：

1）招标项目名称、内容、范围、规模、资金来源。

2）投标资格能力要求，以及是否接受联合体投标。

3）获取资格预审文件或招标文件的时间、方式。

4）递交资格预审文件或投标文件的截止时间、方式。

5）招标人及其招标代理机构的名称、地址、联系人及联系方式。

6）采用电子招标投标方式的，潜在投标人访问电子招标投标交易平台的网址和方法。

7）其他依法应当载明的内容。

2. 资格预审文件的发售、修改

（1）资格预审文件的发售。招标人应当按照资格预审公告、招标公告或者投标邀请书规定的时间、地点发售资格预审文件。资格预审文件的发售期不得少于5日。

（2）资格预审文件的修改。在资格预审文件发布后，确需对资格预审文件进行澄清或者修改的，招标人应在申请人须知前附表对应的规定的时间（应符合法定要求）内修改。

对资格预审文件进行修改的内容，为资格预审文件的组成部分。招标人需要以编号的补遗书的形式通知到所有已获得资格预审文件的潜在投标人。

（3）对资格预审文件的异议。潜在投标人或者其他利害关系人对资格预审文件有异议的，应当在提交资格预审申请文件截止时间 2 日前提出。招标人应当自收到异议之日起 3 日内做出答复；做出答复前，应当暂停招标投标活动。

3. 投标资格预审

（1）接受资格预审申请文件。招标人接收申请人递交的资格预审申请文件时，需要当场验证密封情况。

招标人或其委托的招标代理机构在接收按时送达并符合资格预审文件密封要求的资格预审申请文件时，应向投标申请人出具"申请文件递交时间和密封及标识检查记录表"一类的签收凭证，并妥善保管申请文件，在审查前不得开启密封。

对于在资格预审文件约定的递交截止时间后送达或者未送达指定地点的资格预审申请文件，招标人或其委托的招标代理机构应当拒绝接收。

未按照规定时间和方式获得资格预审文件的申请人递交的资格预审申请文件应当拒绝接收，进入审查程序的当属无效。

（2）审查委员会。资格预审申请文件由招标人组织专家进行审查。

资格预审审查机构的名称、组成、专家的资格及产生方式等，《招标投标法》中没有规定。《招标投标法实施条例》规定，国有资金占控股或者主导地位的依法必须进行招标的项目，招标人应当组建资格审查委员会审查资格预审申请文件。资格审查委员会及其成员应当遵守《招标投标法》和《招标投标法实施条例》中有关评标委员会及其成员的规定。

实务中，分标段同时招标的，资格预审应当分标段分别组成各自的审查委员会，以保证审查的效率。

（3）申请文件启封。资格预审申请文件的开启不必公开进行。一般做法是，在审查委员会全体成员在场见证的情况下，由审查委员会主任或审查委员会成员推荐的成员代表检查各个资格预审申请文件的密封和标识情况并打开密封。

密封或者标识不符合要求的，资格审查委员会应当要求招标人做出说明。如果认定密封或者标识不符合要求系由于招标人保管不善所造成的，审查委员会应当要求相关申请人对其所递交的申请文件内容进行检查确认。

（4）审查的基本程序。审查程序一般可分为：审查准备工作、初步评审、详细评审、确定通过资格预审的申请人及提交资格审查报告。

资格预审的审查准备工作一般包括：审查委员会成员签到、审查委员会进行分工、熟悉文件资料、对申请文件进行基础性数据分析和整理工作。招标人或招标代理机构应向审查委员会提供资格审查所需的信息和数据，包括资格预审文件及各申请人递交的资格预审申请文件，经过申请人签认的资格预审申请文件递交时间和密封及标识检查记录等。

资格审查委员会在资格审查过程中，遇到申请文件中有不明确的内容时，应依据资格审查办法的规定启动澄清程序，要求申请人进行必要的澄清、说明或者补正。澄清、说明和补正的通知以及答复必须以书面形式进行，且不得超出资格预审申请书（或申请文件）的范围或者改正其实质性错误使其通过资格预审。

申请人不得借澄清、说明或补正改变申请文件的实质性内容。招标人和审查委员会也不得接受申请人主动提出的澄清或说明。

（5）资格审查报告。审查委员会完成评审后要对评审结果进行汇总，还需要复核评审结果，编制并向招标人提交书面审查报告。

审查报告应当如实记载以下内容：基本情况和数据表；审查委员会成员名单；澄清、说明、补正事项纪要等；审查过程、未通过资格预审的情况说明、通过资格预审的申请人名单；其他需要说明的问题。

审查报告应当由审查委员会全体成员签字。

4. 发投标邀请并发售招标文件

按照惯例，招标人在资格预审结束后，通常以书面形式将资格预审结果通知申请人，并向通过资格预审的申请人发出投标邀请书。若资格预审结果通知同时在媒体上公布的，不应公布获得投标资格的申请人名单。

投标邀请书应将获得招标文件的时间、地点和每份招标文件的售价，递交投标文件的截止时间、地点，以及是否参加投标的确认方式和时间告知合格申请人。

招标文件一般按套发售。向投标人供应招标文件的套数的多少可以根据招标项目的复杂程度等确定，一般都是一个投标人一套。

实行资格预审的，招标文件只发售给资格预审合格且确认参加投标的潜在投标人。招标人不得以抽签、摇号等不合理条件限制或者排斥资格预审合格的潜在投标人参加投标。

招标文件一般按编制、印刷这些文件的工本费收费，招标活动中的其他费用（如发布招标公告）不能计入该成本。

另外，招标人要做好领购记录，内容包括领购招标文件投标人的详细名称、地址、电话、招标文件编号、招标号、品目号、标段号等。需要特别注意，领购记录应该一家投标人一页，以免无意中泄露已获取招标文件的潜在投标人的信息。《招标投标法》规定，招标人不得向他人透露已获取招标文件的潜在投标人的名称、数量以及可能影响公平竞争的有关招标投标的其他情况。

招标文件可以澄清与修改。澄清是指招标人对招标文件中的遗漏、词义表述不清或对比较复杂的事项进行说明，回答投标人提出的各种问题。修改是指招标人对招标文件中出现的错误进行修订。对已经发出的招标文件，招标人可以出于任何理由，主动地或者根据投标人的要求，对一些条款表述不清或者容易产生误解的内容，甚至涉及实质性内容的错误，在法定的时间里进行澄清或者修改。该澄清或者修改的内容为招标文件的组成部分。

招标文件发出后，招标人接受投标人对招标文件有关问题要求澄清的函件，要对问题进行澄清（但不指明澄清问题的来源），并书面通知所有潜在投标人。

招标文件发售后，招标人、招标代理机构不得随意撤回和否认，否则应当赔偿投标人的直接损失。

5. 召开标前会议

有些大型采购项目尤其是大型工程的招标，招标人通常在投标人领购招标文件后安排一次投标人会议，即标前会议，也称投标预备会。一些项目，招标人还会根据招标项目的具体情况，在标前会议之前，集体组织投标人踏勘现场。组织踏勘现场和标前会议不是招标的必需程序。

现场的踏勘是指招标人组织投标人对项目实施现场的客观条件和环境进行的现场考察。招标人是否组织现场踏勘以及何时组织由招标人依据项目特点及招标进程自主决定。招标人可以组织潜在投标人踏勘项目现场，但不得组织单个或者部分潜在投标人踏勘项目现场。施工招标踏勘现场的时间最好安排在投标人领购招标文件和施工图 1 ~ 2 天后。

召开标前会议的目的是统一澄清投标人提出的各类问题。招标人以书面形式答复了投标人提出的全部疑问，并将该书面答复通知所有投标人的，无须召开标前会议。标前会议通常是在项目所在地召开。标前会议对各种问题的统一解释或答复，属于招标文件的组成部分，均应整理成书面文件分发给参加标前会议或缺席的投标人，但不应指明问题的来源。

6. 邀请招标的特别内容

邀请招标方式不必公开发布招标公告，而是向特定人发出投标邀请书来启动招标。

除了发布招标信息的方式有所差别以外，邀请招标的工作程序和内容与公开招标方式基本相同，往往参照公开招标方式进行。

投标邀请书与招标公告的作用一样，是向承包（供应/服务）商发出的关于招标启动事宜的知照文件。投标邀请书所载内容与招标公告基本相同，只是邀请对象是确定的。

7. 终止招标

所谓终止招标，是指招标项目发出资格预审公告、招标公告或者投标邀请书后，因某种原因而被迫停止、不再继续后续招标投标活动的行为。通俗地讲，终止招标就是招标投标活动有始无终，半途而废。招标终止有别于暂停或者中止。暂停或者中止招标投标活动也是实践中难以避免的现象。招标过程中出现应当暂停的特殊情况的，招标投标活动应当中止或者暂停，待暂停的原因消除后再行恢复。

招标人启动招标程序后不得擅自终止招标。

招标过程中出现了非招标人原因导致的无法继续招标的特殊情况的，招标人可以终止招标。这些特殊情况主要有：①招标项目所必需的条件发生了变化。因国家产业政策调整、规划改变、用地性质变更等非招标人原因致招标项目失去价值或难以为继，致使招标工作不得不终止。②因不可抗力取消招标项目，否则继续招标将使当事人遭受更大损失。

终止招标时招标人应承担一定的义务。《招标投标法实施条例》规定，招标人终止招标的，应当及时发布公告，或者以书面形式通知被邀请的或者已经获取资格预审文件、招标文件的潜在投标人。已经发售资格预审文件、招标文件或者已经收取投标保证金的，招标人应当及时退还所收取的资格预审文件、招标文件的费用，以及所收取的投标保证金及银行同期存款利息。

特别需要指出的是，根据诚实信用原则和《合同法》第四十二条的规定，招标人无正当理由终止招标或者因自身原因必须终止招标给投标人造成损失的，招标人违反了先合同义务，应承担缔约过失责任，依法赔偿投标人损失。

3.4 | 资格预审文件及招标文件标准文本

利用资格预审文件及招标文件标准文本可以规范文件的内容和格式，节约文件编写的时间，提高文件的质量。

3.4.1 招标用文件 "标准化" 文本的类型与特点

招标用文件 "标准化" 文本的核心目的和功能就在于指引、辅导当事人编写出规范、公平的招标用文件。应用招标用文件 "标准化" 文本，有利于避免空白条款和当事人意思表示不真实、不确切，防止招标人利用其编制招标用文件的有利条件，因夹带私货而出现显失公平和违法条款。

1. 招标用文件"标准化"文本的类型

招标用文件"标准化"文本是招标文件标准文本和招标文件示范文本的合称，是招标投标法律法规落实到操作层面上的具体体现，都是固定格式的招标用文件的"标准化"文本。

招标文件标准文本是国家行政主管部门、国际组织、国际金融机构发布的，经过多方论证将某一类招标的实质内容统一而形成的标准化、规范化文本，具有指导性、规范性、法律强制性。在规定的适用范围内的招标人必须无条件采用，没有自由选择的余地；对于招标文件标准文本中规定"不得修改的条款"，招标人也没有变动或修改的权利，只能严格执行。

招标文件示范文本是有关部门或组织根据长期实践，反复优选，统一制定并发布的可以反复使用、不具有国家强制执行力的招标文件文本。示范文本具有指导性、示范性、参考性、权威性、无法律强制性的特点。招标人可以自由决定是否采用，即便采用也可以对其中的条款进行变动或修改。

招标用文件"标准化"文本都具有可重复使用、预先拟定、未经协商、内容完备、条款公平的特点，同时又各自具有不同的特点。

2. 标准文件的配套体系及条款特点

国务院发展改革部门会同有关行政监督部门，编制了一系列招标用"标准化"文件（以下简称《标准文件》）。我国现行的主要《标准文件》名录见附录 B。

《标准文件》已经涵盖工程以及与工程建设有关的货物和服务的全部内容。这些《标准文件》是按"相互配合的一套"编写的，每本《标准文件》采用尽量相同的结构形式和主题，除非另有需要，相同的主题都采用了措辞相似的规定来表述。除了简明施工招标文件外，其他《标准文件》均采用分卷方式编排。主要《标准文件》的基本框架和内容见表 3-1。

表 3-1　主要《标准文件》的基本框架和内容

施　　工		简明施工	设计施工总承包	勘察	设计	监理	设备	材料
第一卷		×						
第一章 招标公告/投标邀请书								
第二章 投标人须知	投标人须知前附表							
	1. 总则							
	2. 招标文件							
	3. 投标文件							
	4. 投标							
	5. 开标							
	6. 评标							
	7. 合同授予							
	8. 重新招标和不再招标	×	×	×	×	×	×	×
	9. 纪律和监督							
	10. 需要补充的其他内容							

（续）

施 工		简明施工	设计施工总承包	勘察	设计	监理	设备	材料
第三章 评标办法	评标办法前附表							
	1. 评标方法							
	2. 评审标准							
	3. 评标程序							
第四章 合同条款 及格式	第一节 通用合同条款							
	第二节 专用合同条款							
	第三节 合同附件格式							
第五章 工程量清单			×	×	×	×	×	×
第二卷		×						
第六章 图纸			第五章 发包人要求 第六章 发包人提供的资料	第五章 发包人要求	发包人要求	第五章 委托人要求	第五章 供货要求	
第三卷		×						
第七章 技术标准和要求			×	×	×	×	×	×
第四卷		×	×	×	×	×	×	×
第八章 投标文件格式			第七章		第六章			

注：表格中没有符号或文字的表示与施工招标的主题相同；×表示不适用。

3.4.2 《标准文件》的使用规定

国务院发展改革部门会同国务院有关行政监督部门为《标准文件》的颁布实施而配套发布了使用说明、部门规章和规范性文件。

1. 《标准文件》的适用范围及相互关系

《标准文件》适用于依法必须招标的工程建设项目。具体适用范围见表 3-2。

表 3-2 《标准文件》的具体适用范围

标准文件名称	适用范围
施工招标资格预审文件、施工招标文件	一定规模以上，且设计和施工不是由同一承包商承担的工程施工招标
简明施工招标文件	工期不超过 12 个月，技术相对简单，且设计和施工不是由同一承包人承担的小型项目
设计施工总承包招标文件	设计施工一体化的总承包项目
设备（材料、勘察、设计、监理）招标文件	依法必须招标的与工程建设有关的设备、材料等货物项目和勘察、设计、监理等服务项目。机电产品国际招标项目，应当使用商务部编制的机电产品国际招标标准文本（中英文）

2. 应当不加修改地引用的《标准文件》内容

资格预审文件中的"申请人须知"（申请人须知前附表除外）"资格审查办法"（资格

审查办法前附表除外)，应当不加修改地引用。

标准招标文件中的"投标人须知"（投标人须知前附表和其他附表除外）、"评标办法"（评标办法前附表除外）、"通用合同条款"，应当不加修改地引用。

因出现新情况，需要对《标准文件》不加修改地引用的内容做出解释或修改的，由国家发展和改革委员会会同国务院有关部门做出解释或修改。该解释和修改与《标准文件》具有同等效力。

3. 行业主管部门可以做出补充规定的内容

国务院有关行业主管部门可根据本行业招标特点和管理需要，对全部招标文件中的"专用合同条款"，对施工、简明施工招标文件中的"工程量清单""图纸""技术标准和要求"，对设计施工总承包招标文件中的"发包人要求""发包人提供的资料和条件"，对设备、材料采购招标文件中的"供货要求"，对勘察、设计招标文件中的"发包人要求"，对监理招标文件中的"委托人要求"，做出具体规定。其中，"专用合同条款"可对"通用合同条款"进行补充、细化，但除"通用合同条款"明确规定可以做出不同约定外，"专用合同条款"补充和细化的内容不得与"通用合同条款"相抵触，否则抵触内容无效。

4. 招标人可以补充、细化和修改的内容

招标人应根据《标准文件》和行业标准施工招标文件（如有），结合招标项目具体特点和实际需要，按照公开、公平、公正和诚实信用原则编写招标资格预审文件或招标文件，并按规定执行政府采购政策。

"申请人须知前附表"和"投标人须知前附表"用于进一步明确"申请人须知"和"投标人须知"正文中的未尽事宜，招标人应结合招标项目具体特点和实际需要编制和填写，但不得与"申请人须知"和"投标人须知"正文内容相抵触，否则抵触内容无效。

"资格审查办法前附表"和"评标办法前附表"用于明确资格审查和评标的方法、因素、标准和程序。招标人应根据招标项目具体特点和实际需要，详细列明全部审查或评审因素、标准，没有列明的因素和标准不得作为资格审查或者评标的依据。

招标人可根据招标项目的具体特点和实际需要，在"专用合同条款"中对《标准文件》中的"通用合同条款"进行补充、细化和修改，但不得违反法律、行政法规的强制性规定，以及平等、自愿、公平和诚实信用原则，否则相关内容无效。

3.4.3 《标准资格预审文件》的相关内容

《标准施工招标资格预审文件》（简称《标准资格预审文件》）共包括封面格式和五章的内容。其中并列给出了两个第三章，由招标人依据需要选择其一形成一份完整的资格预审文件。

1. 使用说明

《标准资格预审文件》用相同序号标示的章、节、条、款、项、目，供招标人和投标人选择使用；《标准资格预审文件》以空格标示的由招标人填写的内容，招标人应根据招标项目具体特点和实际需要具体化，确实没有需要填写的，在空格中用"/"标示。

招标人按照《标准资格预审文件》第一章"资格预审公告"的格式发布资格预审公告后，将实际发布的资格预审公告编入出售的资格预审文件中，作为资格预审邀请。资格预审公告应同时注明发布所在的所有媒介名称。

《标准资格预审文件》第三章"资格审查办法"分别规定合格制和有限数量制两种资格审查方法，供招标人根据招标项目具体特点和实际需要选择适用。如无特殊情况，鼓励招标人采用合格制。

第三章"资格审查办法"前附表应按使用要求，列明全部审查因素和审查标准，并在该章（前附表及正文）标明申请人不满足其要求即不能通过资格预审的全部条款。

2. 资格预审公告

第一章　资格预审公告⊖

(项目名称) 标段施工招标

资格预审公告（代招标公告）

1. 招标条件

本招标项目(项目名称) 已由(项目审批、核准或备案机关名称) 以(批文名称及编号) 批准建设，项目业主为_____，建设资金来自(资金来源)，项目出资比例为_____，招标人为_____。项目已具备招标条件，现进行公开招标，特邀请有兴趣的潜在投标人(以下简称申请人) 提出资格预审申请。

2. 项目概况与招标范围

(说明本次招标项目的建设地点、规模、计划工期、招标范围、标段划分等)。

3. 申请人资格要求

3.1　本次资格预审要求申请人具备_____资质，_____业绩，并在人员、设备、资金等方面具备相应的施工能力。

3.2　本次资格预审(接受或不接受) 联合体资格预审申请。联合体申请资格预审的，应满足下列要求：_____。

3.3　各申请人可就上述标段中的(具体数量) 个标段提出资格预审申请。

4. 资格预审方法

本次资格预审采用(合格制/有限数量制)。

5. 资格预审文件的获取

5.1　请申请人于____年____月____日至____年____月____日（法定公休日、法定节假日除外），每日上午____时至____时、下午____时至____时（北京时间，下同），在(详细地址) 持单位介绍信购买资格预审文件。

5.2　资格预审文件每套售价____元，售后不退。

5.3　邮购资格预审文件的，需另加手续费（含邮费）____元。招标人在收到单位介绍信和邮购款（含手续费）后____日内寄送。

6. 资格预审申请文件的递交

6.1　递交资格预审申请文件截止时间（申请截止时间，下同）为____年____月____日____时____分，地点为_____。

6.2　逾期送达或者未送达指定地点的资格预审申请文件，招标人不予受理。

7. 发布公告的媒介

本次资格预审公告同时在(发布公告的媒介名称) 上发布。

⊖ 为了保持文件的完整性，保留了《标准资格预审文件》原有的章节编号和序号。

8. 联系方式

招标人：＿＿＿＿＿＿＿＿	招标代理机构：＿＿＿＿＿＿＿
地址：＿＿＿＿＿＿＿＿	地址：＿＿＿＿＿＿＿＿
邮编：＿＿＿＿＿＿＿＿	邮编：＿＿＿＿＿＿＿＿
联系人：＿＿＿＿＿＿＿＿	联系人：＿＿＿＿＿＿＿＿
电话：＿＿＿＿＿＿＿＿	电话：＿＿＿＿＿＿＿＿
传真：＿＿＿＿＿＿＿＿	传真：＿＿＿＿＿＿＿＿
电子邮件：＿＿＿＿＿＿＿	电子邮件：＿＿＿＿＿＿＿
网址：＿＿＿＿＿＿＿＿	网址：＿＿＿＿＿＿＿＿
开户银行：＿＿＿＿＿＿＿	开户银行：＿＿＿＿＿＿＿
账号：＿＿＿＿＿＿＿＿	账号：＿＿＿＿＿＿＿＿

＿＿＿年＿＿月＿＿日

3. 申请人须知（摘录）

第二章　申请人须知

申请人须知前附表

条款号	条款名称	编列内容
1.1.2	招标人	名称：　　　　地址：　　　　联系人：　　　　电话：
1.1.3	招标代理机构	名称：　　　　地址：　　　　联系人：　　　　电话：
1.1.4	项目名称	
1.1.5	建设地点	
1.2.1	资金来源	
1.2.2	出资比例	
1.2.3	资金落实情况	
1.3.1	招标范围	
1.3.2	计划工期	计划工期：＿＿＿＿＿日历天 计划开工日期：＿＿＿年＿＿＿月＿＿＿日 计划竣工日期：＿＿＿年＿＿＿月＿＿＿日
1.3.3	质量要求	
1.4.1	申请人资质条件、能力和信誉	资质条件： 财务要求： 业绩要求： 信誉要求： 项目经理（建造师，下同）资格： 其他要求：
1.4.2	是否接受联合体资格预审申请	□不接受 □接受，应满足下列要求：
2.2.1	申请人要求澄清资格预审文件的截止时间	
2.2.2	招标人澄清资格预审文件的截止时间	
2.2.3	申请人确认收到资格预审文件澄清的时间	

（续）

条款号	条款名称	编列内容
2.3.1	招标人修改资格预审文件的截止时间	
2.3.2	申请人确认收到资格预审文件修改的时间	
3.1.1	申请人需补充的其他材料	
3.2.4	近年财务状况的年份要求	____年
3.2.5	近年完成的类似项目的年份要求	____年
3.2.7	近年发生的诉讼及仲裁情况的年份要求	____年
3.3.1	签字或盖章要求	
3.3.2	资格预审申请文件副本份数	____份
3.3.3	资格预审申请文件的装订要求	
4.1.2	封套上写明	招标人的地址： 招标人全称： （项目名称）标段施工招标资格预审申请文件在____年____月__日____时____分前不得开启
4.2.1	申请截止时间	____年____月____日____时____分
4.2.2	递交资格预审申请文件的地点	
4.2.3	是否退还资格预审申请文件	
5.1.2	审查委员会人数	
5.2	资格审查方法	
6.1	资格预审结果的通知时间	
6.3	资格预审结果的确认时间	
9	需要补充的其他内容	
……	……	

1.4.3 投标人不得存在下列情形之一：

(1) 为招标人不具有独立法人资格的附属机构（单位）；

(2) 为本标段前期准备提供设计或咨询服务的，但设计施工总承包的除外；

(3) 为本标段的监理人；

(4) 为本标段的代建人；

(5) 为本标段提供招标代理服务的；

(6) 与本标段的监理人或代建人或招标代理机构同为一个法定代表人的；

(7) 与本标段的监理人或代建人或招标代理机构相互控股或参股的；

(8) 与本标段的监理人或代建人或招标代理机构相互任职或工作的；

(9) 被责令停业的；

(10) 被暂停或取消投标资格的；

(11) 财产被接管或冻结的；

(12) 在最近三年内有骗取中标或严重违约或重大工程质量问题的。

4. 资格审查办法（合格制）（摘录）

第三章 资格审查办法（合格制）

资格审查办法前附表

条款号		审查因素	审查标准
2.1	初步审查标准	申请人名称	与营业执照、资质证书、安全生产许可证一致
		申请函签字盖章	有法定代表人或其委托代理人签字或加盖单位章
		申请文件格式	符合第四章"资格预审申请文件格式"的要求
		联合体申请人	提交联合体协议书，并明确联合体牵头人（如有）
		……	……
2.2	详细审查标准	营业执照	具备有效的营业执照
		安全生产许可证	具备有效的安全生产许可证
		资质等级	符合第二章"申请人须知"第1.4.1项规定
		财务状况	符合第二章"申请人须知"第1.4.1项规定
		类似项目业绩	符合第二章"申请人须知"第1.4.1项规定
		信誉	符合第二章"申请人须知"第1.4.1项规定
		项目经理资格	符合第二章"申请人须知"第1.4.1项规定
		其他要求	符合第二章"申请人须知"第1.4.1项规定
		联合体申请人	符合第二章"申请人须知"第1.4.2项规定
		……	……

3.2 详细审查

3.2.1 审查委员会依据本章第2.2款规定的标准，对通过初步审查的资格预审申请文件进行详细审查。有一项因素不符合审查标准的，不能通过资格预审。

3.2.2 通过资格预审的申请人除应满足本章第2.1款、第2.2款规定的审查标准外，还不得存在下列任何一种情形：

（1）不按审查委员会要求澄清或说明的；

（2）有第二章"申请人须知"第1.4.3项规定的任何一种情形的；

（3）在资格预审过程中弄虚作假、行贿或有其他违法违规行为的。

3.3 资格预审申请文件的澄清

在审查过程中，审查委员会可以书面形式，要求申请人对所提交的资格预审申请文件中不明确的内容进行必要的澄清或说明。申请人的澄清或说明应采用书面形式，并不得改变资格预审申请文件的实质性内容。申请人的澄清和说明内容属于资格预审申请文件的组成部分。招标人和审查委员会不接受申请人主动提出的澄清或说明。

5. 资格审查办法（有限数量制）（摘要）

第三章 资格审查办法（有限数量制）

资格审查办法前附表

条款号	条款名称	编列内容
1	通过资格预审的人数	
2	审查因素	审查标准

（续）

条　款　号		条　款　名　称	编　列　内　容
2.1	初步审查标准	*(审查因素和审查标准，同合格制相应条款号，略)*	
2.2	详细审查标准		
2.3	评分标准	评分因素	评分标准
		财务状况	……
		类似项目业绩	……
		信誉	……
		认证体系	……
		……	……

3.4　评分

3.4.1　通过详细审查的申请人不少于 3 个且没有超过本章第 1 条规定数量的，均通过资格预审，不再进行评分。

3.4.2　通过详细审查的申请人数量超过本章第 1 条规定数量的，审查委员会依据本章第 2.3 款评分标准进行评分，按得分由高到低的顺序进行排序。

3.4.4　《标准施工招标文件》的相关内容

《标准施工招标文件》共包括封面格式和四卷八章的内容。其中第一卷并列给出了三个第一章、两个第三章，由招标人根据项目特点和实际需要分别选择使用。《标准施工招标文件》相同序号标示的节、条、款、项、目，由招标人依据需要选择其一形成一份完整的招标文件。

1. 使用说明

《标准施工招标文件》用相同序号标示的章、节、条、款、项、目，供招标人和投标人选择使用；以空格标示的由招标人填写的内容，招标人应根据招标项目具体特点和实际需要具体化，确实没有需要填写的，在空格中用"／"标示。

招标人按照第一章的格式发布招标公告或发出投标邀请书后，将实际发布的招标公告或实际发出的投标邀请书编入出售的招标文件中，作为投标邀请。其中，招标公告应同时注明发布所在的所有媒介名称。

第三章"评标办法"分别规定经评审的最低投标价法和综合评估法两种评标方法，供招标人根据招标项目的具体特点和实际需要选择适用。招标人选择适用综合评估法的，各评审因素的评审标准、分值和权重等由招标人自主确定。国务院有关部门对各评审因素的评审标准、分值和权重等有规定的，从其规定。

第三章"评标办法"前附表应按使用要求列明全部评审因素和评审标准，并在该章（前附表及正文）标明投标人不满足其要求即否决其投标的全部条款。

第五章"工程量清单"由招标人根据工程量清单的国家标准、行业标准，以及行业标准施工招标文件（如有）、招标项目具体特点和实际需要编制，并与"投标人须知""通用合同条款""专用合同条款""技术标准和要求""图纸"相衔接。该章所附表格可根据有关规定做相应的调整和补充。

第六章"图纸"由招标人根据行业标准施工招标文件（如有）、招标项目具体特点和实际需要编制，并与"投标人须知""通用合同条款""专用合同条款""技术标准和要求"相衔接。

第七章"技术标准和要求"由招标人根据行业标准施工招标文件（如有）、招标项目具体特点和实际需要编制。"技术标准和要求"中的各项技术标准应符合国家强制性标准，不得要求或标明某一特定的专利、商标、名称、设计、原产地或生产供应者，不得含有倾向或者排斥潜在投标人的其他内容。如果必须引用某一生产供应者的技术标准才能准确或清楚地说明拟招标项目的技术标准时，则应当在参照后面加上"或相当于"字样。

2. 投标邀请书

第一章 投标邀请书（代资格预审通过通知书）Ⓗ

(项目名称) 标段施工投标邀请书

(被邀请单位名称)：你单位已通过资格预审，现邀请你单位按招标文件规定的内容，参加(项目名称) 标段施工投标。

请你单位于____年____月____日至____年____月____日（法定公休日、法定节假日除外），每日上午____时至____时、下午____时至____时（北京时间，下同），在(详细地址)持本投标邀请书购买招标文件。

招标文件每套售价为____元，售后不退。图纸押金____元，在退还图纸时退还（不计利息）。邮购招标文件的，需另加手续费（含邮费）____元。招标人在收到邮购款（含手续费）后____日内寄送。

递交投标文件的截止时间（投标截止时间，下同）为____年____月____日____时____分，地点为_____。

逾期送达的或者未送达指定地点的投标文件，招标人不予受理。

你单位收到本投标邀请书后，请于(具体时间) 前以传真或快递方式予以确认。

招标人：_____	招标代理机构：_____
地址：_____	地址：_____
邮编：_____	邮编：_____
联系人：_____	联系人：_____
电话：_____	电话：_____
传真：_____	传真：_____
电子邮件：_____	电子邮件：_____
网址：_____	网址：_____
开户银行：_____	开户银行：_____
账号：_____	账号：_____

____年___月___日

_____

Ⓗ 为了保持文件的完整性，保留了《标准施工招标文件》的原有章节编号和序号。

3. 投标人须知（摘录）

第二章 投标人须知

投标人须知前附表

条款号	条款名称	编列内容
1.1.2	招标人	名称： 地址： 联系人： 电话：
1.1.3	招标代理机构	名称： 地址： 联系人： 电话：
1.1.4	项目名称	
1.1.5	建设地点	
1.2.1	资金来源	
1.2.2	出资比例	
1.2.3	资金落实情况	
1.3.1	招标范围	
1.3.2	计划工期	计划工期：____日历天 计划开工日期：____年____月____日 计划竣工日期：____年____月____日
1.3.3	质量要求	
1.4.1	投标人资质条件、能力和信誉	资质条件： 财务要求： 业绩要求： 信誉要求： 项目经理（建造师，下同）资格： 其他要求：
1.4.2	是否接受联合体投标	□不接受 □接受，应满足下列要求：
1.9.1	踏勘现场	□不组织 □组织，踏勘时间： 踏勘集中地点：
1.10.1	投标预备会	□不召开 □召开，召开时间： 召开地点：
1.10.2	投标人提出问题的截止时间	
1.10.3	招标人书面澄清的时间	
1.11	分包	□不允许 □允许，分包内容要求： 分包金额要求： 接受分包的第三人资质要求：
1.12	偏离	□不允许 □允许
2.1	构成招标文件的其他材料	
2.2.1	投标人要求澄清招标文件的截止时间	
2.2.2	投标截止时间	____年____月____日____时____分
2.2.3	投标人确认收到招标文件澄清的时间	
2.3.2	投标人确认收到招标文件修改的时间	
3.1.1	构成投标文件的其他材料	
3.3.1	投标有效期	
3.4.1	投标保证金	投标保证金的形式： 投标保证金的金额：
3.5.2	近年财务状况的年份要求	____年

（续）

条款号	条款名称	编列内容
3.5.3	近年完成的类似项目的年份要求	＿＿＿年
3.5.5	近年发生的诉讼及仲裁情况的年份要求	＿＿＿年
3.6	是否允许递交备选投标方案	□不允许　□允许
3.7.3	签字或盖章要求	
3.7.4	投标文件副本份数	＿＿＿份
3.7.5	装订要求	
4.1.2	封套上写明	招标人的地址： 招标人名称： （项目名称）标段投标文件在＿＿＿年＿＿＿月＿＿＿日＿＿＿时＿＿＿分前不得开启
4.2.2	递交投标文件地点	
4.2.3	是否退还投标文件	□否 □是
5.1	开标时间和地点	开标时间：同投标截止时间 开标地点：
5.2	开标程序	（4）密封情况检查： （5）开标顺序：
6.1.1	评标委员会的组建	评标委员会构成：＿＿＿人，其中招标人代表＿＿＿人，专家＿＿＿人； 评标专家确定方式：
7.1	是否授权评标委员会确定中标人	□是 □否，推荐的中标候选人数：
7.3.1	履约担保	履约担保的形式： 履约担保的金额：
10	需要补充的其他内容	
……	……	

3.5 | 开标、评标和定标

开标、评标和定标是招标实施工作的主要内容，开标一般公开进行，而评标、定标都是秘密活动。为了便于监督和追溯，有些地方要求招标人或者招标代理机构应对开标、评标现场活动进行全程录音录像。

3.5.1　开标

在开标前任何单位和个人不得开启投标文件。开标，就是投标人提交投标文件截止后，招标人在预先规定的时间、由投标人现场见证将全部投标文件正式启封揭晓，这是定标成交阶段的第一个环节。

1. 开标时间与组织

根据投标人是否参加，开标方式可以分成秘密开标和公开开标。一般情况下，应该公开开启投标文件。

《招标投标法》规定，开标应当在招标文件确定的提交投标文件截止时间的同一时间公开进行，并邀请所有投标人参加。

招标人应当按照招标文件中确定的时间、地点开标。在一阶段双信封招标过程中，打开第二个信封的日期、时间和地点也应适当地宣布。除不可抗力原因外，招标人不得以任何理由拖延开标，或者拒绝开标。

因不可抗力或者其他特殊原因需要变更开标地点的，招标人应提前通知所有潜在投标人，确保其有足够的时间能够到达开标地点。

开标由招标人主持。在委托招标时，开标也可由代理机构主持。主持人按照规定的程序负责开标的全过程。可以邀请公证机关派员参加。但评标委员会成员不应出席开标活动。

开标人员至少由主持人、监标人、开标人、唱标人、记录人组成，上述人员对开标负责。

【例】 **工程施工开标记录表**

(项目名称) 标段施工开标记录表

开标时间：＿＿＿年＿＿＿月＿＿＿日＿＿＿时＿＿＿分

序号	投标人	密封情况	投标保证金	投标报价（元）	质量目标	工期	备注	签名
招标人编制的标底								

招标人代表：＿＿＿＿＿＿＿ 记录人：＿＿＿＿＿＿＿ 监标人：＿＿＿＿＿＿＿

＿＿＿年＿＿＿月＿＿＿日

2. 开标程序与内容

（1）开标程序。按照惯例，采用一阶段单信封方式的公开开标一般按以下程序进行：

1）主持人在招标文件确定的时间停止接收投标文件，宣布开始开标。

2）宣布开标纪律。

3）公布在投标截止时间前递交投标文件的投标人名称，并点名确认投标人法定代表人或授权代表人是否在场。

4）宣布开标人、唱标人、记录人、监标人等有关人员姓名。

5）宣布投标文件开启顺序。

6）依开标顺序，检查投标文件密封情况。

7）设有标底的，公布标底。

8）依开标顺序，当众拆封完好投标文件，当众唱标，并做记录。

9）投标人代表及相关人员对开标记录签字确认，存档备查。

（2）当众检查投标文件的密封情况。开标时，由投标人或者其推选的代表检查投标文件的密封情况，也可以由招标人委托的公证机关检查并公证。

（3）唱标。采用一阶段单信封方式的，经检查密封情况完好的投标文件，由工作人员当众逐一开启，当众高声宣读各投标人的投标要素（如投标人名称、投标价格、投标保证金或投标保证声明和投标文件的其他主要内容），是为唱标。这主要是为了保证投标人及其他参加人了解所有投标人的投标情况，增加开标程序的透明度。

采用一阶段双信封方式的，公开开启在递交截止时间前收到的技术标。已递交的财务建议，应未开封、保存在安全的地方。同时当众大声宣读并记录递交了技术投标书文件的每个投标人的名称、是否存在或没有递交密封的有价格的投标文件，是否存在或没有提交投标保证金或投标保证声明，以及任何其他适当的信息。

在一阶段双信封程序中，对于第二个信封（财务投标文件），招标人应公开开启能够满足技术要求的投标人的财务建议书；大声朗读并记录每个递交了投标书的投标人的名称、技术分、每份投标书的总金额。合同签订后，那些技术投标文件没有满足要求或者被认为是未响应性的，其财务投标文件全部原封退回。

开标时，招标人不应讨论任何投标文件的优点，也不应拒绝已按时收到的任何投标文件。同时，开标工作人员包括监督人员不应在开标现场对投标文件做出有效或者无效的判断处理。开标会议上一般不允许提问或做任何解释，但允许记录或录音。投标人或其代表应在会议签到簿上签名以证明其在场。

在招标文件要求提交投标文件的截止时间前收到的所有投标文件（已经有效撤回的除外），其密封情况被确定无误后，均应向在场者公开宣布。开标后，不得要求也不允许对投标进行实质性修改。

电子招标的开标，系投标人通过电子招标投标交易平台对已递交的电子投标文件进行解密，公布招标项目投标要素，使用本人的电子印章在开标记录上签字确认。

（4）对开标中异议的处理。投标人对开标有异议的，应当在开标现场提出。开标现场可能出现的异议主要包括：对投标文件提交、截标时间、开标程序、投标文件密封检查和开封、唱标内容、标底价格的合理性、开标记录、唱标次序等的争议，以及投标人和招标人或者投标人相互之间存在的利益冲突的情形等。

投标人认为存在低于成本价投标情形的，可以在开标现场提出异议，并在评标完成前向招标人提交书面材料。招标人应当及时将书面材料转交评标委员会。

对于开标中的投标人现场提出的异议，招标人应当当场做出答复。异议成立的，招标人应当及时采取纠正措施，或者提交评标委员会评审确认；投标人异议不成立的，招标人应当当场给予解释说明。

异议和答复应记入开标会记录或者制作专门记录备查。

（5）会议过程记录。唱标完毕，开标会议即结束。

招标人对开标的整个过程需要做好记录，形成开标记录或纪要，并存档备查。

（6）开标中特殊情况的处理

1）密封不合格或逾期投标。招标人对有下列情况之一的投标文件，应该拒收：①逾期送达的；②未按招标文件要求密封的。接收的不合格或被拒绝或按规定提交合格撤回通知的投标文件，不予开封，并原封退回。

2）投标人未参加开标会议。招标人有邀请所有投标人参加开标会的义务，投标人也有放弃参加开标会的权利。招标人可以在投标人须知中明确投标人的法定代表人或其委托代理人不参加开标的法律后果，如：投标人的法定代表人或其委托代理人不参加开标的，视同该投标人承认开标记录，不得事后对开标记录提出任何异议。不应以投标人不参加开标为由将其投标否决。根据《招标投标法实施条例》的规定，投标人应当尽可能委派代表出席开标会，以便在对开标结果有意见时能当场提出异议。

3）流标。有些情况可能还会导致招标人在开标时宣布此次投标无效，这种情况称为"流标"。例如，为了保证招标投标活动的竞争性，《招标投标法实施条例》规定投标人少于3个的，不得开标，招标人应当重新招标。

3.5.2　评标

投标文件一经开拆，即转送评标委员会进行评价以选择最有利的投标，这一步骤就是评标。评标工作由开标前确定的评标委员会负责，主要工作包括：评标准备、初步评审、详细评审、推荐中标候选人或者直接确定中标人、提交评标报告。

1. 组建评标委员会

评标由招标人依法组建的评标委员会负责。评标委员会成员名单一般在开标前一天确定。评标委员会成员的名单，在中标结果确定前属于保密的内容，不得泄露。

《招标投标法》及《招标投标法实施条例》规定，依法必须进行招标的项目，其评标委员会由招标人的代表和有关技术、经济等方面的专家组成，成员人数为五人以上单数，其中技术、经济等方面的专家不得少于成员总数的2/3。其评标委员会的专家成员应当从评标专家库内相关专业的专家名单中以随机抽取方式确定。任何单位和个人不得以明示、暗示等任何方式指定或者变相指定参加评标委员会的专家成员。

对于技术复杂、专业性强或者国家有特殊要求的招标项目，采取随机抽取方式确定的专家难以保证胜任的，可以由招标人直接确定。

评标委员会的成员与投标人有利害关系的人应当回避，不得进入评标委员会；已经进入的，应予以更换。评标委员会成员与投标人有利害关系的，应当主动回避。

行政监督部门的工作人员不得担任本部门负责监督项目的评标委员会成员。

2. 评标准备

（1）准备评标场所。《招标投标法》第三十八条规定，招标人应当采取必要的措施，保证评标在严格保密的情况下进行。任何单位和个人不得非法干预、影响评标的过程和结果。因此，落实一个适合秘密评标的场所，十分必要。比如：这个场所应该封闭、隔音，有适当的通信屏蔽措施或设备，有手机等物品临时存储柜，有必要的计算机、摄像、投影设备以及必要的电子监控系统等。

（2）评标纪律要求。评标委员会应当根据招标文件规定的评标标准和方法，客观、公正地对投标文件进行系统的评审和比较，提出评审意见，并对所提出的评审意见负责。招标文件没有规定的评标标准和方法不得作为评标依据。

评标委员会成员不得私下接触投标人，不得收受投标人给予的财物或者其他好处，不得向招标人征询确定中标人的意向，不得接受任何单位或者个人明示或者暗示提出的倾向或者排斥特定投标人的要求，不得向他人透露对投标文件的评审和比较、中标候选人的推荐情况以及评标有关的其他情况，不得擅离职守，不得使用招标文件没有规定的评审因素和标准进行评标，不得有其他不客观、不公正履行职务的行为。

（3）评标委员会分工。评标委员会设负责人（如主任委员）的，负责人由评标委员会成员推举产生或者由招标人确定。评标委员会主任负责评标活动的组织领导工作，与评标委员会的其他成员有同等的表决权。经评标委员会全体成员协商，可以将评标委员会划分为技术组和商务组。

（4）熟悉文件资料。评标委员会主任应组织评标委员会成员认真研究招标文件，了解和熟悉招标目的、招标范围、主要合同条件、技术标准和要求、质量标准和工期要求等，掌握评标标准和方法，熟悉招标文件中包括的评标表格的使用。

招标人或者其委托的招标代理机构应当向评标委员会提供评标所需的重要信息和数据。但不得带有明示或者暗示倾向或者排斥特定投标人的信息。

（5）确定合理的评标时间。合理的评标时间是评标委员会成员公正客观地履行评标职责的重要保障。

实践中关于评标时间的安排短则半天，长则 2~3 天，完全取决于招标人的意志，随意性较大。《招标投标法实施条例》规定，招标人应当根据项目规模和技术复杂程度等因素合理确定评标时间。超过 1/3 的评标委员会成员认为评标时间不够的，招标人应当适当延长。

（6）清标。在不改变投标人投标文件实质性内容的前提下，评标委员会应当对投标文件进行基础性数据分析和整理，简称"清标"，从而发现并提取其中可能存在的对招标范围理解的偏差、投标报价的算术性错误、错漏项、投标报价构成不合理、不平衡报价等存在明显异常的问题，并就这些问题整理形成清标成果。评标委员会对清标成果审议后，决定需要投标人进行书面澄清、说明或补正的问题，形成质疑问卷，向投标人发出问题澄清通知（包括质疑问卷）。

在不影响评标委员会成员的法定权利的前提下，评标委员会可委托由招标人专门成立的清标工作小组完成清标工作。清标工作小组成员不得与任何投标人有利害关系。清标成果应当经过评标委员会的审核确认，视同评标委员会的工作成果。

3. 初步评审

对所有投标文件进行初步审查，简称初审，也称符合性及完整性评审。

（1）形式评审。评标委员会根据评标办法前附表中规定的评审因素和评审标准，对投标人的投标文件进行形式评审，并记录评审结果。

（2）资格评审。未经资格预审的项目，在初步评审时须进行资格审查。评标委员会根据评标办法前附表中规定的评审因素和评审标准，对投标人的投标文件进行资格评审，并记录评审结果。

投标人已通过资格预审，当其资格预审申请文件的内容发生重大变化时，评标委员会应依据资格预审文件中规定的标准和方法，对照投标人在资格预审阶段递交的资格预审文件中的资料以及在投标文件中更新的资料，对其更新的资料进行评审。

（3）响应性评审。评标委员会根据评标办法前附表中规定的评审因素和评审标准，对投标人的投标文件进行响应性评审，并记录评审结果。

国内项目招标，以多种货币报价的，应当按照中国银行在开标日公布的汇率中间价换算成人民币报价评审。施工招标，投标人投标价格超出招标控制价的，该投标文件不能通过响应性评审。

（4）判断投标是否存在应否决投标情形。评标委员会在评标（包括初步评审和详细评审）过程中，应逐项核对并判断投标文件是否存在招标文件中载明的否决投标的情形。

（5）算术错误修正。评标委员会依据招标文件中规定的相关原则对投标报价中存在的算术错误进行修正，并根据算术错误修正结果计算评标价。

招标文件规定的算术错误修正原则为：投标文件中的大写金额和小写金额不一致的，以大写金额为准；总价金额与依据单价计算出的结果不一致的，以单价金额为准修正总价，但单价金额小数点有明显错误的除外；对不同文字文本投标文件的解释发生异议的，以中文文本为准。

投标人接到评标委员会的澄清通知，不接受修正价格的，评标委员会应当否决其投标。

4. 详细评审

只有通过了初步评审、被判定为合格的投标方可进入详细评审。详细评审简称详评或终评，也称技术和商务评审。

（1）技术文件评审。按照评标办法前附表中规定的因素、标准，对技术文件进行评审和评分，并记录评分结果。

（2）项目管理机构评审和评分。按照评标办法前附表中规定的因素、标准，对项目管理机构进行评审和评分，并记录评分结果。

（3）投标报价评审和评分。按照评标办法前附表中规定的标准和方法，以及算术错误修正结果，对各个投标报价进行评分、计算"评标基准价"，并记录对投标报价的评分结果。

（4）其他因素的评审和评分。根据评标办法前附表中规定的分值设定、各项评分因素和相应的评分标准，对其他因素（如果有）进行评审和评分，并记录评分结果。

（5）判断投标报价是否低于成本。评标委员会或者经书面质疑发现投标人的报价明显低于其他投标报价，或者在设有标底时明显低于标底，使得其投标报价可能低于其成本的，应当要求该投标人做出书面说明并提供相应的证明材料。招标人要求以某一单项报价核定是否低于成本的，应当在招标文件中载明。

投标人不能合理说明或者不能提供相关证明材料的，评标委员会应当否决其投标。

（6）汇总评分结果。评标委员会成员应填写详细评审评分汇总表。

详细评审工作全部结束后，汇总各个评标委员会成员的详细评审评分结果，并按照详细评审最终得分由高至低的次序对投标人进行排序。

5. 投标文件的澄清和补正

一般而言，在初步评审和详细评审过程中都可能涉及对所提交的投标文件中不明确的内容进行澄清或说明，或者对细微偏差进行补正的事项。

在评标过程中，是否需要对投标文件进行澄清说明，是评标委员会成员自主决策的事项。但对于明显背离招标文件实质性要求的偏差，则不应要求投标人给予澄清或者说明。要求投标人对投标文件给予必要的澄清、说明，是评标委员会在评标过程中与投标人进行必要互动的唯一途径。评标委员会不得暗示或者诱导投标人做出澄清、说明，或者向其明确投标文件中的遗漏和错误，也不得接受投标人主动提出的澄清、说明。

《招标投标法实施条例》规定，投标文件中有含义不明确的内容、明显文字或者计算错误，评标委员会认为需要投标人做出必要澄清、说明的，应当书面通知该投标人。投标人的澄清、说明应当采用书面形式，并不得超出投标文件的范围或者改变投标文件的实质性内容。

投标人应按评标委员会的要求提供书面澄清资料并按要求进行密封，在规定的时间递交。投标人递交的书面澄清资料由评标委员会开启。

需要说明的是，澄清、说明的内容有助于指导合同履行的，评标委员会应当制作澄清、说明事项纪要，并作为中标通知书的附件和合同文件的组成部分。

6. 相关问题的处理

评标委员会在评标过程中发现或出现的问题，应当及时做出处理或者向招标人提出处理建议，并做书面记录。

（1）否决投标。否决投标是指在评标过程中，投标文件具有法律法规或者招标文件规定的特定情形，评标委员会做出对其投标文件不再予以进一步评审，投标人失去中标资格的决定。"否决投标"是《招标投标法》的规范用语，行业中习惯称为"废标"[⊖]。

《招标投标法》第四十二条规定，评标委员会经评审，认为所有投标都不符合招标文件要求的，可以否决所有投标。《招标投标法实施条例》第五十一条规定，有下列情形之一的，评标委员会应当否决其投标：①投标文件未经投标单位盖章和单位负责人签字；②投标联合体没有提交共同投标协议；③投标人不符合国家或者招标文件规定的资格条件；④同一投标人提交两个以上不同的投标文件或者投标报价，但招标文件要求提交备选投标的除外；⑤投标报价低于成本或者高于招标文件设定的最高投标限价；⑥投标文件没有对招标文件的实质性要求和条件做出响应；⑦投标人有串通投标、弄虚作假、行贿等违法行为。

《建设工程勘察设计管理条例》第十五条规定："建设工程勘察、设计的招标人应当在评标委员会推荐的候选方案中确定中标方案。但是，建设工程勘察、设计的招标人认为评标委员会推荐的候选方案不能最大限度满足招标文件规定的要求的，应当依法重新招标"。这实际上是赋予了招标人否决全部投标方案的权利。

《评标委员会和评标方法暂行规定》第二十五条规定，下列未能对招标文件做出实质性响应的情形，应做否决投标处理：①没有按照招标文件要求提供投标担保或者所提供的投标担保有瑕疵；②投标文件没有投标人授权代表签字和加盖公章；③投标文件载明的招标项目完成期限超过招标文件规定的期限；④明显不符合技术规格、技术标准的要求；⑤投标文件载明的货物包装方式、检验标准和方法等不符合招标文件的要求；⑥投标文件附有招标人不能接受的条件；⑦不符合招标文件中规定的其他实质性要求。

《评标委员会和评标方法暂行规定》第二十七条规定，评标委员会根据规定否决不合格投标后，因有效投标不足三个使得投标明显缺乏竞争的，评标委员会可以否决全部投标。投标人少于三个或者所有投标被否决的，招标人在分析招标失败的原因并采取相应措施后，应当依法重新招标。《通信工程建设项目招标投标管理办法》第三十四条中也明确规定，部分投标人在开标后撤销投标文件或者部分投标人被否决投标后，有效投标不足三个且明显缺乏竞争的，评标委员会应当否决全部投标。

除了法律法规规章规定的情形外，招标人在招标文件中载明的其他否决投标的常见情形

⊖　《政府采购法》有"废标"的概念。其第 36 条规定，在招标采购中，出现下列情形之一的，应予废标：①符合专业条件的供应商或者对招标文件作实质响应的供应商不足三家的；②出现影响采购公正的违法、违规行为的；③投标人的报价均超过了采购预算，采购人不能支付的；④因重大变故，采购任务取消的。

有：①投标人与招标人（或招标代理人）或者投标人相互之间存在利益冲突情形的；②列入"投标人须知"初步评审项目，如投标担保、投标有效期、投标报价、工期（服务期、交货期）、质量要求、投标内容、技术标准、合同权利义务、承包人实施（服务）方案和项目管理机构评审等，任一项不符合评审标准的；③对招标文件的偏差超出招标文件规定的偏差范围或最高项数的；④不按评标委员会要求澄清、说明或补正的；⑤投标报价有算术错误的，评标委员会按招标文件规定原则对投标报价进行修正，投标人不接受修正价格的；⑥投标报价文件（投标函除外）未经有资格的工程造价专业人员签字并加盖执业专用章的。

（2）评标延期。评标和定标应当在投标有效期内完成。不能在投标有效期结束日30个工作日前完成评标和定标的，招标人应当通知所有投标人延长投标有效期。拒绝延长投标有效期的投标人有权收回投标保证金。招标文件中规定给予未中标人补偿的，拒绝延长的投标人有权获得补偿。同意延长投标有效期的投标人应当相应延长其投标担保的有效期，但不得修改投标文件的实质性内容。因延长投标有效期造成投标人损失的，招标人应当给予补偿，但因不可抗力需延长投标有效期的除外。

（3）在确定中标人之前，招标人与投标人的谈判。我国法律规定：在确定中标人之前，招标人不得与投标人就投标价格、投标方案等实质性内容进行谈判。据此理解，在确定中标人之前，招标人与投标人是可以进行谈判的，只是这种谈判要符合一定的规则。

根据所处阶段不同，招标人与投标人进行谈判的方式也不同。在评标委员会没有提交评标报告之前，招标人与投标人进行谈判的，至少需要满足如下要求：①确定中标人之前招标人与投标人的谈判，要通过评标委员会进行，且必须是评标委员会的组织行为；②谈判内容不得涉及投标价格、投标方案等实质性内容；③谈判过程中不得透露对投标文件的评审情况；④谈判只能由招标人一方主动提出，投标人不能要求进行谈判。

在评标委员会提交评标报告之后，确定中标人之前，招标人与投标人进行谈判的，至少也应满足上述第②~④项要求。

（4）评标活动暂停。评标委员会应当执行连续评标的原则，按评标办法中规定的程序、内容、方法、标准完成全部评标工作。只有发生不可抗力导致评标工作无法继续时，评标活动方可暂停。

发生评标暂停情况时，评标委员会应当封存全部投标文件和评标记录，待不可抗力的影响结束且具备继续评标的条件时，由原评标委员会继续评标。

（5）中途更换评标委员会成员。评标过程中，评标委员会成员有回避事由、擅离职守或者因健康等原因不能继续评标的，应当及时更换。被更换的评标委员会成员做出的评审结论无效，由更换后的评标委员会成员重新进行评审。

依法必须进行招标的项目的招标人非因法定事由，不得更换依法确定的评标委员会成员。更换评标委员会的专家成员应当依照其他成员采取随机抽取或直接确定的方式产生。

（6）记名投票。在任何评标环节中，需评标委员会就某项定性的评审结论做出表决的，由评标委员会全体成员按照少数服从多数的原则，以记名投票方式表决。

7. 评标报告

评标委员会完成评标后，应向招标人提出书面评标报告，并抄送有关行政监督部门。评标委员会推荐的中标候选人应当不超过三个，并标明排序。

评标委员会从合格的投标人中排序推荐的中标候选人必须符合下列条件之一：①能够最

大限度地满足招标文件中规定的各项综合评价标准；②能够满足招标文件的实质性要求，并且经评审的投标价格最低；但是投标价格低于成本的除外。

评标报告应当如实记载以下内容：①基本情况和数据表；②评标委员会成员名单；③开标记录；④符合要求的投标一览表；⑤否决投标的情况说明；⑥评标标准、评标方法或者评标因素一览表；⑦经评审的价格或者评分比较一览表；⑧经评审的投标人排序；⑨推荐的中标候选人名单（如果授权评标委员会直接确定中标人，则为"确定的中标人"）与签订合同前要处理的事宜；⑩澄清、说明、补正事项纪要。

评标报告由评标委员会全体成员签字。对评标结果有不同意见的评标委员会成员应当以书面形式阐述其不同意见和理由，评标报告应当注明该不同意见。评标委员会成员拒绝在评标报告上签字又不书面说明其不同意见和理由的，视为同意评标结果。

向招标人提交书面评标报告后，评标委员会即告解散。评标过程中使用的文件、表格以及其他资料应当即时归还招标人。

3.5.3　定标与签订合同

评标委员会在对所有投标文件进行评审和比较提出评审意见后，就由招标人裁决中标人，这就是定标。定标后，招标人应及时将结果通知所有投标人。

1. 评标结果公示

依法必须进行招标的项目，招标人应当自收到评标报告之日起 3 日内公示全部中标候选人，公示期[⊖]不得少于 3 日。其他招标项目是否公示中标候选人由招标人自主决定。

依法必须招标项目的中标候选人公示应当载明以下内容：①中标候选人排序、名称、投标报价、质量、工期（交货期），以及评标情况；②中标候选人按照招标文件要求承诺的项目负责人姓名及其相关证书名称和编号；③中标候选人响应招标文件要求的资格能力条件；④提出异议的渠道和方式；⑤招标文件规定公示的其他内容。中标结果公示应当载明中标人名称。

依法必须招标项目的公示信息应当在"中国招标投标公共服务平台"或者项目所在地省级电子招标投标公共服务平台发布。

投标人或者其他利害关系人对依法必须进行招标的项目的评标结果有异议的，应当在中标候选人公示期间提出。招标人应当自收到异议之日起 3 日内做出答复；做出答复前，应当暂停招标投标活动。

2. 行贿查询

对公示的推荐中标候选人和拟委任的项目主要负责人，招标人应向检察机关职务犯罪预防部门进行行贿犯罪档案查询，查实中标候选人或拟委任的主要负责人近 3 年有行贿犯罪行为的（以检察机关出具的行贿犯罪档案查询结果为准，时间以法院判决书判决日期为准），取消该中标候选人的中标资格。

3. 履约能力审查

在中标候选人推荐后、中标人确定前这一时间段内，中标候选人的经营、财务状况发生较

⊖　公示期这段时间，《世行采购规则》称为停顿期（Standstill Period），其作用是给投标人时间检视评标结果、评估是否提出异议或投诉。

大变化或者存在违法行为（不限于本次招标活动中发生的），招标人认为可能影响其履约能力的，应当在发出中标通知书前由原评标委员会按照招标文件规定的标准和方法审查确认。

4. 确定中标人

对于公示没有异议或者异议已经解决的，招标人应当依法确定中标人。

确定中标人是招标人的权利。但招标人应当接受评标委员会推荐的中标候选人，不得在评标委员会推荐的中标候选人之外确定中标人。招标人可以授权评标委员会直接确定中标人。

国有资金占控股或者主导地位的项目，招标人应当确定排名第一的中标候选人为中标人。排名第一的中标候选人放弃中标、因不可抗力提出不能履行合同，或者招标文件规定应当提交履约保证金而在规定的期限内未能提交，或者被查实存在影响中标结果的违法行为等情形，不符合中标条件的，招标人可以按照评标委员会提出的中标候选人名单排序依次确定其他中标候选人为中标人。依次确定其他中标候选人与招标人预期差距较大，或者对招标人明显不利的，招标人可以重新招标。

非国有资金占控股或者主导的依法必须招标的项目，招标人确定的中标人与评标委员会推荐的中标候选人顺序不一致时，应当有充足的理由。

依法必须进行招标的项目，招标人在确定中标人后，应当在 15 日之内向有关行政主管部门提交招标投标情况的书面报告。

5. 通知投标人中标结果

中标人确定后，招标人应当向中标人发出中标通知书，同时将中标结果通知所有未中标投标人。中标通知书发出后，招标人改变中标结果或者中标人放弃中标的，应当承担法律责任。

中标通知书是招标人接受中标人投标，并告知双方应依法在规定时间内签订书面合同的书面通知文件。在中标人对中标通知书做出响应后，中标人的授权代表与业主的代表即可进入签约环节。

向未中标人发出中标结果通知书的时间应恰当安排。通常的做法是对某些明显不合理或毫无中标希望的标书，可以在投标决定做出后立即将结果通知这些投标人；而对于仍有可能中选的投标人，则可以稍晚些发出通知，因为如果招标人同原中标人不能签订合同，仍有可能找第二、第三名候选者。

【例】　施工中标通知书格式

中标通知书

＿＿＿＿＿＿＿（中标人名称）：

你方于＿＿＿＿＿（投标日期）所递交的(项目名称)标段施工投标文件已被我方接受，被确定为中标人。

中标价：＿＿＿＿＿＿元。

工期：＿＿＿＿＿＿日历天。

工程质量：符合＿＿＿＿＿＿标准。

项目经理：＿＿＿＿＿＿（姓名）。

请你方在接到本通知书后的＿＿＿日内到＿＿＿＿＿（指定地点）与我方签订施工承包合同，在此之前按招标文件第二章"投标人须知"第 7.3 款规定向我方提交履约担保。特此通知。

招标人：＿＿＿＿＿＿（盖单位章）

法定代表人：＿＿＿＿＿＿（签字）

＿＿＿年＿＿月＿＿日

6. 订立合同并退还投标保证金

自中标通知书发出之日起 30 日内，招标人和中标人应当按照招标文件和中标人的投标文件订立书面合同。合同的标的、价款、质量、履行期限等主要条款应当与招标文件和中标人的投标文件的内容一致。招标人和中标人不得再行订立背离合同实质性内容的其他协议。

招标人不得向中标人提出压低报价、增加工作量、增加配件、增加售后服务量、缩短工期或其他违背中标人的投标文件实质性内容的要求。

招标人最迟应当在书面合同签订后 5 日内向中标人和未中标的投标人退还投标保证金及银行同期存款利息。

3.5.4　评标办法

按照《招标投标法》第四十一条的规定，评标办法可以概括为综合评估法和经评审的最低投标价⊖法两大类，实际应用中有很多类型。

1. 评标办法的核心内容

归纳起来，评标办法的核心内容是围绕"如何设定评价标准"和"如何判断投标文件是否满足所设的评价标准"这两个问题展开的。其中：第一个问题关注的是评审内容和标准；第二个问题关注的是评审的程序和方法。

评审内容是指评审涉及的投标文件的商务、技术、价格、服务及其他方面的内容。对于已进行资格预审的招标项目，不得再将资格预审的相关标准和要求作为评价内容。为实现物有所值，评审内容可考虑如下因素：①费用，包括生命周期成本；②质量；③风险；④可持续性；⑤创新。

评审的标准是指将各评审内容细分形成评审的要素、指标以及要素、指标的量化等这些判定、衡量投标文件优劣的准则。要素、指标必须有针对性，清楚、明确、具体、详细，体现"褒优贬劣"。同时，对于咨询服务类评标，不建议使用过分详细的子标准清单，以避免使评审工作变成了机械化的练习，而不是对建议书进行专业化的评判。

评标程序主要是明确规定评标委员会评标时应当遵循的主要工作环节及其先后次序。评标要突出"评审"二字，评审不是简单的评分，评审需要经过审查、分析、比较，有时要启动质疑程序，要求投标人进行澄清、说明和补正，甚至是多个轮次的互动，并在此基础上进行评判。

评标的方法是运用评标标准评审、比较投标，区分出优劣的具体方式与途径。根据评价指标是否量化为货币形式，评标方法可以分为价格法和打分法。价格法将各评审要素折算为货币进行比较，一般是价格低者中标。打分法将各评审要素按重要程度分配权重和分值，用得分多少进行比较，一般是得分高者中标。打分法的优点是可以将难以用金额表示的各项要素量化后进行比较，可以较全面地反映出投标人的素质，缺点是要确定每个评标因素的权重易带主观性。常见的评标方法主要有：专家评议法、最低投标价法、经评审的最低投标价法、综合评估法、双信封评标法、设备寿命期费用评标法等。对于依法必须招标项目的评标

⊖　研究认为，对正在培育和发展中的建设市场，以及建设行业信用体系不完善、信用低下的环境下，采用最低报价中标原则的风险是极大的。要矫正这种"市场失灵"或减轻这种"道德风险"，招标人必须花较大代价对投标人的资质、能力、信用状况，乃至动机方面进行调查分析。

活动，评标方法包括经评审的最低投标价法、综合评估法或者法律、行政法规允许的其他评标方法；不宜采用经评审的最低投标价法的招标项目，一般应当采取综合评估法进行评审。

2. 评标办法的选择要求

评标办法的选择直接关系到投标和评标的工作质量，以及最后评标结论的合理性，实践中应当给予高度的重视。

评标办法应符合以下要求：①评审标准应恰当地适应于招标的类型、性质、市场环境、复杂性、风险、价值和目标；②在切实可行的范围内，评审标准应该量化（如转换为货币表示的评审标准）；③招标文件应包括完整的评审标准、程序和方法；④只用且全部使用在招标文件中列出的评审标准；⑤在招标文件发出之后，评审内容与标准的任何变化都应当通过招标文件的修改（补遗）做出；⑥可以确保对所有递交的投标文件运用一致的评审办法。

3. 常见项目的评标方法

工程建设招标，招标的标的不同，决定了评审内容、标准和方法的差异。

货物采购招标，通常是在同等技术标准和质量状况下，最低价中标，常用方法有最低投标价法、经评审的最低投标价法和设备寿命期费用评标法。采购成套工厂设备不宜采用综合打分法。

工程招标首先是对标价的分析，包括标价的合理性，其次才是对投标人提出的工程期限、进度计划、技术措施等的评价，常用方法有经评审的最低投标价法、综合评估法、双信封评标法。

服务招标，特别是勘察、设计、监理招标，主要评价投标单位的业绩和信誉，参加该项服务人员的资历和经验，以及技术方案⊖的优劣等方面的因素，投标报价是次要因素⊖，常用综合评估法、双信封评标法。对于设计方案招标还可以使用专家评议法。

4. 专家评议法

专家评议法也称定性评议法或综合评议法，评标委员会根据预先确定的评审内容，对各投标文件共同分项进行定性的分析、比较，进行评议后，选择投标文件在各指标都较优者为候选中标人，也可以用表决的方式确定候选中标人。记名投票法（以投票汇总得票数多少决胜）和排序法（以赋分值投票汇总得分多少决胜）是设计方案评选中常用的方法。

专家评议法一般适用于无法量化投标条件的情况或小型项目。

5. 最低投标价法

最低投标价法是价格法之一，也称合理最低投标价法，即能够满足招标文件的各项要求，投标价格（一般是货物的出厂价或抵岸价）最低的投标可作为中选投标。当然不包括报价低于成本价的投标。同时，评审所用报价是开标时宣读的投标价，且对计算上的错误应按招标文件的规定进行调整和纠正。但评标时一般不考虑适用于合同执行期的价格调整规定。

该法一般适用于简单商品、半成品、原材料，以及其他性能、质量相同或容易进行比较

⊖ 设计方案应当在符合城市规划、消防、节能、环保的前提下，进行投标方案的经济、技术、功能和造型等方面的比选、评价。

⊖ FIDIC 认为，成功的咨询服务要靠完全合格的人员花费足够的时间才能实现。一旦引入价格因素，选择的过程就会受到扭曲，因此，价格因素一般很有限，其权重最多占 10%。

的货物招标。

6. 经评审的最低投标价法

这是一种以价格加其他因素评标的方法。以这种方法评标，一般做法是将报价以外的商务部分（不包括技术因素）数量化，并以货币折算成价格，与报价一起计算，形成评标价⊖，然后以此价格按高低排出次序。能够满足招标文件的实质性要求，"评标价"最低的投标应当作为中选投标。

除报价外，评标时应考虑的因素一般有以下几种：①内陆运输费用及保险费；②交货或竣工期；③支付条件；④零部件以及售后服务；⑤价格调整因素；⑥设备和工厂（生产线）运转和维护费用。

经评审的最低投标价法一般适用于具有通用技术、性能标准或者招标人对其技术、性能没有特殊要求的项目，或者规模较小、技术含量较低的工程招标项目。

7. 综合评估法

综合评估法是一种以价格加招标文件规定的其他全部因素综合评标的方法。

以综合评估法评标，一般做法是将各个评审因素在同一基础或者同一标准上进行量化，量化指标可以采取折算为货币的方法、打分的方法或者其他方法，使各投标文件具有可比性。对技术部分和商务部分的量化结果进行加权，计算出每一投标的综合评估价或者综合评估分，以此确定候选中标人。最大限度地满足招标文件中规定的各项综合评价标准的投标，应当推荐为中标候选人。

综合评估法最常见的应用是最低评标价法、综合评分法、技术评分最低标价法和合理低价法。

（1）最低评标价法。最低评标价法，也称综合评标价法，也可以认为是扩大的经评审的最低投标价法。以这种方法评标，一般做法是以投标报价为基数，将报价以外的其他因素（既包括商务因素，也包括技术因素）数量化，并以货币折算成价格，将其加（减）到投标价上去，形成评标价，以评标价最低的投标作为中选投标。表 3-3 中归纳了报价以外的其他主要非价格因素的内容。

表 3-3　主要非价格因素表

主 要 因 素	折算报价内容
运输费用	①货物如果有一个以上的进入港，或者有国内投标人参加投标时，应在每一标价上加上将货物从抵达港或生产地运到现场的运费和保险费；②其他由招标人可能支付的额外费用，如运输超大件设备需要对道路加宽、桥梁加固所需支出的费用等
价格调整	如果按可以调整的价格招标，则投标的评定和比较必须考虑价格调整因素。按招标文件规定的价格调整方式，调整各投标人的报价
交货或竣工期限	对交货或完工期⊖在所允许的幅度范围内的各投标文件，按一定标准（如投标价的某一百分比），将不同交货或完工期的差别及其对招标人利益的不同影响，作为评价因素之一，计入评标价中

⊖ 评标价是按照招标文件的规定，对投标价进行修正、调整后计算出的标价。在评标过程中，用评标价进行标价比较。应当注意，评标价仅是为投标文件评审时比较投标优劣的折算值，与中标人签订合同时，仍以中标人的投标价格为准。

⊖ 货物的交货期早于规定时间，一般不给予评标优惠，因为施工还不需要时的提前到货，不仅不会使招标人获得提前收益，反而要增加仓储管理费和设备保养费。但工程工期的提前一般会给项目带来超前收益。

（续）

主要因素	折算报价内容
付款条件	如果投标人所提的支付条件与招标文件规定的支付条件偏离不大，则可以根据偏离条件使招标人增加的费用（利息等），按一定贴现率算出其净现值，加在报价上
零部件以及售后服务	如果要求投标人在投标价之外单报这些费用，则应将其加到报价上。如果招标文件中没有做出"包括"或"不包括"规定，评标时应计算可能的总价格将其加到投标价上去
设备的技术性能和质量	可将标书中提供的技术参数与招标文件中规定的基准参数的差距，折算为价格，计算在评标价中
技术建议	可能带来的实际经济效益，按预定的比例折算后，在投标价内减去该值
优惠条件	可能给招标人带来的好处，以开标日为准，按一定的换算办法贴现折算后，作为评审价格因素
其他可折算为价格的要素	按对招标人有利或不利的原则，增加或减少到投标价上去。例如：对实施过程中必然发生而投标文件又属明显漏项部分，给予相应的补项增加到报价上去

（2）综合评分法。综合评分法是打分法，评标委员会按预先确定的评分标准，对各投标文件需评审的要素按权重分值进行量化、评审记分，综合得分高的投标人中标。

综合评分法往往将各评审因素的指标分解成 100 分，因此也称百分法。表 3-4 给出了综合评分法考虑的主要因素及权重分配值，可供参考。

表 3-4　综合评分法考虑的主要因素及权重分配值

招标范围	主要因素及分配权重	备　注
咨询招标	1. 质量（100%。应规定最低的总及格技术得分。最低技术及格分应取决于任务的性质和复杂性，通常在 70% ~85% 的范围内），包括：①方法 20% ~50%；②关键人员的相关经验和资格 30% ~60%；③公司的相关经验 0 ~10%；④知识转让 0 ~10%；⑤关键人员中本国人员的参与 0 ~10% 2. 财务。给予最低的总报价的建议书 100% 的财务分，其他建议的财务分与他们的报价成反比例 3. 质量财务综合评分。用质量得分和财务得分的加权合计确定最优建议书。质量和财务加权评分的权重（质量分/财务分（%））范围一般为：①高度复杂/对下游工作有很大影响/专业化任务，90/10；②中度复杂性，70 ~80/30 ~20；③标准的或常规性质的任务，60 ~50/40 ~50	《世行采购规则》-基于质量和费用的选择（QCBS）方法
勘察、设计招标	总计 100 分。包括：①单位的资质、经验、业绩和信誉 10 ~30 分；②项目人员的经历、经验、能力等 20 ~50 分；③技术方案 30 ~80 分；④勘察、设计收费 0 ~10 分	《〈建设工程勘察设计管理条例〉释义》
建筑工程概念性方案设计招标	1. 技术部分（100 分，权重一般不低于 85%）。包括：①建筑构思与创意 30 分；②总体布局 25 分；③工艺流程及功能分区 20 分；④技术可行性和合理性 25 分； 2. 商务部分（100 分，权重一般不大于 15%）。包括：①设计资质及管理体系认证 10 分；②设计业绩 30 分；③项目设计组人员及业绩 40 分；④设计人的服务承诺 20 分	《建筑工程方案设计招标投标管理办法》（建市〔2008〕63 号）
建筑工程实施性方案设计招标	1. 技术部分（100 分，权重一般不低于 85%）。包括：①规划设计指标 6 分；②总平面布局 25 分；③工艺流程及功能分区 28 分；④建筑造型 15 分；⑤结构及机电设计 8 分；⑥消防 3 分；⑦人防设计 3 分；⑧环境保护 3 分；⑨节能 3 分；⑩造价估算 6 分 2. 商务部分（100 分，权重一般不大于 15%）。包括：①设计资质及管理体系认证 10 分；②设计业绩 30 分；③项目设计组人员及业绩 40 分；④设计人的服务承诺 20 分	

（续）

招标范围	主要因素及分配权重	备注
设计招标	总计100分。包括：①商务分评分标准（10分，包括：企业、设计项目组、服务保证）；②设计方案（80分，包括：使用功能、规划设计和城市空间环境、技术规范及标准规定应用准确性、结构设计安全性和合理性、建筑造型和设计质量）；③专题分析（10分，建筑节能、投资估算（工程造价）合理性、社会效益和经济效益及环境效益、运营成本）	《福建省建筑工程标准设计招标文件（2013年版）》
工程总承包	总分100分。包括：①方案设计文件：≤35分；②工程总承包报价：≥50分；③项目管理组织方案：≤12分；④工程业绩：≤3分（适用于可行性研究完成阶段进行招标）	《江苏省房屋建筑和市政基础设施项目工程总承包招标投标导则》（2018年）
货物招标	总计100分。包括：①投标报价（≥40分）；②技术响应（≤30分，评审要点：技术标准响应、技术规格参数响应、配置的合理性、样品品质、货物的运营维护成本）；③商务响应（≤5分，评审要点：付款方式、交货期或交付使用期）；④售后服务（≤10分，评审要点：售后服务机构地点及人员配置、售后服务内容、售后服务响应时间及方式、质保内容、对使用方人员的培训计划）；⑤安装及调试方案（≤10分）；⑥投标人业绩（≤5分）	《江苏省房屋建筑和市政基础设施工程货物招标评标办法（试行）》（2014年）
机电产品国际招标	总计100分。应当对每一项评价内容赋予相应的权重，其中价格权重不得低于30%，技术权重不得高于60%。包括：①价格；②商务（评价内容可以包括：资质、业绩、财务、交货期、付款条件及方式、质保期、其他商务合同条款等）；③技术（评价内容可以包括：方案设计、工艺配置、功能要求、性能指标、项目管理、专业能力、项目实施计划、质量保证体系及交货、安装、调试和验收方案等）；④服务及其他（评价内容可以包括：服务流程、故障维修、零配件供应、技术支持、培训方案等）	商务部《机电产品国际招标综合评价法实施规范（试行）》（2008年）
监理招标	总计100分。包括：①投标报价（≥32分）；②监理方案（≤24分，评审要点包括：质量、进度、投资、安全控制方案，合同及信息管理方案和其他内容）；③项目监理机构（≤26分，评审要点包括：总监理工程师、专业监理工程师）；④拟投入现场的设备检测仪器等（≤8分）；⑤类似工程业绩（≤8.5分）；⑥奖项（≤1.5分）	《江苏省房屋建筑和市政基础设施工程监理招标评标办法（试行）》（2014年）
建设工程施工招标	1.商务标、技术标、信用标评分权重合计为100%，信用标在总得分中所占权重一般为5%~20%（特大型工程20%，大型工程15%，中型工程10%，小型工程5%）。商务标和技术标在总得分中的权重合计为80%~95%，其中，技术标的相对权重一般不得高于40%，商务标的相对权重不得少于60%。 2.技术部分标准分100分，其中：①施工总体进度计划及保障措施10分；②质量保证措施和创优计划10分；③主要分项工程施工方案和技术措施15分；④对总包管理的认识以及对专业分包工程的配合、协调、管理、服务方案10分；⑤定位和测量放线施工方案5分；⑥安全措施12分；⑦现场文明施工、消防、环保以及保卫方案8分；⑧冬季和雨季施工方案5分；⑨施工现场总平面布置5分；⑩现场组织管理机构5分；⑪承包人自行施工范围内的分包计划5分；⑫成品保护和工程保修工作的管理措施和承诺5分；⑬紧急情况的处理措施、预案以及抵抗风险的措施5分	《北京市建设工程施工综合定量评标办法》（2016年）（技术部分引自《房屋建筑和市政基础设施工程施工招标评标办法编制指南及示范文本》）

（3）技术评分最低标价法。技术评分最低标价法是综合评分法的变种形式之一。

评标方法是：评标委员会对满足招标文件实质要求的投标文件，根据招标文件规定的技术与商务（不含报价）评分标准进行打分，并按得分由高到低确定通过评审的投标人名单，按照确定通过评审的投标人报价由低到高的顺序推荐中标候选人。经评审的投标报价相等时，招标人先以技术与商务（不含报价）得分较高的投标人优先确定第一中标候选人。

（4）合理低价法。合理低价法是综合评分法的评分因素中评标价得分为 100 分、其他评分因素为 0 的特例。

合理低价法中商务（不含报价）及技术文件的评审采用合格制。投标人的评标价采用方式由招标文件规定。可以采用投标价，也可以采用投标价扣除暂估价、暂列金额、非竞争费用等费用之后的价格。

评价方法是对满足招标文件的实质性要求的投标文件，按照评标价偏离评标基准价（评标基准价 $= AK$）由小至大的次序，推荐中标候选人。

评标基准价中，K 值的产生方式由招标文件规定，可以取 100%，也可以规定平均下浮系数，或规定在开标前由投标人推选的代表随机抽取确定。A 值是有效投标文件的评标价算术平均值⊖（可以规定，若 7 家 ≤ 有效投标文件 < 10 家时，去掉其中的一个最高价和一个最低价后取算术平均值为 A；若有效投标文件 ≥ 10 家，去掉其中的两个最高价和两个最低价后取算术平均值为 A）。评标价偏离率的公式如下：

$$\text{评标价偏离率} = \frac{\text{投标人评标价} - \text{评标基准价}}{\text{评标基准价}} \times 100\%$$

8. 设备寿命期费用评标法

这种方法是在综合评标价法的基础上，再加上一定运行年限内的费用作为评标价格。适用于采购整座工厂成套生产线或设备、车辆等。在这类招标中，不同投标文件提供的同一种设备，相互间运转期后续费用的差别往往会比采购价格间的差别更为重要。

采用设备寿命期费用评标法，要确定一个统一的设备评审寿命期。运转期内各项费用，包括所需零部件、油料、燃料、电力、维修费以及到期后残值（减项）等，都按招标文件规定的贴现率折算成净现值，再计入评标价中。

9. 双信封评标法

双信封评标法是指技术标和价格标分袋密封、梯次进行评审的方法。

装在第一信封的技术标一般包括技术方案、主要人员、技术能力、履约信誉等，先开启、先评审。对第一信封的评审可以采用合格制，也可以采用打分法（可以对某些或全部要素明确一个最低分数限值），具体要求由招标文件规定。

技术标通过者，才开启、评审装在第二信封的价格标。价格标经评审不存在否决因素的，可以用投标人报价、计算与基准评标价偏离大小、按要素打分或以投标人报价折算分进行排序或评价，具体要求由招标文件规定。

求投标人报价折算分的通常做法是以合格投标文件中的最低报价为 100 分，将各合格投标的实际报价与其相对值换算成报价折算分，即

$$\text{报价折算分} = \frac{\text{合格投标文件的最低报价}}{\text{投标人自身报价}} \times 100\%$$

⊖ 有研究指出，采用投标平均值作为定标主要因素，容易诱发围标。

3.5.5　评标办法范例

为了让读者对评标办法的详细内容有所了解，以下摘录了《标准施工招标文件》（2007年版）的第三章评标办法前附表的内容，供参考。

1. 评标办法（经评审的最低投标价法）（摘录）

第三章　评标办法（经评审的最低投标价法）

评标办法前附表

条款号		评审因素	评审标准
2.1.1	形式评审标准	投标人名称	与营业执照、资质证书、安全生产许可证一致
		投标函签字盖章	由法定代表人或其委托代理人签字或加盖单位章
		投标文件格式	符合第八章"投标文件格式"的要求
		联合体投标人	提交联合体协议书，并明确联合体牵头人（如有）
		报价唯一	只能有一个有效报价
		……	……
2.1.2	资格评审标准	营业执照	具备有效的营业执照
		安全生产许可证	具备有效的安全生产许可证
		资质等级	符合第二章"投标人须知"第1.4.1项规定
		财务状况	符合第二章"投标人须知"第1.4.1项规定
		类似项目业绩	符合第二章"投标人须知"第1.4.1项规定
		信誉	符合第二章"投标人须知"第1.4.1项规定
		项目经理	符合第二章"投标人须知"第1.4.1项规定
		其他要求	符合第二章"投标人须知"第1.4.1项规定
		联合体投标人	符合第二章"投标人须知"第1.4.2项规定（如有）
		……	……
2.1.3	响应性评审标准	投标内容	符合第二章"投标人须知"第1.3.1项规定
		工期	符合第二章"投标人须知"第1.3.2项规定
		工程质量	符合第二章"投标人须知"第1.3.3项规定
		投标有效期	符合第二章"投标人须知"第3.3.1项规定
		投标保证金	符合第二章"投标人须知"第3.4.1项规定
		权利义务	符合第四章"合同条款及格式"规定
		已标价工程量清单	符合第五章"工程量清单"给出的范围及数量
		技术标准和要求	符合第七章"技术标准和要求"规定
		……	……
2.1.4	施工组织设计和项目管理机构评审标准	施工方案与技术措施	……
		质量管理体系与措施	……
		安全管理体系与措施	……
		环境保护管理体系与措施	……
		工程进度计划与措施	……
		资源配备计划	……
		技术负责人	……
		其他主要人员	……
		施工设备	……
		试验、检测仪器设备	……
		……	……

（续）

条　款　号	评审因素	评审标准
2.2 详细评审标准	单价遗漏	……
	付款条件	……
	……	……

2. 评标办法（综合评估法）（摘录）

第三章　评标办法（综合评估法）

评标办法前附表

条　款　号	评审因素	评审标准
2.1.1	形式评审标准	（评审因素和评审标准，同经评审的最低投标价法相应条款号，略）
2.1.2	资格评审标准	
2.1.3	响应性评审标准	

条　款　号	条款内容	编列内容
2.2.1	分值构成（总分100分）	施工组织设计：分 项目管理机构：分 投标报价：分 其他评分因素：分
2.2.2	评标基准价计算方法	
2.2.3	投标报价的偏差率计算公式	偏差率＝100%×（投标人报价－评标基准价）/评标基准价

条　款　号	评分因素	评分标准
2.2.4（1） 施工组织设计评分标准	内容完整性和编制水平	……
	施工方案与技术措施	……
	质量管理体系与措施	……
	安全管理体系与措施	……
	环境保护管理体系与措施	……
	工程进度计划与措施	……
	资源配备计划	……
	……	……
2.2.4（2） 项目管理机构评分标准	项目经理任职资格与业绩	……
	技术负责人任职资格与业绩	……
	其他主要人员	……
2.2.4（3） 投标报价评分标准	偏差率	……
	……	……
2.2.4（4） 其他因素评分标准	……	……

3.6 无效招标、重新招标与不再招标

无效招标是对招标无效、投标无效、评标无效、中标无效的概括称谓，是法律法规对招

标活动效力的一种判定，而重新招标及不再招标是一种法律后果。招标、投标、评标、中标等行为都存在无效的可能，这些行为无效的后果就是招标人重新招标或者重新评标，抑或不再招标。

3.6.1　招标、投标、评标、中标等行为的效力认定

招标投标活动具有层层递进、环环相扣的特征。及时准确地认定招标、投标、评标、中标等行为的效力，是妥善处理和有效纠正违法违规行为，保证招标投标活动顺利进行的基础和前提。

1. 认定无效招标的法定条件

根据《民法总则》的一般原则，违反法律、行政法规的效力性强制性规定的民事法律行为无效。

对招标投标活动的效力，《招标投标法》只有"中标无效""重新招标"的术语，没有招标投标其他环节如"招标无效""投标无效""评标无效"的用语。《招标投标法实施条例》第八十一条弥补了《招标投标法》的缺陷，规定：依法必须进行招标的项目的招标投标活动违反招标投标法和本条例的规定，对中标结果造成实质性影响，且不能采取补救措施予以纠正的，招标、投标、中标无效，应当依法重新招标或者重新评标。

所谓无效，是指自始无效。只要存在规定的情形，不论于何时发现，相关招标投标行为均应做无效处理。所谓实质性影响，就是由于该违法行为的发生，未能实现最优采购目的，包括应当参加投标竞争的人未能参加、最优投标人未能中标等。对中标结果造成的影响，包括已经造成的和必然造成的。

2. 招标无效

可能导致招标无效的违法行为主要有但不限于以下几种情形：①违法发布公告，包括不在国家指定媒介发布资格预审公告和招标公告，在不同媒介发布的同一招标项目的公告内容不一致；②应当公开招标而邀请招标；③资格预审文件、招标文件的内容以及发售时间不符合法定要求；④不按照资格预审文件载明的标准和方法进行资格预审，或者资格审查委员会的组建不符合法定要求；⑤招标人或者招标代理机构限制排斥潜在投标人；⑥招标人或者招标代理机构向他人透露已获取招标文件的潜在投标人的名称、数量或者可能影响公平竞争的有关招标投标的其他情况，或者泄露标底；⑦招标人或者招标代理机构与投标人串通；⑧招标代理机构在所代理的招标项目中投标或者代理投标。

上述违法行为，如果在投标截止前发现的，责令改正并顺延投标截止时间；如果在投标截止后被发现和查实，且对中标结果造成实质性影响的，招标无效。

3. 投标无效

《招标投标法实施条例》明确规定属于投标无效的情形包括：①与招标人存在利害关系可能影响招标公正性的法人、其他组织或者个人，参加投标的；②单位负责人为同一人或者存在控股、管理关系的不同单位，参加同一标段投标或者未划分标段的同一招标项目投标的；③资格预审后联合体增减、更换成员的；④投标人发生合并、分立、破产等重大变化，投标人不再具备资格预审文件、招标文件规定的资格条件或者其投标影响招标公正性的。

除《招标投标法实施条例》已有规定外，实践中可能导致投标无效的其他违法行为主要有但不限于以下几种情形：①串通投标；②以他人名义投标的弄虚作假行为；③向招标人

或者评标委员会成员行贿；④发生重大变化而不按照《招标投标法实施条例》规定告知招标人；⑤受到财产被查封、冻结或者被责令停产停业、吊销营业执照、取消投标资格等处罚的其他违法行为。

4. 评标无效

《招标投标法实施条例》第四十八条中规定，评标过程中，评标委员会成员有回避事由、擅离职守或者因健康等原因不能继续评标的，应当及时更换。被更换的评标委员会成员做出的评审结论无效，由更换后的评标委员会成员重新进行评审；第七十条中规定，违法确定或者更换的评标委员会成员做出的评审结论无效，依法重新进行评审。

《评标专家和评标专家库管理暂行办法》第十七条规定，政府投资项目的招标人或其委托的招标代理机构不从政府或者政府有关部门组建的评标专家库中抽取专家的，评标无效。

5. 中标无效

《招标投标法》规定的中标无效的情形有六种：①招标代理机构违反规定，泄露应当保密的与招标投标活动有关的情况和资料的，或者与招标人、投标人串通损害国家利益、社会公共利益或者他人合法权益，影响中标结果的；②依法必须进行招标的项目的招标人向他人透露已获取招标文件的潜在投标人的名称、数量或者可能影响公平竞争的有关招标投标的其他情况的，或者泄露标底，影响中标结果的；③投标人相互串通投标或者与招标人串通投标的，投标人以向招标人或者评标委员会成员行贿的手段谋取中标的；④投标人以他人名义投标或者以其他方式弄虚作假，骗取中标的；⑤依法必须进行招标的项目，招标人违反规定，与投标人就投标价格、投标方案等实质性内容进行谈判，影响中标结果的；⑥招标人在评标委员会依法推荐的中标候选人以外确定中标人的，依法必须进行招标的项目在所有投标被评标委员会否决后自行确定中标人的。

《招标投标法实施条例》第六十五条规定，招标代理机构在所代理的招标项目中投标、代理投标或者向该项目投标人提供咨询的，接受委托编制标底的中介机构参加受托编制标底项目的投标或者为该项目的投标人编制投标文件、提供咨询的，中标无效。

除《招标投标法》和《招标投标法实施条例》中已有规定外，实践中可能导致中标无效的其他违法行为主要有但不限于以下几种情形：①招标人或者招标代理机构接受未通过资格预审的单位或者个人参加投标，影响中标结果的；②招标人或者招标代理机构接受应当拒收的投标文件，影响中标结果的；③评标委员会的组建违反《招标投标法》和《招标投标法实施条例》规定的。以上行为，如果在中标通知书发出前发现并查实的，责令改正，重新评标；如果在中标通知书发出后发现并查实，且对中标结果造成实质性影响的，中标无效。

中标无效的，发出的中标通知书和签订的合同自始没有法律约束力，但不影响合同中独立存在的有关解决争议方法的条款的效力。

3.6.2 重新招标与不再招标

重新招标是从头另行开始一次新的招标。不再招标是放弃招标，改用其他方式发包。

1. 重新招标

招标人编制的资格预审文件、招标文件的内容违反法律、行政法规的强制性规定，违反公开、公平、公正和诚实信用原则，影响资格预审结果或者潜在投标人投标的，依法必须进行招标的项目的招标人应当在修改资格预审文件或者招标文件后重新招标。

依法必须进行招标的项目的招标投标活动违反《招标投标法》及《招标投标法实施条例》的规定，对中标结果造成实质性影响，且不能采取补救措施予以纠正的，应当依法重新招标或者评标。

领购资格预审文件或确认参与资格预审申请的单位不足三家的或资格预审合格的潜在投标人不足三个的，投标人少于三个或者所有投标被否决的，或者同意延长投标有效期的投标人少于三个的，招标人应当依法重新招标。

推荐的排名第一的中标候选人因故不与招标人签订合同，依次确定的其他中标候选人与招标人预期差距较大，或者对招标人明显不利的，招标人可以重新招标。

如重新招标，招标人应当分析导致招标无效的原因并予以纠正，如对资格预审文件、招标文件及技术要求等进行相应的修改，以期出现有效的竞争局面。重新招标根据所处阶段，既可以是重新进行资格预审，也可以是直接发布招标公告（即采用资格后审方式）进行重新招标。修改后的文件需重新备案。

2. 不再招标

重新招标后投标人仍少于三个的：属于必须审批、核准的工程建设项目，报经原审批、核准部门审批、核准后可以不再进行招标；其他工程建设项目，招标人可自行决定不再进行招标。

3.7 | 项目法人及代建单位招标

我国项目法人招标和代建单位招标是在进一步深化政府投融资体制改革的背景下产生的。这类项目招标投标活动要遵守招标投标法律的规定，也要反映其自身的特点。

3.7.1 项目法人招标

项目法人招标是指政府采用招标方式，选择基础设施和公用事业项目的社会投资主体的活动。项目法人招标是政府和社会资本合作（PPP）模式选择社会资本合作伙伴的主要方式。社会投资主体中标人依法获得授权，独自或与政府组成合作伙伴共同组建项目法人进行项目的投资建设运营。

1. PPP 项目运作程序

PPP 模式从项目管理的角度看，是一种将政府投资项目建设运营全过程综合为一体、以公共决策为前提、在竞争性市场选择基础上，与市场主体合作引入社会资本的一种关于风险损失分担的制度安排。

PPP 模式项目的实施主要包括项目选择与立项、招标准备、资格预审、投标、评标、确定社会力量合作伙伴、组建项目公司、融资、建设、运行管理、移交等过程，PPP 项目的基本运作程序见表 3-5。

表 3-5 PPP 项目的基本运作程序

序号	主要环节	承担者
1	项目选择与立项	政府（包括项目提出部门、各职能部门及本级政府）
2	招标准备	政府（项目授权实施机构）
3	资格预审	政府（资格预审委员会）、有投资意向的社会资本申请人

（续）

序号	主要环节	承 担 者
4	投标	通过资格预审的社会资本投标人
5	评标	政府（评标委员会）
6	确定社会力量合作伙伴	政府（项目授权实施机构）、中标的社会资本投标人
7	组建项目公司	社会资本中标人
8	融资	PPP 项目公司、融资方
9	建设	PPP 项目公司
10	运行管理	PPP 项目公司
11	绩效评价	政府（项目授权机构）
12	移交	政府（项目授权实施机构）、PPP 项目公司

2. PPP 项目运作方式

从本质上看，PPP 模式是公共部门和私人部门之间达成的一种提供公共产品和服务的制度安排，对于不同性质的项目，应选择适宜的运作方式。

存量项目可采用委托运营、转让-运营-移交（TOT）、改建-运营-移交（ROT）等方式。

新建项目可根据项目的经营性质采用有针对性的方式：①对于具有明确的收费基础，并且经营收费能够完全覆盖投资成本的经营性项目，可通过政府授予特许经营权，采用建设-运营-移交（BOT）、建设-拥有-运营-移交（BOOT）等模式；②对于经营收费不足以覆盖投资成本、需政府补贴部分资金或资源的准经营性项目，可通过政府授予特许经营权附加部分补贴或直接投资参股等措施，采用 BOT、建设-拥有-运营（BOO）等模式；③对于缺乏"使用者付费"基础，主要依靠"政府付费"回收投资成本的非经营性项目，可通过政府购买服务，采用 BOO、委托运营等市场化模式。

（1）建设-运营-移交（Build-Operate-Transfer，BOT）。这是指由社会资本或项目公司承担新建项目设计、融资、建造、运营、维护和用户服务职责，合同期满后项目资产及相关权利等移交给政府的项目运作方式。合同期限一般为 20～30 年。

（2）建设-拥有-运营（Build-Own-Operate，BOO）。BOO 由 BOT 方式演变而来，二者的区别主要是 BOO 方式下社会资本或项目公司拥有项目所有权，但必须在合同中注明保证公益性的约束条款，一般不涉及项目期满移交。

（3）建设-拥有-运营-移交（Build-Own-Operate-Transfer，BOOT）。BOOT 由 BOT 方式演变而来，在一定期限内，政府授予特许经营者投资新建或改扩建、拥有并运营基础设施和公用事业，期限届满移交政府。合同期限一般为 20～30 年。

（4）转让-运营-移交（Transfer-Operate-Transfer，TOT）。TOT 是指政府将存量资产所有权有偿转让给社会资本或项目公司，并由其负责运营、维护和用户服务，合同期满后资产及其所有权等移交给政府的项目运作方式。合同期限一般为 20～30 年。

（5）改建-运营-移交（Rehabilitate-Operate-Transfer，ROT）。ROT 是指政府在 TOT 模式的基础上，增加改扩建内容的项目运作方式。合同期限一般为 20～30 年。

3. 项目法人招标的管理制度

项目法人招标兴起于 20 世纪 90 年代，是投融资和招标体制的一项重大创新。《国务院关于投资体制改革的决定》指出"对于涉及国家垄断资源开发利用、需要统一规划布局的项目，政府在确定建设规划后，可向社会公开招标选定项目业主"。

目前我国还没有专门的项目法人招标的法律法规，项目法人招标适用《招标投标法》目前尚存在一些瑕疵，实践中主要通过地方性法规或规章来完善项目法人招标制度，如《基础设施和公用事业特许经营管理办法》《经营性公路建设项目投资人招标投标管理规定》《政府和社会资本合作项目政府采购管理办法》《北京市招标投标条例》等。

实行项目法人招标的项目，主要适用于政府负有提供责任又适宜市场化运作的公共服务、基础设施类项目。

项目法人招标本身就是寻找项目投资来源，因此无须遵守招标投标法律有关"招标人应当有进行招标项目的相应资金或者资金来源已经落实"的规定，但如果有政府补贴的，其资金来源应落实。

一般说来，对于 PPP 项目在可行性研究报告批准后就可以组织项目法人招标。

需要进行投资人招标的建设项目应当符合下列条件：项目已纳入当地相关发展规划，并按规定报经地方人民政府或行业主管部门批准实施；建设运营标准和监管要求明确；已经编制工程可行性报告和项目实施方案。

4. 招标目的与当事人

（1）招标目的。通常我们认识的招标如设备、施工、设计及监理等招标，是对已存在的经济实体的产品或服务进行招标，而项目法人招标是为成立项目法人而进行的招标。

项目法人招标的目的是为政府找到合适的社会资本，并与之达成明确权利义务和风险分担的协议，中标后在约定期限内组建项目公司，由政府向社会资本中标人或其后组建的项目公司颁发特许经营许可证，允许其在一定时期内筹集资金建设某一基础设施和公用事业等项目并运营，向社会公众提供相应的产品与公共服务。当特许经营权期限结束时，项目法人单位依约将该设施移交政府。

（2）招标人。项目法人招标的招标人身份特殊，一般是具有相应行政权力的县级以上人民政府或者政府授权的实施机构。

项目法人招标是一种行政许可行为，其招标人必须具备《中华人民共和国行政许可法》规定的行政权限。

（3）投标人。项目法人招标的对象是具有雄厚经济实力与经营管理能力的社会资本投资人。

社会资本投资人是项目法人招标的投标人，是依法设立且有效存续的建立现代企业制度的境内外企业法人，但不包括本级政府所属融资平台公司及其他控股国有企业。

中标人是 PPP 项目的实际投资人，其投入的股本成为 PPP 项目公司的权益股本。

（4）项目法人。在 PPP 实践中，社会资本通常不会直接作为 PPP 项目的实施主体，中标后，一般由中标人专门针对该项目组建项目法人，作为 PPP 项目合同及项目其他相关合同的签约主体，负责项目的具体实施。

项目法人可以由社会资本（可以是一家企业，也可以是多家企业组成的联合体）出资设立，也可以由政府和社会资本共同出资设立。但政府在项目法人中的持股比例应当低于50%，且不具有实际控制力及管理权。PPP 项目法人是中标项目实际建设和运营的责任主体，依法负责 PPP 项目的策划、融资、设计、建设、运营、偿债、资产管理到项目最后的移交等全过程的运作。

如果投资人不组建项目法人公司，则招标文件中与项目公司相关的权利和义务均由中标人自行承担。

5. 项目法人招标中的特殊考虑

（1）招标策划。项目法人招标的项目多是以政府发起为主的项目，而项目投资的实际实施和直接后果的主要承受人却是社会资本投资人。因此，招标策划重点解决如何吸引潜在投标人乐意参与的问题。

1）政府发起的项目如何吸引社会投资人？

要解决如何吸引社会投资人的问题，政府在项目决策时就要明确：必须让中标人有利可图，获得合理的投资回报和风险回报。如果这种回报不足以让社会资本动心，那么，项目就得不到社会资本的投入。

2）政府如何把自己对项目的判断及其论证过程的信息完整传递给社会资本投资人？

在招标模式下，编制项目实施方案并作为招标文件的组成，可以实现政府把自己对项目的判断及其论证过程的信息完整传递给社会资本投资人。

项目的实施方案一般在项目遴选阶段确定。政府审定、批复的项目实施方案是 PPP 项目招标的依据。招标人在编制招标文件时，应将实施方案中的核心内容细化后编入。对于一些技术性较强的建设项目，最好能将按照建设程序要求编制的可行性研究报告⊖作为招标文件的组成部分。

3）怎么让社会投资人在不做全面市场调查的前提下，接受政府的判断是可信的？

PPP 项目提出部门可以委托具有相应能力和经验的第三方机构，进行 PPP 项目可行性评估，对实施方案主要技术内容的可行性与可信性进行鉴定，包括：①特许经营项目全生命周期成本、技术路线和工程方案的合理性，可能的融资方式、融资规模、资金成本，所提供公共服务的质量效率，建设运营标准和监管要求等；②相关领域市场发育程度，市场主体建设运营能力状况和参与意愿；③用户付费项目公众支付意愿和能力评估。

4）怎么让招标信息或投标意向信息更准确地抵达对方？

PPP 项目对于招标人和投标人来说，都是新生事物，其性质与运作方式与投资人自主选择的一般项目有很大的不同，不但对投标人的要求高，项目的风险程度更高，而且对项目信息的交换以及风险的评估需要花费更长的时间。

出于项目双方利益的考虑，招标人在项目法人公开招标之前，往往需要采取多种方式宣传、推介建设项目，收集潜在投资人信息。有些项目招标人把这种推介活动与资格预审活动结合在一起，在发布资格预审公告后、潜在投标人提出投资申请前，加入一个"潜在投标人提出投资意向"以及"招标人向提出投资意向的潜在投标人推介投资项目"环节。

给资格预审申请文件和投标文件的编制留出更长的时间。一般地，编制资格预审申请文件时间，自资格预审文件开始发售之日起至潜在投标人提交资格预审申请文件截止之日止，不少于 30 个工作日。编制投标文件的时间，自招标文件开始发售之日起至投标人提交投标文件截止之日止，不少于 45 个工作日。

⊖ 如果 PPP 项目由政府发起，则应由政府自行完成可行性研究报告和项目产出说明的编制工作；如果 PPP 项目由社会资本发起，则可行性研究报告和项目产出说明由社会资本方完成。无论可行性研究报告和项目产出说明由谁完成，它们均应作为招标文件的重要组成部分，但只作为投标人编制投标文件的参考，并非投标的依据。

（2）PPP 招标设计。PPP 招标设计解决 PPP 项目投资人选择问题，主要包括 PPP 投资人的选择标准、选择方式和评价方法等。

投资人的选择标准即资格审查的基本内容与标准。项目法人招标，一般要求投标人具有较强的融资实力、比较丰富的管理经验和较强的专业能力。由于招标投标双方需要长期合作，一般对投标人的信用状况要求较高。故此，资格审查的基本内容应当包括：投标人的财务状况、注册资本、净资产、投融资能力、初步融资方案、从业经验和商业信誉等情况。

选择方式包括公开（一阶段）招标和两阶段招标。对于建设运营标准和监管要求明确、有关领域市场竞争比较充分的，应当公开招标。对于招标人无法自行精确拟订 PPP 项目实施方案核心需求目标、经营边界条件、提供产品或者服务成果标准和项目建设技术经济标准要求的项目，可以采用两阶段招标。

项目法人招标的评标办法一般采用综合评估法，经营性公路建设项目投资人招标的也可以采用最短收费期限法。采用综合评估法的，需要在招标文件中载明对收费价格、收费期限、融资能力、资金筹措方案、融资经验、项目建设方案、项目运营、移交方案等评价内容的评分权重[⊖]，根据综合得分由高到低推荐中标候选人。评标办法采用最短收费期限法的，应当在投标人实质性响应招标文件的前提下，推荐经评审的收费期限最短的投标人为中标候选人，但收费期限不得违反国家有关法规的规定。

（3）PPP 合同设计。PPP 模式是在基础设施和公共服务领域政府和社会资本基于合同建立的一种长期合作关系。有效合作机制的建立是通过缔结具有法律效力的契约来完成的。

PPP 合同设计应遵循如下原则：①有利于建立长期的政府与企业合作机制；②有利于建立合理的利益共享机制；③有利于建立平等的风险共担机制；④注重建立严格的监管和绩效评价机制；⑤注重合法合规及有效执行。

在项目招标之前，政府应组织编制合同文本，并将其作为招标文件的组成部分。PPP 合同应当参照主管部门制定的特许权协议示范文本、PPP 合同示范文本（或合同指南），并结合项目的特点和需要制定。

招标文件应该对文件中的实质性内容及可谈判内容做出规定。一般地，PPP 合同中的投资规模、技术标准、竣工交付使用时间、项目建设质量以及未来运营承诺属于 PPP 项目法人招标中的实质性内容，并明确该类实质性内容不容许谈判。对实质性内容之外的条款，应要求投标人在投标文件中写明建议并阐述理由。并明确，上述建议和理由应在满足国家法律法规的前提下，有利于项目的建设管理和质量管理，是合同谈判的依据，但并不视为招标人必须接受上述建议。

招标文件应当载明是否要求中标人成立特许经营项目公司。无须成立项目公司的，招标人应当与特许经营者直接签订特许经营协议；需要成立项目公司的，招标人应当与依法选定的特许经营者签订初步协议，约定其在规定期限内注册成立项目公司，并与项目公司签订特许经营协议。

招标人设计合同，应当充分考虑项目投资回收能力和预期收益的不确定性，合理分配项

⊖　经营性项目法人招标，各评分因素的建议取值范围如下：收费期限 50～65 分，融资能力 5～15 分，资金筹措方案 5～15 分，投融资、建设、运营管理经验 5～15 分，项目公司组建方案 0～5 分，项目建设方案 0～10 分，项目运营、移交方案 0～10 分。分值合计应为 100 分。

目的各类风险，并对项目的运作方式、特许权内容、最长收费期限、政府的承诺和保障等相关政策予以说明。

招标人应当重点关注项目的产品或服务的价格，在招标阶段制订合理的价格调整方案。

招标文件应该对项目投资及其构成进行约定，对项目资金筹措提出要求，对征地拆迁方式及费用承担进行约定。

招标文件应该明确政府和社会资本主体分别承担的前期工作费用。

招标文件应该列明组建项目法人的期限。例如，经营性公路法人招标一般要求在投资协议签订之日起90天内完成项目公司的组建。

招标文件应明确投资回报率或投资回报率的确定方法。一般新建项目的特许经营，服务产品收费标准由政府定价，因此一般以收费年限作为主要价格竞争因素，且投标人中标后，他在投标文件中提出的收费期将不得更改。

招标文件中还应当明确项目合同必须报请本级人民政府审核同意，在获得同意前项目合同不得生效。

(4) 中标后签订合同的方式。项目法人招标的终极目标是完成项目建设、实现项目的各项目标和要求。但由于项目法人招标的中标人与日后成立的项目法人是两个不同的法律主体，而且中标人与招标人签订的特许协议只规范中标人与招标人之间的权利与义务，无法直接约束项目公司，因此，如何约束日后成立的项目公司，就成了关键问题。

为实现特许协议对项目公司的约束，有些实际操作中是先由中标人与招标人草签，待项目公司成立后，再由项目公司正式签署协议，这样协议就直接约束项目公司。但是这种办法忽略了最终落实中标人的义务。中标人对招标人的承诺义务，不能以其他方式转嫁，否则将不会体现招标的意义。

实践中较为稳妥的方法是把 PPP 项目合同分成两个相对独立又相互关联的协议——投资协议和特许经营协议。先由中标人与招标人签订投资协议，并在合同中明确规定：①中标人应在签订项目投资协议后约定的期限内到工商行政管理部门办理项目法人的工商登记手续，完成项目法人组建；②招标人与项目法人在完成项目核准手续后签订项目特许权协议，最后成立项目公司后，招标人依约与项目公司签订特许经营协议。

(5) 投资协议与特许权协议的内容。投资协议应包括以下内容：①招标人与中标人的权利义务；②项目公司的经营范围、注册资本、股东出资方式、出资比例、股权转让等；③项目质量目标、运营管理目标和服务质量目标；④履约担保的有关要求；⑤违约责任；⑥免责事由；⑦争议的解决方式；⑧双方认为应当规定的其他事项。

根据项目行业、付费机制、运作方式等具体情况的不同，PPP 项目合同可能会千差万别，新建项目特许权协议一般应当包括以下内容：①项目名称、内容；②特许经营方式、区域、范围和期限；③项目公司的经营范围、注册资本、股东出资方式、出资比例、股权转让等；④所提供产品或者服务的数量、质量和标准；⑤双方的权利及义务；⑥项目建设要求；⑦项目运营管理要求；⑧设施权属，以及相应的维护和更新改造；⑨监测评估；⑩投融资期限和方式；⑪收益取得方式、价格和收费标准的确定方法以及调整程序；⑫履约担保；⑬特许经营期内的风险分担；⑭政府承诺和保障；⑮特许权益转让要求；⑯应急预案和临时接管预案；⑰特许经营期限届满后，项目及资产移交方式、程序和要求等；⑱变更、提前终止及补偿；⑲违约责任；⑳争议解决方式；㉑需要明确的其他事项。

6. 中标后合同谈判

社会资本确定之后，政府和社会投资人可就相关条款和事项进行谈判，最终确定并签署合同文本。中标后合同签订的谈判安排应按照招标文件规定处理。

在招标人与中标人签订投资协议前，或者招标人与项目公司签订特许权协议前，签约双方可以在遵循下列原则的前提下进行合同谈判：①签约双方不能对投资协议和特许权协议的实质内容进行谈判；②谈判内容仅限于投标人在投标文件中写明的对投资协议和特许权协议的条款的建议，或者在投资协议和特许权协议中尚需进一步明确的事项。

3.7.2　代建单位招标

代建单位招标是指非经营性政府投资项目通过招标方式，选择专业化的项目管理单位（简称代建单位）来承担项目建设组织实施工作的活动。代建单位按照合同约定代行项目的投资、建设主体职责，项目竣工验收后按规定交付项目业主单位使用。

1. 代建项目与代建方式

（1）非经营性政府投资项目。代建是代理建设的简称。按照《国务院关于投资体制改革的决定》及其配套规章的规定，政府投资的非经营性固定资产投资项目（非经营性政府投资项目），项目法人缺乏相关专业技术人员和建设管理经验的，应当委托代建单位进行项目建设组织实施工作。

政府直接投资的非经营性项目，主要是市场不能有效配置资源的社会公益服务、公共基础设施、农业农村、生态环境保护和修复、重大科技进步、社会管理、国家安全等公共领域的项目，包括党政机关办公用房建设项目。这类建设项目不以追求营利为目标，它提供的产品和服务属纯公共产品。

（2）代建方式。建设项目代建可以从项目立项（项目建议书）批复后开始，可以从施工阶段开始，也有从初步设计或者施工图设计阶段开始的，还有全程切段分阶段实施代理的。

从项目立项（项目建议书）批复后，代建单位根据批准的项目建议书，负责包括完成项目可行性研究或初步设计及概算批复直至竣工验收并交付使用等全部内容的组织实施和管理工作的，称为全过程代建方式，其他的称为实施阶段代建，或阶段代建。

（3）建设项目代建制度。代建单位招标试行已经十多年，目前还没有形成全国统一的管理制度，从试点实践看，公开招标成为非经营性政府投资项目中选择代建单位的主要的招标方式。

目前，建设项目代建管理主要通过部门规章、地方性法规或规范性文件进行规范，如《中央预算内直接投资项目管理办法》《公路建设项目代建管理办法》《建设工程项目管理试行办法》《湖南省代建单位招标投标办法》《南京市市级政府投资项目代建管理暂行办法》等。

需要代建的项目，中央预算内直接投资项目在批复可行性研究报告中明确项目实行代建制管理和代建方式，各地实践中也有要求在项目建议书的批复中明确的。

建设项目代建应当遵循择优选择、责权一致、界面清晰、目标管理的原则。

在代建单位的招标程序中，多地试行代建单位名录管理，作为代建市场的准入制度和动态管理制度，且普遍要求在本行政区域注册或纳税，这明显属于违规设置市场壁垒的行为，应予清理废除。

代建单位按照与项目法人签订的合同，承担项目建设实施的相关权利义务，严格执行项目的投资概算、质量标准和建设工期等要求。依法通过招标投标方式确定的代建人，可以同时承担同一工程项目管理和其资质范围内的工程勘察、设计、监理业务。

代建单位不得有下列行为：①与受委托工程项目的施工以及建筑材料、构配件和设备供应企业有隶属关系或者其他利害关系；②在受委托工程项目中同时承担工程施工业务；③将其承接的业务全部转让给他人，或者将其承接的业务肢解以后分别转让给他人；④擅自调整建设内容、建设规模、建设标准及代建管理目标；⑤与有关单位串通，损害业主方利益，降低工程质量。

参与代建项目管理人员不得有下列行为：①取得一项或多项执业资格的专业技术人员，不得同时在两个及以上企业注册并执业；②明示或者暗示有关单位违反法律法规或工程建设强制性标准，降低工程质量。

项目法人不得有以下行为：①干预代建单位正常的建设管理；②无故拖欠工程款和代建服务费；③违反合同约定要求代建单位和施工单位指定分包或者指定材料、设备供应商；④擅自调整工期、质量、投资等代建管理目标。

2. 代建单位招标的当事人

（1）招标人。代建单位的招标人是项目法人，也就是项目的使用人。

有个别地方的规范性文件规定，代建招标"发展改革部门会同政府出资部门、项目行政主管部门作为招标人""项目使用单位和中标人"按照招标文件和中标人的投标文件订立书面代建合同，这明显造成了代建招标投标中法律主体关系的错位，强拉作为第三人的项目法人承受招标交易结果，明显缺少合法性。

实行全程代建的，招标人（项目法人）的主要职责包括：

1）申报政府投资计划，对项目选址、建设内容、建设规模、建设标准、建设工期和使用功能提出意见。

2）组织编制和报批项目建议书（立项）。

3）负责代建单位招标，签订代建合同，依据代建合同对项目实施过程进行监督。

4）配合代建单位编报项目可行性研究报告和初步设计，参与审查工作。

5）负责项目征地拆迁工作。

6）协助代建单位办理各项法定建设手续。

7）负责自筹建设资金的筹措。

8）组织项目交工或竣工验收，负责代建项目的接收、使用和保管。

9）负责对代建单位履约情况进行考核评价。

10）按规定做好项目业主的其他工作。

（2）投标人。代建单位招标的投标人是具备工程项目管理资质的专业化的项目管理单位。其资质要求一般按照《建设工程项目管理试行办法》的规定进行设置：项目管理企业应当具有满足代建项目规模等级要求的工程勘察、设计、施工、监理、造价咨询等一项或多项资质。有的地方还加上了房地产开发企业。

实行全程代建的，代建单位的职责主要是代行项目法人执行国家建设程序和有关规定，具体内容由代建合同约定，一般包括如下内容：

1）组织办理规划选址、用地预审、环境影响评价等前期许可手续。

2）组织编制和报批项目可行性研究报告。

3）负责按可行性研究报告批复的招标方案，依法对勘察、设计、监理、施工和材料设备采购等开展招标（采购）工作，签订并监督各单位履行合同。

4）组织编制报批设计方案、初步设计及概算，组织编制施工图设计及预算，代办施工图审查。

5）协调配合有关部门，落实项目的建设用地和征地拆迁工作。

6）代办项目建设工程规划许可证或施工许可证、规划报验、消防、人防、竣工验收备案等建设程序要求的手续。

7）负责协调项目参建各方的关系，依法承担建设单位对工程的投资、工期、质量、安全控制责任。

8）按期向业主单位和有关部门报送工程进展和资金使用情况。

9）组织项目施工，负责代办项目施工中出现的设计变更、概算调整等报批手续。

10）协助监理单位组织项目中间验收，会同项目业主组织交工或竣工验收。

11）代编项目年度投资计划和支出预算、年度财务决算报表、竣工财务决算，交由项目业主按规定程序报批。

12）负责工程结算与支付，配合工程审计。

13）负责将项目竣工及有关项目建设的技术资料完整地整理汇编移交，并按财政部门批准的资产价值，根据项目产权归属办理资产移交手续，协助办理产权登记。

14）代建合同约定的其他职责。

3. 代建招标文件中的特别内容

一般认为，代建单位的选择工作类似于监理单位的选择，在没有适用的示范文本可用时，招标文件制定可结合代建的特点参照监理招标文件。

（1）评审重点。在代建项目建设中，代建单位主要提供专业化项目管理服务，属于智力性和顾问性的服务，即"咨询顾问"的范畴。按照惯例，咨询顾问类招标的评价方法可以更灵活。例如，《世行采购规则》推荐的方法就有：基于质量和费用的选择、基于固定预算的选择、最低费用的选择、基于质量的选择、基于咨询顾问资历的选择等。

我国的代建单位招标实践中，一般采用综合评估法选择代建单位，重点审查投标人的建设管理能力。评审要素和权重一般为：项目管理团队（0.15～0.20）、代建项目管理方案和实施计划（0.25～0.30）、履约信誉与工作业绩（0.30～0.40）、投标报价（0.15～0.20）。

（2）代建合同的主要内容。代建合同应当包括以下内容：代建工作内容；项目法人单位和代建单位的职责、权利与义务；对其他参建单位的管理方式；代建管理目标（如建设规模、内容、标准、质量、工期、投资）；代建工作条件；代建组织机构；代建单位服务标准；代建服务费及支付方式；履约担保要求及方式、利益分享办法；绩效考核办法及奖励办法、违约责任、合同争议的解决方式等。

代建项目应实行目标管理。代建单位依据代建合同及其他参建单位签订的合同中约定的管理目标，细化、分解工程质量、安全、进度、投资、环保等目标责任，开展建设管理工作，制定代建管理的各项制度，确保目标实现。

为了解决全过程代建招标时项目建议书的建设目标与初步设计（概算）目标矛盾，以及难以实现有效奖惩的弊端，可以在合同中明确规定：①中标后应按照项目建议书批准的建设内容，组织项目建设方案的优化，实行限额设计；②以批准的项目初步设计和概算的内容作为代建合同的管理目标，作为考核的依据。

合同应约定，由于征地拆迁或者资金到位不及时等非代建单位原因造成工期延误等管理目标无法实现的，应合理调整代建管理目标。

合同应规定代建项目设计与概算变更、调整的内容、权限、程序。

合同应规定代建管理费的计取方式、调整因素及调整方法。

合同应规定代建单位因工作缺陷造成工程损失或者代建单位擅自变更项目设计、建设内容、建设标准或者虚高概算等的责任。

合同可以约定，项目法人单位发现代建单位在建设管理中存在过失或者偏差行为，可能造成重大损失或者严重影响代建管理目标实现的，应当对代建单位法人代表进行约谈，必要时可以终止代建合同。

(3) 代建服务费。代建服务费，也称代建管理费，是代建人承担代建服务应获得的酬金。

代建服务费一般采取基本代建费加节余奖励的方式计算。代建服务费应当根据代建工作内容、代建单位投入、项目特点及风险分担等因素通过竞争方式合理确定。基本代建费应该包括代建单位在项目前期、实施、验收及后期审计、结算等阶段的管理成本、人员工资及福利、应缴税费和合理利润。不包括代建项目发生的可行性研究、勘察、设计、招标代理、造价和监理等咨询服务费用。

《基本建设项目建设成本管理规定》（财建〔2016〕504号）第八条对代建管理费的核定、支付与奖励做了原则性规定：政府代建制项目的代建管理费由同级财政部门根据代建内容和要求，按照不高于规定的项目建设管理费标准核定，计入项目建设成本。同时列支代建管理费和项目建设管理费的，两项费用之和不得高于规定的项目建设管理费限额[⊖]。代建管理费核定和支付应当与工程进度、建设质量相结合，与代建内容、代建绩效挂钩，实行奖优罚劣。同时满足按时完成项目代建任务、工程质量优良、项目投资控制在批准概算总投资范围三个条件的，可以支付代建单位利润或奖励资金，代建单位利润或奖励资金一般不得超过代建管理费的10%，需使用财政资金支付的，应当事前报同级财政部门审核批准；未完成代建任务的，应当扣减代建管理费。

代建招标时，全过程代建取费基数一般暂按代建范围内批复的投资估算计算，阶段性代建取费基数暂按批复的总概算计算。最终代建费的取费基数以代建范围内最终批准的投资额为准。

3.8 | 电子招标

与传统招标投标相比，电子招标投标在提高采购透明度，节约资源和交易成本，利用技术手段解决弄虚作假、暗箱操作、串通投标、限制排斥潜在投标人等突出问题方面具有独特优势。我国正在实施《"互联网+"招标采购行动方案（2017—2019年）》，大力推行依法

[⊖] 项目建设管理费总额以工程总概算为基数计算，总额控制数费率按差额定率累进法确定，最高不超过2%。

必须招标项目全流程电子化招标投标采购，吸引非依法必须招标项目自愿运用电子化招标采购。采用电子招标投标的，招标人应按照国家有关规定，结合项目具体情况，在招标文件中载明相应要求。

3.8.1　电子招标投标的特点

电子招标投标是在互联网技术的基础上将电子商务平台和招标采购的标准流程相结合发展而来的，是借助互联网通过数据电文形式进行招标投标的交易方式，是企业间电子商务（B2B）的一种形式。为了给电子招标投标活动提供制度保障，国家发改委等部门联合发布了《电子招标投标办法》。

1. 实现电子招标投标的要素

《电子招标投标办法》第二条中规定，电子招标投标活动是指以数据电文形式，依托电子招标投标系统完成的全部或者部分招标投标交易、公共服务和行政监督活动。

根据上述定义，电子招标投标包括数据电文形式、电子招标投标系统、电子招标投标系统运营主体三个要素。

（1）数据电文形式。数据电文形式是与传统纸质形式相对应的，属于无纸化的书面形式。数据电文概念来源于《中华人民共和国电子签名法》（以下简称《电子签名法》），是指以电子、光学、磁或者类似手段生成、发送、接收或者储存的信息。

广义上，数据电文包括电报、电传、传真、电子数据交换和电子邮件。在电子招标投标中应用的数据电文一般通过计算机和网络传输，称为"电子文件"，是指按照特定用途和规定的内容格式要求编辑生成的数据电文。通俗地说，就是电子招标投标中将原来的纸质文件改为电子文件，将手工签名（签章）改成电子化的数字签名（签章）。

（2）电子招标投标系统。电子招标投标系统是以网络技术为基础，招标、投标、开标、评标、定标、合同等业务全过程以及监督管理实现数字化、网络化、高度集成化的系统，主要由网络安全系统与网上业务系统两部分组成，包括系统软件、硬件及软、硬件的组合产品。

电子招标投标系统的组成应当涵盖传统招标投标的所有内容，当然，如果条件不成熟，或者出于经济或技术等方面的原因，也可以只包含传统招标投标的部分内容。

《电子招标投标办法》第三条规定，"电子招标投标系统根据功能的不同，分为交易平台、公共服务平台和行政监督平台。交易平台是以数据电文形式完成招标投标交易活动的信息平台。公共服务平台是满足交易平台之间信息交换、资源共享需要，并为市场主体、行政监督部门和社会公众提供信息服务的信息平台。行政监督平台是行政监督部门和监察机关在线监督电子招标投标活动的信息平台。电子招标投标系统的开发、检测、认证、运营应当遵守本办法及所附《电子招标投标系统技术规范》。"

电子招标投标交易平台、公共服务平台、行政监督平台三大平台的主要功能和架构关系如图3-3所示。

交易平台主要用于在线完成招标投标全部交易过程，编辑、生成、对接、交换和发布有关招标投标数据信息，为行政监督部门和监察机关依法实施监督、监察和受理投诉提供所需的信息通道。

公共服务平台具有招标投标相关信息对接交换、发布、资格信誉和业绩验证、行业统计分析、连接评标专家库、提供行政监督通道等服务功能。

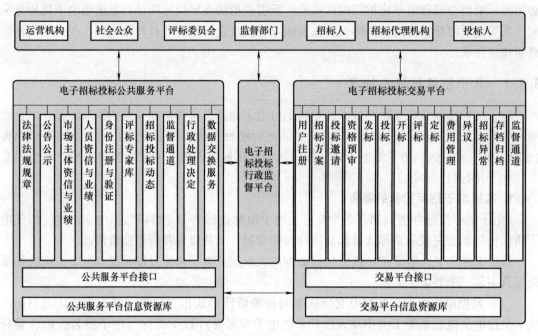

图 3-3　三大平台的主要功能和架构关系

行政监督平台应当公布监督职责权限、监督环节、程序、时限和信息交换等要求。

（3）电子招标投标系统运营主体。电子招标投标交易平台按照标准统一、互联互通、公开透明、安全高效的原则以及市场化、专业化、集约化方向建设和运营。

依法设立的招标投标交易场所（由政府依法组建，属于事业服务性质）、招标人、招标代理机构以及其他依法设立的法人组织可以按行业、专业类别，建设和运营电子招标投标交易平台。

根据《电子招标投标办法》设立的电子招标投标交易平台的经营管理机构称为运营机构，是承担电子招标投标系统运营的法律主体。运营机构应当是依法成立的法人，国家积极引导社会资本按照市场化方向建设运营电子招标投标交易平台。

设区的市以上人民政府发展改革部门或本级政府指定的部门，要根据政府主导、共建共享、公益服务原则，按照电子招标投标有关规定，通过政府投资或政府与社会资本合作方式，加快建设本地区统一的电子招标投标公共服务平台，也可由符合要求的公共资源交易电子服务系统承担电子招标投标公共服务平台功能。鼓励省级行政区域搭建全行政区域统一、终端覆盖各地市的公共服务平台。

行政监督部门可以建立专门的行政监督平台，也可以在公共服务平台上开辟行政监督通道。支持地市以上地方人民政府建立本行政区域统一的行政监督平台。国务院有关招标投标监管部门可探索建立本行业统一规范的行政监督平台。

2. 电子招标投标与电子签约的法律效力

《电子签名法》《合同法》等法律的规定，解决了电子签名、电子合同的法律效力问题。

根据《电子签名法》第四条、第五条、第十三条、第十四条，以及《合同法》第十条、第十一条的规定，电子招标投标活动形成的数据电文形式在满足《电子签名法》关于数据电文原件真实及可靠签名等前提下，与纸质形式的招标投标活动及签约合同具有同等法律效力。

《电子招标投标办法》第三条中规定，"电子招标投标系统的开发、检测、认证、运营应当遵守本办法及所附《电子招标投标系统技术规范》。"第十条规定，"电子招标投标交易平台应当依照《中华人民共和国认证认可条例》等有关规定进行检测、认证，通过检测、认证的电子招标投标交易平台应当在省级以上电子招标投标公共服务平台上公布"。

因此，电子招标投标系统，按上述规定通过检测和认证的，即符合了数据电文原件真实及可靠签名的要求。

3. 交易平台的服务义务

电子招标投标交易平台一般具备下列主要功能：①在线完成招标投标全部交易过程；②编辑、生成、对接、交换和发布有关招标投标数据信息；③提供行政监督部门和监察机关依法实施监督和受理投诉所需的监督通道；④《电子招标投标办法》和技术规范规定的其他功能。

电子招标投标交易平台应当允许社会公众、市场主体免费注册登录和获取依法公开的招标投标信息，为招标投标活动当事人、行政监督部门和监察机关按各自职责和注册权限登录使用交易平台提供必要条件。

电子招标投标交易平台应当依法及时公布下列主要信息：①招标人名称、地址、联系人及联系方式；②招标项目名称、内容范围、规模、资金来源和主要技术要求；③招标代理机构名称、资格、项目负责人及联系方式；④投标人名称、资质和许可范围、项目负责人；⑤中标人名称、中标金额、签约时间、合同期限；⑥国家规定的公告、公示和技术规范规定公布和交换的其他信息。

鼓励招标投标活动当事人通过电子招标投标交易平台公布项目完成质量、期限、结算金额等合同履行情况。

3.8.2 电子招标、投标规则

电子招标投标交易平台的主要功能就是运营机构提供交易平台，并使招标投标当事人借助该平台完成招标投标交易。数据电文应当采用不可编辑或者是编辑后必须留有修改痕迹记录的文档形式。

1. 选择交易平台

采用电子招标投标的，除政府依法规定使用的电子招标投标交易平台外，招标人或者其招标代理机构可以自主选择符合规定建设运营的电子招标投标交易平台。电子交易平台应当与招标项目专业特点和采购需求相匹配，并按照有关标准通过检测认证。

2. 电子注册登记

招标人或者其委托的招标代理机构应当在其使用的电子招标投标交易平台注册登记，选择使用除招标人或招标代理机构之外第三方运营的电子招标投标交易平台的，还应当与电子招标投标交易平台运营机构签订使用合同，明确服务内容、服务质量、服务费用等权利和义务，并对服务过程中相关信息的产权归属、保密责任、存档等依法做出约定。

投标人应当在资格预审公告、招标公告或者投标邀请书载明的电子招标投标交易平台注册登记，如实递交有关信息，并经电子招标投标交易平台运营机构验证。

电子招标投标交易平台运营机构不得以技术和数据接口配套为由，要求潜在投标人购买指定的工具软件。

3. 电子发标

发标是招标人按资格预审公告、招标公告或者投标邀请书载明的时间、地点发出资格预审文件或者招标文件的活动。

招标人或者其委托的招标代理机构应当在资格预审公告、招标公告或者投标邀请书中载明潜在投标人访问电子招标投标交易平台的网络地址和方法。依法必须进行公开招标项目的上述相关公告应当在国家指定的电子招标投标交易平台发布。

招标人或者其委托的招标代理机构应当及时将数据电文形式的资格预审文件、招标文件加载至电子招标投标交易平台，供潜在投标人下载或者查阅。

数据电文形式的资格预审公告、招标公告、资格预审文件、招标文件等应当标准化、格式化，并符合有关法律法规以及国家有关部门颁发的标准文本的要求。资格预审公告、招标公告或者投标邀请书中应当载明电子招标投标实施范围，选择使用的电子交易平台名称，潜在投标人下载获取资格预审文件或者招标文件的网络地址和相关费用支付方式，投标保证金及其支付方式，在线投标截止以及开标的具体时间和方式，电子投标文件传输递交及其在线解密失败后采用的救济保障方式（也可在招标文件中约定）等需要告知潜在投标人的有关事项。

除规定的注册登记外，任何单位和个人不得在招标投标活动中设置注册登记、投标报名等前置条件限制潜在投标人下载资格预审文件或者招标文件。

在投标截止时间前，电子招标投标交易平台运营机构不得向招标人或者其委托的招标代理机构以外的任何单位和个人泄露下载资格预审文件、招标文件的潜在投标人名称、数量以及可能影响公平竞争的其他信息。

招标人对资格预审文件、招标文件进行澄清或者修改的，应当通过电子招标投标交易平台以醒目的方式公告澄清或者修改的内容，并以有效方式通知所有已下载资格预审文件或者招标文件的潜在投标人。

电子招标投标某些环节需要同时使用纸质文件的，应当在招标文件中明确约定；当纸质文件与数据电文不一致时，除招标文件特别约定外，以数据电文为准。

4. 电子投标

电子投标的投标人首先需要在电子招标投标交易平台进行注册登记，才能进行投标。投标人应当在资格预审公告、招标公告或者投标邀请书载明的电子招标投标交易平台注册登记，如实递交有关信息，并经电子招标投标交易平台运营机构验证。

电子招标投标交易平台的运营机构，以及与该机构有控股或者管理关系可能影响招标公正性的任何单位和个人，不得在该交易平台进行的招标项目中投标和代理投标。

投标人应当通过资格预审公告、招标公告或者投标邀请书载明的电子招标投标交易平台递交数据电文形式的资格预审申请文件或者投标文件。

电子招标投标交易平台应当允许投标人离线编制投标文件，并且具备分段或者整体加密、解密功能。投标人应当按照招标文件和电子招标投标交易平台的要求编制并加密投标文件。投标人未按规定加密的投标文件，电子招标投标交易平台应当拒收并提示。

投标人应当在投标截止时间前完成投标文件的传输递交，并可以补充、修改或者撤回投标文件。投标截止时间前未完成投标文件传输的，视为撤回投标文件。投标截止时间后送达的投标文件，电子招标投标交易平台应当拒收。

电子招标投标交易平台收到投标人送达的投标文件，应当即时向投标人发出确认回执通知，并妥善保存投标文件。在投标截止时间前，除投标人补充、修改或者撤回投标文件外，任何单位和个人不得解密、提取投标文件。

3.8.3 电子开标、评标和定标规则

电子开标、评标、定标和签约等程序虽然也要遵循招标投标法律的相关规定，但是其具体表现形式与传统的招标投标方式有很大不同，具有许多特殊性。如电子开标不需要所有投标人都到开标现场见证开标过程，只需在线见证即可。评标、定标、签约也都可以在线完成，只需进行电子签名即可。

1. 电子开标

电子开标应当按照招标文件确定的时间，在电子招标投标交易平台上公开进行，所有投标人均应当准时在线参加开标。投标人参加电子开标的代表应当通过互联网在线签到。

开标时，电子招标投标交易平台自动提取所有投标文件，提示招标人和投标人按招标文件规定方式按时在线解密。解密全部完成后，应当向所有投标人一起展示已解密投标文件的开标记录信息，公布投标人名称、投标价格和招标文件规定的其他内容。

因投标人原因造成投标文件未解密的，视为撤销其投标文件；因投标人之外的原因造成投标文件未解密的，视为撤回其投标文件，投标人有权要求责任方赔偿因此遭受的直接损失。部分投标文件未解密的，其他投标文件的开标可以继续进行。

招标人可以在招标文件中明确投标文件解密失败的补救方案，投标文件应按照招标文件的要求做出响应。

开标记录应当由电子交易平台自动生成，参加电子开标的投标人代表可以通过互联网在线办理电子签名确认。

开标记录经投标人电子签名确认后向所有投标人和社会公众公布，但依法应当保密的除外。

2. 电子评标

电子评标应当在有效监控和保密的环境下在线进行。

根据国家规定应当进入依法设立的招标投标交易场所的招标项目，评标委员会成员应当在依法设立的招标投标交易场所登录招标项目所使用的电子招标投标交易平台进行评标。

评标中需要投标人对投标文件澄清或者说明的，招标人和投标人应当通过电子招标投标交易平台交换数据电文。

评标委员会完成评标后，应当通过电子招标投标交易平台向招标人提交数据电文形式的评标报告。

3. 电子定标

依法必须进行招标的项目中标候选人和中标结果应当在电子招标投标交易平台进行公示和公布。

招标人确定中标人后，应当通过电子招标投标交易平台以数据电文形式向中标人发出中标通知书，并向未中标人发出中标结果通知书。

招标人应当通过电子招标投标交易平台，以数据电文形式与中标人签订合同。

3.8.4 其他特别规则

在电子招标投标中还涉及电子资格预审、电子签名等一些特别规则，也与传统招标投标有异。

1. 电子资格预审

资格预审申请文件的编制、加密、递交、传输、接收确认等，适用有关投标文件的规定。资格预审申请文件的解密、开启、评审、发出结果通知书等，适用有关投标文件的规定。

2. 电子签名

电子签名是运用电子密码技术，在数据电文中以电子形式所含，用于识别签名人身份并表明签名人认可其中内容的数据。电子招标中所称"签署"是指招标投标当事人对数据电文进行电子签名的行为。

招标投标活动中的下列数据电文应当按照《电子签名法》和招标文件的要求进行电子签名并进行电子存档：①资格预审公告、招标公告或者投标邀请书；②资格预审文件、招标文件及其澄清、补充和修改；③资格预审申请文件、投标文件及其澄清和说明；④资格审查报告、评标报告；⑤资格预审结果通知书和中标通知书；⑥合同；⑦国家规定的其他文件。

需要注意的是，电子签名，包括电子印章只适用于电子招标投标使用的数据电文中。如果需要出具纸质文本，则必须使用实体章，否则不具有相应的法律效力。

3. 在线异议与投诉

投标人或者其他利害关系人依法对资格预审文件、招标文件、开标和评标结果提出的异议，以及招标人答复，均应当通过电子招标投标交易平台进行。

投标人或者其他利害关系人认为电子招标投标活动不符合有关规定的，通过相关行政监督平台进行投诉。

行政监督部门和监察机关在依法监督检查招标投标活动或者处理投诉时，通过其平台发出的行政监督或者行政监察指令，招标投标活动当事人和电子招标投标交易平台、公共服务平台的运营机构应当执行，并如实提供相关信息，协助调查处理。

4. 利用技术手段排斥和限制潜在投标人的认定

招标人或者电子招标投标系统运营机构存在以下情形的，视为限制或者排斥潜在投标人：

（1）利用技术手段对享有相同权限的市场主体提供有差别的信息。

（2）拒绝或者限制社会公众、市场主体免费注册并获取依法必须公开的招标投标信息。

（3）违规设置注册登记、投标报名等前置条件。

（4）故意与各类需要分离开发并符合技术规范规定的工具软件不兼容对接。

（5）故意对递交或者解密投标文件设置障碍。

3.8.5 修改现行《标准文件》的相应条款以适应电子招标

招标项目采用电子招标投标方式，招标人应结合交易平台操作特点，根据电子招标投标交易平台的要求编制（修改）《标准文件》的相应条款，并在申请人须知前附表、投标人须知前附表中列明采用电子招标方式。

1. 资格预审文件的修改

采用电子招标投标的，资格预审文件的获取、澄清、修改、异议，资格预审申请文件的制作、密封和标识、递交，资格审查办法、结果通知等条款应进行调整。

2. 招标文件的修改

采用电子招标投标的，招标文件的获取、澄清、修改、异议，投标文件的编制、密封和标识、递交、修改与撤回，开标、评标、中标候选人公示及异议、中标通知等条款应进行调整。

3. 文件递交（开启）、评审的补救措施

在资格预审文件和招标文件的前附表中，应结合电子投标环境的特殊性，规定资格预审申请文件递交、预审申请文件评审、开标以及评标过程中，因电子平台原因导致系统无法正常运行，应采取的补救措施。由于异常情况下电子招标投标采用的补救方案总是有限的，投标人只能就该招标文件提供的补救方案做出响应。

在资格预审申请文件递交和开标过程中，出现以下情况时，应中止资格预审申请文件的递交或对未开标的中止电子开标，对原有资料及信息做出妥善保密处理，并在恢复正常后及时安排时间递交资格预审申请文件或开标：①系统服务器发生故障，无法访问或无法使用系统；②系统的软件或数据库出现错误，不能进行正常操作；③系统发现有安全漏洞，有潜在的泄密危险；④出现断电事故且短时间内无法恢复供电；⑤其他无法保证招标投标过程正常进行的情形。

因"电子交易平台"系统故障导致投标人无法正常上传加密的资格预审申请文件或投标文件，申请人（投标人）应打印并递交电子交易平台自动生成的上传失败的异常记录单。招标人可直接导入申请人在申请截止时间前递交的不加密电子文件（U盘备份）。如出现不加密电子文件（U盘备份）经 3 次尝试后仍无法正常读取或者导入的，视为撤回其申请或投标文件。

资格审查或评标过程中出现异常情况，导致无法继续审查或评审工作的，可暂停审查或评标，对原有资料及信息做出妥善保密处理，待电子评标系统恢复正常之后，应重新组织审查或评审。

一般情况下，全过程电子招标投标不应利用纸质文件作为异常情况的备份措施。

3.9 政府采购中的招标投标

《政府采购法》规定，公开招标应作为政府采购的主要采购方式。按照法律规定：政府采购涉及依法必须招标的工程建设项目的，适用《招标投标法》及其实施条例；涉及与工程建设无关货物、服务的招标，则适用《政府采购法》及其实施条例。

3.9.1 政府采购招标的内涵与特点

政府采购是指各级国家机关、事业单位和团体组织（采购人），使用财政性资金采购依法制定的集中采购目录以内的或者采购限额标准以上的货物、工程和服务的行为。

1. 政府采购招标的范围

政府采购招标是指采购人使用财政性资金，以招标的方式向市场采购货物、工程和服务的行为。

采购是指以合同方式有偿取得货物、工程和服务的行为，包括购买、租赁、委托、雇用等。货物、工程和服务的属性依财政部《政府采购品目分类目录》确定。

财政性资金是指纳入《中华人民共和国预算法》预算管理的资金，包括一般公共预算、政府性基金预算、国有资本经营预算、社会保险基金预算所包含的资金。以财政性资金作为还款来源的借贷资金，视同财政性资金。

2. 政府采购招标投标的当事人

政府采购中的招标人称为采购人。投标人有时也称为供应商。

采购代理机构，包括集中采购机构和集中采购机构以外的采购代理机构。集中采购机构是设区的市级以上人民政府依法设立的非营利事业法人，是代理集中采购项目的执行机构。集中采购机构以外的采购代理机构，是从事采购代理业务的社会中介机构。

3. 政府采购招标的特点

（1）政府采购有明确的政策功能要求。

政府采购应当采购本国货物、工程和服务。

政府采购招标，采购人应当在招标投标活动中落实节约能源、保护环境、扶持不发达地区和少数民族地区、促进中小企业发展等政府采购政策。

（2）采购方式为集中采购与分散采购相结合。

所谓集中采购，是指采购人将列入集中采购目录的项目委托集中采购机构代理采购或者进行部门集中采购的行为。集中采购目录和采购限额标准由省级以上人民政府或者其授权的机构公布。

所谓分散采购，是指采购人将采购限额标准以上的未列入集中采购目录的项目自行采购或者委托采购代理机构代理采购的行为。

（3）政府采购招标在法律适用上有交叉。

政府采购工程以及与工程建设有关的货物、服务，采用招标方式采购的，适用《招标投标法》及其实施条例；采用其他方式采购的，适用《政府采购法》及实施条例。

政府采购与建筑物和构筑物的新建、改建、扩建无关的单独的装修、拆除、修缮以及与工程建设无关的货物、服务，采用招标方式采购的，适用《政府采购法》及实施条例。在法律层面上《政府采购法》及实施条例没有关于招标投标的程序规则，应遵守《招标投标法》有关招标投标的程序规定。

政府采购招标，财政部门依法对预算执行情况和政府采购政策执行情况实施监督。

3.9.2 政府采购货物服务招标投标的特别规定

《政府采购货物和服务招标投标管理办法》（财政部令第 87 号）细化了政府采购中招标投标的规定，有些特别之处。

1. 招标

（1）招标方式及标准。属于地方预算的政府采购项目，省、自治区、直辖市人民政府根据实际情况，可以确定分别适用于本行政区域省级、设区的市级、县级公开招标数额标准。

符合下列情形之一的货物或者服务，可以采用邀请招标方式采购：①具有特殊性，只能从有限范围的供应商处采购的；②采用公开招标方式的费用占政府采购项目总价值的比例过大的。

（2）**邀请招标的供应商随机抽取**。政府采购中，邀请招标是指采购人依法从符合相应资格条件的供应商中随机抽取 3 家以上供应商，并以投标邀请书的方式邀请其参加投标的采购方式。

采用邀请招标，采购人或者采购代理机构通过以下方式产生符合资格条件的供应商名单，并从中随机抽取 3 家以上供应商向其发出投标邀请书：①发布资格预审公告征集；②从省级以上人民政府财政部门建立的供应商库中选取；③采购人书面推荐。其中以后两种方式产生供应商名单的，备选的符合资格条件的供应商总数不得少于拟随机抽取供应商总数的两倍。

随机抽取是指通过抽签等能够保证所有符合资格条件的供应商机会均等的方式选定供应商。

（3）**资格要求或者评审因素限制**。采购人、采购代理机构不得将投标人的注册资本、资产总额、营业收入、从业人员、利润、纳税额等规模条件作为资格要求或者评审因素，也不得通过将除进口货物以外的生产厂家授权、承诺、证明、背书等作为资格要求，对投标人实行差别待遇或者歧视待遇。

（4）**招标文件或者资格预审文件发售可以顺延**。采购人或者采购代理机构应当按照招标公告、资格预审公告或者投标邀请书规定的时间、地点提供招标文件或者资格预审文件，提供期限自招标公告、资格预审公告发布之日起计算不得少于 5 个工作日。提供期限届满后，获取招标文件或者资格预审文件的潜在投标人不足 3 家的，可以顺延提供期限，并予公告。

（5）**招标文件增加特定内容**。采购人或者采购代理机构应当根据采购项目的特点和采购需求编制招标文件。招标文件除包括招标项目的技术要求、对投标人资格审查的标准、投标报价要求和评标标准等所有实质性要求和条件以及拟签订合同的主要条款外，尚应包括：①为落实政府采购政策，采购标的需满足的要求，以及投标人须提供的证明材料；②采购项目预算金额，设定最高限价的，还应当公开最高限价；③投标人信用信息查询渠道及截止时点、信用信息查询记录和证据留存的具体方式、信用信息的使用规则等；④省级以上财政部门规定的其他事项。

对于不允许偏离的实质性要求和条件，采购人或者采购代理机构应当在招标文件中规定，并以醒目的方式标明。

（6）**提供样品的要求**。采购人、采购代理机构一般不得要求投标人提供样品，仅凭书面方式不能准确描述采购需求或者需要对样品进行主观判断以确认是否满足采购需求等特殊情况除外。

要求投标人提供样品的，应当在招标文件中明确规定样品制作的标准和要求、是否需要随样品提交相关检测报告、样品的评审方法以及评审标准。需要随样品提交检测报告的，还应当规定检测机构的要求、检测内容等。

采购活动结束后，对于未中标人提供的样品，应当及时退还或者经未中标人同意后自行处理；对于中标人提供的样品，应当按照招标文件的规定进行保管、封存，并作为履约验收的参考。

（7）**澄清公告**。采购人或者采购代理机构可以对已发出的招标文件、资格预审文件、投标邀请书进行必要的澄清或者修改，但不得改变采购标的和资格条件。澄清或者修改应当在原公告发布媒体上发布澄清公告。澄清或者修改的内容为招标文件、资格预审文件、投标邀请书的组成部分。

（8）终止公告。采购人、采购代理机构在发布招标公告、资格预审公告或者发出投标邀请书后，除因重大变故采购任务取消情况外，不得擅自终止招标活动。

终止招标的，采购人或者采购代理机构应当及时在原公告发布媒体上发布终止公告，以书面形式通知已经获取招标文件、资格预审文件或者被邀请的潜在投标人，并将项目实施情况和采购任务取消原因报告本级财政部门。已经收取招标文件费用或者投标保证金的，采购人或者采购代理机构应当在终止采购活动后 5 个工作日内，退还所收取的招标文件费用和所收取的投标保证金及其在银行产生的孳息。

2. 投标

（1）提供相同品牌产品的不同投标人。采用最低评标价法的采购项目，提供相同品牌产品的不同投标人参加同一合同项下投标的，以其中通过资格审查、符合性审查且报价最低的参加评标；报价相同的，由采购人或者采购人委托评标委员会按照招标文件规定的方式确定一个参加评标的投标人，招标文件未规定的采取随机抽取方式确定，其他投标无效。

使用综合评分法的采购项目，提供相同品牌产品且通过资格审查、符合性审查的不同投标人参加同一合同项下投标的，按一家投标人计算，评审后得分最高的同品牌投标人获得中标人推荐资格；评审得分相同的，由采购人或者采购人委托评标委员会按照招标文件规定的方式确定一个投标人获得中标人推荐资格，招标文件未规定的采取随机抽取方式确定，其他同品牌投标人不作为中标候选人。

非单一产品采购项目，采购人应当根据采购项目技术构成、产品价格比重等合理确定核心产品，并在招标文件中载明。多家投标人提供的核心产品品牌相同的，按前两款规定处理。

（2）投标保证金的退还。采购人或者采购代理机构逾期退还投标保证金的，除应当退还投标保证金本金外，还应当按中国人民银行同期贷款基准利率上浮 20% 后的利率支付超期资金占用费，但因投标人自身原因导致无法及时退还的除外。

3. 开标、评标

（1）开标、评标现场录音录像。采购人或者采购代理机构应当对开标、评标现场活动进行全程录音录像。录音录像应当清晰可辨，音像资料作为采购文件一并存档。

（2）投标人不足 3 家的处理方式。公开招标数额标准以上的采购项目，投标截止后投标人不足 3 家或者通过资格审查或符合性审查的投标人不足 3 家的，除采购任务取消情形外，按照以下方式处理：①招标文件存在不合理条款或者招标程序不符合规定的，采购人、采购代理机构改正后依法重新招标；②招标文件没有不合理条款、招标程序符合规定，需要采用其他采购方式采购的，采购人应当依法报财政部门批准。

公开招标采购项目开标结束后，采购人或者采购代理机构应当依法对投标人的资格进行审查。合格投标人不足 3 家的，不得评标。

（3）评标委员会。评标委员会由采购人代表和评审专家组成，成员人数应当为 5 人及以上单数，其中评审专家不得少于成员总数的 2/3。

采购项目符合下列情形之一的，评标委员会成员人数应当为 7 人及以上单数：①采购预算金额在 1000 万元以上；②技术复杂；③社会影响较大。

评审专家对本单位的采购项目只能作为采购人代表参与评标。采购代理机构工作人员不得参加由本机构代理的政府采购项目的评标。

评标委员会成员名单在评标结果公告前应当保密。

（4）评标方法。评标方法分为最低评标价法和综合评分法。

技术、服务等标准统一的货物服务项目，应当采用最低评标价法。采用最低评标价法评标时，除了算术修正和落实政府采购政策需进行的价格扣除外，不能对投标人的投标价格进行任何调整。

在综合评分法中，评审因素的设定应当与投标人所提供货物服务的质量相关，包括投标报价、技术或者服务水平、履约能力、售后服务等。资格条件不得作为评审因素。评审因素应当在招标文件中规定。评审因素应当细化和量化，且与相应的商务条件和采购需求对应。商务条件和采购需求指标有区间规定的，评审因素应当量化到相应区间，并设置各区间对应的不同分值。货物项目的价格分值占总分值的比重不得低于30%；服务项目的价格分值占总分值的比重不得低于10%。执行国家统一定价标准和采用固定价格采购的项目，其价格不列为评审因素。价格分应当采用低价优先法计算，即满足招标文件要求且投标价格最低的投标报价为评标基准价，其价格分为满分。在评标过程中，不得去掉报价中的最高报价和最低报价。因落实政府采购政策进行价格调整的，以调整后的价格计算评标基准价和投标报价。

（5）报价过低的处理。评标委员会认为投标人的报价明显低于其他通过符合性审查投标人的报价，有可能影响产品质量或者不能诚信履约的，应当要求其在评标现场合理的时间内提供书面说明，必要时提交相关证明材料；投标人不能证明其报价合理性的，评标委员会应当将其作为无效投标处理。

（6）重新评审的情形。评标结果汇总完成后，除下列情形之外，任何人不得修改评标结果：①分值汇总计算错误的；②分项评分超出评分标准范围的；③评标委员会成员对客观评审因素评分不一致的；④经评标委员会认定评分畸高、畸低的。

评标报告签署前，经复核发现存在以上情形之一的，评标委员会应当当场修改评标结果，并在评标报告中记载；评标报告签署后，采购人或者采购代理机构发现存在以上情形之一的，应当组织原评标委员会进行重新评审，重新评审改变评标结果的，书面报告本级财政部门。

投标人对前述情形提出质疑的，采购人或者采购代理机构可以组织原评标委员会进行重新评审，重新评审改变评标结果的，应当书面报告本级财政部门。

4. 中标

（1）中标人确定。采购代理机构应当在评标结束后 2 个工作日内将评标报告送至采购人。

采购人应当自收到评标报告 5 个工作日内，在评标报告确定的中标候选人名单中按顺序确定中标人。中标候选人并列的，由采购人或者采购人委托评标委员会按照招标文件规定的方式确定中标人；招标文件未规定的，采取随机抽取的方式确定。

采购人自行组织招标的，应当在评标结束后 5 个工作日内确定中标人。

采购人在收到评标报告 5 个工作日内未按评标报告推荐的中标候选人顺序确定中标人，

又不能说明合法理由的，视同按评标报告推荐的顺序确定排名第一的中标候选人为中标人。

（2）中标结果公告。采购人或者采购代理机构应当自中标人确定之日起 2 个工作日内，在省级以上财政部门指定的媒体上公告（不是公示）中标结果，招标文件应当随中标结果同时公告。

中标结果公告内容应当包括采购人及其委托的采购代理机构的名称、地址、联系方式，项目名称和项目编号，中标人名称、地址和中标金额，主要中标标的的名称、规格型号、数量、单价、服务要求，中标公告期限以及评审专家名单。

中标公告期限为 1 个工作日。

邀请招标采购人采用书面推荐方式产生符合资格条件的潜在投标人的，还应当将所有被推荐供应商名单和推荐理由随中标结果同时公告。

在公告中标结果的同时，采购人或者采购代理机构应当向中标人发出中标通知书；对未通过资格审查的投标人，应当告知其未通过的原因；采用综合评分法评审的，还应当告知未中标人本人的评审得分与排序。

第 **4** 章

投标业务与方法

一般来说，投标的正式过程从领购资格预审文件开始，到知道中标结果结束，与招标实施过程实质上是一个过程的两个方面，它们的具体程序和步骤通常是互相衔接和对应的。参与投标活动要花费投标人大量的精力和时间，投标人作为采购交易的卖方，必须了解和熟悉有关投标活动的业务和方法，研究参与投标的机会、风险、策略，以做出正确的投标决策。

4.1 投标人的类型与条件

投标人参加投标活动必须具备一定的条件，不是所有对招标项目感兴趣的法人或经济组织都可以参加投标。

4.1.1 投标人类型

广义上，投标人包括潜在投标人、资格预审申请人、实际投标人（狭义投标人）和中标人。上述投标人可以是单一单位，也可以是两个或两个以上的单位组成的联合体。

1. 潜在投标人、资格预审申请人与实际投标人

潜在投标人是指对招标信息感兴趣并可能参加投标的人，资格预审申请人是指那些响应资格预审邀请并领购资格预审文件参加资格预审的人，那些响应招标并领购招标文件参加投标的潜在投标人（或资格预审申请人）才称为投标人（实际投标人）。在不需要严格区分潜在投标人和实际投标人二者含义的情况下，一般均称为投标人。

由于资格预审过程与狭义投标过程的程序类似，资格预审申请人与狭义投标人所处地位类似，其规范也具有类似性。《招标投标法实施条例》明确规定：提交资格预审申请文件的申请人应当遵守《招标投标法》和本条例有关投标人的规定。

狭义上的投标人是响应招标、参加投标竞争的法人、其他组织，以及符合规定的个人。所谓响应招标，是指潜在投标人获得了招标信息以后，接受资格审查，领购招标文件，并编制投标文件，按照招标人的要求参加投标的活动。参加投标竞争，是指按照招标文件的要求并在规定的时间内提交投标文件的活动。

由于招标标的一般具有数量大、价值高、技术要求复杂等特点，投标人一般也是法人或其他组织，但法律规定有例外情况，如：《招标投标法》规定，科研项目允许个人参加投标；《政府采购法》规定，自然人可以成为政府招标采购货物或服务的投标人。

2. 中标人

投标是投标人响应招标，向招标人提交投标文件，希望中标的意思表示。

投标文件是表明投标人接受招标文件的要求和标准，载明自身（含参与项目实施的负责人员）资信资料、实施招标项目的技术方案、投标价格以及相关承诺内容的书面文书。

招标人在评标的基础上，从众多投标人中选择出的、作为招标项目合同签订对象的特定投标人即为中标人。

3. 联合体

联合体系指由两个或两个以上单位组成的投标人，最常见的为设计人、设备供应人、施工承包商联合作为一个整体投标，共同承接工程。投标人通过联合，承接工程量大、技术复杂、风险大、难以独家承揽的项目，使经营范围扩大。

投标人是否可以联合体投标，由招标文件规定，但招标人不得强制投标人组成联合体共同投标。

《招标投标法》及其实施条例规定，两个或两个以上法人或者其他组织可以组成一个联合体，以一个投标人的身份共同投标。联合体各方均应当具备承担招标项目的相应能力；国家有关规定或者招标文件对投标人资格条件有规定的，联合体各方均应当具备规定的相应资格条件。由同一专业的单位组成的联合体，按照资质等级较低的单位确定资质等级。

招标人接受联合体投标并进行资格预审的，联合体应当在提交资格预审申请文件前组成。资格预审后联合体增减、更换成员的，其投标无效。

联合体申请资格预审必须符合以下要求：①联合体各方必须按资格预审文件提供的格式签订联合体协议书，明确联合体牵头人和各方的权利和义务。招标人与联合体之间的任何联系将通过联合体牵头人进行。②参加联合体的所有成员都应分别填写完整的资格预审申请文件中的相应表格，并由联合体牵头人负责对联合体各成员的资料进行统一汇总后一并提交，且不得再以自己的名义单独或加入其他联合体在同一标段中参加资格预审。

不采用资格预审的，联合体各方应当签订共同投标协议，明确约定各方拟承担的工作和责任，并将共同投标协议连同投标文件一并提交招标人。联合体中标的，联合体各方应当共同与招标人签订合同，就中标项目向招标人承担连带责任。联合体各方在同一招标项目中以自己的名义单独投标或者参加其他联合体投标的，相关投标均无效。

联合体尽管委任了牵头人，但联合体各成员在资格预审、投标、签约与履行合同过程中，仍负有连带的和各自的法律责任。

4.1.2 投标人的条件

投标人应当具备承担招标项目的能力。法律规范对投标人规定了一些基本条件，招标文件会根据法律规定和项目特定情况对资格条件具体化。

1. 一般条件

投标人通常应当具备下列条件：①与招标文件要求相适应的人力、物力和财力；②招标文件要求的资质证书和相应的工作经验与业绩证明；③法律、法规规定的其他条件。

投标人参加依法必须进行招标的项目的投标，不受地区或者部门的限制，任何单位和个人不得非法干涉。

与招标人存在利害关系可能影响招标公正性的法人、其他组织或者个人，不得参加投标。

单位负责人为同一人或者存在控股、管理关系的不同单位，不得参加同一标段投标或者未划分标段的同一招标项目的投标。

2. 勘察设计投标人的特殊要求

投标人应当符合国家规定的资质条件。

在其本国注册登记，从事建筑、工程服务的国外设计企业参加投标的，必须符合中华人民共和国缔结或者参加的国际条约、协定中所做的市场准入承诺以及有关勘察设计市场准入的管理规定。基本要求是，外商参加我国的建筑设计服务（方案设计除外），要求与中国专业机构进行合作。

3. 工程施工投标人的特殊要求

招标人的任何不具独立法人资格的附属机构（单位），或者为招标项目的前期准备或者监理工作提供设计、咨询服务的任何法人及其任何附属机构（单位），都无资格参加该招标项目的投标。

4. 工程货物投标人的特殊要求

法定代表人为同一个人的两个及两个以上法人，母公司、全资子公司及其控股公司，都不得在同一货物招标中同时投标。

一个制造商对同一品牌同一型号的货物，仅能委托一个代理商参加投标。

5. 工程监理投标人的特殊要求

招标人及招标人不具有独立法人资格的附属机构（单位）不得参加招标项目的投标。

招标代理机构代理项目监理招标时，该代理机构不得参加或代理该项目监理的投标。

本标段的代建人不得参加招标项目的投标。

6. 工程总承包投标人的特殊要求

工程总承包投标人资质及项目经理资格条件应符合住建部有关规定。

工程总承包发包前完成项目建议书、可行性研究报告、勘察设计文件的，发包前的项目建议书、可行性研究报告和勘察设计文件的编制单位可以参与工程总承包项目的投标。

4.2 投标准备与资格预审申请

参与投标竞争是一件十分复杂并且充满风险的工作，因而承包（供应/服务）商正式参加投标之前，需要进行一系列的准备工作，只有准备工作做得充分而完备，投标的失误才会降到最低限度。

4.2.1 投标信息调研

投标信息的调研就是承包（供应/服务）商对市场进行详细的调查研究，广泛收集项目信息并进行认真分析，从而选择适合本单位投标的项目。

1. 投标的组织

实践证明，建立一个强有力的、内行的投标班子是投标获得成功的根本保证。

投标人应设置专门的工作机构和人员对投标的全部活动过程加以组织和管理。平时掌握市场动态信息，积累有关资料；遇有招标项目，则办理参加投标手续，研究投标策略，编制投标文件，争取中标。投标人的投标班子应该由经营管理、技术、商务金融和合同管理等各类人才组成。如果是国际项目（包含境内涉外项目）投标，还应配备懂得专业和合同管理的外语翻译人员。

为了保守单位对外投标的秘密，投标工作机构人员不宜过多，尤其是最后决策的核心人员，更应严格限制。

2. 项目跟踪

承包（供应/服务）商要想参与投标竞争，必须注意有关招标信息的收集和分析。

项目是投标的基础和前提条件，尽早掌握并分析项目招标信息，使承包（供应/服务）商有充分的准备时间，可以为投标工作赢得主动创造有利条件。

任何一项招标总会通过一定的渠道发布其招标信息。有关招标信息的来源与渠道一般为：全国投资项目在线审批监管平台或地方相应平台；中国招标投标公共服务平台或者项目所在地省级电子招标投标公共服务平台；依法设立的招标投标网站、政府采购网站和各地的有形建筑市场的招标信息服务窗口；国际和国内较大的工程咨询与信息部门；全国或当地影响较大的报刊等。另外，还可以发挥公共关系的作用，或实地考察，通过与不同类型的各种人物的交往，拓展和巩固项目信息渠道。

3. 信息调研的主要内容

信息调研主要是就项目及项目所在地的政治、经济、法制、社会、自然和市场等各种客观因素对投标和中标后履行合同的影响进行调查研究和筛选，也要针对业主和项目的初步情况重点调研。其目的是初步确定可能投标的项目，并对这些项目进行紧密跟踪，开展一些有利于投标的调查研究。

承包（供应/服务）商通过以上准备工作，根据掌握的项目招标信息，并结合自己的实际情况和需要，从众多的项目信息中选择出投标环境良好，项目可靠，基本符合本单位的经营策略、经营能力及经营特长的项目，便可确定是否参与资格预审（或投标）。如果决定参与资格预审，则准备资格预审材料，开始进入下一步工作。

4.2.2 投标资料准备

参加资格预审，经常需要在几天之内报出高质量的资格预审资料，这就需要投标人利用计算机系统进行管理，平时就积累和存储公司的资料及业绩证件等，一旦投标资格预审需要，只需稍加整理、打印，按招标人的要求填报表格或作为附件提供，即可交出所需资料。

1. 常用投标资料

参与投标经常用到的资料包括：

1）营业执照副本。

2）资质证书副本。

3）单位主要成员名单及简历。

4）法定代表人身份证明。

5）委托代理人授权书。

6）项目负责人的委任证书。

7）主要技术人员的资格证书及简历。

8）主要设备、仪器明细情况。

9）质量、环境、职业安全健康等管理体系认证情况。

10）合作伙伴的资料。

11）单位简历、经验与业绩及正在实施项目的名录、证明资料（如中标通知书、合同、工程完工验收证明等）。

12）经审计的财务会计报告。

13）发生的诉讼及仲裁情况名录、有关法律文书。

2. 办理投标担保

招标投标中目前使用的担保形式主要有投标保函、投标保证保险和投标保证金。

投标保函包括银行保函、担保书。投标保证保险是保险合同或保险单。投标保证金可以提交银行汇票、支票或现金。

在递交投标文件前，投标人应完成投标保证文件的申请和开具工作。依法必须进行招标的项目的境内投标单位，以现金或者支票形式提交的投标保证金应当从其基本账户转出。

有关投标担保的相关内容见本书第 8 章。

3. 办理跨省（国）手续

根据我国现行的规定，工程勘察、设计、施工、监理等单位可以按核定的资质等级承接规定范围内的业务。过去多年，许多行业和地区规定工程建设从业单位进入该行业市场或在异地承接建设业务时，须到项目行业或项目所在地的建设行政主管部门登记注册或备案。随着我国简政放权、建筑市场统一开放工作的推进，这种备案已被明令取消，取而代之的是这些企业到注册所在地省级行政区域以外的地区承揽业务的，仅需要持企业法定代表人授权委托书向工程所在地省级住房城乡建设主管部门报送企业基本信息（包括：企业资质证书副本（复印件）、安全生产许可证副本（复印件，施工企业）、企业诚信守法承诺书、在本地承揽业务负责人的任命书及身份信息、联系方式）。

对于国际工程，外国承包（供应/服务）商进入招标项目所在国开展业务活动，必须按规定办理注册手续，取得合法地位。

4.2.3　资格预审申请

资格预审资料的准备和提交要与资格预审文件的内容和要求相一致。申请人准备和参加资格预审发生的费用自理。

1. 资格预审申请资料的准备

项目性质不同、招标范围不同，资格预审表的样式和内容也有所区别。但一般都包括资质要求、业绩要求、信誉要求、项目负责人资格要求。

在不损害商业秘密的前提下，投标人应按照要求向招标人提交能证明上述有关资质、业绩、信誉、资格情况的法定证明文件或其他资料。

投标人准备申报资格预审时应重点注意：①加强填表时的分析，既要针对项目特点，下功夫填好重点项目，又要反映出本单位的经验、水平和组织管理能力。这往往是业主考虑的重点。②财务状况表应准备经会计师事务所或审计机构审计的财务会计报表。③搞清楚文件对类似项目的定义和具体要求。一般地，所谓类似项目，实践中也称同类工程，是指与招标项目在结构形式、使用功能、建设规模相同或相近的项目，如无类似项目，则需要填写能证明申请人具备完成招标能力的项目。同时应附中标通知书和（或）合同协议书、工程接收证书（工程竣工验收证书）的复印件。④发生的诉讼及仲裁应说明相关情况，并附法院或仲裁机构做出的判决、裁决等有关法律文书复印件。⑤如果政府管理部门已经开通网络系统，则应按照要求提前上传或确认相关资料，相应复印件可以不用提供，但应附有关内容的网络截图复印件（或同时注明查询路径）即可。

2. 资格预审文件的异议

潜在投标人或者其他利害关系人对资格预审文件有异议的，应当在提交资格预审申请文件截止时间 2 日前提出，否则异议权会因时效原因而灭失。

3. 资格预审申请资料的填报

资格预审申请文件应按资格预审文件规定的格式进行编写，如有必要，可以增加附页，并作为资格预审申请文件的组成部分。

法定代表人授权委托书必须由法定代表人签署。

书写或打印、签字或盖章、装订、正副本份数、封装、电子版文件等应符合资格预审文件的要求。

递交资格预审申请文件应在规定的时间、地点。

4.2.4 资格预审申请资料范例

为了让读者对资格预审申请文件的详细内容有所了解，以下摘录了《标准资格预审文件》第四章"资格预审申请文件格式"的部分内容，供参考。

1. 资格预审申请文件基本内容

资格预审申请文件主要包括：

（1）资格预审申请函。

（2）法定代表人身份证明。

（3）授权委托书。

（4）联合体协议书。

（5）申请人基本情况表。

（6）近年财务状况表。

（7）近年完成的类似项目情况表。

（8）正在施工的和新承接的项目情况表。

（9）近年发生的诉讼及仲裁情况。

（10）其他材料。

2. 资格预审申请文书

一、资格预审申请函

_____ （招标人名称）：

1. 按照资格预审文件的要求，我方（申请人）递交的资格预审申请文件及有关资料，用于你方（招标人）审查我方参加(项目名称) 标段施工招标的投标资格。

2. 我方的资格预审申请文件包含第二章"申请人须知"第 3.1.1 项规定的全部内容。

3. 我方接受你方的授权代表进行调查，以审核我方提交的文件和资料，并通过我方的客户，澄清资格预审申请文件中有关财务和技术方面的情况。

4. 你方授权代表可通过_____ （联系人及联系方式）得到进一步的资料。

5. 我方在此声明，所递交的资格预审申请文件及有关资料内容完整、真实和准确，且不存在第二章"申请人须知"第 1.4.3 项规定的任何一种情形。

申请人：_____ （盖单位章）

法定代表人或其委托代理人：_____ （签字）

电话：_____ 传真：_____

申请人地址：_____ 邮政编码：_____

_____年___月___日

二、法定代表人身份证明

申请人名称：_____

单位性质：_____

成立时间：_____年_____月_____日

经营期限：_____

姓名：_____ 性别：_____ 年龄：_____ 职务：_____

系_____ （申请人名称）的法定代表人。

特此证明。

申请人：_____ （盖单位章）

_____年___月___日

三、授权委托书

本人_____ （姓名）系_____ （申请人名称）的法定代表人，现委托_____ （姓名）为我方代理人。代理人根据授权，以我方名义签署、澄清、递交、撤回、修改_____ （项目名称）_____ 标段施工招标资格预审申请文件，其法律后果由我方承担。

委托期限：_____ 。

代理人无转委托权。

附：法定代表人身份证明

申请人：_____ （盖单位章）

法定代表人：_____ （签字）

身份证号码：_____

委托代理人：_____ （签字）

身份证号码：_____

_____年___月___日

3. 资格申请表格

四、申请人基本情况表

申请人名称					
注册地址			邮政编码		
联系方式	联系人		电话		
	传真		网址		
组织结构					
法定代表人	姓名	技术职称		电话	
技术负责人	姓名	技术职称		电话	
成立时间		员工总人数：			
企业资质等级			项目经理		
营业执照号			高级职称人员		
注册资金		其中	中级职称人员		
开户银行			初级职称人员		
账号			技工		
经营范围					
备注					

附：项目经理简历表

项目经理应附项目经理证、身份证、职称证、学历证、养老保险复印件，管理过的项目业绩须附合同协议书复印件。

姓名		年龄		学历	
职称		职务		拟在本合同任职	
毕业学校	年毕业于		学校	专业	
主要工作经历					
时间	参加过的类似项目		担任职务	发包人及联系电话	

4.3 投标决策

投标人通过投标取得项目，是市场经济条件下的必然。但是，对投标人来说，并不是每标必投，这就需要研究投标决策的问题。决策就是做出决定或选择。一般而言，决策要有明确的目标，决策要有两个及两个以上的备选方案，选择后的行动方案必须付诸实施。投标决策就是解决投不投标和如何中标的问题。

4.3.1 投标决策的阶段划分与影响因素

投标决策，涉及投标或是不投标，倘若去投标，是投什么性质的标，以及投标中如何采用以长制短，以优胜劣的策略和技巧。这就涉及投标决策的阶段划分与影响因素的内容。

1. 投标决策阶段的划分

根据工作特点，投标决策可以分为前期和后期两个阶段。

（1）前期决策阶段。投标决策的前期阶段，在领购资格预审文件前或后完成。

这个阶段决策的主要依据是资格预审公告（招标公告），以及单位对招标项目、业主情况的调研和了解的程度。

前期阶段决定是否参与投标。只有参与，才有机会，企业才有可能获得收益。做好投标机会研究是前期决策的基础工作。

（2）后期决策阶段。如果决定投标，即进入投标决策的后期，它是指从申请资格预审至封送投标文件前完成的决策阶段。这个阶段主要决定投什么性质的标，以及在投标中采取的策略问题。当然，也存在经过资格预审合格、领购招标文件后放弃投标的情况。

工程建设项目自身的特性决定了参与投标就有风险。投标阶段存在不中标的风险，中标后也存在项目履行风险。做好投标阶段的风险管理和盈亏平衡分析是后期决策的基础。

承包（供应/服务）商的投标按其性质可分为风险标和保险标两类。

风险标是指明知承包难度大、风险大，且自身在技术、设备、资金上都有未解决的问题，但由于队伍任务不足，或因为项目盈利丰厚，或为了开拓新技术领域而决定参加投标，同时设法解决存在的问题的投标。投标后，如问题解决得好，可取得较好的经济效益，可锻炼出一支好的队伍，使单位更上一层楼；若问题解决得不好，单位的信誉就会受到损害，严重者可能导致亏损乃至破产。

保险标是指对可以预见的情况对管理、技术、设备、资金等重大问题都有了解决的对策之后，而投出的标。单位在经济实力较弱，经不起失误打击的情况下，则往往投保险标。

承包（供应/服务）商的投标按其预期效益对单位的影响情况可分为盈利标、保本标和亏损标三种。

2. 影响投标决策的主要因素

影响投标决策的因素很多，需要投标人广泛、深入地调查研究，系统地积累资料，并做出全面的分析。决定投标与否，更重要的是看它的效益性。投标人应对承包项目的成本、利润进行预测和分析，以供投标决策之用。

项目投标决策研究就是知彼知己的研究。这个"己"就是影响投标决策的主观因素，"彼"就是影响投标决策的客观因素。

影响投标决策的主观因素的核心是投标单位的实力和决策者对待风险的态度。投标单位的实力表现在如下几方面：①技术和人才实力；②资金、固定资产等经济实力；③管理实力；④社会信誉。风险态度一般分为风险厌恶、风险中性和风险偏好三种。风险厌恶的决策者可能更乐意投保险标，而风险偏好者可能会投风险标。

影响投标决策的客观因素，是投标人之外的要素，主要包括：①项目的难易程度；②业主和其合作伙伴（比如监理）的情况；③竞争对手的实力、优势及投标环境的优劣情况；④项目的社会经济与自然条件；⑤风险问题。

4.3.2　决定投标的条件与方法

市场调查是投标机会研究的基础性工作，调查的数据越详细、越准确，投标可行性分析所需的参数才会越准确，可行性分析的结果才越可信，投标决策的风险也就越小。适当应用专家评分法有助于投标人做出是否投标的正确决定。

1. 决定是否投标的条件

要决定是否参加某项目的投标，首先要考虑本单位当前的经营状况和参加投标的目的。如果本单位在该地已打开局面，信誉颇佳，则投标目标主要是扩大影响，可适当扩大利润。如近期不景气、揽到的项目较少、在激烈竞争中面临危机，或试图打入新的领域，开拓新局面，则应选择把握大、易建立（或恢复）信誉的项目，而且报价要低，力争中标。其次，选择投标项目时，要衡量自身是否具备条件参加某项目投标。承包（供应/服务）商不要企图承包超过自己技术水平、管理水平和财务能力的项目，以及自己没有竞争力的项目。

对于工程投标，一般可根据下列 10 项指标来判断是否可以参加投标：

（1）管理的条件。这是指能否抽出足够、水平相应的管理和工程人员参加该工程。

（2）工人的条件。这是指工人的技术水平和工人的工种、人数能否满足该工程的需要。

（3）设计人员条件。设计人员条件要视该工程对设计及出图的要求而定。

（4）施工机械条件。这是指该工程需要的施工机械设备的品种、数量能否满足要求。

（5）工程项目条件。这是指对该工程有关情况的熟悉程度。包含对项目本身、业主和监理情况、当地市场情况、工期要求、交工条件等的熟悉程度。

（6）以往实施同类工程的经验。

（7）业主的资金是否落实。

（8）合同条件是否苛刻。

（9）竞争对手的情况。

（10）对单位今后在该地区带来的影响和机会。

对于其他内容的工程建设投标，以上指标也可以参考。

2. 判断是否投标的方法与步骤

决策理论有许多分析方法，专家评分法在进行投标决策时仍然适用。

专家评分法是一种在定量和定性分析的基础上，以打分方式做出定量评价的方法。首先根据评价对象的具体要求选定若干个评价指标，再根据评价指标制定出评价标准，聘请若干代表性专家凭借自己的经验按此评价标准给出各项的评价分值，然后对其进行汇总、统计、分析，以决定评价事项优劣的方法。

利用专家评分法进行投标决策的步骤如下：

（1）选择专家。

（2）确定评价指标。设计评价表，预设及格分值。

（3）确定权数。按照所确定的指标对本单位完成该项目的相对重要程度分别确定权数，且权数之和为 1。

（4）划分等级并赋值。判断本单位的各项指标在本次投标活动中所占等级。可将标准划分为好、较好、一般、较差、差五个等级，对应等级的定量数值可按 1.0、0.8、0.6、0.4、0.2 赋值。

（5）专家打分。

（6）计算投标机会总分。将专家打分的每项指标权数与等级分相乘，求出该指标得分。全部指标得分之和即为此项目投标机会总分。

（7）分析评价结果，进行决策。将总得分与过去其他投标情况进行比较或和本单位预先确定的准备接受的最低分数相比较，来决定是否参加投标。

专家评分法可以用于以下两种情况：①对某一个招标机会的评价，即利用本公司过去的经验，确定一个机会总分值，例如在 0.60 以上即可投标。但也不能单纯看机会总分值，还要分析一下权数大的几个指标的等级，如果太低，也不宜投标。②当有多个投标机会可供选择时，可计算各工程项目的机会分值，以总得分的高低决定投标优先顺序。

4.3.3 投标策略

投标策略是指在投标竞争中为了实现中标的目标而制定的如何实现该目标的方针和手段。

1. 投标策略的内涵

投标策略兼有战略和战术两层含义。

承包（供应/服务）商要想在投标中获胜，既中标得到承包项目，又要从项目中盈利，就需要研究投标方针，以指导其投标全过程；然而投标方针只是一种投标的指导思想和战略思路，缺少操作性，承包（供应/服务）商还要进一步研究投标战术——指导和进行投标的方法。

在激烈的投标竞争中，如何来战胜对手，这是所有投标人在研究或想知道的问题。遗憾的是，至今还没有一个完整或可操作的答案。事实上，也不可能有答案，因为建筑市场的投标竞争千姿百态，也无统一的模式可循。投标人及其对手们往往不可能用同一策略来参加竞争。

常常被教科书提起的投标策略有以信取胜策略、以快取胜策略、靠改进设计取胜策略等。这些策略都是只顾一点，不及其余，与评标方法缺少必要的关联，在当下的市场环境中，显得有些格格不入。

2. 用 4C 营销理论指导投标

招标投标活动是投标人参与投标、争取中标的过程，本质上是一次市场营销行为。

4C 营销理论的创立者罗伯特·劳特朋（Robert F. Lauterborn）教授认为："竞争优势的唯一可持续来源就是更好地理解客户。"

4C 营销理论认为营销活动由四个因素（4C）组合而成：①企业应该以满足客户需求与欲望为目标，生产客户需要的产品，而不是销售自己所能生产的产品；②企业应该关注消费者为满足需要计划付出的成本，而不是按照生产成本来定价；③企业应该充分考虑顾客购买过程中的便利性，而不是仅从企业的角度来决定销售渠道策略；④企业应该实施有效的双向沟通，而不是单方面地大力促销。

有研究认为，客户"决定购买"有四个要素：①了解。客户只有在对产品有一定了解的情况下，才会购买产品。② 需求并认可。客户在采购时，如果认为产品物超所值，便会增加购买的可能性。③信任度。客户只有在相信销售人员的介绍之后才会购买。销售人员只有与客户建立一定的信任度，才会增加客户购买的可能性。④满意度。客户对产品使用的满意程度决定其是否会重复购买。如果客户用得很满意，下次购买的可能性就会增加；相反，重复购买的可能性就会减少。也就是说，当这四个要素都具备的时候，就意味着客户将会进行购买。

营销发展的内在动力是客户需求，外在动力是企业的竞争。4C 营销理论对投标竞争有很强的指导意义。投标人可以基于4C营销理论的思想来考虑投标的基本策略。

对于什么是投标的基本策略，历来说法各异，但有一个审视角度是不能忽视的，那就是任何投标想要实现中标的目标，就必须最大限度地满足招标文件规定的评标方法与标准。而评标方法与标准是集中体现招标人需求的核心内容。如此而言，对于投标人来讲，最优先考虑的投标策略应该是：以客户需求为导向的策略。

3. 以客户需求为导向的策略

以客户需求为导向的投标策略，就是投标人必须以招标文件中的评标方法为着眼点，分析招标人的核心需求，在投标的整个过程中都体现出为招标人利益及需求着想、负责的理念，从而中标达成交易。

要落实以客户需求为导向的策略，在战术层面上，至少要做三件事：①解析招标人的需求。重点是做好评标方法的研究，做到"善解人意"。②研究竞争态势。重点是做好SWOT分析，做到"扬长避短"。③确定满足投标人需求的措施。重点是做出有特色、有针对性、有可信性的投标文件，做到"投其所好"。中信集团联合体参加国家体育场投标可以说在这方面是一个成功的范例（参考《大型公共工程项目投标策略——以国家体育场为例》和《竞标奥运》两篇文献）。

（1）解析招标文件。业主在招标文件中融入了很多细节的要求，因此全面解读招标文件非常重要，深度分析业主隐性需求，识别业主不同阶段的需求，从不同方面响应招标文件的要求内容。招标文件解读后要形成报告，发放给投标团队全员，在编制投标文件过程中一一对照，避免出现失误。特别地，招标文件解析重点是分析评标方法，投标人的核心需求包含在评标方法中。

（2）SWOT分析。SWOT分析是一种企业竞争态势的基本分析方法。其中，S代表优势，W代表弱势，O代表机会，T代表威胁。S、W是内部因素，O、T是外部因素。SWOT分析旨在分析企业在自身既定的内在资源方面的优势与劣势及核心竞争力之所在，把握外部环境提供的机会，防范可能存在的风险与威胁，从而把"能够做的"（即企业的强项和弱项）和"可能做的"（即环境的机会和威胁）有机结合起来。只有在基于企业竞争优劣势以及外部机遇和挑战正确分析的基础上，才能制定正确的投标策略，从而在投标中把握机会，战胜竞争对手，顺利赢取项目。

（3）"投其所好"。投标文件是专家评标最直接最客观的依据，投标人的真诚意愿、投标策划中拟制的所有措施，都应该全面、具体地反映在其投标文件中。招标人（评标人）是通过分析、评价投标文件来获得投标响应情况和投标人的推销说辞的，或者说，招标人对投标人的认可与信任是建立在对投标文件的评审基础上的。因此，一份有特色、有针对性、有可信性的投标文件才可能真正打动评标人"决定购买"。所谓有特色，是指投标文件在全面响应招标文件要求和条件、不违反相关规定且不存在明显错误的前提下，能够重点突出、层次清晰、表达醒目，从而引起评标委员会的兴趣和关注。所谓有针对性，包括三个方面的含义：一方面体现在编标的指导原则上，在编制投标文件过程中，投标人根据评标办法的特点以及自身所长、项目特点及竞争态势等客观条件，合理地确定重点内容、选择方法手段和安排具体措施，使之符合招标人的实际需要；另一方面体现在内容的组织上，要按照招标文件这个"考题"进行"答卷"，问什么，答什么，不回避、不遗漏、不应付；第三方面体现在文字的表述上，要言简意赅、言之有物、直奔主题、一语中的，同时应避免画蛇添足。所谓有可信性，是指投标文件应充分反映招标文件的内容与要求、项目现场与交易市场的实际，所依据的基础资料、编制依据和提交的支撑材料应真实、可靠、全面、有效、适用、合规，且其技术、经济等成果具有可追溯性。

由于招标投标工作本身的特殊性，投标人参与竞标的细节，外人很难获知，一般仅能从其投标文件窥见一斑。

4. 以廉取胜的策略

以廉取胜的策略是"以客户需求为导向的策略"在评标方法为价格法中应用的一个战术性策略。其核心内容就是投标人在全面响应招标文件要求和条件、不违反相关规定且不存在明显错误的前提下，有针对性地做好风险预估和应对，以最具竞争力的低价投标，以实现低价中标、合理结算。

以《房屋建筑和市政工程标准施工招标文件》（2010 年版）中"经评审的最低投标价法"为例，该方法规定，评标委员会对满足招标文件实质要求的投标文件进行价格折算，评标价 = 投标价格 + 单价遗漏项折算价格 + 不平衡报价折算价格。同时该方法的评审要求中明确："评标委员会发现投标人的报价明显低于其他投标报价，或者在设有标底时明显低于标底，使得其投标报价可能低于其成本的，应当要求该投标人做出书面说明并提供相应的证明材料。"

也就是说，对于"经评审的最低投标价法"，评委会评审除了按要求评审技术、资格是否满足招标文件的要求外，投标价也是需要评审的。在该种情况下应用"以廉取胜的策略"，就要求"投标价格 + 单价遗漏项折算价格 + 不平衡报价折算价格"最低，简言之，要做到："投标价格"总价最低；无明显的"单价遗漏项"；无可轻易识别的"不平衡报价"。后两项采取适当措施不难做到，而如何实现第一项，往往要考验投标人的智慧了。

为了使报出的"投标价格"总价最低，需要考虑竞争对手的策略、自身的成本、招标文件中合同条款的严密程度、评标人辨识成本价的手段乃至未来的招标人合同管理水平等情况，经综合分析与决策才能实现。

报出的"投标价格"总价最低——其限度是"投标人的成本"。实践中，除了过失产生的无意识错误低价标致使其所报价格不能完成招标项目情况外，低于成本的价标都是投标人的有意而为。其原因大致有二：一是善意所为——为了提高本企业的质量声誉以获得长期利润最大化，或者为保持企业持续经营以回收固定成本等目的，企业为赔点钱赚点"广告效应"或者临时赔点小钱赚个喘息机会以图"东山再起"；二是恶意所为——意欲"低价中标、高价索赔"——先低价挤走竞争对手拿到项目，在工程进行到一定程度取得项目主导权后再以招标项目"要挟"招标人开启面对面"讨价还价"的新一轮谈判，以期获得补偿及额外利润。

投标人无论是善意还是恶意采用低于成本价投标，都可能被评标委员会"怀疑""可能低于其成本"。实践中，评标委员会"怀疑"报价低于投标人个别成本的原因一般基于以下三种情形：①招标文件或地方招标投标管理办法规定了一个具体指标或计算方法，投标人报价低于招标文件的数额；②明显低于其他投标报价；③明显低于标底。这里，多大差距为"明显"交由评标委员会决定。

投标报价一旦被"怀疑""可能低于其成本"，都会被评标委员会要求进行合理性说明并提供证据来证明报价没有低于自身的个别成本。这就需要投标人根据自身报价内容提前做好相关说明预案，备齐可能需要的合同、协议、账簿、单据、凭证、文件、企业定额（数据库）、经审计的财务会计报告等证明材料，以免需要的时候措手不及。如果投标人不能合理说明或者不能提供相关证明材料的，就要承担被评标委员会认定是以低于成本报价竞标、投标被否决的不利后果。

4.4 投标与中标

投标人需要按照招标文件的要求正确编制、密封和递交投标文件。对于经过资格预审的项目，投标文件主要包括技术文件和报价文件两大部分。投标文件要对招标文件提出的实质性要求和条件一一做出响应，一般不能带任何附加条件，否则将导致投标被否决。经评标委员会评审，最大限度满足事先公布条件要求的最佳投标人就成为中标人。

4.4.1 现场考察与招标文件分析

投标申请人接到招标人资格预审合格通知后，即成为该项目的正式投标人，应按招标人规定的时间领购招标文件。投标人在招标文件分析和现场考察的基础上编制投标文件。

1. 现场考察

现场考察是投标人必须经过的投标程序。特别是施工招标项目，不论招标人是否组织现场踏勘，投标人均应深入项目现场去了解实际情况。

投标前的调查与现场考察，是投标前极其重要的一步准备工作。如果在前述投标决策的前期阶段对拟去的地区和项目进行了较为深入的调查研究，则拿到招标文件后就只需进行有针对性的补充调查了；否则，应进行全面的调查研究。

投标人在现场考察之前，应先仔细研究招标文件，特别是文件中的工作范围、专用条款，以及相关说明，然后拟定出调研提纲，确定重点要解决的问题，做到事先有准备。

现场考察费用全部由投标人负担。

投标人为了考察而要求进入现场，将会得到业主的同意，但业主不对上述人员的伤亡、财产丢失或损坏以及其他损失（不论什么原因）负责。

招标人组织集中的现场踏勘的，参加现场考察的投标人通常在业主的陪同下，按预先确定的日程和路线考察现场。在考察过程中，投标人代表可以口头向业主提出各种与投标有关的问题，业主可以相应做出口头解答。但一般这种口头解答并不具有法律约束力。

招标人不集中组织投标现场踏勘的，投标人需要了解现场情况的，可自行进行现场踏勘。投标人在现场考察后需按照招标文件要求以书面形式提出问题，业主则做出书面答复。这种书面答复是具有法律约束力的。

投标人应对现场条件考察结果负责。特别是对工程承包的投标人，组织现场踏勘过后，不论承包商是否参加考察，业主都将认为投标人已掌握了现场情况，明确了进入现场的条件及应采取的措施，掌握了对投标报价有关的风险条件。一旦报价单提出之后，投标人就无权因为现场考察不周、情况了解不细或因素考虑不全面而提出修改投标、调整报价或提出补偿等要求。

2. 分析招标文件

研究招标文件是投标人必须认真做好的功课。

招标文件是投标的主要依据，因此应该仔细地分析研究。研究招标文件，重点应放在投标人须知、评标办法、合同条件、项目范围、技术文件以及工作量上，最好有专人或小组研究技术规范和技术文件，弄清其特殊要求。

在进行标价计算时，必须首先根据招标文件核实工作内容、复核或计算工作量。对于工程招标文件中的工程量清单，投标人一定要进行校核，因为它直接影响投标报价及中标机会。如发现工程量有重大出入，特别是有漏项的，则必要时应要求招标人核对、澄清、认可，并给予书面证明。同时要结合现场踏勘情况考虑相应的处理方案。例如当投标人大体上确定了工程总报价之后，对某些工程量可能增加的，可以提高单价；而对某些项目工程量估计会减少的，可以降低单价。

3. 招标文件的异议与准备备忘录提要

潜在投标人或者其他利害关系人对招标文件有异议的，应当在投标截止时间 10 日前提出。否则异议权会因时效原因而灭失。

招标文件中一般都有明确规定，不允许投标人对招标文件的各项要求进行随意取舍、修改或提出保留。但是在投标过程中，投标人对招标文件反复深入地进行研究后，往往会发现很多问题，这些问题大体可分为三类：

（1）对投标人有利的，可以在投标时加以利用或在以后提出索赔要求的，这类问题投标人一般在投标时是不提的。

（2）发现的错误明显对投标人不利的，如招标工程量清单漏项或是工程量偏少的，这类问题投标人应及时书面向业主提出异议，要求业主更正。

（3）投标人企图通过修改某些招标文件和条款或是希望补充某些规定，以使自己在合同实施时能处于主动地位的问题。这类问题留待合同谈判时使用，也就是说，当该投标使招标人感兴趣，邀请投标人谈判时，再把这些问题根据当时情况一个一个地拿出来谈判，并将谈判结果写入合同专用条款中。

上述问题在准备投标文件时应单独写成一份备忘录提要，依情况采取相应措施。但这份备忘录提要不能附在投标文件中提交，只能自己保存。

4.4.2 编制技术文件

技术文件是投标文件的核心内容之一，一般应在编报价文件之前完成。

1. 技术文件的内容

投标中的技术文件，因招标内容不同而有所不同。比如，设计投标一般要编制设计说明及图纸，监理投标要编制监理大纲，而工程施工招标要编制施工规划。不同招标项目的技术文件主要内容要求见表 4-1。技术文件的优劣直接影响到项目的工程造价，特别是施工规划的编制工作，还会对投标人的投标报价产生很大影响。

技术文件的编制内容、深度和格式应满足招标文件要求。

表 4-1 不同招标项目的技术文件主要内容要求

招标内容	技术文件名称	主要内容
设计方案招标	设计方案	设计说明书；设计图；投标人提出的建议；工程创新和备选投标方案（若有）；投资估算；方案演示文件、展示图板、建筑模型

（续）

招标内容	技术文件名称	主要内容
勘察招标	勘察纲要	对勘察目的、技术要求和工作量的理解；总体勘察思路和组织管理；拟投入现场和室内的仪器设备；关键技术问题和难点及其解决办法；质量、安全、环保与职业健康管理措施；工期及进度计划；后续服务计划及保证措施
设计招标（非方案招标）	技术建议书	对招标项目的理解和总体设计思路；对招标项目设计特点、关键性技术问题的认识及其对策措施；对前一阶段工作技术结论及技术方案的不同看法及建议；设计工作量及计划安排；设计质量、进度、安全保证措施；后续服务的安排及保证措施；其他建议。附必要的图纸
设计-施工招标	承包人建议书（包含承包人实施计划）	图纸；工程详细说明；设备方案；分包方案；对发包人要求错误的说明；项目特点分析；总体实施方案；项目实施要点；项目管理要点；其他
监理招标	监理大纲	监理工程概况；监理范围、监理内容；监理依据、监理工作目标；监理机构设置（框图）、岗位职责；监理工作程序、方法和制度；拟投入的监理人员、试验检测仪器设备；质量、进度、造价、安全、环保监理措施；合同、信息管理方案；组织协调内容及措施；监理工作重点、难点分析；对本工程监理的合理化建议
工程施工招标	施工组织设计	施工方法；拟投入的主要施工设备情况、拟配备的试验和检测仪器设备情况、劳动力计划等；结合工程特点提出切实可行的工程质量、安全生产、文明施工、工程进度、技术组织措施，同时应对关键工序、复杂环节重点提出相应技术措施，如冬雨季施工技术、减少噪声、降低环境污染、地下管线及其他地上地下设施的保护加固措施等
设备供货与安装招标	技术响应资料	供货范围；货物描述；供货计划；安装方案；服务承诺；技术条款偏离表

2. 技术文件编制的一般要求

技术文件应采用文字并结合图表形式进行编制，所附图表及格式按照招标文件规定。

例如，施工组织设计所附图表一般包括：拟投入本标段的主要施工设备表、拟配备本标段的试验和检测仪器设备表、劳动力计划表、计划开竣工日期和施工进度网络图、施工总平面图、临时用地表等。

4.4.3 编制投标报价文件

编制投标标价文件也称填写投标书。投标报价是指投标人在分析招标文件、调查工程现场的基础上，经过标价计算、标价自评及报价决策等过程，编制并报出响应招标文件要求的报价清单和标明投标价的投标函。

1. 标价计算

承包（供应/服务）商的标价计算也称投标计价，是指在项目进度计划、主要实施方法和资源安排确定之后，投标人根据招标文件的工作内容和工作量以及自身实际的消耗水平，结合市场询价结果，对完成招标项目所需要的各项费用进行分析、测算，并提出承担该工程的基础标价，包括单价分析、计算成本、确定利润方针，最后确定标价。投标计价是正确地确定投标报价的基础，是算标人员从技术角度计算的供决策用的初步标价，不涉及报价策略。

（1）投标报价的价格属性。所有进入交换领域的商品或服务都是有价格的，价格是商品或服务交换价值的货币表现。在我国，价格行为由《中华人民共和国价格法》规范。

目前，在我国与工程建设项目建设相关的各种交易价格（通称建设工程价格），包括前期工作咨询、勘察设计、监理等专业服务收费在内，均已经实行市场调节价。所谓市场调节价，是指由经营者自主制定，通过市场竞争形成的价格。

采用招标投标方式确定建设工程价格，与一般交易最主要的区别是，交易双方不能就交易价格进行谈判。投标人应当根据招标文件的要求和招标项目的具体特点，结合市场供求情况、自身竞争实力和生产经营成本自主报价，但不得以低于成本的报价竞标。

由于历史原因并受价格所含内容的特性影响，我国工程建设的监理、勘察设计以及工程施工价格分别采取不同的方式计取。具体项目投标采用的标价计取方式以招标文件约定为准。对于勘察设计、监理等专业服务收费，过去按政府指导价管理文件及收费标准报价，政府指导价相关文件废止后，相关行业协会按照国家鼓励行业协会研究制定"工程咨询服务类收费行业参考价，抵制恶意低价、不合理低价竞争行为，维护行业发展利益"的要求，出台了一些行业或地方的专业服务价格的指导意见，供招标人编制招标文件、确定最高限价以及投标人报价时参考。

（2）充分了解标价的构成。投标价格应该是项目投标范围内，支付投标人为完成承包工作应付的总金额。

投标报价应包括国家规定的增值税税金。一般除投标人须知前附表另有规定外，增值税税金按一般计税方法计算。

投标人在投标函中的报价应与报价（费用）清单相匹配。

标价计算必须与采用的合同形式相协调。

投标人应充分了解该项目的总体情况以及影响投标报价的其他要素。

（3）监理服务费计价。目前没有全国统一的计费指导。

一般建设工程施工监理服务费计费规则分人工综合单价法和费率法两种形式。

1）按人工综合单价法计算。监理服务费 = $\sum$（各类监理人员服务期×相应监理人员综合单价）。人工综合单价包括现场监理人员费用、企业管理费用、利润和税金。

2）按费率法计算。监理服务费 = 计费额×费率×工程难度调整系数。"计费额"是指经过批准的建设项目初步设计概算中的建筑安装工程费、设备与工器具购置费和联合试运转费之和。

（4）建筑设计服务费计价。中国勘察设计协会建筑设计分会发布了《建筑设计服务计费指导》，中国建筑装饰协会发布了《建筑装饰设计收费标准》。

设计服务计费是指设计人根据发包人的委托内容和要求，提供设计基本服务与设计其他服务应计取的费用。

设计基本服务计费采用投资费率计费、单位建筑面积计费或工日定额计费等方式：①投资费率计费按照建设项目建筑安装工程费分档定额（"计费基价"）计取。设计基本服务计费 = 计费基价×工程复杂程度调整系数。②单位建筑面积计费方式，按照项目类别和建筑层数（高度）分类确定计费单价计取。设计基本服务计费 = 计费单价×建筑面积。③工日定额计费方式按照不同层级人员的工日费用及工时定额计取。设计基本服务计费 = 专家等级相

应工日费用×（定额工日÷0.95÷0.85＋辅助工日）

设计其他服务费采用如下三种方式计取：①以设计基本服务计费乘附加系数计取，设计其他服务费＝设计基本服务计费×附加系数；②以用地面积（建筑面积）计取，设计其他服务费＝计费单价×用地面积（建筑面积）；③以服务内容对应的单项工程建筑安装投资额计费，设计其他服务费＝单项工程建筑安装费×计费系数。

（5）工程施工投标计价。工程施工投标计价应符合《建筑工程施工发包与承包计价管理办法》和《建设工程工程量清单计价规范》（GB 50500—2013）的规定。需要强调的是，施工投标价格的表现形式近年一直在调整、改革之中。

一般地，建设工程施工投标计价采用工程量清单计价。投标人必须按招标工程量清单填报价格。

从工程量清单各分项计价方式看，有单价项目和总价项目两大类。所谓单价项目，是指工程量清单中以单价计价的项目，即根据合同工程图纸和相关工程现行国家计量规范规定的工程量计算规则进行计量，与已标价工程量清单相应综合单价进行价款计算的项目。所谓总价项目，是指工程量清单中以总价计价的项目，即此类项目在现行国家计量规范中无工程量计算规则，以总价（或计算基础乘费率（税率、利润率））计算的项目。

2. 基础标价自评

投标报价作为影响中标的主要因素的投标，特别是工程投标，投标人应进行基础标价自评，避免决策者凭主观愿望盲目压价或加大保险系数，以利正确做出投标报价决策。

（1）标价评估。在计算出清单分项的综合单价以后，即可结合工程量清单进行标价试算，经过初步检查，可能需对某些项目的单价做必要的调整，然后形成基础标价，再经盈亏分析，提出可能的低标价和可能的高标价，也就是测定基础标价可以上下浮动的界限，供决策人选择。

评估就是对盈亏进行预测，目的是使投标班子对标价心中有数，以便做出报价决策。虽然这种预测不可能十分准确，但毕竟要比凭个人主观愿望而盲目压价或层层加码有些科学根据。

（2）竞争对手分析。竞争对手情况是影响承包人报价的重要因素之一。所有的公司都在一定程度上监视其竞争对手的投标工作状况。根据一些资料可以预测对手的报价水平及报价策略。

同时，可以利用投标获得的历史数据对拟报标价进行趋势评估。这些历史数据往往来源于公司收集的各个竞争对手对于每一项本公司也曾参加过投标的工程报价及其对每次投标报价的得失分析资料：把自己曾经报出的标价或基本估价同其他投标人的报价进行比较的结果；将自己的估价或报价同获胜标价或平均标价进行比较的结果；每次的平均价和最低标价的平均差额计算结果；获胜标价与第二最低标价的差额（俗话称之为"摆在桌面上的钱"）计算结果；等等。利用这些历史数据评估，可以更准确地表明本公司的估价是如何随着市场趋势而变动的。

（3）标价的动态分析。标价的动态分析是假定某些因素变化后，测算标价的变化幅度，特别是分析这些变化对工程目标利润的影响。该项分析类似于项目投资的敏感性分析，主要考虑延误工期、物价和工资上涨以及其他可变因素的影响，对各种价格构成因素的浮动幅度进行综合分析，为盈亏分析提供量化依据，明确投标项目预期利润的受影响水平。

（4）标价的宏观审核。根据长期工程实践中积累的经验数据或类似工程的历史资料，可以帮助估价人员从宏观上审核标价水平的高低和合理性，并在进行盈亏分析时作为有效的参考。常用的指标包括：单位工程造价、全员劳动生产率、分部工程价值比、各类费用百分比、单位工程用工用料指标等。

（5）标价盈亏分析。标价的盈余与亏损分析是在初定报价基础上，对标价做出定量的分析计算，得出盈亏幅度的具体数值，找出工程的保本点，然后求出修正系数，以供最后报价决策使用。

一般从消耗量、要素价格、管理费、保证金和保险费等其他相关费角度分析，是否由于计算保守而存在盈余，最后得出总的估计盈余总额，但要考虑实际不能百分之百地实现而需乘以一定的修正系数（一般取 0.5 ~ 0.7），据以测出可能的低标价。

一般从工资、材料设备价格、质量缺陷、估价失误、施工损失、管理不善等诸方面，对估价时因考虑不周，可能少估或低估，以及施工延期等因素可能带来的损失进行标价亏损分析。以上亏损估计总额，同样也要乘以修正系数 0.5 ~ 0.7，并据此求出可能的高标价。

最后做标价风险分析。标价风险分析就是要对影响标价的风险因素进行评价，对风险的危害程度和发生概率做出合理的估计，并采取有效对策与措施来避免或减少风险。标价审定小组必须对工程的内在风险进行评估，并把最后报出的标价中应该增加的风险补偿费确定下来。

实践中通常的做法是按照商定下来的一个工程直接成本的百分数，计算出一笔总金额，作为风险补偿费用，然后把这笔补偿费用增加到利润中去。这样，风险就有了风险保证金。

3. 确定投标报价

确定投标报价即投标报价决策，是指投标人的决策人召集算标人和相关人员共同研究，就标价计算结果、风险分析结果进行讨论，做出调整计算标价的最后决定，形成最终投标报价的过程。

一般需要在企业负责人或总经理的指导下召开一次标价审定会议，对基础标价及其自评结论进行质疑，以便消除基础标价中的"错漏碰缺"。

一般地，标价是在投标组织的上层管理会议上最终确定的。为了在竞争中取胜，决策者应当对报价计算的准确度、期望利润是否合适、报价风险及本单位的承受能力、当地的报价水平，以及竞争对手优势和劣势的分析等进行综合考虑，才能决定最后的投标报价。

投标人应在可接受的最小预期利润和可接受的最大风险内做出决策。完成报价决策，需要靠决策人的经验和智慧，通常还会运用适当的定量决策分析方法，帮助提高决策水平，如决策树分析法、概率分析法等。

在会议同意了总报价金额之后，则必须把准备提交给招标人的各种报价表格具体编制出来。

4. 投标报价技巧

投标报价技巧是指在投标报价中采用一定的手法或方法使业主可以接受，而中标后又能获得更多利润的手段。

具体估价时，虽然要贯彻总的投标策略，如整个投标工程采用"低利政策"，则利润率要定得较低或很低，甚至管理费费率也要定得较低，但是报价还有它自己的技巧，两者必须相辅相成，互相补充。

常用的工程投标报价技巧介绍如下：

（1）灵活报价法。灵活报价法是指按照招标工程的不同特点、类别、施工条件等对项目整体或某个部分采用高报价、低报价或无利润报价等灵活报价的方法。这里要强调一点，所有技巧都要和评标方法结合起来使用。在综合评估法中，投标策略运用得当才能使高价投标战胜低价投标成为可能。

（2）不平衡报价法。不平衡报价法是指投标人依据自己对竞争态势的判断，在确定了具有竞争优势的投标报价总价后，根据招标文件的付款条件和工程量清单中存在的机会点，合理地调整（与正常水平比，或提高，或降低）投标文件中子项目的报价，在不抬高总报价以免影响中标（商务得分）的前提下，实施项目能够尽早、更多地结算工程款，并能够赢得更多额外利润的一种投标报价方法。

不平衡报价法适用于规范化较高的单价合同，且工程能按照实际进度付款的工程。

不平衡报价的收益来源于两个环节：①早结账项目报高价，实现尽早地结算工程款，来享受货币时间价值——获得"早收钱"利益；②预估工程量在履行合同过程中会增加的项目报高价，中标后获得因实际计量工程量增大而带来的额外收益——实现"多收钱"利益。

不平衡报价在性质上属于投标人进行正常投标商业活动所采取的商业技巧。现行有关法律法规并未明文规定禁止不平衡报价。国际上的通常做法也并不排斥不平衡报价。但是，不平衡报价对招标人而言具有不公平性，降低了合同的可执行力。如果这类"不平衡"情况过多或相当严重，招标人就会要求投标人澄清，也可能要求承包人增加应缴的履约保证金金额，以防今后承包人违约时招标人在经济上蒙受更多的损失。

（3）突然降价法。报价是一件保密的工作，但是对手往往通过各种渠道、手段来刺探情况，因此在报价时可以采取迷惑对手的方法，即先按一般情况报价或表现出自己对该工程兴趣不大，到投标快截止时，再突然降价。突然降价法是针对竞争对手的，运用的关键在于突然性，且需保证降价幅度在自己的承受范围之内。

降价文件投出的方法有两种：一是在投标截止前一刻，用降价的投标文件换掉正常的投标文件，封存后交招标人；二是先投出正常的投标文件，在投标截止前一刻再递交一份投标文件的修改文件。

采用突然降价法，一定是在准备投标报价的过程中考虑好降价的幅度，根据信息与分析判断，再做最后决策。同时要确保在投标截止时间最后一刻，报出符合招标文件要求的投标文件。

需要特别注意的是，我国规定投标总价应当与已标价工程量清单中各分项的合计金额一致。即投标人在投标报价时，不能进行投标总价优惠（或降价、让利），投标人对招标人的任何优惠均应反映在相应清单项目的综合单价中。

（4）分包商报价的采用。总承包商在投标前先取得分包商的报价，并增加总承包商摊入的一定的管理费，而后作为自己投标总价的一个组成部分一并列入报价单中。一般做法是，总承包商在投标前找两三家分包商分别报价，而后选择其中一家信誉较好、实力较强和报价合理的分包商签订协议，同意该分包商作为本分包工程的唯一合作者，并将分包商的姓名列到投标文件中，但要求该分包商相应地提交投标保函。这种把分包商的利益同投标人捆在一起的做法，不但可以防止分包商事后反悔和涨价，还可能迫使分包商报出较合理的价格，以便共同争取中标。

5. 填写投标函

投标函，或称投标致函、投标书，实际上就是投标人的正式报价信。它的内容是：表明投标人完全愿意按招标文件中的规定承担任务，并写明自己的总报价金额；表明投标人接受的开工日期和整个工作期限；表明本投标如被接受，愿意提供履约保证；说明投标的有效期；表明本投标书连同招标人的书面接受通知具有约束力；表明对招标人接受其他投标的理解。

除了规定的投标书外，在不违反招标文件规定的前提下，投标人还可以写一封更为详细的信函，对自己的投标报价做必要的说明，以吸引招标人和评标委员会对递送这份投标书的投标人感兴趣和有信心。

4.4.4　投标文件格式范例

以下摘录了《标准施工招标文件》(2007 年版) 的第八章 "投标文件格式" 的部分内容，供参考。

1. 投标文件格式的基本内容

投标文件格式主要包括：

(1) 投标函及投标函附录

(2) 法定代表人身份证明

(3) 授权委托书

(4) 联合体协议书

(5) 投标保证金

(6) 已标价工程量清单

(7) 施工组织设计

(8) 项目管理机构

(9) 拟分包项目情况表

(10) 资格审查资料

(11) 其他材料

2. 投标函及投标函附录

(一) 投标函

(招标人名称)：

1. 我方已仔细研究了(项目名称) 标段施工招标文件的全部内容，愿意以人民币（大写）_____元（￥_____）的投标总报价，工期_____日历天，按合同约定实施和完成承包工程，修补工程中的任何缺陷，工程质量达到_____。

2. 我方承诺在投标有效期内不修改、撤销投标文件。

3. 随同本投标函提交投标保证金一份，金额为人民币（大写）_____元（￥_____）

4. 如我方中标：

(1) 我方承诺在收到中标通知书后，在中标通知书规定的期限内与你方签订合同。

(2) 随同本投标函递交的投标函附录属于合同文件的组成部分。

(3) 我方承诺按照招标文件规定向你方递交履约担保。

(4) 我方承诺在合同约定的期限内完成并移交全部合同工程。

5. 我方在此声明，所递交的投标文件及有关资料内容完整、真实和准确，且不存在第二章"投标人须知"第1.4.3项规定的任何一种情形。

6. (其他补充说明)。

投标人：(盖单位章)

法定代表人或其委托代理人：(签字)

地址：_____

网址：_____

电话：_____

传真：_____

邮政编码：_____

_____年____月____日

(二) 投标函附录

序　号	条款名称	合同条款号	约定内容	备　注
1	项目经理	1.1.2.4	姓名：	
2	工期	1.1.4.3	天数：　　日历天	
3	缺陷责任期	1.1.4.5		
4	分包	4.3.4		
5	价格调整的差额计算	16.1.1	见价格指数权重表	
……	……	……	……	
……	……	……	……	

价格指数权重表

名　称		基本价格指数		权　重			价格指数来源
		代号	指数值	代号	允许范围	投标人建议值	
定值部分				A			
变值部分	人工费	F_{01}		B_1			
	钢材	F_{02}		B_2			
	水泥	F_{03}		B_3			
	……						
合计						1.00	

3. 投标保证金

四、投标保证金

(招标人名称)：

鉴于(投标人名称) (以下称"投标人") 于_____年____月____日参加(项目名称) 标段施工的投标，(担保人名称，以下简称"我方") 无条件地、不可撤销地保证：投标人在规定的投标文件有效期内撤销或修改其投标文件的，或者投标人在收到中标通知书后无正当理由拒签合同或拒交规定履约担保的，我方承担保证责任。收到你方书面通知后，在7日内无条件向你方支付人民币 (大写) _____元。

本保函在投标有效期内保持有效。要求我方承担保证责任的通知应在投标有效期内送达我方。

> 担保人名称：＿＿＿＿＿＿＿＿
> 法定代表人或其委托代理人：（盖单位章）（签字）
> 地址：＿＿＿＿＿＿＿＿
> 邮政编码：＿＿＿＿＿＿＿
> 电话：＿＿＿＿＿＿＿
> 传真：＿＿＿＿＿＿＿
>
> ＿＿＿年＿＿＿月＿＿＿日

4. 项目管理机构

（一）项目管理机构组成表

职　务	姓　名	职　称	执业或职业资格证明					备　注
			证书名称	级　别	证　号	专　业	养老保险	

（二）主要人员简历表

"主要人员简历表"中的项目经理应附项目经理证、身份证、职称证、学历证、养老保险复印件，管理过的项目业绩须附合同协议书复印件；技术负责人应附身份证、职称证、学历证、养老保险复印件，管理过的项目业绩须附证明其所任技术职务的企业文件或用户证明；其他主要人员应附职称证（执业证或上岗证书）、养老保险复印件。

4.4.5　投标文件的报送

投标人向招标人递交投标文件也称递标。全部投标文件编制好以后，应按招标文件要求加盖投标人印章并经法定代表人或其委托人签字，再行密封后送达投标地点。

1. 按要求签署

投标文件应用不褪色的材料书写或打印，由投标人的法定代表人或其授权的代理人签署（签字盖章）。签署的具体做法应符合招标文件的要求。

投标文件的任何一页都应避免涂改、行间插字或删除。如果出现上述情况，应按照招标文件的要求由投标文件签字人在改动处签字或盖章。

2. 按要求密封

未密封的投标文件招标人将不予签收。

封送投标文件的一般惯例是，投标人应将所有投标文件按招标文件的要求，准备正本和副本。投标文件的正本及每一份副本应分别包装，而且都必须用内外两层封套分别包装与密封，密封后标上"正本"或"副本"的印记。两层封套上均应按投标邀请的规定写明收件人（招标人）的全称和详细地址，并注明：此件系对某项目某标段的投标文件，在某（年、月）日某时某分（即开标时间）之前不得启封等。内层封套是用于原封退还投标文件的，因此应写明投标人的地址和名称。外层封套上一般不应有任何投标人的识别标志。若是外层信封未按上述规定密封及标记，则招标人对于把投标文件放错地方或过早启封概不负责。由于上述原因被过早启封的投标文件，招标人将予以拒绝并退还投标人。

3. 按要求递交

投标人应当在招标文件要求提交投标文件的地点和截止时间前，将投标文件交招标人。

招标人在收到投标人的投标文件后，应签收或通知投标人已收到其投标文件。招标人对在送交投标文件截止期以后到达的投标文件，将拒收，并原封退回投标人。

招标文件要求交纳投标保证金的，投标人应当在提交投标文件的同时交纳。投标人应当严格按照招标文件的规定准备和提交。

4. 投标文件的更改与撤回

在递交投标文件截止期以前，投标人可以更改或撤回投标文件，但必须以书面形式通知招标人，并经授权的投标文件签字人签署。

在时间紧迫的情况下，投标文件撤回的要求可先以传真通知招标人，但应随即补发一份正式的书面函件予以确认。更改、撤回的确认书必须在送交投标文件截止期以前送达招标人签收。

更改的投标文件应同样按照投标文件递交规定的要求进行编制、密封、标记和送达。

投标人在投标截止时间前按规定以书面方式撤回已提交的投标文件，招标人已收取投标保证金的，应当自收到投标人书面撤回通知之日起 5 日内退还。投标截止后投标人撤销投标文件的，招标人一般不退还投标保证金。

4.4.6 中标及转包分包无效

中标是投标人追求的结果，转包分包无效是对中标效力的判定。

1. 中标

从法律上，投标是邀约，中标（通知书）是承诺——只要招标人宣布某投标人中标就可按其投标文件提出的内容签订合同。中标通知书对招标人和中标人具有法律效力。中标通知书发出后，招标人改变中标结果的，或者中标人放弃中标项目的，应当依法承担法律责任。

中标人和招标人应当依照《招标投标法》及《招标投标法实施条例》的规定签订书面合同。

招标文件要求中标人提交履约保证金的，中标人应当按照招标文件的要求提交。

中标人无正当理由不与招标人订立合同，在签订合同时向招标人提出附加条件，或者不按照招标文件要求提交履约保证金的，取消其中标资格，投标保证金不予退还。

中标人按照合同约定或者经招标人同意，可以将中标项目的部分非主体、非关键性工作分包给他人完成。接受分包的人应当具备相应的资格条件，并不得再次分包。

中标人应当就分包项目向招标人负责，接受分包的人就分包项目承担连带责任。

2. 转包、违法分包无效

中标人应当按照合同约定履行义务，完成中标项目。中标人不得向他人转让中标项目，也不得将中标项目肢解后分别向他人转让。

《招标投标法》第五十八条规定，中标人将中标项目转让给他人的，将中标项目肢解后分别转让给他人的，违反规定将中标项目的部分主体、关键性工作分包给他人的，或者分包人再次分包的，转让、分包无效。

4.5 投标中的不公平竞争

招标投标的目的在于通过公平竞争，择优确定承包（供应/服务）商。然而，有公平竞争，必然伴随着不公平竞争。这是由于制度不完善或遵守制度成本太高、失范成本过低所导致的后果。招标投标中的不公平竞争严重影响了招标投标的公平性，使招标徒具形式、潜规则盛行，是法律法规所明令禁止的行为。

4.5.1 投标中不公平竞争行为的内容

不公平竞争主要有垄断和不正当竞争两种行为。根据《招标投标法》等法律法规的规定，招标投标中涉及的不公平竞争行为可以概括为串通投标、以低于成本的价格报价或弄虚作假骗取中标、行贿谋取中标等行为。

1. 垄断行为和不正当竞争行为

垄断行为是指排除或限制竞争，损害消费者权益或危害社会公共利益的行为，具体包括经营者之间排除或限制竞争的协议、决议或协同一致的行为；滥用市场支配地位的行为；以及经营者之间排除或限制竞争的集中行为。

不正当竞争行为是指经营者采用欺骗、胁迫、利诱以及其他违背诚实信用和公平竞争惯例的手段从事市场交易，一般是指商业活动中与自愿、平等、诚实信用、公平交易的商业道德相背离的各种行为。

2. 串通投标

《招标投标法》规定，投标人不得相互串通投标报价，不得排挤其他投标人的公平竞争，损害招标人或者其他投标人的合法权益。投标人不得与招标人串通投标，损害国家利益、社会公共利益或者他人的合法权益。

串通投标是招标投标中常见的顽疾，是指投标人为谋取中标而同招标人（招标代理人）、评标人或其他投标人暗中合谋，具有很强的欺骗性和隐蔽性。由于招标方式自身的局限性，要杜绝串通投标几乎不可能。

投标人串通投标的目的是采用不正当手段谋求中标，因此投标人串通投标的行为至少具有如下特征：秘密进行、相互通气、达成某种默契、彼此配合。

关于串通投标，业界有多种不同的称谓，如"围标""串标""陪标"，对这些名称尚缺乏权威的解释。

3. 以低于成本的价格报价或弄虚作假骗取中标

《招标投标法》规定，投标人不得以低于成本的报价竞标，也不得以他人名义投标或者以其他方式弄虚作假，骗取中标。

以低于成本的价格报价，这里所讲的低于成本，是指低于投标人为完成投标项目所需支出的个别成本，而不是社会平均成本，也不是行业平均成本。

招标人通过招标投标的方式确定中标人，事实上也就是通过对投标人的资格条件和投标报价的综合考查评审，确立对被选定的中标人的人身信任并与之签订合同。招标投标活动的评标的主要依据是投标人提交的投标文件的书面材料，因此，一些投标人利用评标的这一特点，为达到中标目的不择手段故意以其他法人或组织的名义投标，利用他人的资质等级、商业信誉为自己谋取私利，或者在投标文件中提供虚假信息，伪造证明或盲目夸大自己的经营规模、水平与能力等，从而欺骗招标人以达中标之目的。

4. 行贿谋取中标

《招标投标法》规定，禁止投标人以向招标人或者评标委员会成员行贿的手段谋取中标。

行贿是指为谋取不正当利益，给予国家工作人员或者公司、企业以及其他单位的工作人员以财物的行为。法律上所说"谋取不正当利益"是指谋取违反法律、法规、国家政策和国务院各部门规章规定的利益，以及要求国家工作人员或者有关单位提供违反法律、法规、国家政策和国务院各部门规章规定的帮助或者方便条件。

行贿谋取中标是指投标人以谋取中标为目的，给予招标人（包括招标代理人、工作人员）或者评标委员会成员财物（包括有形财物和其他好处）的行为。该行为直接破坏了招标投标公平竞争原则，损害了其他投标人的利益，也可能损害国家利益和社会公共利益。

4.5.2 不公平竞争行为的表现形式

为了细化对不公平竞争行为的认定标准，《招标投标法实施条例》和相关规章列举了一些不公平竞争行为的表现形式，具体如下：

1. 投标人与投标人相互串通投标

《招标投标法实施条例》第三十九条规定，有下列情形之一的，属于投标人相互串通投标：①投标人之间协商投标报价等投标文件的实质性内容；②投标人之间约定中标人；③投标人之间约定部分投标人放弃投标或者中标；④属于同一集团、协会、商会等组织成员的投标人按照该组织要求协同投标；⑤投标人之间为谋取中标或者排斥特定投标人而采取的其他联合行动。

《招标投标法实施条例》第四十条规定，有下列情形之一的，视为投标人相互串通投标：①不同投标人的投标文件由同一单位或者个人编制；②不同投标人委托同一单位或者个人办理投标事宜；③不同投标人的投标文件载明的项目管理成员为同一人；④不同投标人的投标文件异常一致或者投标报价呈规律性差异；⑤不同投标人的投标文件相互混装；⑥不同投标人的投标保证金从同一单位或者个人的账户转出。

《工程建设项目施工招标投标办法》第四十六条中规定，下列行为均属投标人串通投标报价：①投标人之间相互约定抬高或压低投标报价；②投标人之间相互约定，在招标项目中分别以高、中、低价位报价；③投标人之间先进行内部竞价，内定中标人，然后再参加投标；④投标人之间其他串通投标报价的行为。

2. 招标人与投标人串通投标

《招标投标法实施条例》第四十一条规定，有下列情形之一的，属于招标人与投标人串通投标：①招标人在开标前开启投标文件并将有关信息泄露给其他投标人；②招标人直接或者间接向投标人泄露标底、评标委员会成员等信息；③招标人明示或者暗示投标人压低或者抬高投标报价；④招标人授意投标人撤换、修改投标文件；⑤招标人明示或者暗示投标人为特定投标人中标提供方便；⑥招标人与投标人为谋求特定投标人中标而采取的其他串通行为。

3. 弄虚作假

《招标投标法实施条例》第四十二条规定，使用通过受让或者租借等方式获取的资格、资质证书投标的，属于《招标投标法》规定的以他人名义投标。《工程建设项目施工招标投标办法》第四十八条规定，以他人名义投标还包括由其他单位及其法定代表人在自己编制的投标文件上加盖印章和签字等行为。

《招标投标法实施条例》第四十二条规定，投标人有下列情形之一的，属于《招标投标法》规定的以其他方式弄虚作假的行为：①使用伪造、变造的许可证件；②提供虚假的财务状况或者业绩；③提供虚假的项目负责人或者主要技术人员简历、劳动关系证明；④提供虚假的信用状况；⑤其他弄虚作假的行为。

《工程建设项目勘察设计招标投标办法》第三十条规定，投标人不得通过故意压低投资额、降低施工技术要求、减少占地面积，或者缩短工期等手段弄虚作假，骗取中标。

第 **5** 章

招标投标监督

招标投标监督是监督主体根据法律法规赋予的监督权，对招标投标活动及其参与者依法实施的监督。在我国，各种监督主体相互配合，多层次的招标投标监督制约机制已基本建立。

5.1 招标投标监督体系

根据《招标投标法》及其实施条例的规定，招标投标活动的监督体系由行政监督、司法监督、当事人监督、社会监督多方面构成。

5.1.1 招标投标监督的内涵与分类

监督是一个综合的动态过程，是一种特殊的管理实践。英国管理学家赫勒（Robert Heller）指出：当人们知道自己的工作成绩有人监督检查的时候会加倍努力——这就是人们概括为"有监督才有动力"的"赫勒法则"。它从一个侧面说明了有效的监督是十分必要的。

1. 监督的要素

抑制"投机心理"在社会或组织运行的负面影响就是监督工作的基本功能。

一般而言，监督有五个要素：①主体。它回答"谁来监督"的问题。监督的主体就是监督者。②客体。它回答"监督谁"的问题。监督的客体就是被监督者。③内容。它回答"监督什么行为"的问题。监督的内容就是被监督者的具体行为。④标准。它回答"监督的依据是什么"的问题。监督的标准就是相关的法律、法规、规章、制度、规范、纪律及准则。⑤方式。它回答"怎样进行监督"的问题。监督的方式就是监督所采取的手段、形式和方法。

2. 招标投标监督的内涵

招标投标监督是监督主体根据法律法规赋予的监督权，对招标投标活动及其参与者依法实施的监视、督促和管理活动。

从监督主体属性方面看，招标投标监督主体具有法定性和特定性。监督主体由法定监督主体、授权监督主体和委托监督主体三方面的主体构成。

从监督客体看，由于招标投标中监督主体的多样性，其对应客体各不相同，从行政监督主体看，其对应的客体主要是招标人、投标人、招标代理人、评标委员会（专家）等。

从内容特征方面看，招标投标监督内容是指招标投标活动及参与者遵守招标投标法律法规及其招标文件约定的情况。具体而言，招标投标监督的内容包括两方面：①招标投标过程中规避招标、泄露保密资料、泄露标底、串通招标、串通投标、歧视排斥投标等违法行为的监督；②对行政监督部门及工作人员的不合法监督行为以及国家其他工作人员对招标投标活动非法干涉行为的监督。

从监督标准看，招标投标监督的依据主要是《招标投标法》及《招标投标法实施条例》、监督管理部门发布的规章、规范性文件以及招标文件。

从方式特征方面看，监督模式是监视、督促和管理有机融合的活动，是一种内外结合的活动。总体来看，招标投标监督模式主要有两种：①主要是主管部门的监视、督促、受理投诉、处罚等外部监督，类似"巡警监督"；②主要是参与者内部的相互监视及"检举揭发"，类似"火警监督"。

3. 招标投标监督的分类

从不同的角度可以对监督进行不同类型的划分。

（1）按照监督主体分。按照监督主体的不同，招标投标监督可以分为行政监督、司法监督、当事人监督和社会监督。

行政监督⊖是指政府行政主体基于行政职权依法对行政相对人是否遵守法律法规和执行行政决定等情况进行的监督，其本质上属于行政管理职能和行政执法活动。

司法监督是指人民法院和人民检察院履行职权处理纠纷的活动，也是一个对公民、社会组织和国家机关是否依法享有权利（力）和履行义务的法律监督的过程。司法活动的基本功能是"定分止争"，即通过处理各种纠纷实现社会稳定与和谐。

当事人监督是指参与招标投标活动的招标人、投标人、招标代理机构、评标委员会成员等当事人相互之间的监督。

社会监督是指除招标投标活动当事人以外的社会组织和公民对招标投标活动的合法性进行的不具有直接法律效力的监督以及行业自律活动。常见的社会监督方式有社会公众监督、社会团体监督、社会舆论监督和新闻媒体监督等。

（2）按照监督客体分。依据监督的客体，可以把招标投标监督分为以个人为对象的监督和以单位为对象的监督。

个人监督对象既包括招标投标当事人的工作人员、评标专家及相关工作人员，也包括监督部门的国家工作人员，即一切招标投标活动及其监督活动的执行者。

单位监督对象可以是招标人、投标人、招标代理人、行政监督部门、招标投标协会等。

5.1.2　监督权及行业自律

监督的实质是以权力制约权力。由于监督主体不同，在招标投标活动中法律授权性质和

⊖　"行政监督"有多种用法，其中主要的有两种：一是指行政主体基于行政职权依法对行政相对人是否遵守行政法规范和执行行政决定等情况进行的监督；另一种是指行政组织系统内对行政机关和工作人员的监督。根据《招标投标法》的相关条文，招标投标中的行政监督是指第一种意义上的行政监督。

行使方式也存在诸多差别。

1. 监督权的内涵

招标投标的行政监督权实际上是一种行政执法权,是行政机关依照法律、法规的规定,对相对人采取的直接影响其权利义务的具体行政行为,或者对相对人的权利义务的行使进行监督检查和惩处的行政行为。行政监督单位对招标投标活动的监督包含的行政执法权包括:行政审批、行政许可(核准)、行政备案、行政认定、行政稽察、行政检查、受理投诉、违法行为公告、行政处罚等。

招标投标的司法监督权是一种狭义司法权,即虽包括检察权在内,但却明显偏重于审判权,或仅仅指审判权(即以法院为相应机关)而言。招标投标司法监督中,检察院的监督只限于违反《刑法》需要追究刑事责任的案件。而审判权是一种被动性的权力,只能根据当事人的申请进行裁判。

招标投标当事人的监督权行使方式有限,一般仅有:监视、异议以及寻求行政救济(申诉或投诉)或司法救济(控告)。招标投标法律规范主要规定了异议制度和行政救济制度(投诉与处理)。

招标投标的社会监督是相关人员或组织参政权的一部分,宪法和相关法律规定了丰富的监督方式,在招标投标中主要涉及六项内容,即知情权、投诉检举权、批评权、建议权、控告权和行业自律。信息公开是实施社会监督的基础和前提条件,保障社会公众对依法必须招标项目的招标投标活动信息必要和充分的知情权,才能依法履行监督权。招标投标法律规范主要规定了中标候选人公示制度、招标投标违法行为公告制度、利害关系人的投诉制度以及招标投标协会加强行业自律等内容。

2. 招标投标的行业自律

《招标投标法实施条例》要求,招标投标协会按照依法制定的章程开展活动,加强行业自律和服务。

行业自律是一个"自我约束、行业监督"的行为机制,同时也是维护市场秩序、保持公平竞争、促进行业健康发展、维护行业利益的重要措施。行业自律包括两个方面:一方面是行业内对国家法律,法规政策的遵守和贯彻;另一方面是通过行业内的行规行约制约自己的行为。而每一方面都包含对行业内成员的监督和保护的机能。

5.2 | 招标投标的行政监督

依法规范和监督市场行为,维护国家利益、社会公共利益和当事人的合法权益,是市场经济条件下政府的重要职能。有关行政监督部门应依法对招标投标活动实施监督。

5.2.1 行政监督部门分工

《招标投标法》第七条规定,招标投标活动及其当事人应当接受依法实施的监督。有关行政监督部门依法对招标投标活动实施监督,依法查处招标投标活动中的违法行为。对招标投标活动的行政监督及有关部门的具体职权划分,由国务院规定。

1. 国务院有关部门行政监督的职责分工

我国的招标投标行政监督实行条块结合,分级负责制。

国务院发展改革部门指导和协调全国招标投标工作，对国家重大建设项目的工程招标投标活动实施监督检查。国家发改委承担指导和协调全国招标投标工作的职责，包括会同有关行政主管部门拟定《招标投标法》配套法规、综合性政策和必须进行招标的项目的具体范围、规模标准以及不适宜进行招标的项目并报国务院批准，指定发布招标公告的媒介。

国务院工业和信息化、住房城乡建设、交通运输、水利、商务等部门，按照规定的职责分工对有关招标投标活动实施监督，对招标代理机构依法实施监督管理。

县级以上地方人民政府发展改革部门指导和协调本行政区域的招标投标工作。县级以上地方人民政府有关部门按照规定的职责分工，对招标投标活动实施监督，依法查处招标投标活动中的违法行为。

财政部门依法对实行招标投标的政府采购工程建设项目的预算执行情况和政府采购政策执行情况实施监督。

监察机关依法对与招标投标活动有关的监察对象实施监察。

这种多部门管理的格局，虽然有利于发挥各有关部门在专业管理方面的长处，但也造成了多头管理难以避免的诸多矛盾和问题，需要适当改革、完善。

2. 部门协调机制

为了加强招标投标监管的各有关部门的沟通联系，依法共同做好招标投标行政监督工作，从 2005 年年中开始中央部委和地方监管部门逐渐建立了协调机制。

《招标投标部际协调机制暂行办法》确定了招标投标部际协调机制由国家发改委、工信部、监察部（机构改革后为国家监察委）、财政部、住建部、交通运输部、水利部、商务部、国务院法制办（机构改革后为司法部）、铁道部（机构改革后为铁路局）、民航总局共 11 个部门组成。通过联席会议，协调解决出现的矛盾和问题，形成合力，促进招标投标行政法规、部门规章及政策统一，防止政出多门。

5.2.2　行政监督的方式

实施行政监督的方式很多，而且可以从不同的角度区分。我们仅对招标投标法律规范中明示的监督主体所采用的手段和方法出发，进行简要介绍。

1. 审批、核准

审批、核准是投资项目监督的主要手段。

审批或称"批准"，是指有权机关依据法定权限和法定条件，对政府投资采用直接投资和资本金注入方式的项目单位提出的项目立项申请、呈报的相关事项等进行审查，并决定是否予以准许。

"核准"是指有权机关依据法定权限和法定条件，对极少数关系国家安全和生态安全、涉及全国重大生产力布局、战略性资源开发和重大公共利益等项目，从维护社会公共利益角度确需依法进行审核，对符合法定条件的予以准许。

《招标投标法》第九条、《招标投标法实施条例》第七条规定，招标项目按照国家有关规定需要履行项目审批、核准手续的，应当先履行手续，取得批准（核准）。《工程建设项目申报材料增加招标内容和核准招标事项暂行规定》对可行性研究报告或者资金申请报告、项目申请报告中增加的招标内容的要求做了具体规定。

2. 接受备案

备案是指行政机关为了加强行政监督管理，依法要求招标投标当事人报送其从事招标投标活动的有关材料，并将报送材料存档备查的行为。

《招标投标法》第十二条规定：依法必须进行招标的项目，招标人自行办理招标事宜的，应当向有关行政监督部门备案。

《国家重大建设项目招标投标监督暂行办法》第九条规定：列入经常性稽察的项目，招标人应当根据核准的招标事项编制招标文件，并在发售前15日将招标文件、资格预审情况和时间安排及相关文件一式三份呈报国家发改委备案。

《房屋建筑和市政基础设施工程施工招标投标管理办法》第十九条规定：依法必须进行施工招标的工程，招标人应当在招标文件发出的同时，将招标文件报工程所在地的县级以上地方人民政府建设行政主管部门备案。第二十条规定：招标人对已发出的招标文件进行必要的澄清或者修改的，应当在招标文件要求提交投标文件截止时间至少15日前，以书面形式通知所有招标文件收受人，并同时报工程所在地的县级以上地方人民政府建设行政主管部门备案。

3. 认定、指定

认定是指行政执法机关依法对行政相对方的申请事项及依据进行甄别，给予确定、认可或否定、证明、宣告的行政行为。指定是指行政执法机关依法定职权，对特定组织从事规定活动进行授权并宣告的行为。

《招标投标法实施条例》第八条规定，国有资金占控股或者主导地位的依法必须进行招标的项目，采用邀请招标情形，属于需要履行项目审批、核准手续的项目，由项目审批、核准部门在审批、核准项目时做出认定；其他项目由招标人申请有关行政监督部门做出认定。

《招标投标法》第十六条规定，依法必须进行招标的项目的招标公告，应当通过国家指定的报刊、信息网络或者其他媒介发布。

《招标投标法实施条例》第十五条规定，依法必须进行招标的项目的资格预审公告和招标公告，应当在国务院发展改革部门依法指定的媒介发布。

《招标公告和公示信息发布管理办法》第八条规定，依法必须招标项目的招标公告和公示信息应当在"中国招标投标公共服务平台"或者项目所在地省级电子招标投标公共服务平台发布。

4. 监管

监管是指政府行政管理部门对其职权范围内某些事物的控制。招标投标中的监管主要包括对评标专家和评标专家库的管理，对评标委员会成员的确定方式、评标专家的抽取和评标活动的监管。

《招标投标法》第三十七条规定，依法必须进行招标的项目，其评标委员会的专家，由招标人从国务院有关部门或者省、自治区、直辖市人民政府有关部门提供的专家名册或者招标代理机构的专家库内的相关专业的专家名单中确定。

《招标投标法实施条例》第四十五条规定，省级人民政府和国务院有关部门应当组建综合评标专家库。

《评标专家和评标专家库管理暂行办法》适用于评标专家的资格认定、入库及评标专家库的组建、使用、管理活动。

《招标投标法实施条例》第四十六条规定，有关行政监督部门应当按照规定的职责分工，对评标委员会成员的确定方式、评标专家的抽取和评标活动进行监督。《招标投标法实施条例释义》指出：需要说明的是，有关行政监督部门履行这一职责，并不意味着必须采取事前审核或者现场监督等方式，如派员现场监督专家抽取，被抽取的专家报经行政监督部门审查同意等。

5. 接受报告

报告是指招标人向行政监督部门汇报招标投标情况，或回复行政监督机关的询问。

《招标投标法》第四十七条规定，依法必须进行招标的项目，招标人应当自确定中标人之日起十五日内，向有关行政监督部门提交招标投标情况的书面报告。

《工程建设项目自行招标试行办法》第十条规定，招标人自行招标的，应当自确定中标人之日起十五日内，向国家发改委提交招标投标情况的书面报告。

6. 受理投诉

投诉是指投标人或者其他利害关系人认为招标投标活动不符合法律、法规和规章规定，依法向有关行政监督部门提交投诉书或举报信，提出请求及主张的行为。

《招标投标法》及其实施条例均规定了投标人和其他利害关系人认为招标投标活动不符合法律规定的，有权向招标人提出异议或者依法向有关行政监督部门投诉。明确规定招标人有投诉权的条文，现有招标投标立法中比较鲜见。《江西省实施〈中华人民共和国招标投标法〉办法》第五十五条对此做了明确规定：招标人发现投标人、受托的招标代理机构及评标专家存在违法行为的，或者认为其自身在招标过程中的合法权益受到非法干涉或者侵犯的，有权向有关人民政府或者有关行政监督部门举报或者投诉。

7. 稽察

一般认为，招标投标稽察是指国家有关职能部门在确定的管理职责内，对建设项目委派稽察特派员，依据相关法律、法规、标准、规范和制度，采用现场查核和实地考证等特定的工作方式，发现招标投标中存在的主要问题，并借助一定的行政管理措施，督促其及时整改或纠正。

《国家重大建设项目招标投标监督暂行办法》对国家重大建设项目招标投标稽察工作做出了明确规定。

5.3 | 招标投标的投诉与处理

招标投标法律规范赋予了投标人或者其他利害关系人向行政监督部门提出投诉以维护自己合法权益的投诉权，这是招标投标中主要的法律救济方式。行政监督部门应该依法处理投诉。

5.3.1 法律救济与投诉

法律救济属于公力救济的一种，它是指在法定权利受到侵害或可能受到侵害的情况下，依照法律规则所规定的方法、程序和制度所进行的救济。涉及投诉时，必须要回答如下问题：谁能投诉？向谁投诉？什么情况下可以投诉？采取什么方式投诉？何时投诉？投诉问题如何处理？

1. 法律救济的途径

法律救济的根本目的在于补救受损害者的合法权益，为其合法权益提供法律保护，这是法律救济的基本功能。

法律救济包含救济权和救济方法。救济权是法律救济的依据，是要求违法者履行义务或予以损害赔偿的权利；救济方法是实现救济权的程序、步骤和方法。

法律救济可以通过如下途径获得：①诉讼渠道，即司法救济渠道；②行政救济渠道；包括行政申诉和行政复议、行政赔偿三种方式；③其他渠道，包括行政调解、内部调解、行政仲裁等。

2. 招标投标的法律救济

招标投标活动是平等主体间进行的民事活动，是民事法律行为。《招标投标法》和《政府采购法》赋予投标人和其他利益关系人对招标投标活动的异议（质疑）与投诉权。《民法通则》和《合同法》也同时赋予了当事人因财产关系和人身关系提起民事诉讼的权利。因此，投标人和其他利益关系人对属于民事法律关系的内容，可以按照异议（质疑）—投诉—诉讼的程序解决问题，也可以在异议（质疑）没有解决后直接进行民事诉讼，主张自己的权利。

《招标投标法》第六十五条规定："投标人和其他利害关系人认为招标投标活动不符合本法有关规定的，有权向招标人提出异议或者依法向有关行政监督部门投诉。"《招标投标法实施条例》在第五章规定了招标投标活动的"投诉与处理"要求，国家有关行政监督部门还联合制定了配套的《工程建设项目招标投标活动投诉处理办法》。

3. 投诉主体为投标人和其他利害关系人

投诉主体即提出投诉的人，简称投诉人。

招标投标法律规定，"投标人和其他利害关系人"有投诉权。其他利害关系人是指投标人以外的、与招标项目或者招标活动有直接和间接利益关系的法人、其他组织和自然人。那么，招标人是不是合法的投诉主体呢？

按照招标投标法律规范的规定，投诉主体应当包括招标人。招标人是招标投标活动的主要当事人，是招标项目和招标活动毫无疑义的利害关系人，但是招标人不得滥用投诉。招标人能够投诉的应当限于那些不能自行处理、必须通过行政救济途径才能解决的问题。

4. 受理投诉的机关为有管辖权的行政监督部门

《招标投标法实施条例》对国务院各部门有明确的职责分工，地方政府也有类似职责分工，投诉人应当据此确定有管辖权的行政监督部门并向其提出投诉。

对招标投标过程（包括招标、投标、开标、评标、中标）中泄露保密资料、泄露标底、串通招标、串通投标、歧视排斥投标等违法活动，分别由有关行政主管部门负责受理投标人和其他利害关系人的投诉。

5. 投诉人"认为"有必要的证明材料即可投诉

依照规定，投诉人向有关行政监督部门投诉时，只要"认为"招标投标活动，包括招标、投标、开标、评标、中标以及签订合同等各阶段，不符合法律、行政法规（也包括不符合规章、地方性法规等下位法）规定的，能够提出明确的要求并附上必要的证明材料，即可投诉。

但需要特别注意，投诉不能空穴来风，投诉人必须基于有相应材料证明的事实。《招标投标法实施条例》第六十一条规定，捏造事实、伪造证据的投诉应当予以驳回。

同时，还需要注意，特定事项的投诉法规设置有前置条件——必须先异议再投诉：包括资格预审文件、招标文件、开标和评标结果的投诉，应当以向招标人提出异议为前提。

6. 投诉应当在投诉人知道或者应当知道之日起 10 日内提出

《招标投标法实施条例》规定，投诉人可以自知道或者应当知道之日起 10 日内向有关行政监督部门投诉，向招标人提出异议的，异议答复期间不计算在规定的期限内。

法律规定所称的"应当知道"应当区别不同的环节，比如：资格预审公告或者招标公告发布后，投诉人应当知道资格预审公告或者招标公告是否存在排斥潜在投标人等违法违规情形；投诉人获取资格预审文件、招标文件一定时间后应当知道其中是否存在违反现行法律法规规定的内容；等等。

7. 投诉应当提交投诉书

"投诉"字面意思就是"投状诉告"，也就是说，投诉人投诉时，应当提交投诉书，并明确诉求与理由。

投诉书应当包括下列内容：投诉人的名称、地址及有效联系方式；被投诉人的名称、地址及有效联系方式；投诉事项的基本事实；相关请求及主张；有效线索和相关证明材料。

对《招标投标法实施条例》规定应先提出异议的事项进行投诉的，应当附提出异议的证明文件。已向有关行政监督部门投诉的，应当一并说明。

投诉人是法人的，投诉书必须由其法定代表人或者授权代表签字并盖章；其他组织或者自然人投诉的，投诉书必须由其主要负责人或者投诉人本人签字，并附有效身份证明复印件。

投诉书有关材料是外文的，投诉人应当同时提供其中文译本。

投诉人可以自己直接投诉，也可以委托代理人办理投诉事务。代理人办理投诉事务时，应将授权委托书连同投诉书一并提交给行政监督部门。授权委托书应当明确有关委托代理权限和事项。

5.3.2　投诉的处理

投诉由接到投诉的主体予以处理，包括决定是否受理投诉，以及对受理的投诉做出处置决定。处理投诉的人员应当严格遵守保密规定。行政监督部门处理投诉不收取任何费用。

1. 受理投诉

行政监督部门应当自收到投诉之日起 3 个工作日内决定是否受理投诉。

行政监督部门视对投诉书进行审查的情况分别做出以下处理决定：①不符合投诉处理条件的，决定不予受理，并将不予受理的理由书面告知投诉人；②对符合投诉处理条件，但不属于本部门受理的投诉，书面告知投诉人向其他行政监督部门提出投诉；③对于符合投诉处理条件并决定受理的，收到投诉书之日即为正式受理。

投诉人就同一事项向两个及以上有权受理的行政监督部门投诉的，由最先收到投诉的行政监督部门负责处理。

有下列情形之一的投诉，不予受理：①投诉人不是所投诉招标投标活动的参与者，或者与投诉项目无任何利害关系；②投诉事项不具体，且未提供有效线索，难以查证的；③投诉书未署具投诉人真实姓名、签字和有效联系方式的；④以法人名义投诉的，投诉书未经法定代表人签字并加盖公章的；⑤超过投诉时效的；⑥已经做出处理决定，并且投诉人没有提出新的证据；⑦投诉事项应先提出异议而没有提出异议、已进入行政复议或行政诉讼程序的。

行政监督部门负责投诉处理的工作人员，有下列情形之一的，应当主动回避：①近亲属是被投诉人、投诉人，或者是被投诉人、投诉人的主要负责人；②在近三年内本人曾经在被投诉人单位担任高级管理职务；③与被投诉人、投诉人有其他利害关系，可能影响对投诉事项公正处理的。

2. 调查

行政监督部门受理投诉后，应当调取、查阅有关文件，调查、核实有关情况。对情况复杂、涉及面广的重大投诉事项，有权受理投诉的行政监督部门可以会同其他有关的行政监督部门进行联合调查，经过共同研究后由受理部门做出处理决定。

行政监督部门调查取证时，应当由两名以上行政执法人员进行，并做笔录，交被调查人签字确认。

在投诉处理过程中，行政监督部门应当听取被投诉人的陈述和申辩，必要时可通知投诉人和被投诉人进行质证。

行政监督部门处理投诉，有权查阅、复制有关文件和资料，调查有关情况，相关单位和人员应当予以配合。必要时，行政监督部门可以责令暂停招标投标活动。

对行政监督部门依法进行的调查，投诉人、被投诉人以及评标委员会成员等与投诉事项有关的当事人应当予以配合，如实提供有关资料及情况，不得拒绝、隐匿或者伪报。

3. 投诉的撤回

投诉处理决定做出前，投诉人要求撤回投诉的，应当以书面形式提出并说明理由，由行政监督部门视以下情况，决定是否准予撤回：①已经查实有明显违法行为的，应当不准撤回，并继续调查直至做出处理决定；②撤回投诉不损害国家利益、社会公共利益或者其他当事人合法权益的，应当准予撤回，投诉处理过程终止。投诉人不得以同一事实和理由再提出投诉。

4. 做出处理决定

负责受理投诉的行政监督部门应当自受理投诉之日起30个工作日内做出书面处理决定，并以书面形式通知投诉人、被投诉人和其他与投诉处理结果有关的当事人。需要检验、检测、鉴定、专家评审的，所需时间不计算在内。

行政监督部门应当根据调查和取证情况，对投诉事项进行审查，按照下列规定做出处理决定：①投诉缺乏事实根据或者法律依据的，或者投诉人捏造事实、伪造材料或者以非法手段取得证明材料进行投诉的，驳回投诉；②投诉情况属实，招标投标活动确实存在违法行为的，依据《招标投标法》《招标投标法实施条例》及其他有关法规、规章做出处罚。

投诉处理决定应当包括下列主要内容：①投诉人和被投诉人的名称、住址；②投诉人的投诉事项及主张；③被投诉人的答辩及请求；④调查认定的基本事实；⑤行政监督部门的处理意见及依据。

行政监督部门在处理投诉过程中，发现被投诉人单位直接负责的主管人员和其他直接责任人员有违法、违规或者违纪行为的，应当建议其行政主管机关、纪检监察部门给予处分；情节严重构成犯罪的，应移送司法机关处理。

对于性质恶劣、情节严重的投诉事项，行政监督部门可以将投诉处理结果在有关媒体上公布，接受舆论和公众监督。

5.3.3　不服投诉处理的救济

当事人对行政监督部门的投诉处理决定不服或者行政监督部门逾期未做出处理的，可以依法申请行政复议或者向人民法院提起行政诉讼。

1. 可以进行行政复议的情形

《中华人民共和国行政复议法》第六条规定，公民、法人或者其他组织对行政机关做出的警告、罚款、没收违法所得、没收非法财物、责令停产停业、暂扣或者吊销许可证、暂扣或者吊销执照、行政拘留等行政处罚决定不服的，或者认为行政机关的其他具体行政行为侵犯其合法权益的可以依法申请行政复议。当事人提起行政复议申请的，行政复议机关应当依照《中华人民共和国行政复议法》的规定受理行政复议申请，进行审查，并在法定期限内做出行政复议决定。

2. 可以进行行政诉讼的情形

根据《中华人民共和国行政诉讼法》第十二条规定，对行政拘留、罚款、吊销许可证和执照、责令停产停业、没收非法财物等行政处罚不服，或者申请行政机关履行保护人身权、财产权的法定职责，行政机关拒绝履行或者不予答复的，公民、法人和其他组织对行政机关的该具体行政行为有权直接向人民法院提起行政诉讼。

3. 行政复议和行政诉讼的关系是一种衔接关系

行政复议是上级行政机关对下级行政机关所做的具体行政行为进行审查，属于行政行为的范畴；行政诉讼是人民法院对行政机关所做的具体行政行为实施的司法监督，是一种司法行为。

根据行政争议的性质不同，行政复议和行政诉讼的这种衔接关系可以分为不同情况。

《最高人民法院关于执行中华人民共和国行政诉讼法若干问题的解释》第三十三条规定："法律、法规规定应当先申请复议，公民、法人或者其他组织未申请复议直接提起诉讼的，人民法院不予受理。复议机关不受理复议申请或者在法定期限内不做出复议决定，公民、法人或者其他组织不服，依法向人民法院提起诉讼的，人民法院应当依法受理。"

《最高人民法院关于执行中华人民共和国行政诉讼法若干问题的解释》第三十四条规定："法律、法规未规定行政复议为提起行政诉讼必经程序，公民、法人或者其他组织既提起诉讼又申请行政复议的，由先受理的机关管辖；同时受理的，由公民、法人或者其他组织选择。公民、法人或者其他组织已经申请行政复议，在法定复议期限内对原具体行政行为提起诉讼的，人民法院不予受理。"

5.4 | 招标投标的法律责任

行政监督部门根据监督检查的结果或当事人的投诉，依法确认招标投标活动中存在违法行为，就应当按照法律事先规定的性质、范围、程度、期限、方式追究违法者的责任。同时，为了确保招标投标利害相关人和社会公众的知情权，必须保证这些违法行为的信息及时、充分向社会公告。为了形成"一地受罚，处处受制"的失信惩戒机制，全行业迫切需要加快建设招标投标的信用体系。

5.4.1　法律责任的类型

所谓法律责任，是指行为人因违反法律规定的或合同约定的义务而应当承担的强制性的不利后果。法律责任一般包括主体、过错、违法行为、损害事实和因果关系等构成要件。法律责任是法律义务履行的保障机制和法律义务违反的矫正机制，招标投标当事人应予以重视。

1. 招标投标中的违法行为

违法行为是指行为人实施的损害国家利益、社会公共利益或者他人合法利益的行为。招标投标过程中违法行为的表现形式多种多样，具体内容可参见表 5-1 ~ 表 5-2 相关部分。

《招标投标法》及《招标投标法实施条例》对违法行为应当承担的行政责任、民事责任做了规定，对其中构成犯罪的行为，重申了要依法追究刑事责任。在追究的法律责任中有些违法行为只承担其中的一种责任，有的则要同时承担几种责任。

2. 行政责任

《招标投标法》及《招标投标法实施条例》所规定的法律责任主要是行政责任。

行政责任是指行政法律关系的主体违反行政管理法规而依法应承担的惩戒性法律后果。根据承担行政责任主体的不同，行政责任分为行政主体承担的行政责任、国家公务员承担的行政责任和行政相对方承担的行政责任。从行政责任的形式来看，行政责任有赔偿损失、履行职务、恢复被损害的权利、行政处分和行政处罚等。

《中华人民共和国行政处罚法》规定的行政处罚种类包括：①警告；②罚款；③没收违法所得、没收非法财物；④责令停产停业、责令停止执业业务；⑤暂扣或者吊销许可证；⑥暂扣或者吊销执照；⑦行政拘留；⑧法律、行政法规规定的其他行政处罚。

3. 招标投标中涉及的民事责任

民事责任是指当事人不履行民事义务所必须承担的民法上的法律后果，也即由民法规定对民事违法行为人依法采取的一种以恢复被损害的权利为目的并与一定的民事制裁措施相联系的国家强制形式。它主要是一种民事救济手段，旨在使受害人被侵犯的权益得以恢复。

民事责任主要由三个部分的内容构成，包括缔约过失责任、违约责任、侵权责任。

《民法总则》规定，承担民事责任的方式主要有：①停止侵害；②排除妨碍；③消除危险；④返还财产；⑤恢复原状；⑥修理、重作、更换；⑦继续履行；⑧赔偿损失；⑨支付违约金；⑩消除影响、恢复名誉；⑪赔礼道歉。

《招标投标法》及《招标投标法实施条例》所规定的民事责任主要是损害赔偿，它是指当事人一方因侵权行为或不履行债务而对他方造成损害时应承担赔偿对方损失的民事责任，包括侵权的损害赔偿与违约的损害赔偿。

4. 招标投标中涉及的主要刑事责任

刑事责任是指由《刑法》规定的、对触犯《刑法》构成犯罪的人适用的并由国家强制力保障实施的刑事制裁措施。承担刑事责任的前提是行为人的行为必须构成了犯罪。

招标投标法律规范中重申了要依法追究刑事责任的内容及对应的罪名，见表 5-1。

表 5-1　招标投标中涉及的主要《刑法》条款及罪名简表

主　体	违法行为名称	涉及的《刑法》条款及罪名
招标人	泄露可能影响公平竞争的情况或者泄露标底	构成犯罪的，依法追究刑事责任：主要是指《刑法》第二百一十九条规定的侵犯商业秘密罪、第二百二十条规定的单位犯侵犯知识产权罪的处罚规定
招标代理机构	泄密或者与招标人、投标人串通	
投标人	弄虚作假	构成犯罪的，依法追究刑事责任：主要是指《刑法》第二百二十四条规定的合同诈骗罪
	串通投标以及为谋取中标而行贿	构成犯罪的，依法追究刑事责任：主要是指《刑法》第二百二十三条规定的串通投标罪；《刑法》第三百九十一条规定的对有影响力的人行贿罪、第一百六十四条规定的对非国家工作人员行贿罪；第三百八十九条规定的行贿罪、第三百九十三条规定的单位行贿罪
	以虚假的方式骗取中标	构成犯罪的，依法追究其刑事责任：主要是指《刑法》第二百二十四条规定的合同诈骗罪
	违反资格、资质许可	构成犯罪的，依法追究刑事责任：出让或者出租资格、资质证书的行为构成《刑法》第二百二十五条规定的非法经营罪
评标委员会成员或参加评标的有关工作人员	收受投标人的财物或者其他好处、违反保密义务	构成犯罪的，依法追究刑事责任：主要是指《刑法》第一百六十三条规定的非国家工作人员受贿罪、第三百九十八条规定的故意泄露国家秘密罪和第二百一十九条规定的侵犯商业秘密罪
国家工作人员	徇私舞弊、滥用职权或者玩忽职守。非法干涉招标活动	构成犯罪的，依法追究刑事责任：《刑法》第三百九十七条规定的滥用职权罪、玩忽职守罪

　　《最高人民检察院关于人民检察院直接受理立案侦查案件立案标准的规定（试行）》，对人民检察院直接受理立案侦查案件的立案标准做出了具体规定；《最高人民检察院、公安部关于公安机关管辖的刑事案件立案追诉标准的规定（二）》，对公安机关经济犯罪侦查部门管辖的刑事案件立案追诉标准做出了具体规定。

5.4.2　招标投标活动主要参与者的法律责任

　　招标投标法律法规规定的法律责任主体有招标人、投标人、招标代理机构、有关行政监督部门、评标委员会成员、有关单位对招标投标活动直接负责的主管人员和其他直接责任人员，以及任何干涉招标投标活动正常进行的单位或个人。其主要的法律责任见表 5-2。

表 5-2　招标投标活动主要参与者的主要法律责任简表

主体	违法行为名称	违法行为	处　罚
招标人	应当招标而未招标或规避招标	必须进行招标的项目而不招标的，将必须进行招标的项目化整为零或者以其他任何方式规避招标的 依法必须进行招标的项目的招标人不按照规定发布资格预审公告或者招标公告，构成规避招标的	责令限期改正，可以处项目合同金额5‰以上10‰以下的罚款；对全部或者部分使用国有资金的项目，可以暂停项目执行或者暂停资金拨付；对单位直接负责的主管人员和其他直接责任人员依法给予处分

（续）

主体	违法行为名称	违法行为	处罚
招标人	以不合理的条件限制或者排斥潜在投标人	以抽签、摇号等不合理的条件限制或者排斥资格预审合格的潜在投标人参加投标的 以不合理的条件限制或者排斥潜在投标人的，对潜在投标人实行歧视待遇的，强制要求投标人组成联合体共同投标的，或者限制投标人之间竞争的 有下列限制或者排斥潜在投标人行为之一的：①依法应当公开招标的项目不按照规定在指定媒介发布资格预审公告或者招标公告；②在不同媒介发布的同一招标项目的资格预审公告或者招标公告的内容不一致，影响潜在投标人申请资格预审或者投标	由有关行政监督部门责令改正，可以处1万元以上5万元以下的罚款
	违法招标	①依法应当公开招标而采用邀请招标；②招标文件、资格预审文件的发售、澄清、修改的时限，或者确定的提交资格预审申请文件、投标文件的时限不符合《招标投标法》及《招标投标法实施条例》的规定；③接受未通过资格预审的单位或者个人参加投标；④接受应当拒收的投标文件	由有关行政监督部门责令改正，可以处10万元以下的罚款。招标人有①、③、④所列违法行为之一的，对单位直接负责的主管人员和其他直接责任人员依法给予处分
	自行招标项目不依规报告	招标人不按《工程建设项目自行招标试行办法》提交招标投标情况的书面报告的	根据国家发改委要求补正；拒不补正的，给予警告，并视招标人是否有《招标投标法》第五章以及《招标投标法实施条例》第六章规定的违法行为，给予相应的处罚
	泄露可能影响公平竞争的情况或者泄露标底	依法必须进行招标的项目的招标人向他人透露已获取招标文件的潜在投标人的名称、数量或者可能影响公平竞争的有关招标投标的其他情况的，或者泄露标底的	给予警告，可以处1万元以上10万元以下的罚款；对单位直接负责的主管人员和其他直接责任人员依法给予处分；构成犯罪的，依法追究刑事责任。所列行为影响中标结果的，中标无效
	违规收取和退还保证金	招标人超过《招标投标法实施条例》规定的比例收取投标保证金、履约保证金或者不按照规定退还投标保证金及银行同期存款利息	由有关行政监督部门责令改正，可以处5万元以下的罚款；给他人造成损失的，依法承担赔偿责任
	违法组织评标委员会	依法必须进行招标的项目的招标人不按照规定组建评标委员会，或者确定、更换评标委员会成员违反《招标投标法》及《招标投标法实施条例》规定的	由有关行政监督部门责令改正，可以处10万元以下的罚款，对单位直接负责的主管人员和其他直接责任人员依法给予处分；违法确定或者更换的评标委员会成员做出的评审结论无效，依法重新进行评审
	与投标人就实质性内容进行谈判	依法必须进行招标的项目，招标人违反法律规定，与投标人就投标价格、投标方案等实质性内容进行谈判的	给予警告，对单位直接负责的主管人员和其他直接责任人员依法给予处分。所列行为影响中标结果的，中标无效
	不按要求确定中标人	在评标委员会依法推荐的中标候选人以外确定中标人的，依法必须进行招标的项目在所有投标被评标委员会否决后自行确定中标人的	中标无效，责令改正，可以处中标项目金额5‰以上10‰以下的罚款；对单位直接负责的主管人员和其他直接责任人员依法给予处分

（续）

主体	违法行为名称	违法行为	处罚
招标人	不按规定确定中标人或者不签订合同	依法必须进行招标的项目的招标人：①无正当理由不发出中标通知书；②不按照规定确定中标人；③中标通知书发出后无正当理由改变中标结果；④无正当理由不与中标人订立合同；⑤在订立合同时向中标人提出附加条件	由有关行政监督部门责令改正，可以处中标项目金额10‰以下的罚款；给他人造成损失的，依法承担赔偿责任；对单位直接负责的主管人员和其他直接责任人员依法给予处分
	不依法对异议做出答复	不按照规定对异议做出答复，继续进行招标投标活动的	由有关行政监督部门责令改正，拒不改正或者不能改正并影响中标结果的，招标、投标、中标无效，应当依法重新招标或者评标
	不按规定签订合同	不按照招标文件和中标人的投标文件订立合同，合同的主要条款与招标文件、中标人的投标文件的内容不一致，或者招标人、中标人订立背离合同实质性内容的协议的	由有关行政监督部门责令改正，可以处中标项目金额5‰以上10‰以下的罚款
招标代理机构	泄密或者与招标人、投标人串通或者违反防止利益冲突规定	泄露应当保密的与招标投标活动有关的情况和资料的，或者与招标人、投标人串通损害国家利益、社会公共利益或者他人合法权益，在所代理的招标项目中投标、代理投标或者向该项目投标人提供咨询的，接受委托编制标底的中介机构参加受托编制标底项目的投标或者为该项目的投标人编制投标文件、提供咨询的	处5万元以上25万元以下的罚款，对单位直接负责的主管人员和其他直接责任人员处单位罚款数额5%以上10%以下的罚款；有违法所得的，并处没收违法所得；情节严重的，禁止其一年至二年内代理依法必须进行招标的项目并予以公告，直至由工商行政管理机关吊销营业执照；构成犯罪的，依法追究刑事责任。给他人造成损失的，依法承担赔偿责任
信息发布媒介	违规发布依法必须招标项目的招标公告和公示信息	①违法收取费用；②无正当理由拒绝发布或者拒不按规定交互信息；③无正当理由延误发布时间；④因故意或重大过失导致发布的招标公告和公示信息发生遗漏、错误；⑤违反《招标公告和公示信息发布管理办法》的其他行为	由相应的省级以上发展改革部门或其他有关部门根据有关法律法规规定，责令改正；情节严重的，可以处1万元以下罚款。其他媒介违规发布或转载依法必须招标项目的招标公告和公示信息的，由相应的省级以上发展改革部门或其他有关部门根据有关法律法规规定，责令改正；情节严重的，可以处1万元以下罚款
评标委员会成员	参与评标违规	①应当回避而不回避；②擅离职守；③不按照招标文件规定的评标标准和方法评标；④私下接触投标人；⑤向招标人征询确定中标人的意向或者接受任何单位或者个人明示或者暗示提出的倾向或者排斥特定投标人的要求；⑥对依法应当否决的投标不提出否决意见；⑦暗示或者诱导投标人做出澄清、说明或者接受投标人主动提出的澄清、说明；⑧其他不客观、不公正履行职务的行为	由有关行政监督部门责令改正；情节严重的，禁止其在一定期限内参加依法必须进行招标的项目的评标；情节特别严重的，取消其担任评标委员会成员的资格
评标委员会成员或参加评标有关人员	收受投标人的财物或者其他好处、违反保密义务	评标委员会成员收受投标人的财物或者其他好处的，评标委员会成员或者参加评标的有关工作人员向他人透露对投标文件的评审和比较、中标候选人的推荐以及与评标有关的其他情况的	给予警告，没收收受的财物，可以并处3000元以上5万元以下的罚款，对有所列违法行为的评标委员会成员取消担任评标委员会成员的资格，不得再参加依法必须进行招标的项目的评标；构成犯罪的，依法追究刑事责任

（续）

主体	违法行为名称	违 法 行 为	处 罚
投标人	串通投标以及为谋取中标而行贿	投标人相互串通投标或者与招标人串通投标的，投标人以向招标人或者评标委员会成员行贿的手段谋取中标的 投标人有下列行为之一的，属于情节严重行为：①以行贿谋取中标；②3年内2次以上串通投标；③串通投标行为损害招标人、其他投标人或者国家、集体、公民的合法利益，造成直接经济损失30万元以上；④其他串通投标情节严重的行为 情节特别严重的是指投标人自情节严重条款规定的处罚执行期限届满之日起3年内又有该款所列违法行为之一的，或者串通投标、以行贿谋取中标情节特别严重的	中标无效；构成犯罪的，依法追究刑事责任；尚不构成犯罪的，处中标项目金额5‰以上10‰以下的罚款，对单位直接负责的主管人员和其他直接责任人员处单位罚款5%以上10%以下的罚款；有违法所得的，并处没收违法所得；投标人未中标的，对单位的罚款金额按照招标项目合同金额依照《招标投标法》规定的比例计算；给他人造成损失的，依法承担赔偿责任。情节严重的，由有关行政监督部门取消其1~2年内参加依法必须进行招标的项目的投标资格并予以公告。情节特别严重的，由工商行政管理机关吊销营业执照
	弄虚作假	投标人以他人名义投标或者以其他方式弄虚作假骗取中标的 投标人有下列行为之一的，属于情节严重行为：①伪造、变造资格、资质证书或者其他许可证件骗取中标；②3年内2次以上使用他人名义投标；③弄虚作假骗取中标给招标人造成直接经济损失30万元以上；④其他弄虚作假骗取中标情节严重的行为 情节特别严重的是指投标人自情节严重条款规定的处罚执行期限届满之日起3年内又有该款所列违法行为之一的，或者弄虚作假骗取中标情节特别严重的	中标无效；给招标人造成损失的，依法承担赔偿责任；构成犯罪的，依法追究刑事责任；尚不构成犯罪的，处中标项目金额5‰以上10‰以下的罚款，对单位直接负责的主管人员和其他直接责任人员处单位罚款数额5%以上10%以下的罚款；有违法所得的，并处没收违法所得；依法必须进行招标的项目的投标人未中标的，对单位的罚款金额按照招标项目合同金额依照《招标投标法》规定的比例计算。情节严重的，由有关行政监督部门取消其1~3年内参加依法必须进行招标的项目的投标资格；情节特别严重的，由工商行政管理机关吊销其营业执照
	违反资格、资质许可	出让或者出租资格、资质证书供他人投标的	依照法律、行政法规的规定给予行政处罚；构成犯罪的，依法追究刑事责任
投标人或者其他利害关系人	违法投诉	投标人或者其他利害关系人捏造事实、伪造材料或者以非法手段取得证明材料进行投诉，给他人造成损失的	依法承担赔偿责任
中标人	不按规定签订合同	中标人无正当理由不与招标人订立合同，在签订合同时向招标人提出附加条件，或者不按照招标文件要求提交履约保证金的	取消其中标资格，投标保证金不予退还。对依法必须进行招标的项目的中标人，由有关行政监督部门责令改正，可以处以中标项目金额10‰以下的罚款
	转包和违法分包	将中标项目转让给他人的，将中标项目肢解后分别转让给他人的，违反《招标投标法》及《招标投标法实施条例》规定，将中标项目的部分主体、关键性工作分包给他人的，或者分包人再次分包的	转让、分包无效，处转让、分包项目金额5‰以上10‰以下的罚款；有违法所得的，并处没收违法所得；可以责令停业整顿；情节严重的，由工商行政管理机关吊销营业执照

（续）

主体	违法行为名称	违法行为	处罚
中标人	不履行合同或者不依约履行义务	不履行与招标人订立的合同的　不按照与招标人订立的合同履行义务，情节严重的	履约保证金不予退还，给招标人造成的损失超过履约保证金数额的，还应当对超过部分予以赔偿；没有提交履约保证金的，应当对招标人的损失承担赔偿责任。不按照与招标人订立的合同履行义务，情节严重的，取消其 2～5 年内参加依法必须进行招标的项目的投标资格并予以公告，直至由工商行政管理机关吊销营业执照。因不可抗力不能履行合同的，不适用
行政部门	不依法履行职责	项目审批、核准部门不依法审批、核准项目招标范围、招标方式、招标组织形式的；有关行政监督部门不依法履行职责，对违反《招标投标法》及《招标投标法实施条例》规定的行为不依法查处，或者不按照规定处理投诉、不依法公告对招标投标当事人违法行为的行政处理决定的	对单位直接负责的主管人员和其他直接责任人员依法给予处分
国家工作人员	徇私舞弊、滥用职权或者玩忽职守	项目审批、核准部门和有关行政监督部门的工作人员徇私舞弊、滥用职权、玩忽职守	构成犯罪的，依法追究刑事责任；不构成犯罪的，依法给予行政处分
	非法干涉招标投标活动	以任何方式非法干涉选取评标委员会成员的，利用职务便利，以直接或者间接、明示或者暗示等任何方式非法干涉招标投标活动，①要求对依法必须进行招标的项目不招标，或者要求对依法应当公开招标的项目不公开招标；②要求评标委员会成员或者招标人以其指定的投标人作为中标候选人或者中标人，或者以其他方式非法干涉评标活动，影响中标结果；③以其他方式非法干涉招标投标活动	依法给予记过或者记大过处分；情节严重的，依法给予降级或者撤职处分；情节特别严重的，依法给予开除处分；构成犯罪的，依法追究刑事责任
任何单位	违法干涉招标投标活动	违反法律规定，限制或者排斥本地区、本系统以外的法人或者其他组织参加投标的，为招标人指定招标代理机构的，强制招标人委托招标代理机构办理招标事宜的，或者以其他方式干涉招标投标活动的	责令改正；对单位直接负责的主管人员和其他直接责任人员依法给予警告、记过、记大过的处分，情节较重的，依法给予降级、撤职、开除的处分。个人利用职权进行前款违法行为的，依照前款规定追究责任

注：①有关行政监督部门应当依法公告对招标人、招标代理机构、投标人、评标委员会成员等当事人违法行为的行政处理决定。②依法必须进行招标的项目违反规定，中标无效的，应当依照法律规定的中标条件从其余投标人中重新确定中标人或者重新进行招标；依法必须进行招标的项目的招标投标活动违反《招标投标法》及《招标投标法实施条例》的规定，对中标结果造成实质性影响，且不能采取补救措施予以纠正的，招标、投标、中标无效，应当依法重新招标或者评标。

5.4.3　招标投标信用制度

根据《信用　基本术语》（GB/T 22117—2008）的定义，信用是指建立在信任基础上，不用立即付款或担保就可以获得资金、物资或服务的能力。这种能力以在约定期限内偿还的承诺为条件——这实际上是狭义"信用"的含义。广义的信用是指诚信原则在社会上的广泛应用，即泛指人类社会中，一切涉及承诺与践约、规定与遵守的特定关系、守约遵规的道德意识和规范、履约行为的品质以及由此获得的置信程度。

1. 社会信用体系建设与招标投标信用制度

信用体系是由征信系统、信用制度及其运行机制构成的有机整体，一般包括社会信用体系、地方信用体系、行业信用体系等。

近年，国家进一步加大社会信用体系建设力度，国务院先后印发《社会信用体系建设规划纲要（2014—2020年）》和《关于建立完善守信联合激励和失信联合惩戒制度加快推进社会诚信建设的指导意见》，其中都进一步明确了招标投标信用制度建设内容。

招标投标领域信用建设的安排包括内容如下：扩大招标投标信用信息公开和共享范围，建立涵盖招标投标情况的信用评价指标和评价标准体系，健全招标投标信用信息公开和共享制度；进一步贯彻落实招标投标违法行为记录公告制度，推动完善奖惩联动机制；依托电子招标投标系统及其公共服务平台，实现招标投标和合同履行等信用信息的互联互通、实时交换和整合共享；鼓励市场主体运用基本信用信息和第三方信用评价结果，并将其作为投标人资格审查、评标、定标和合同签订的重要依据。

2. 招标投标信用制度的具体内容

信用制度是指关于信用及信用关系的正式的或非正式的"制度安排"，是对信用行为及关系的规范和保证，即约束人们信用活动和关系的行为规则。

《招标投标法》没有对招标投标信用制度做出规定。《招标投标法实施条例》第七十八条规定：国家建立招标投标信用制度；有关行政监督部门应当依法公告对招标人、招标代理机构、投标人、评标委员会成员等当事人违法行为的行政处理决定。从而以行政法规的形式确认了招标投标信用制度。

根据我国现有法律、法规、行政规章和其他相关规定，招标投标信用制度主要包括以下内容：招标投标活动参与主体诚信行为评价标准、信用信息的归集制度、信用信息发布制度、信用信息查询制度、信用监督制度、奖惩联动机制等，其核心是企业招标投标信用信息公开制度。

3. 招标投标信用评价标准

信用评价是指对信用主体遵纪守法、履行社会承诺及经济偿还意愿和能力的综合评价。

目前，我国还没有建立起全国统一的招标投标信用评价标准和具体办法。一些省市在实践中积累了一些应用成果，如《南京市企业信用评价指导性标准和规范（试行）》（招标投标领域适用，2017年版）；一些行业协会也开展了信用评价实践，如中国建筑业协会发布了《建筑业企业信用评价办法》等。

与工程建设招标投标信用评价最密切的行业规范，是原建设部发布的《建筑市场诚信行为信息管理办法》（建市〔2007〕9号）。该办法的附件《全国建筑市场各方主体不良行为记录认定标准》，列举了建设项目的建设单位和参与工程建设活动的勘察、设计、施工、监理、招标代理、造价咨询、检测试验、施工图审查等企业或单位不良行为记录，包括在招标投标和履约等过程中的不良行为的具体认定标准。

住建部《全国建筑市场注册执业人员不良行为记录认定标准（试行）》（建办市〔2011〕38号），具体规定了建筑市场注册执业人员不良行为记录认定标准。

4. 信用记录公告制度

信用记录是指以一定格式记载并保存下来的信用主体在以信用工具为媒介的市场交易活

动中的相关数据和资料。

我国有关部门从 2006 年开始研究建立招标投标违法行为记录公告制度，国家发改委等监管部门联合制定了《招标投标违法行为记录公告暂行办法》。

招标投标违法行为记录是指有关行政主管部门在依法履行职责过程中，对招标投标当事人违法行为所做行政处理决定的记录。

国务院有关行政主管部门和省级人民政府有关行政主管部门（以下简称"公告部门"）按照规定的职责分工，建立各自的招标投标违法行为记录公告平台，并负责公告平台的日常维护。招标投标违法行为记录公告正逐步实现互联互通、互认共用，努力建立统一的招标投标违法行为记录公告平台。

公告部门应自招标投标违法行为行政处理决定做出之日起 20 个工作日内对外进行记录公告。省级人民政府有关行政主管部门公告的招标投标违法行为行政处理决定应同时抄报相应的国务院行政主管部门。

对招标投标违法行为所做出的以下行政处理决定应给予公告：①警告；②罚款；③没收违法所得；④暂停或者取消招标代理资格；⑤取消在一定时期内参加依法必须进行招标的项目的投标资格；⑥取消担任评标委员会成员的资格；⑦暂停项目执行或追回已拨付资金；⑧暂停安排国家建设资金；⑨暂停建设项目的审查批准；⑩行政主管部门依法做出的其他行政处理决定。

违法行为记录公告的基本内容为：被处理的招标投标当事人名称（或姓名）、违法行为、处理依据、处理决定、处理时间和处理机关等。

公告部门可将招标投标违法行为行政处理决定书直接进行公告。

被公告的招标投标当事人认为公告记录与行政处理决定的相关内容不符的，可向公告部门提出书面更正申请，并提供相关证据。公告部门接到书面申请后，应在 5 个工作日内进行核对。公告的记录与行政处理决定的相关内容不一致的，应当给予更正并告知申请人；公告的记录与行政处理决定的相关内容一致的，应当告知申请人。公告部门在做出答复前不停止对违法行为记录的公告。

公告的招标投标违法行为记录应当作为依法必须招标项目资质审查、招标代理机构选择、中标人推荐和确定、评标委员会成员确定和评标专家考核等活动的重要参考。

此外，国务院办公厅批复的《政府部门涉企信息统一归集公示工作实施方案》也对涉及招标投标信用记录的企业信息公示提出了具体要求：各地区、各有关部门应当按照《企业信息公示暂行条例》等规定，将依法应当公示的企业信息于信息产生之日起 7 个工作日内归集至工商部门，由工商部门于 20 个工作日内（含各地区、各有关部门归集信息至工商部门的 7 个工作日）公示于企业名下，并及时交换至全国信用信息共享平台。

5. 构建守信联合激励和失信联合惩戒协同机制

构建守信联合激励和失信联合惩戒协同机制，是指政府部门通过信用信息交换共享，实现多部门、跨地区信用奖惩联动，使守信者处处受益、失信者寸步难行。

中纪委以中纪发〔2011〕16 号文件转发的工信部等 13 个单位制定的《工程建设领域项目信息公开和诚信体系建设工作实施意见》中提出了《工程建设领域项目信息和信用信息公开共享规范（试行）》。国家发改委、工商总局等 38 部门联合出台的《失信企业协同监管和联合惩戒合作备忘录》（发改财金〔2015〕2045 号），落实了信用奖惩联动机制。

最高人民法院联合招标投标部际协调机制单位发布的《关于在招标投标活动中对失信被执行人实施联合惩戒的通知》(法〔2016〕285 号) 指出,联合惩戒对象是在招标投标活动中被最高人民法院公布为失信被执行人的投标人、招标代理机构以及评标专家、招标从业人员。联合惩戒措施包括:①限制失信被执行人的招标活动;②限制失信被执行人的招标代理活动;③限制失信被执行人的评标活动;④限制失信被执行人的招标从业活动。

国家发改委联合人民银行等 24 个部门发布了《关于对公共资源交易领域严重失信主体开展联合惩戒的备忘录》(发改法规〔2018〕457 号),决定对公共资源交易领域存在严重失信行为的招标人、采购人、投标人、供应商、招标代理机构、采购代理机构、评标评审专家以及其他参与公共资源交易的公民、法人或者其他组织实施联合惩戒。惩戒包括"限制参与工程建设项目招标投标""限制参与政府采购活动""限制参与土地使用权和矿业权出让""限制参与国有产权交易活动"等在内的 38 项联合惩戒措施。

第6章

合同的商签与履行

从某种意义上说，建设工程的实施过程就是一系列合同的签订和履行过程。商签合同是整个招标投标活动的最后一个程序，是发包人和承包（供应/服务）商形成合同的标志性节点。签订合同是履行合同的基础。合同的履行是从合同签订开始，直到承包（供应/服务）商按合同规定完成并交付相应成果，且到缺陷责任期结束为止的一个更长的过程。

6.1 合同的订立

合同的订立是指缔约双方为达成合同所相互交涉的过程，以及由此而达成协议的状态。合同成立通常是订立合同的结果，而合同订立不仅包括合同成立，还包括缔约方相互磋商的动态过程，包括要约邀请、要约、反要约、承诺、订约等。

6.1.1 合同订立方式与程序

合同当事人应按照程序和规定订立合同，建设工程合同不得采用口头形式订立。

1. 订立方式

由于建设工程标的的特殊性，国家对建设工程合同进行特殊管理，而这种管理更多地体现在建设工程合同的订立上。无论从订立合同的形式、方式、订立程序方面，还是从建设工程合同的内容方面，国家都做了比较严格的规定。

《合同法》第二百七十二条规定，发包人可以与总承包人订立建设工程合同，也可以分别与勘察人、设计人、施工人订立勘察、设计、施工承包合同。

建设工程合同订立应满足下列要求：①合同订立应是组织的真实意思表示；②合同订立应采用书面形式，并符合相关资质管理与许可管理的规定；③合同应由当事方的法定代表人或其授权的委托代理人签字或盖章，合同主体是法人或者其他组织时，应当加盖单位印章；④法律、行政法规规定办理批准、登记等手续后合同生效时，应依照规定办理；⑤合同订立后应在规定期限内办理备案手续。

2. 订立程序

建设工程合同作为合同的一种，其订立也要经过要约、承诺的过程。

建设工程发包包括招标发包和直接发包两种形式。

通过招标投标订立建设工程合同，是订立建设工程合同的主要形式，也是对建设工程较为有益的形式。中标通知书发出后，建设工程合同实质上已经成立，但招标人和中标人双方还应当订立书面的建设工程合同方能生效。

直接发包是指发包人直接与承包人进行协商，在发包人与承包人意思表达一致后签订建设工程合同。这一程序和过程与其他合同订立的程序并无太大差别。

6.1.2　合同订立的基本原则

不论是订立合同、确定合同的效力，还是履行合同、变更和终止合同，还是追究当事人的违约责任，都需要遵循一些基本原则。这些原则也就是《合同法》的基本原则，主要包括：平等原则、合同自由与国家适当干预相结合原则、公平原则、诚实信用原则和合同第一性原则等。

1. 当事人地位平等原则

《合同法》第三条规定，合同当事人的法律地位平等，一方不得将自己的意志强加给另一方。平等原则体现在合同订立时，也体现在合同的履行、承担违约责任以及处理合同纠纷等各方面。

2. 合同自由与国家适当干预相结合原则

合同自由是市场经济运行的基本原则之一。《合同法》第四条规定，当事人依法享有自愿订立合同的权利，任何单位和个人不得非法干预。合同自由原则又称当事人意思自治原则，是指当事人根据自己的利益需要自主地决定是否签订合同，自主地选择缔约伙伴，自主协商合同的主要条款和解决合同争议的方式。任何一方不得将自己的意志强加给对方，任何单位和个人不得非法干预。

《合同法》第七条规定，当事人订立、履行合同，应当遵守法律、行政法规，尊重社会公德，不得扰乱社会经济秩序，损害社会公共利益。另外，《合同法》也规定了合同监督管理的内容。这些都是对国家适当干预原则的规定。

3. 公平原则

《合同法》第五条规定，当事人应当遵循公平原则确定各方的权利和义务。所谓公平原则，顾名思义，是指如何使合同确定的权利义务关系体现公正、平等或者对等的要求，不偏袒任何一方当事人。

双方当事人权利和义务的公平原则，贯穿于整个合同行为过程中。

4. 诚实信用原则

合同的签订和顺利实施是基于参与合同各方紧密协作、互相配合、互相信任的基础之上。《合同法》第六条规定，当事人行使权利、履行义务应当遵循诚实信用原则。在法律上，诚实信用原则属于强制性规范，当事人不得以其协议加以排除和规避。

5. 合同第一性原则

合同第一性原则也称当事人约定优先原则。在市场经济中，合同作为当事人双方经过协商达成一致的协议，签订合同是双方的民事行为。在合同所定义的经济活动中，合同是第一位的，作为双方的最高行为准则，任何工程问题和争执首先都要按合同解决，只有当法律判定合同无效，或争执超过合同范围时才按法律解决。在工程建设中，当事人约定与法律规定存在不一致时，遵循"法律的强制性规定优于当事人的约定，当事人的约定优于法律的任意性规定"原则。因此，合同具有仅次于法律强制性规定的优先地位。《合同法》第八条规定，当事人应当按照约定履行自己的义务，不得擅自变更或者解除合同；依法成立的合同，受法律保护。

6.1.3　招标采购合同的生效

招标投标法律规定，招标人和中标人应当依照《招标投标法》及《招标投标法实施条例》的规定签订书面合同。这是法律法规对于招标采购合同形式的强行性规定。

1. 招标采购合同必须订立书面合同

中标通知书发出后，招标人与中标人不签订合同，或者不按照规定签订合同，都将使招标失去意义。为此，《招标投标法》第四十六条规定，招标人和中标人应当自中标通知书发出之日起 30 日内，按照招标文件和中标人的投标文件订立书面合同。这是法律赋予招标人和中标人依法签订书面合同的义务。

签订书面合同，一方面可以弥补中标通知书过于简单的缺陷，另一方面可以将招标文件和投标文件中规定的有关实质性内容（包括对招标文件和投标文件所做的澄清、修改等内容）进一步明晰化和条理化，并以合同形式统一固定下来，有利于明确双方的权利义务关系，保证合同的履行。

2. 招标采购合同订立书面合同时生效

《合同法》第四十四条规定："依法成立的合同，自成立时生效。法律、行政法规规定应当办理批准、登记等手续生效的，依照其规定。"这是关于合同生效的一般规则。但由于招标定约方法的特定情况，采购合同的生效也比较特殊。

《招标投标法》第四十六条的规定表明，我国《招标投标法》对采购合同的生效问题，采取的是中标人在符合其投标的书面采购合同上签字时合同生效。这是因为招标投标程序和合同履行过程比较长，合同内容比较复杂，往来文件比较多，且招标投标过程中不允许招标人与投标人就实质性内容谈判，招标人和中标人需要通过签订书面合同确认合同内容，补充完善有关合同履行的细节，按照招标文件和中标人的投标文件订立书面合同，作为合同生效的特别要件。

3. 招标采购合同的内容不得违背招标投标本意

招标人与中标人双方签订的书面合同，仅仅是将招标文件和投标文件的规定、条件和条款以书面合同的形式固定下来。通常先由双方进行签订合同前的谈判，就投标文件中已有的内容再次确认，对投标文件中未涉及的一些技术性和商务性的具体问题达成一致意见。

因此，招标人和中标人订立的合同的主要条款，包括合同标的、价款、质量、履行期限等实质内容，应当与招标文件和中标人的投标文件一致。招标人和中标人按照招标文件和中标人的投标文件签订合同后，不得再行订立背离合同实质性内容的其他协议。

双方意见一致后，由双方授权代表在合同上签署，合同随即生效。

6.1.4　合同的谈判

谈判是指有关方面对有待解决的重大问题进行会谈。合同的谈判是一个项目执行成败的关键。合同双方都希望签订一个有利的、风险较少的合同，但在项目中许多风险是客观存在的，问题是由谁来承担。减少或避免风险是合同谈判的重点。合同双方都希望推卸和转嫁风险，所以在合同谈判中常常几经磋商，有许多讨价还价。这是在实际工作中使用最广泛也是最有效的防范风险的对策。

1. 谈判的阶段及主要内容

（1）谈判阶段划分。谈判是签订合同的前奏，招标发包的项目合同谈判一般分两个阶段。不论哪一个阶段，招标人都不得与投标人就投标价格、投标方案等实质性内容进行谈判。

第一阶段是决标前的谈判。这一阶段的谈判在业主方是通过评标委员会来完成的。

第二阶段是决标后的谈判。目的是将双方在此以前达成的协议具体化和条理化，对招标文件中未尽事宜进行协商，对全部合同条款予以法律认证，为签署合同协议完成最后的准备工作。

当然，在合同履行过程中，出现分歧或争议也可能形成双方谈判的局面，但一般来说，这时合同已经形成，要解决的问题往往是局部的或非根本性的，可以通过对合同的解释或借助第三方力量来解决。

（2）合同谈判的主要内容。合同谈判的内容因项目和合同性质、招标文件规定、业主的要求等的不同，而有所不同。

决标前的谈判主要进行两方面的谈判：技术性谈判（也叫技术答辩）和经济性谈判（主要是价格问题）。我国的招标活动中，开标后不许压低标价，但在付款条件、付款期限、贷款和利率，以及外汇比率等方面是可以谈判的。候选中标单位还可以探询招标人的意图，投其所好，以许诺使用当地劳务或分包、免费培训施工和生产技术工人以及竣工后无偿赠送施工机械设备等优惠条件，增强自己的竞争力，争取最后中标。

决标后的谈判一般来讲会涉及合同的商务和技术的所有条款，以下是可能涉及的主要内容：

1）承包内容和范围的确认。

2）技术要求、技术规范和技术方案。

3）价格调整条款。

4）合同款支付方式。

5）工期和缺陷保证期。

6）争端的解决。

7）其他有关改善合同条款的问题。

2. 合同谈判的准备与注意事项

合同谈判的准备工作一般包括：①组织精干的谈判班子；②做好思想准备和谈判方案准备；③准备资料；④安排谈判的议程。谈判议程一般是由业主一方提出，征求投标人的意见后确定的。

合同谈判的注意事项包括：

（1）机动灵活地掌握谈判进程。

（2）要善于抓住谈判的实质性问题。

（3）熟悉相关惯例。惯例多种多样，合同双方都可以用不同的惯例来说服对方，制约对方，维护自己一方的利益。

（4）言而有信，留有余地。言而有信是谈判者取得对方信任的必要条件。谈判余地的含义很广，它可以是价格调整余地，也可以是在价格之外，另外给对方一定的好处或优惠，或者是某种额外的许诺。总之要使对方看到希望。商业谈判不能背水一战。余地供谈判者在不得已时后退之用。

（5）做好记录。谈判时一般不做录音。因此，谈判时一定坚持双方均做记录，一般在每次谈判结束前双方对达成一致意见的条款或结论进行重复确认。谈判结束后，双方确认的所有内容均应以文字方式，一般是以"会议纪要""合同补遗"等形式作为合同附件，写进合同，并以文字说明该"会议纪要"或"合同补遗"构成合同的一部分。

（6）坚持"统一表态"和"内外有别"原则。

6.2 | 合同理论与激励机制设计

采用招标投标方式订立合同的，合同从招标文件的起草开始酝酿，成形于招标文件定稿。起草出甲乙双方都满意的合同，需要正确的理论指导。法学的合同法律理论和经济学的合同理论，为我们更好地拟定工程合同提供了很好的理论基础。本节主要介绍合同的经济理论。

6.2.1　合同理论对工程合同的指导

经济学门类下的合同理论也称契约理论，经历了完全合同理论和不完全合同理论两个阶段。不完全合同的假设与现实更为接近。

1. 完全合同与不完全合同

一般而言，合同经济理论研究的三个关键词可能是逆向选择、道德风险与不完全合同，所以合同理论也被理解成是研究激励、信息和经济制度的理论简称。其研究的核心问题包括：如何设计合同解决交易中的信息不对称问题；如何解决执行中的承诺问题；如何在信息不能被证实的情况下设计合同；以及在合同不能不执行的情况下如何通过制度安排提高经济和管理效率等。

至少从经济分析工具看，相对于不完全合同，完全合同理论更多地涉及逆向选择和道德风险，使用理论分析框架相对完整的委托代理模型。完全合同研究主要使用各种博弈均衡对应的机制设计概念，而不完全合同研究主要关注事前效率与事后效率的问题。

完全合同理论假设，合同是在有序的、不混乱、没有外来干扰的情况下履行的。它具体表现在：合同条款在事前都能明确写出，在事后都能完全执行；当事人还能准确地预测在履约过程中所发生的不测事件，并能对这些事件做出双方同意的处理；当事人一旦订立合同，就必须自愿地遵守合同条款，即使发生争议，也能有第三者（如法院）等强制执行合同条款。实际上，这种假设的前提使得合同管理的重心移到了事后监督方面。

不完全合同理论的假设与完全合同理论相反，它认为，由于人的有限理性，外部环境的复杂性、不确定性，信息的不完全和不对称性，合同当事人无法证实或观察到一切状态，以及合同使用语言的模糊性，就造成合同条款的不完整性，因而就需要设计不同的机制，以处理合同条款的这种不完整性，以及处理由不确定性引发的有关合同条款带来的问题。不完全合同不能完备地规定出各种或然状态下的权责，而主张在自然状态实现后通过重新谈判来解决，因此管理重心就在于对事前的权利（包括再谈判权利）进行机制设计或制度安排。

一般而言，只要未来存在合同的签订各方需要根据当前状态对合同内容进行修正或重新协商的可能性，所签订的合同就是不完全合同。因此，实际签订的合同往往不是完全合同。

2. 契约的不完善性与自动实施契约

现代合同理论认为，存在一种现实约束条件下的最优契约，通常这不是帕累托最优契约，而是一种次优的（即现实中最优的）契约。一个最优契约要满足以下条件：①要求委托人与代理人共同分担风险；②能够利用一切可能利用的信息；③在设计机制时，其报酬结构要因信息的性质不同而有所不同，委托人和代理人对未能解决的不确定性因素和避免风险的程度要十分敏感。

研究认为，由于人的理性是有限的，对外在环境的不确定性是无法完全预期的，不可能把所有可能发生的未来事件都写入合同条款中，更不可能制定好处理未来事件的所有具体条款。再加上还存在着交易成本这一因素，人们签订的合同在一些重要方面肯定是不完全的。缔约各方愿意遗漏许多意外事件，认为等一等、看一看，要比把许多不大可能发生的事件考虑进去要好得多。因此，不完全合同是客观存在的。

研究认为，现代合同存在着自动实施契约的机制。所谓自动实施契约，是指契约当事人依靠日常习惯、合作诚意和信誉来执行契约，这并不排斥法院在履行契约中的强制作用。尽管在执行契约中有可能不通过法院强制执行，但法律的威慑作用还是很重要的。在契约自动实施的过程中，声誉起了很大作用。比如，一个企业履约的情况被该行业中的其他企业或代理人时刻观察着，当知道他不履约行为时，很多企业就会远离这个企业。这个过程被称作契约履约的可观察性或可证实性。这种契约之所以自我实施，其原因被认为是市场力量在起作用。

3. 合同理论在工程管理中的应用

建设工程是一种未来的复杂交易活动。从业主开始招标，到承包商前来投标，从现场考察到标前答疑，在合同双方签约前，有关合同签订的信息既不完整，也很可能不对称。如何通过合同设计来解决这些矛盾，则是合同前期管理的重要内容。在双方签约后履约阶段，由于工程实施时间长，因此完成此类合同交易的时间也就很长，所处的自然环境、社会环境等就可能会出现很大的变动，这样就使得双方的履约过程处于不确定的外部环境中；同时由于工程本身可能需要的变更，导致合同的安排需要调整，这样就可能出现合同的各类重新谈判和补充规定；另外由于合同双方利益的不同，随着实施阶段自然状态的实现，合同双方不可避免地会出现各类投机行为，如敲竹杠等。

对于敲竹杠，由于合同本身固有的"不完全性"，合同规定是不能解决一切问题的，因此还需要一些其他管控手段和治理机制。对业主来说，采取评标标准设定、信誉评价机制、黑名单制度等，来避免或约束合同履约中的投机行为；对于承包商来说，投标前要对业主及其工程监理的信誉或专业水平有一个判断，以避免业主方对自己的敲竹杠。但反过来，任何制度安排或管理手段又涉及可操作性以及成本问题，因此，如何有效地避免敲竹杠，使履约顺利进行，也正在成为理论界关注和研究的一个重要问题。

从行为视角来看，业主在招标时的合同策略，承包商在投标时对合同条件，尤其是风险分担的理解，以及双方的道德风险，都会对工程项目履约绩效产生很大的影响。

4. 合同要为项目组织目标服务

只有合同的设计能够实现激励相容，才能使合同各方在履约过程中为实现项目整体目标进行方向一致的努力，从而降低交易成本，提高项目绩效。

传统的业主和承包（供应/服务）商的关系是"冲突型"的。它把项目组织当成一种市场，市场中业主寻求最大限度地提高承包商绩效和以最低的价格获得最佳的产品；承包商则寻求在获得最大利润和交付业主希望的产品的同时使风险最小。

现代的观点认为，工程项目组织是一种临时性的组织，在这个临时性组织中，项目业主以合同为纽带通过分配资源来实现他们的发展目标。对于其他参与项目的组织来说，他们接受了合同即成为"雇员"。通过项目合同，业主要把这些"雇员"的目标与他们自己的目标挂上钩，需要对这些"雇员"进行奖励。

项目组织的根本目标应该是通过合同创造一种合作的系统，在这个系统中的个体以一种理性的方式一起工作，来达到一个共同的（业主）目标。

5. 合同治理结构需适应项目目标

合同可以有三种主要功能：①工作传递，即定义一个单位要为另一个单位做的工作；②风险传递，即定义一个单位分担工作里附带的风险；③动机传递，即为合同各方灌输动机。理想情况下，合同应该和发包人的动机相匹配。

业主通过合同手段，将参与项目建设的各企业在平等互利的基础上有机地联系起来，合同承载着实现建设目标的使命。因此，合同治理结构应该与项目组织目标保持高度一致性。特纳（J. Rodney Turner）认为，治理结构的复杂度应与项目交易的复杂度相匹配。

合同治理结构可以认为是用来协调合同中不同利益相关者之间的利害和行为关系的制度安排。合同治理结构决定合同为谁服务（目标是什么）、由谁控制、风险和利益如何在各个利益集团中分配等一系列根本性问题。

工程项目的渐进明晰性和执行过程所包含的不确定性，决定了合同内容的风险性和或然性（不确定性）。因此，为了提供适度的奖励，项目合同不仅需要识别项目风险，而且需要包括合适的保障措施来保护承包（供应/服务）商。在可以预见的风险范围内，项目合同的设计应该鼓励业主和承包（供应/服务）商开展理性的合作，共同达到他们的目标和双方受益的最大化。

合同战略不仅需要提供奖励和保障措施来处理提前预想到的风险，还必须有足够的灵活性来处理没有预测到的情况。也就是合同需要提供一种灵活的、有远见的非事后治理结构。

6.2.2　合同的激励机制设计

激励机制是指委托人通过特定的方式和各种激励手段诱使代理人按照委托人的意愿行事的一种机制。激励最有效的途径是通过合同设计实现的。

1. 合同的激励机制

合同的激励机制就是充分利用承包商追求最大利润的心理特点，鼓励承包商在最大限度上接受业主的项目目标，从而营造相互合作的文化氛围，促使双方共同努力为项目创造价值。激励机制的设计需要从内容、过程及激励强度角度分析。

（1）内容性激励。内容性激励研究就是研究究竟何种需要激励着人们从事自己的工作，其中具有代表性的是马斯洛（Abraham Harold Maslow）的需要层次理论及阿尔德佛（Clayton

Alderfer）提出的 ERG（存在、关系和成长）需要理论。承包商同样存在各种需求，如企业生存、发展、信誉等，因此内容性激励就是业主通过满足承包商的某些需求来激励承包商的积极行为。

（2）过程性激励。过程性激励研究主要回答的是激励是如何发挥作用的问题。其中弗鲁姆（Victor H. Vroom）的希望理论最著名。弗鲁姆认为，一种激励因素的作用大小取决于两个方面：一是人对激励因素所能实现的可能性大小的期望；二是激励因素对其本人效价的大小。激励力量＝期望值×效价。因此，业主应设计适宜的激励目标，并明确激励目标与激励的关系，从而最大限度地调动承包商的积极性。

（3）激励强度。激励强度是指激励的方向及其量的大小，体现的是对承包商效用满足和利益"刺激"的强度。研究表明，正面激励能够改进项目绩效，负面激励可能降低项目绩效；工程合同激励方案应提供足够的激励强度，超量激励和不足量激励都起不到激励的真正作用。

在工程实践中，各种激励机制的设计、应用，需要满足承包商的两个约束：参与约束与激励相容约束。参与约束意味着承包商从接受激励措施中得到的期望收益，不能小于没有激励措施时所能得到的最大期望收益，包括有形收益和无形收益；激励相容约束就意味着承包商从努力工作中所获得的收益必须最大化，这样承包商就不会存在选择机会主义行为的内在动机了。

合同激励通常有两种方式：一种是合同计价结构采用了激励合同结构，称结构激励型合同，如目标激励合同、保证最高价格激励合同等；另一种是在合同条件中设计激励的条款，称条款激励型合同。

结构激励型合同属于成本激励（目标成本、目标酬金、分享节余），其核心问题有三方面：①合理确定目标成本；②准确识别风险和分摊风险；③严格考核实际发生的成本。否则就会出现合同"激励失灵"的现象。

条款激励型合同，其激励内容包括工期激励（提前奖励、误期处罚）、绩效激励（质量、安全或其他）以及综合激励，必须做到承包商从努力工作中所得到的期望收益是最大的，要大于以质量欺骗等机会主义行为所获得期望收益，这样承包商就没有选择机会主义行为的内在动机了。若合同达不到这样的激励水平，就会出现"激励失灵"。

2. 非赌注性质的奖励

威廉姆森（Oliver Williamson）提出，为了提供非赌注性质的奖励，项目合同需要处理好三个关系：

（1）奖励：激励承包商分担业主的目标和任务的奖励。

（2）承担相应的风险。

（3）安全保障：由项目业主通过合同提供一些旨在保障承包商免受风险损失的措施。

如果不存在风险就没有必要采取任何的安全保障，同时奖励也会比较低。有的时候，业主只提供一些针对极端项目风险的安全保障。对那些不确定性较低的项目风险，可由承包商来承担，但是对于那些极端的风险事件，业主必须承诺支付给承包商风险保障。在业主承诺给予承包商风险保障的情况下，项目的奖励一定会少于没有任何安全保障的情况。

奖励和安全保障只能针对可以预见的风险。如果能够被正确地应用，项目的参与者应该为了一个共同的（业主的）目标而理性地去行动。

3. 灵活的、有远见的非事后治理结构

合同必须有足够的灵活性来处理没有预测到的情况，正确的处理方法是通过相互的协商和合作来实现。这就是所谓的灵活的、有远见的非事后治理结构：①通过相互协商而允许修改合同；②提供沟通的结构来识别项目如何进展以及识别一些可能产生的问题，这就可以用一种相互合作的方式来解决项目出现的问题；③通过持续奖励承包（供应/服务）商去达到项目业主的目标；④确保使每一方都感到没有必要付诸法律（因为这是一个必然双输的结果，只不过赢家比输家损失的少一些而已）。

威廉姆森提出用四个要素数来描述一个项目合同形式所提供的灵活、有远见和非事后治理的能力：①奖励幅度；②双方适应的容易程度；③对控制的依赖程度（交易成本）；④对司法的依赖程度。

6.3 | 项目合同的类型

项目的条件和交易内容不同，要求合同的类型往往也不同，合同类型的选择要考虑采购的性质、风险和复杂性，以及物有所值。

6.3.1 合同体系

站在建设项目的角度，为了实现项目总目标，业主必须按照项目任务的结构分解签订许多主合同，这就构成了合同体系的第一层次。承包商为了完成他的承包合同责任也必须订立许多分合同，承包商与分包商等订立的主合同构成了这个合同体系的第二层次，而分包商的主合同则构成了这个合同体系的更低层次。这些合同从宏观上构成建设项目的合同体系。从微观上每个合同都定义并安排了一些项目活动，共同构成项目的实施过程。

1. 合同分解结构

在项目实施前，按照一定的标准，对拟签订的合同进行逻辑分类，每一类合同再进行合同分解，称为合同分解结构。

合同分解结构往往被划分为自上而下的三层，即合同类型、特定合同以及合同分项。合同类型是具有共同特征的合同所形成的种类；第二层特定合同指的是在某一类型合同的前提下，具体拟签订的每一份项目的合同；合同分项是合同工作内容和范围的再分解，分包合同也可以当作合同分项处理。

在项目中合同体系的建立和协调是十分重要的。项目的合同体系在项目管理中也是一个非常重要的概念。它从一个重要角度反映了项目的形象，对整个项目管理的运作有很大的影响：①它反映了项目任务的范围和划分方式；②它反映了项目所采用的管理模式；③它在很大程度上决定了项目的组织形式。

2. 法律区分的合同类型

《合同法》分则基于标的给付的性质不同，规定了 15 类基本合同类型，分别是：买卖合同，供用电、水、气、热力合同，赠与合同，借款合同，租赁合同，融资租赁合同，承揽合同，建设工程合同，运输合同，技术合同，保管合同，仓储合同，委托合同，行纪合同和居间合同。

勘察设计合同、施工合同是建设工程合同中的具体类型，也属有名合同。

项目建设中还会涉及其他法律规定但《合同法》没有规定的有名合同，如：《保险法》规定的保险合同；《担保法》规定的保证合同、抵押合同和质押合同；《物权法》规定的建设用地使用权出让合同、建设用地使用权转让合同等。

3. 主要合同关系

在一个项目中，相关的合同可能有几份、几十份，甚至上百份，这些合同之间既相互独立，又相互联系，形成一个复杂的合同网络。在这个合同网络中，工程施工合同处于主导地位，联结着业主和承包商这两个最主要的节点。

业主作为工程、货物或服务的买方，根据对项目的需求，确定项目的整体目标。这个目标是所有相关合同的核心。要实现项目目标，业主需要将项目的投资咨询、勘察设计、施工、设备和材料供应等工作委托出去，需要与有关单位签订如下各种合同：土地征用合同、房屋拆迁合同、土地使用权出让合同、咨询委托合同、监理委托合同、勘察设计合同、（设备、材料）买卖合同、工程施工合同、借款合同。

承包商是工程施工的具体实施者，是任何建筑工程项目中都不可缺少的角色。承包商通过投标接受业主的委托，签订工程施工合同，要完成施工合同的任务，包括由工程量表所确定的工程范围的施工、竣工和保修，为完成这些工程提供劳动力、施工机械、材料，有时也包括设计。任何承包商都不可能也不必具备所有的专业工程的施工能力、材料和设备的生产和供应能力，他同样必须将许多专业工作委托出去。所以承包商常常又有自己复杂的合同关系：专业（劳务）分包合同、（设备、材料）买卖合同、运输合同、承揽合同、租赁合同、保险合同。

4. 合同的生命期

不同种类的合同有不同的委托方式和履行方式，它们经过不同的过程，就有不同的从合同成立、生效到合同终止的生命期。以工程施工合同为例，施工合同生命期如图6-1所示。

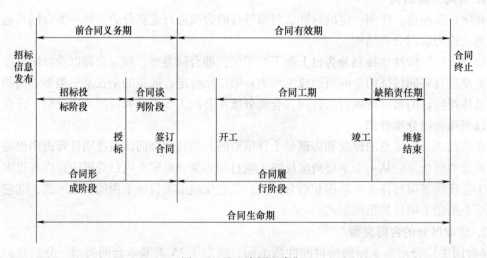

图6-1 施工合同生命期

6.3.2 建设工程合同的特征与分类

建设工程合同是《合同法》中确定的一种合同类型，是指承包人进行工程建设，发包人支付价款的合同。"承包人"是指在建设工程合同中负责勘察、设计、施工任务的一方当事人；"发包人"是指在建设工程合同中委托承包人进行勘察、设计、施工任务的业主。在建设工程合同中，承包人的最主要义务是进行勘察、设计、施工等工作，发包人的最主要义务是向承包人支付相应的价款。

1. 建设工程合同的特征

从合同理论上说，建设工程合同是由承揽合同发展而来的，是广义承揽合同的一种。在《合同法》中，把它作为一类合同单独规定。但考虑到建设工程合同毕竟是从承揽合同中分离出来的，《合同法》规定，建设工程合同中没有规定的，适用承揽合同的有关规定。

《建筑法》《合同法》《招标投标法》等健全了建设工程合同制度，确立了承包主体必须是具有相应资质等级的单位的制度、招标投标制度、建设工程合同应当采用书面形式制度、禁止违法分包和转包制度、竣工验收制度、承包人优先受偿权制度等，明确了合同各方当事人的法律地位和权利、义务、责任，对提高建设工程质量起到了极大的推动作用。

建设工程合同具有承揽合同的一般特征，如：建设工程合同是一种诺成合同，合同订立生效后双方应当严格履行；建设工程合同也是一种双务、有偿合同，当事人双方在合同中都有各自的权利和义务，在享有权利的同时必须履行义务。但是，《合同法》既然将其与承揽合同区分开来，必有其特殊性。

建设工程合同的主要特征是：

（1）建设工程合同的主体只能是法人，而且必须是具有某种资格的法人。

（2）建设工程合同标的仅限于建设工程，即指比较复杂的土木建筑工程，其工作要求比较高，而价值较大。

（3）国家管理的特殊性。国家对建设工程不仅进行建设规划，而且从建设工程合同的订立到合同的履行，从资金的投放到最终的成果验收，都受到国家严格的管理和监督。

（4）建设工程合同具有次序性。例如，国有投资项目未经立项、没有可行性研究，就不能签订勘察、设计合同；没有完成勘察设计工作，就不能签订施工合同等。

（5）建设工程合同为要式合同。建设工程合同应当采用书面形式，不采用书面形式的建设工程合同一般不能有效成立[⊖]。

2. 建设工程合同的分类

建设工程的进行具有一定的顺序性，前一个过程是后一个过程的基础和前提，后一个过程是前一个过程的目的和结果，各个阶段不可或缺。按照现行管理体制，建设工程合同可分为：

（1）勘察合同。

（2）设计合同。

（3）施工合同。

（4）监理合同。

以上四种建设工程合同，在习惯上，勘察、设计往往结合在一起，称为工程勘察设计合同。

⊖ 这里所说不能有效成立，是指建设工程合同未采用书面形式不生效，当事人无义务履行。但是，现实中存在虽未采用书面形式订立建设工程合同，但当事人已经开始履行的情况。《合同法》第三十六条规定，法律、行政法规规定或者当事人约定采用书面形式订立合同，当事人未采用书面形式但一方已经履行主要义务，对方接受的，该合同成立。

监理合同本质上属于委托合同，但因《合同法》在建设工程合同分则规定："建设工程实行监理的，发包人应当与监理人采用书面形式订立委托监理合同。发包人与监理人的权利和义务以及法律责任，应当依照本法委托合同以及其他有关法律、行政法规的规定"，监理合同在最高人民法院《民事案件案由规定》中归入建设工程合同纠纷项下，故本书也依此归类。

6.3.3　根据付款条件区分的工程合同类型

合同付款条件，或称合同支付条件、合同价格形式，是指业主在向承包（供应/服务）商支付合同价款时，控制最终结算价款的方式。根据付款条件，建设项目常见的合同类型有总价合同、单价合同、成本补偿合同、基于绩效的合同、基于时间的合同等。

1. 总价合同

总价合同（lump-sum contract）也称总价包干合同。在总价合同下，承包（服务）商同意按照固定的合同金额执行服务范围内的工作。付款的百分比或金额与完成合同的里程碑挂钩，或确定为需要做的工作价值的百分比。

总价包干合同可适用于：①在招标时，采购活动的范围可清楚地、准确地规定，可与付款里程碑挂钩（例如简单的土建工程、有明显定义的可交付成果的咨询服务）；②"交钥匙"合同，承包商负责提供已完成的工程、成套设备，或已建立的信息技术解决方案，并且按照合同的里程碑以总价包干为支付基础。

在施工合同中，总价合同一般定义为：合同当事人约定以施工图、已标价工程量清单或预算书及有关条件进行合同价格计算、调整和确认的建设工程施工合同，在约定的范围内合同总价不做调整。合同当事人应在专用合同条款中约定总价包含的风险范围和风险费用的计算方法，并约定风险范围以外的合同价格的调整方法，其中因市场价格波动引起的调整或因法律变化引起的调整按合同相应条款约定执行。对于施工合同，建设规模较小，技术难度较低，工期较短，且施工图设计已审查批准的建设工程可以采用总价合同。

2. 单价合同

单价合同（admeasurement-contract based on unit prices）也称基于单价的计量合同，或估计工程量单价合同，是以每个具体支付项目的估计数量和合同的单价为基础订立合同，按照实际完成的数量和合同的单价实际支付。

工作的性质明确，但其数量无法在施工前合理准确地确定的工程，适用这种合同。对已知所需的数量，要求投标人提供单价的货物和非咨询服务也适用于这种合同。

在施工合同中，单价合同一般定义为：合同当事人约定以工程量清单及其综合单价进行合同价格计算、调整和确认的建设工程施工合同，在约定的范围内合同单价不做调整。合同当事人应在专用合同条款中约定综合单价包含的风险范围和风险费用的计算方法，并约定风险范围以外的合同价格的调整方法，其中因市场价格波动引起的调整按合同相应条款约定执行。对于施工合同，实行工程量清单计价的，应采用单价合同。

3. 成本补偿合同

成本补偿合同（reimbursable-cost contracts）也称费用报销合同或成本加酬金合同，这类合同付款涵盖所有实际开支成本，加上事先同意支付的管理费和利润。成本加酬金合同根据合同约定的成本与酬金的形式不同，有多种应用形式，如成本加固定酬金合同、成本加定比酬金合同。

保证最高成本加酬金合同（也称规定了目标造价的成本加酬金合同，或保证最高价格合同）是成本加酬金合同的一个变形。在这种类型的合同中，业主和承包商达成协议，项目花费业主的费用将不能超过一个事先设定的价格，即保证最高价格。承包商按成本加酬金合同开展项目。在原定的工程范围内若超出此最高价格限额时，超过部分由承包商负担。在一些保证最高价格合同中给出了一种节约分成条款，即如果项目花费业主的成本少于保证最高价格，业主和承包商可以分享实际成本和最高保证价格之间的差额部分，典型的分法是五五分成。

成本补偿合同适用于紧急修复和维护工作，施工技术特别复杂的建设工程有时也采用，但须最大限度地减少业主的风险：①承包商保存所有的记录和账户，供业主或商定的中立的第三方检查；②合同包含适当的激励措施来限制成本。

4. 基于绩效的合同

基于绩效的合同（performance-based contract）付款不依据投入而依据在质量、数量和可靠性方面满足功能需求的可计量的产出。

基于绩效的合同适用于：①承包商在规定的期限内修复、运行和维护道路；②在产出支付的基础上提供非咨询服务；③以功能性运行为支付基础的设施的运行。

5. 基于时间的合同

基于时间的合同（time-based contract）的付款依据商定的费率和所花费的时间再加上合理发生的可报销费用的开支。

这种类型的合同安排适用于：①紧急情况及修理与维护工作；②很难确定或固定服务范围和持续时间的咨询服务（例如：复杂的研究、施工监理、顾问服务）。

这种类型的合同不适用于货物或成套设备。

6.4 合同编制的基本原理

业主在采购过程中建立合同，把项目建设目标合理分解到各个合同，并转化成明确的交易目标或合同目标。具体合同的合同条件的详细程度取决于合同的风险和复杂性。编写的合同条款应符合适合用途的宗旨，合理分配各方的风险、义务、角色和责任。

6.4.1　与合同文本有关的几个概念

工程建设合同要求以书面形式出现。制定合同文本是一项重要的工作。在此，有四个互有区别的概念，需要搞清楚。

1. 合同文件

合同文件是指招标项目从发布招标公告起，至项目完工移交后，缺陷责任期结束为止的全过程中，业主和承包（供应/服务）商之间涉及项目的全部有文字记录的往来文件，大至成套的招标文件、设计图，小至材料验收凭证、往来函电，都包括在内，实际就是记录项目实施过程的全部档案。一旦发生合同纠纷，可从中查找处理所需要的凭证。

2. 合同条件

合同条件是指合同中所包括的经双方协商达成一致的有关详细规定，包括合同双方的权利和义务、与合同有关人员的职责，以及合同的管理程序等，也称为合同条款。

业主提出的主要合同条件是招标文件的重要组成部分。

3. 合同协议

合同协议是中标的承包（供应/服务）商与业主签订的明确合同标的及双方权利、义务的简明文件，它起着承包合同纲领的作用。业主在中标通知书中要求承包（供应/服务）商签订合同，就是要签署这一合同协议，并确认作为协议组成部分的中标通知书、投标文件、合同条件、技术说明书等一系列文件。只有签订了合同协议，业主和承包（供应/服务）商之间的合同关系才算正式确定，也就是为法律所承认。

4. 合同文本

合同文本是将双方达成合意的条款，通过记录、编写而形成的书面文件，是以载明合同协议、合同条件及协议所列其他文件的全套文书，也就是合同内容的载体。

合同文本有正本、副本之分。正本由合同当事双方各持一份，副本份数及持有者由合同条件规定。

6.4.2 合同要能满足交易需求

民商法中的合同是一种反映民事利益交易需求的法律形式。这种交易需求本质上是双方当事人一种利益互换的外在表现形式。

1. 以交易需求为目标导向编制合同

所谓目标导向，是指分析工作应该实现的目标以及要实现这一目标所必须完成的工作内容，并通过实体及程序的安排去尽可能实现这一目标。

（1）合同编写的目标。合同首先属于商务行为，已完成起草、审查的合同文本，应在合理范围内实现以下目标：①满足合同交易事项的交易需求；②保障委托人实现其合同利益；③防范和控制委托人的法律风险。这是对合同编写的基本目标要求。

（2）交易需求。交易需求包括了交易目的和交易条件。

交易目的是当事人进行交易的真实动机，这种真实动机如果在合同中有所反映则以合同目的的形式体现，否则有可能与合同中显示的合同目的不同。交易目的大多数情况下以合同目的的形式体现在合同中。不同的交易目的有着不同的合同权利义务取向。

交易条件是指能够对市场交易产生实质影响的因素，包括价格、数量、品质、付款条件、交付方式、售后服务等。

2. 合同目的

"合同目的"在我国《合同法》及其司法解释中出现十余次之多，但其内涵并未被界定，在学术界较为通用的观点为，合同目的是指当事人订立合同所希望达到的经济或社会的效果，是当事人的预期和愿望，即当事人的内心意思。合同目的是合同当事人意思表示的核心之所在，合同全部条款均基于实现合同目的而得以组织和建构。

合同目的条款属于一份合同的总则性内容，当事人对此如有约定，多规定于合同之首部，一般是专门设定一条名为"合同目的"或"交易目的"的条文，具有对合同法律关系性质的判断作用、对合同条款的统摄作用及漏洞填补作用。但在缔约时，常常为当事人忽略。

3. 书面合同的使用功能

依照法律规定，建设工程合同必须使用书面形式。从使用功能来看，书面合同的使用功能主要有以下几种：

（1）固化约定内容。

（2）保留交易证据。

（3）具备形式要件。

（4）固化权益平衡。

（5）增强可预见性。

（6）确保交易安全。

6.4.3 合同的构成

对于合同到底由哪几部分组成目前没有定论。根据《合同法》第十二条的规定，合同一般具备当事人的名称或者姓名和住所、标的、数量、质量、价款或者报酬、履行期限地点和方式、违约责任、解决争议的方法这八个主要内容。这些属于最为基本的合同条款，缺少任何一个都会给履行结果带来不确定性。

1. 合同结构划分

单纯从结构来看，合同分为首部、正文、尾部、附件四个组成部分，有的甚至没有附件，只有三个组成部分。

（1）合同首部。合同首部，也称合同序文，包括合同正式条款之前的所有内容。大多由合同双方身份、项目名称、合同引言三个部分组成。

也有一些合同会在引言中开宗明义地讲明签订合同的目的，或者借此言明签订合同的前提条件等内容。

（2）合同正文。合同正文即合同内容或合同条款，包括从第一个条款到最后一个条款的所有内容，一般用有规律的序号加以编排，围绕交易设定双方的权利义务体系及内容。

实际交易中的合同条款都是从《合同法》第十二条提示的基本条款演变形成，绝大多数合同需要结合实际情况扩展这些基本条款，通过对这些基本条款的明细化、具体化等方式，以增加合同的复杂程度为代价提高权利义务的明确程度，以适合实际需要。

（3）合同尾部。合同尾部或称合同结尾，包括合同正文结束后的所有内容，主要有合同各方的签署栏、附件清单、声明与承诺等内容，但不包括附件本身。根据不同的需要及习惯，签署栏的内容有多有少但大多包括了签署人签字、单位盖章、当事人通信地址、开户银行及账号、签订时间等信息。

（4）合同附件。合同附件一般均在合同尾部之后，但其清单一般列举在合同尾部甚至正文之中，因此附件本身有时无须签署。附件是合同的组成部分，与合同其他条款一样具有法律效力。

合同附件的作用主要有两个：①以其内容证明当事人的身份、经营资格等；②用于说明交易内容的细节等。

2. 合同条款功能模块

如果通过合同的各种表象看本质，不同形态的合同存在着同样的本质性规律，合同具有四大基本功能，分别是：锁定交易平台、锁定交易内容、锁定交易方式、锁定问题处理。

（1）锁定交易平台功能。这一功能用于建立合同主体、合同本身基本秩序方面的规则，主要回答谁和谁、应当具备什么资格，以及合同本身基本规则方面的问题。体现这一功能的主要内容有：①合同所属类型、名称；②交易各方的名称、基本情况描述；③签订及履行合同的资格要求；④合同目的描述；⑤合同中术语的定义；⑥合同生效的条件、失效的条件；

⑦合同本身的份数、各方持有数量；⑧合同附件的份数及页数等。

通过这些内容，可以解决合同当事人身份及合同本身基本规则问题，但不涉及交易内容、交易程序及问题处理，因而只是一个"载体"。

（2）锁定交易内容功能。这一功能是锁定交易的具体内容，即合同双方"做什么"。这一功能主要解决如下问题：①所要交易的内容是什么；②交易内容的质量标准；③交易内容的规格、数量、计量单位等；④单价及总价，以及价格中包括哪些内容；⑤附属的备品备件，或附加的其他服务；⑥是否提供资料、培训；⑦知识产权及其许可、转让等。

合同的这一功能所解决的是静态的交易内容及其标准，并不涉及如何完成交易。

（3）锁定交易方式功能。这一功能是锁定交易的完成程序、确保交易的实现，解决"怎么做"的问题。合同这一功能的每一环节，往往都会涉及交易成本及交易风险承担，其目的是明确各自所需要的产品或服务以何种形式实现。主要解决如下问题：①产品或服务提供的时间、地点、批次及每批数量；②装卸方式、运输方式、储存方式、保险及费用承担方式、交接方式；③说明资料、备品备件的提供方式；④对质量、数量、规格验收的标准及程序，包括异议的方式、程序；⑤结算费用类别、程序、付款方式及期限、发票种类及提供方式；⑥售后服务的内容、期限、标准、提供方式、费用承担；⑦履行的担保方式、种类、范围、期限；⑧双方的指定联系人、指定的联系方法；⑨通知与送达的方式、方法；⑩包装物或周转用品的承担及回收方式；⑪双方对合同履行的其他特别约定。

（4）锁定问题处理功能。前面的三个功能已经足够保障合同的正常履行，但履行中很可能出现非正常情况并影响交易实现，如何解决这些问题，就是合同条款的第四个功能，即锁定"出了意外怎么办"。

这个最后的功能主要内容包括：①违约行为范围；②特殊情况范围；③双方责任范围；④责任承担方式。

6.4.4 合同对风险的分配

风险是指不确定性对目标的影响。影响可能是偏离预期，包括正面的或负面的，正面影响往往是机遇，负面影响往往是威胁。合同的目的就是为了确立各方的权利、义务与职责，并在各方之间分配风险、预设风险控制措施。

1. 合同风险的基本含义

对于合同风险，业界主要有两个理解：一是指合同中的以及由合同引起的不确定性（对项目目标的负面影响），这是合同风险的广义含义，实际上包括了由合同所定义的工程项目风险的全部；二是指由合同引起的不确定性对项目目标的负面影响，这是合同风险的狭义含义，是建设工程活动中所涉及的与建设工程合同有关的风险，而不是指建设工程活动中的一切风险。合同中分配的风险是指前者。

2. 合同风险的构成要素

风险的基本构成要素包括风险因素、风险事件、风险结果以及三者的关系。

风险因素是指能够增加或引起风险事件发生频率和大小的原因或条件，它是风险事件发生的潜在原因，是风险形成的必要条件。根据其性质，通常把风险因素分为实质性风险因素（如由于不可抗力导致合同之不能履行）、道德风险因素（如当事人之欺诈行为而使合同无效）和心理风险因素（如合同管理人员之疏忽导致合同上的漏洞）。心理风险因素偏向于人的无意或疏忽，而道德风险因素强调的是人的故意、不良企图或恶行。

风险事件是风险因素没有有效控制从而导致风险结果的某一类情形的发生或变化，它是风险存在的充分条件，是风险由可能性转化为现实性的媒介，这个在风险中占核心地位。建设工程合同风险中的风险事件一般表现为合同的不履行、不完全履行以及瑕疵履行等。

风险结果是风险事件对目标引起的客观影响后果。建设工程合同风险中的风险结果一般是指负面影响或称损失，是合同主体非故意的、非计划的、非预期的影响或损失。

风险因素、风险事件和风险结果三者之间是紧密相关的。风险因素引发风险事件，风险事件导致损失，产生实际结果与预期结果的差异，这就是风险。

3. 合同风险的特征

风险的特征是指风险的本质及其发生规律的表现。建设工程合同风险有以下特征：

（1）建设工程合同风险既有合同工程风险又有合同信用风险。合同工程风险是指客观原因和非主观故意导致的，如工程进展过程中发生不利的地质条件变化、工程变更、物价上涨、不可抗力等。合同信用风险是指主观故意原因导致的，表现为合同双方的机会主义行为，如业主拖欠工程款，承包商层层转包、非法分包、偷工减料、以次充好、知假买假等。

（2）建设工程合同风险属纯风险。纯风险有时称作静态风险，该风险没有潜在的收益，这类风险通常是由事故或技术失误而导致的。合同风险事件主要是合同的不履行、不完全履行或者瑕疵履行等，无论哪一种情形，合同当事人都不可能从这些风险事故中获得利益，而只有损失的可能。

（3）建设工程合同风险中既有财产风险，又有人身风险和责任风险。

4. 合同类型与风险

工程建设合同通过明示和隐含条款在合同各方之间进行了风险分配。但是，不同合同其风险分配差别很大。图 6-2 定性描述了目前建筑业常用的合同中各方承担风险的情况。

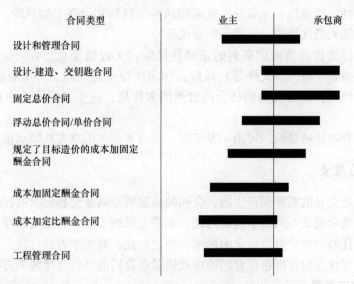

图 6-2　各类合同的风险承担情况

从图 6-2 中可见，固定总价合同承包商承担了大部分风险，业主承担较少风险，而成本加酬金合同正好相反。事实上，业主和承包商在两种合同类型（固定总价合同和成本加酬金合同）中的理论合同风险分布正处于最高和最低两头。

风险分配主要决定因素是度量成本和风险的信息的可获得性。为了同时降低双方的风险，一份合同应当尽可能多地提供有效信息。在最大信息条件下固定总价合同是可行的，因为此时成本估算较为准确；而在最小信息条件下就只有采用成本加酬金合同。

5. 施工合同风险分配

对合同双方来说如何对待风险是个战略问题。从总体上说，在合同中决定风险的分担，业主起主导作用，但业主不能随心所欲。国际工程专家告诫：业主应公平合理地善待承包商，公平合理地分担风险责任。合同中的苛刻的、不平衡条款往往是一个"双刃剑"，不仅伤害承包商，而且会伤害业主自己。

风险分配应遵循以下基本原则：

（1）工程参与各方的责、权、利平等、互利与均衡。

（2）责、权、利的分配应与建设目标和特点相匹配。

（3）从项目整体效益出发，制定的责、权、利应最大限度地调动建设参与各方的积极性。

（4）合同责、权、利的分配应符合惯例，能有利于降低工程造价、有利于合同履行、有利于风险有效控制与防范。

（5）业主承担风险管理的监管与决策责任。不同工程建设阶段中，工程建设执行方负责风险管理的实施，对工程建设期的风险承担合同规定的相应责任。

从上述原则出发，最合理和节约项目成本的合同，应该是根据项目具体情况，将每一风险分摊给最有条件管理和设法将风险减少到最低程度的一方。一般地，合同双方各自承担自己责任范围内的风险，对于双方均无法控制的自然和社会因素引起的风险则由业主承担。

按照惯例，承包商承担对招标文件理解、环境调查风险，报价的完备性和正确性风险，技术方案的安全性、正确性、完备性、效率的风险，材料和设备采购风险，自己的分包商、供应商、雇用工作人员的风险，进度和质量风险等。

业主承担招标文件及所提供资料的正确性风险，工程量变动、合同缺陷（设计错误、图纸修改、合同条款矛盾、二义性等）风险，国家法律变更风险，一个有经验的承包商不能预测的情况的风险，不可抗力的社会或自然因素作用，业主雇用的监理和其他承包商风险等。

物价风险的分担比较灵活，可由一方承担，也可划定范围双方共同承担。

6.4.5 合同的质量

合同是为满足交易的需要而产生的，合同的质量就是满足交易需求的程度。谈合同的质量问题，实际上是合同文本的质量高低问题，本质上反映了起草者的工作经验、业务素质以及工作态度、责任心，缺少可定量化的标准。即便如此，有关学者通过研究，从共性规律的角度总结出合同定性评价标准包括合同的内在质量和合同的外在质量两个方面。

1. 合同的内在质量

合同的内在质量是指合同条款在实体及程序方面与法律规定、交易目的的符合程度。它以实现交易目的为核心，通过提高交易安全度，以合法化的安排保证合同不因法律问题而无法实现交易目的，并保证在发生意外时能够通过司法救济手段获得足够的赔偿。内在质量可分为与法律规定密切相关的五个方面：

(1) 主体资格是否合格。

(2) 约定内容是否合法。

(3) 合同条款是否实用。

(4) 权利义务是否明确。

(5) 交易需求能否满足。

2. 合同的外在质量

合同是作者思维能力、语言组织能力的外在体现。

合同的外在质量是在合同工作中为了避免因表述不当而引起的不利法律后果，以及为了阅读、理解、执行后续工作的便利，而对合同外在表现形式所进行的安排。这种安排综合运用表达能力及逻辑判断能力，通过结构、语法、语句、措辞等方面的精心安排从法律以外的角度确保合同的质量。它涉及以下五个方面：

(1) 结构体系是否清晰。

(2) 功能模块是否完备。

(3) 整体思维是否严谨。

(4) 语言表达是否精确。

(5) 版面安排是否美观。

6.5 合同的效力

建设工程合同成立后，是否有效，直接涉及建设工程合同能否履行、是否可以履行以及履行的后果。这也是合同风险因素之一。

6.5.1 合同效力的内涵

建设工程合同作为合同的一种，《民法总则》《合同法》以及有关法律法规、司法解释中关于合同无效的一般规定均适用于它。

1. 合同的效力概念

合同效力是指法律对已成立的合同所做的评判，评判合同对当事人以及第三人是否产生法律效力。学界一般认为，《合同法》中的合同效力既包括合同有效，也包括合同无效等其他状态，而且它不仅包括对合同当事人的约束力，也包括对抗第三人的效力。

合同效力体现为合同的履行力，它涉及合同的有效和生效，其实质是合同是否受法律保护。合同的法律约束力包括三个方面：①履行合同约定的义务（又称"实际履行义务"）；②不得擅自变更或解除合同；③履行合同隐含义务（又称"随附义务"）。

2. 合同的生效要件

《合同法》规定，依法成立的合同，自成立时生效。但合同成立并非等于合同生效，因为只有依法成立的合同才能生效。一般而言，合同的生效要件包括：

(1) 合同当事人订立合同时具有相应的缔约行为能力。

(2) 合同当事人意思表示真实。

(3) 合同不违反法律行政法规的强制性规定，不违背公序良俗。

（4）合同的内容必须确定或可能。

另外，根据《合同法》第四十四条第二款的规定，法律、行政法规规定应当办理批准、登记等手续的合同，必须依照规定办理批准登记等手续才能生效；否则，即使具备了上述一般合同的生效要件，合同也不生效。

6.5.2 合同无效的原因

导致建设工程合同无效的原因很多，法定无效的合同、被撤销的合同和未被追认的合同均为无效合同。建设工程合同可能部分有效和部分无效。如果有效部分与无效部分可以独立存在，则无效部分不影响有效部分的效力。如果无效部分与有效部分有牵连关系，确认部分内容无效将影响有效部分的效力，或者从行为的目的、交易的习惯以及根据诚实信用和公平原则，决定剩余的有效部分对于当事人无意义或已不公平合理，则合同应全部确认无效。

1. 法定无效建设工程合同

法定无效建设工程合同是指建设工程合同虽然已经成立，但因其违反法律、行政法规或公共利益，因此被确认无效。《合同法》第五十二条规定了合同无效的一般规则："有下列情形之一的，合同无效：①一方以欺诈、胁迫的手段订立合同，损害国家利益；②恶意串通，损害国家、集体或者第三人利益；③以合法形式掩盖非法目的；④损害社会公共利益；⑤违反法律、行政法规的强制性规定。"

上述规则中"法律、行政法规"是指全国人大及其常委会制定的法律和国务院制定的行政法规；"强制性规定"是指效力性强制性规定。鼓励交易原则要求，在实践中避免过宽地适用合同无效和解除制度，在不违背法律、行政法规的效力性强制性规定的前提下，尊重当事人的私法自治，维护合同的效力。因此，如果建设工程施工合同仅仅违反了管理性规定，应当根据违反管理性规定的类型、性质、后果等方面，综合确定合同效力，不能因此而宣告一律无效或有效。

2. 被撤销的建设工程合同

被撤销的建设工程合同是指建设工程合同因当事人的意思表示不真实，通过撤销权人行使撤销权，使已经生效的合同归于无效。被撤销建设工程合同撤销的事由主要有：因重大误解订立的建设工程合同；在订立建设工程合同时显失公平的；一方以欺诈、胁迫的手段或者乘人之危使对方在违背真实意思的情况下订立的建设工程合同。

3. 未被追认的建设工程合同

未被追认的建设工程合同是指建设工程合同虽然已经成立，但因其不完全符合有关合同生效要件的规定，其效力未经有权人表示承认。包括：限制民事行为能力人订立的建设工程合同和无处分权人订立的建设工程合同两种。

6.5.3 建设工程合同无效的种类

依据成立的合同欠缺法定有效要件的内容，无效合同可以分成主体资格不合格和订立合同的内容不合法两大类。

1. 主体资格不合格

（1）发包人主体资格不合格导致的合同无效。房地产开发项目中，未依法取得从事房地产开发经营营业执照的发包人与承包人签订的建设工程合同，一般应认定为无效合同。

发包人在缔约前未取得政府有关部门批准的许可证，如没有获得项目立项批准以及依法取得土地使用权证、建设用地规划许可证、建设工程规划许可证，将导致建设工程合同的无效。同时注意，依《最高人民法院关于审理〈房地产管理法〉施行前房地产开发经营案件若干问题的解答》，如果在一审诉讼期间补办了法律规定的审批手续，合同应认定为有效，如未能在一审诉讼期间补办审批手续的，则合同无效。

（2）承包人的主体资格不合格导致的合同无效。承包人不具备法人资格，必然导致建设工程合同的无效。

建设工程合同的承包人须在其核准登记的资质范围内从事建设活动，无工程勘察、设计及施工资质等级或超越资质等级从事建筑活动，其所缔结的建设工程合同为无效合同。同时，《最高人民法院关于审理建设工程施工合同纠纷案件适用法律问题的解释》（以下简称《施工合同司法解释》）又明确指出，承包人超越资质等级许可的业务范围签订建设工程施工合同，在建设工程竣工前取得相应资质等级，当事人请求按照无效合同处理的，不予支持。

我国法律禁止任何形式的借用其他企业的资质证书，借用其他企业的资质证书的，所缔结的建设工程合同应定为合同无效。借用的形式多种多样：假冒、挂靠、名义上的联营、无资质的承包人变相作为具有资质企业的内部承包单位等。

2. 订立合同的内容不合法

订立合同的内容不合法是指违反《建筑法》《招标投标法》等相关法律法规强制性规定。

（1）违反招标投标强制性规定订立的建设工程合同，必须进行招标而未招标或者中标无效，导致的合同无效。《招标投标法》第三条详细规定了三种必须要使用招标投标方式的工程项目，并且在第五十条、第五十二条、第五十三条、第五十四条、第五十五条和第五十七条规定了六类中标无效的情况。《建筑法》也在工程发包承包的相关章节做了原则性的规定。但在实际中需注意的是对不是必须实行公开招标的建设工程，发包人直接发包后，具备相应资质的承包人已开始履行合同的，不宜以建设工程未实行公开招标为由，认定所签订的建设工程施工合同无效。

《第八次全国法院民事商事审判工作会议（民事部分）纪要》第30项规定：要依法维护通过招标投标所签订的中标合同的法律效力；当事人违反工程建设强制性标准，任意压缩合理工期、降低工程质量标准的约定，应认定无效。

（2）承包人非法转包建设工程造成的合同无效。转包是指承包单位承包建设工程后，不履行合同约定的责任和义务，将其承包的全部建设工程转给他人或者将其承包的全部建设工程肢解以后以分包的名义分别转给其他单位承包的行为。

（3）承包人违法分包建设工程导致的合同无效。违法分包是指：①总承包单位将建设工程分包给不具备相应资质条件的单位的；②建设工程总承包合同中未有约定，又未经业主认可，承包单位将其承包的部分建设工程交由其他单位完成的；③施工总承包单位将建设工程主体结构的施工分包给其他单位的；④分包单位将其承包的建设工程再分包的。

（4）没有订立书面形式的建设工程合同导致的合同无效。建设工程合同应当采用书面形式。当事人订立建设工程合同，没有采用书面形式的，合同无效。但是，根据《合同法》第三十六条的规定，建设工程合同虽未采用书面形式，但在下列条件下，建设工程合同仍然有效：①一方已履行主要义务；②另一方予以接受。

6.5.4　无效建设工程合同的处理

《合同法》第五十八条规定，合同无效或者被撤销后，因该合同取得的财产，应当予以返还，不能返还或者没有必要返还的，应当折价补偿；有过错的一方应当赔偿对方因此所受到的损失，双方都有过错的，应当各自承担相应的责任。《合同法》第五十九条规定，当事人恶意串通，损害国家、集体或者第三人利益的，因此取得的财产收归国家所有或者返还集体、第三人。建设工程合同作为合同的一种，其无效的处理除应遵循《合同法》的一般原则规定外，又有其自身突出特点，应根据具体情况做具体分析。

1. 勘察设计合同无效的处理

勘察设计合同被确认无效后，合同没有履行的，不得履行。已经履行或者履行完毕但发包人尚未支付报酬的，就勘察人、设计人在勘察、设计中支付的费用，按下列原则处理：合同无效系勘察人、设计人的过错，由勘察人、设计人自行承担；发包人有过错的，由发包人承担；双方都有过错的，按过错程度分担。发包人已经支付报酬的，勘察人、设计人应当将报酬返还给发包人，勘察人、设计人因履行无效合同而花费的支出，仍按上述原则处理。

2. 施工合同订立后尚未履行前被确认无效的处理

施工合同订立后实际履行前被确认无效的，双方当事人均不能继续履行。因无效施工合同致使当事人遭受损失的，由有过错一方负责赔偿；都有过错的，依过错大小承担责任。

3. 施工合同已经履行或履行完毕被确认无效的处理

施工合同已经履行或履行完毕而被确认无效的，处理起来比较复杂。一般而言，在合同被确认无效后，应当立即停止履行，然后按下列规则处理。

（1）恢复原状。即承包人将完成的工程或部分工程拆除。发包人支付价款的，承包人应当返还，承包人、发包人依所有权取回属于自己所有的财产。这种处理方法一般适用于下列情况：一是工程质量低劣，已无法补救，并对社会公众形成危险的；二是工程严重违反国家有关规划的。

（2）折价补偿。折价补偿是将完成的建设工程归发包人所有，对承包人所付出的劳动由发包人按估算方式折价补偿给承包人。一般以承包人的实际支出为限进行折算，但不包括承包人的利润。根据我国建筑行业的现状，在平衡合同各方当事人利益的条件下，《施工合同司法解释》确立了无效合同工程质量合格"参照合同约定支付工程价款"的折价补偿原则。《施工合同司法解释》第二条规定："建设工程施工合同无效，但建设工程经竣工验收合格，承包人请求参照合同约定支付工程价款的，应予支持。"第三条规定："建设工程施工合同无效，且建设工程经竣工验收不合格的，按照以下情形分别处理：①修复后的建设工程经竣工验收合格，发包人请求承包人承担修复费用的，应予支持；②修复后的建设工程经竣工验收不合格，承包人请求支付工程价款的，不予支持。因建设工程不合格造成的损失，发包人有过错的，也应承担相应的民事责任。"

（3）赔偿损失。主要包括订立施工合同的费用（如招标投标费用），以及为履行合同做准备的损失，如原材料购买、设备购买、设备租用、准备期间的工资等。赔偿损失多与返还财产或折价补偿并用。

（4）收缴财产。对于当事人通过订立无效施工合同，损害国家、集体或者第三人利益的，对当事人因此而取得的利益应当收归国家所有，或者返还集体、第三人。

4. 承担行政责任

建设工程合同无效的，除承担上述责任外，还应当承担行政责任。无效建设工程合同当事人承担行政责任的方式主要有：①责令改正；②责令停业整顿；③降低资质等级；④吊销资质证书；⑤罚款。

6.5.5　缔约过失责任

缔约过失责任是指当事人在订立合同过程中，因过错违反诚实信用原则负有的先合同义务，导致合同不能成立，或者合同虽然成立但不符合法定生效条件而被确认无效、被变更或被撤销，给对方造成损失时所应承担的损害赔偿责任。

1. 构成条件

缔约过失责任发生于合同不成立或者合同无效的缔约过程。其构成条件有三点：①当事人有过错。若无过错，则不承担责任。②有损害后果的发生。若无损失，也不承担责任。③当事人的过错行为与造成的损失有因果关系。

2. 法律依据

《合同法》的第四十二条、第四十三条、第五十八条等规定是当事人主张缔约过失责任的法律依据。

当事人在订立合同过程中有下列情形之一，给对方造成损失的，应当承担损害赔偿责任：①假借订立合同，恶意进行磋商；②故意隐瞒与订立合同有关的重要事实或者提供虚假情况；③有其他违背诚实信用原则的行为。

当事人在订立合同过程中知悉的商业秘密，无论合同是否成立，不得泄露或者不正当地使用。泄露或者不正当地使用该商业秘密给对方造成损失的，应当承担损害赔偿责任。

合同无效或者被撤销后，因该合同取得的财产，应当予以返还；不能返还或者没有必要返还的，应当折价补偿。有过错的一方应当赔偿对方因此所受到的损失，双方都有过错的，应当各自承担相应的责任。

3. 招标投标中的缔约过失责任

在招标投标活动中，也可能发生缔约过失责任。招标投标活动中可能发生缔约过失责任的情形主要有以下两种：

（1）中标结果无效，给相对人造成损失。造成中标结果无效，可能是招标人的责任、投标人的责任，也可能是招标代理机构的责任。《招标投标法》第五十条、第五十二条、第五十三条、第五十四条、第五十五条、第五十七条等规定，涉及相关内容。

（2）其他违反法律强制性规定或违背诚实信用原则的行为，造成招标投标活动未产生中标人或使项目承接人与招标人（发包人）的合同归于无效。其中包括：①招标人规避招标，使项目承接人与招标人（发包人）的合同归于无效。②因招标人原因，招标中止或招标失败。一般而言，属于正当拒绝所有投标的行为，招标人不必承担赔偿责任；而非正当拒绝所有投标的行为，给投标人造成损失的，应当负赔偿责任。③因招标条件不具备或未履行审批手续，致使招标无效。④因歧视投标人，致使招标无效。⑤评标不公，致使招标失败。

6.6 常见合同的主要内容

国内与工程建设有关的合同标准文件或示范文本（常见的名录见附录 B），一般由协议书、通用条款和专用条款组成，每一组成部分又可分为许多项，每一项又可分为许多子项。协议书集中约定了合同当事人基本的合同权利义务，通用合同条款是对合同当事人的权利义务做出的原则性约定，专用合同条款是对通用合同条款原则性约定的细化、完善、补充、修改或另行约定的条款。合同当事人可以根据不同建设工程的特点及具体情况，通过双方的谈判、协商对相应的专用合同条款进行修改补充。

6.6.1 建设工程合同的专门条款

《合同法》根据建设工程合同的特点专门列举了建设工程合同特有的条款，这些条款在建设工程合同中较为重要，一般认为是应当具备的条款。

1. 建设工程合同特有的内容

勘察、设计合同的内容应包括提交有关基础资料和文件（包括概预算）的期限、质量要求、费用以及其他协作条件等条款。

施工合同的内容应包括工程范围、建设工期、中间交工工程的开工和竣工时间、工程质量、工程造价、技术资料交付时间、材料和设备供应责任、拨款和结算、竣工验收、质量保修范围和质量保证期、双方相互协作等条款。

2. 实践中常见的当事人约定条款

实践中由于各个合同内容不同，当事人为顺利履行合同，明确双方的权利义务，往往自行约定一些条款。在建设工程合同中，常见的有以下几项：

（1）预付款。预付款是建设工程合同订立后，承包人向发包人交付工作成果前，发包人向承包人预先支付的一定数额的货币。当事人在合同中约定预付款的，应当说明预付款的数额、交付的时间、方式等。当事人可以约定发包人交付预付款后合同才开始履行。预付款具有预先给付的作用，是发包人为承包人提供融通资金的方式。预付款往往具有发包人向承包人表示其有履行合同诚意的意思，但预付款并非合同履行的担保。当承包人违约时，只须如数返还，而不像定金那样双倍返还。发包人违约时，承包人仍需返还预付款，不过，预付款可以用来折抵发包人的违约金或赔偿金。

在一般情况下，预付款是报酬的一部分。在双方当事人均履行了合同，发包人对承包人交付的工作成果验收完毕并予以接受后，只需支付合同规定的价款与预付款差额的那一部分。

（2）保密条款。由于建设工程合同一般需要发包人向承包人提供一定的技术资料和图纸，这使承包人有机会接触到发包人的某些不愿为人知的商业秘密和技术秘密。《合同法》规定，当事人在订立合同过程中知悉的商业秘密，无论合同是否成立，不得泄露或不正当地使用。泄露或不正当地使用该商业秘密给对方造成损失的，应当承担损害赔偿责任。可见，无论当事人在合同中是否约定保密条款，当事人都有保密的义务。但是，对于当事人来说，这种义务仅限于较低标准，对当事人利益的保护不够全面。因此，当事人在合同中最好对保密的范围、程度、期限、违反的责任进行约定，才能更好地维护自己的利益。

6.6.2 勘察设计合同

勘察设计标准招标文件中所附合同条件规定，房屋建筑和市政工程等工程勘察设计项目招标可以使用《建设工程勘察合同（示范文本）》（GF—2016—0203）、《建设工程设计合同示范文本（房屋建筑工程）》（GF—2015—0209）、《建设工程设计合同示范文本（专业建设工程）》（GF—2015—0210）。我们以这些合同示范文本为蓝本做些介绍。

1. 勘察设计合同的基本内容

勘察合同、设计合同示范文本具有基本相同的架构。

合同协议书主要包括工程概况、勘察及设计范围和阶段、服务内容、合同工期或工程设计周期、合同价格形式与签约合同价、合同文件构成、承诺、词语定义、签订时间、签订地点、合同生效和合同份数等。

通用合同条款具体包括一般约定、发包人、勘察（设计）人、工期或工程设计周期、成果文件交付、后期服务或施工现场配合服务、合同价款与支付、变更与调整、知识产权、不可抗力、合同解除、专业责任与保险、违约、索赔、争议解决及补充条款等。设计合同中还包括发包人提供工程所必需的资料、工程设计要求、工程设计文件审查等特有条款。

2. 发包人的主要义务

（1）按照合同约定提供开展勘察、设计工作所需的原始资料、任务要求、技术要求及政府许可文件，并对提供的时间、进度和资料的真实性、准确性和完整性负责。

（2）按照合同约定提供必要的协作条件，及时做好外部关系（包括但不限于当地政府主管部门等）协调，及时对设计人或勘察人提请的相关事项做出决定。发包人不履行协作义务的，应承担违约责任。

（3）按照约定向勘察人、设计人支付勘察、设计费，包括合同约定的报酬以及因工作量增加而产生的费用。这是勘察、设计合同发包人的最基本义务。发包人未按合同约定方式、标准和期限支付勘察、设计费的，应负延期付款的违约责任。《合同法》第二百八十五条规定，因发包人变更计划，提供的资料不准确，或者未按照期限提供必需的勘察、设计工作条件而造成勘察、设计的返工、停工或者修改设计，发包人应当按照勘察人、设计人实际消耗的工作量增加费用。

（4）保护承包人的知识产权。发包人对于勘察人、设计人交付的勘察成果、设计成果，不得擅自修改，也不得擅自转让给第三人重复使用。由于发包人擅自修改勘察、设计成果而引起的工程质量责任，应由发包人自己承担；擅自转让成果给第三人使用后，发包人应向勘察人、设计人负赔偿责任。

3. 勘察人、设计人的主要义务

（1）按照合同约定按期完成勘察、设计工作，并向发包人提交质量合格的勘察、设计成果。《合同法》第二百八十条规定，勘察、设计的质量不符合要求或者未按照期限提交勘察、设计文件，拖延工期，造成发包人损失的，勘察人、设计人应当继续完善勘察、设计，减收或者免收勘察、设计费并赔偿损失。

（2）对勘察、设计成果负瑕疵担保责任。在勘察、设计合同履行后，于工程建设中发现勘察、设计遗漏或质量问题的，勘察人、设计人应负责采取补救措施。

（3）按合同约定完成协作的事项，提供后期服务。

（4）维护发包人的技术和商业秘密。

（5）对建设工程承担侵权赔偿责任。因勘察人、设计人的原因致使建设工程在合理使用期限内造成人身和财产损害的，勘察人、设计人应当承担损害赔偿责任。

6.6.3 施工合同

《标准施工招标文件》所附合同条件包括协议书、通用合同条款、专用合同条款。

1. 施工合同的基本内容

施工合同协议书内容主要包括工程概况、工程承包范围、合同工期、质量标准、合同形式、签约合同价、承包人项目经理、合同文件组成、承包人承诺、发包人承诺、词语定义、签约地点、合同份数、补充协议等。

通用合同条款共 24 条，条款内容见本书第 6.8.1 小节。

专用合同条款由国务院有关行业主管部门和招标人根据需要编制。

2. 合同文件的优先顺序

组成合同的各项文件应互相解释，互为说明。除专用合同条款另有约定外，解释合同文件的优先顺序如下：

（1）合同协议书。

（2）中标通知书。

（3）投标函及投标函附录。

（4）专用合同条款。

（5）通用合同条款。

（6）技术标准和要求。

（7）图纸。

（8）已标价工程量清单。

（9）其他合同文件。

3. 发包人的主要义务

（1）做好施工前的准备工作，并按照约定提供原材料、设备、技术资料等。

发包人应当按照合同的约定做好施工前准备工作，主要包括：

1）办理法律规定由其办理的许可、批准或备案。

2）提供施工场地，包括永久占地和临时占地。施工场地的移交可以一次完成，也可以分次完成，以不影响单位工程开工为原则。

3）提供施工条件，包括负责办理取得出入施工场地的专用和临时道路的通行权，以及取得为工程建设所需修建场外设施的权利，并承担有关费用；将施工用水、电力、通信线路等施工所必需的条件接至施工现场内；协调处理施工现场周围地下管线和邻近建筑物、构筑物、古树名木的保护工作。

4）协助承包人办理法律规定的有关施工证件和批件。

5）提供施工现场及工程施工所必需的毗邻区域内地下管线和地下设施等资料，地质勘察资料，相邻建筑物、构筑物和地下工程等有关基础资料，并保证资料的真实、准确、完整，但不对承包人据此解释、推断错误导致编制施工方案的后果承担责任。

6）提供测量基准点、基准线和水准点及其书面资料。

7）组织设计单位向承包人进行设计交底。

《合同法》第二百八十三条规定，发包人未按照约定的时间和要求提供原材料、设备、场地、资金、技术资料的，承包人可以顺延工程日期，并有权要求赔偿停工、窝工等损失。

（2）发包人的协助义务。任何合同的履行，都离不开对方的协助，在施工合同中尤为明显。如在施工过程中，发包人应当派工地代表，协调勘察、设计、施工承包人、监理人，以及其他与工程施工有关的其他人的关系等。同时，发包人不得妨碍承包人的正常作业或者提出超出合同约定内容的要求。

《合同法》第二百八十四条规定，因发包人的原因致使工程中途停建、缓建的，发包人应当采取措施弥补或者减少损失，赔偿承包人因此造成的停工、窝工、倒运、机械设备调迁、材料和构件积压等损失和实际费用。

（3）按照约定验收工程。验收承包人完成的工程，是发包人的主要义务之一。施工合同中的验收，一般分为两部分：一是工程隐蔽部分或中间部位验收，二是工程竣工后对工程的验收。

《合同法》第二百七十八条规定：①隐蔽工程在隐蔽以前，承包人应当通知发包人检查。②发包人没有及时检查的，承包人可以顺延工程日期，并有权要求赔偿停工、窝工等损失。

《合同法》第二百七十九条规定：①建设工程竣工后，发包人应当根据施工图及说明书、国家颁发的施工验收规范和质量检验标准及时进行验收；②验收合格的，发包人应当按照约定支付价款，并接收该建设工程。建设工程竣工经验收合格后，方可交付使用；未经验收或者验收不合格的，不得交付使用。

《建设工程质量管理条例》规定，业主出现诸如未组织竣工验收，擅自交付使用，验收不合格，擅自交付使用，对不合格的建设工程按照合格工程验收等情形的，造成损失的，需要依法承担赔偿责任，同时还要承担行政责任。

（4）按约定支付工程价款。支付工程价款是发包人最基本义务。《合同法》第二百八十六条规定：①发包人未按照约定支付价款的，承包人可以催告发包人在合理期限内支付价款。②发包人逾期不支付的，除按照建设工程的性质不宜折价、拍卖的以外，承包人可以与发包人协议将该工程折价，也可以申请人民法院将该工程依法拍卖。③建设工程的价款就该工程折价或者拍卖的价款优先受偿。

根据《最高人民法院关于建设工程价款优先受偿权问题的批复》精神，当工程发包人不能清偿到期债务时，优先受偿的顺序是：消费者、建筑企业、设定了抵押的银行、一般债权人。建设工程承包人行使优先权的期限为六个月，自建设工程竣工之日或者建设工程合同约定的竣工之日起计算。

（5）接收建设工程。发包人在工程建设完成，对竣工的工程验收合格后应予以接收。如果发包人无正当理由拒绝接收的，承包人可以在一定期限内要求发包人接收。在该期限届满后，发包人仍不接收的，视为承包人已经交付。

4. 承包人的主要义务

（1）做好施工前的准备工作，按期开工。开工前，承包人应当按照合同的约定做好开工前的准备工作，具体包括：

1）办理法律规定应由承包人办理的许可和批准。

2）负责修建、维修、养护和管理施工所需的临时道路和交通设施，包括维修、养护和管理发包人提供的道路和交通设施，并承担相应费用；清理施工场地，修建与维护施工界区内的用水、用电、用路以及临时设施；按约定向发包人提供施工场地办公和生活的房屋及设施。

3）对施工现场和施工条件进行查勘，核对并进一步搜集相关资料，编制施工组织设计和专项施工方案。在全部合同工作中，应视为承包人已充分估计了应承担的责任和风险，不得再以不了解现场情况为理由推脱合同责任。

4）按约定做好材料和设备的采购、供应和管理，向发包人提出由发包人供应的材料、设备的计划。

5）根据发包人委托，在其设计资质和业务允许的范围内，完成施工图设计或与工程配套的设计，经发包人确认后使用。

6）按约定做好施工场地地下管线和邻近建筑物、构筑物、古树名木的保护工作及施工场地的安全保卫。

承包人应按照合同约定的开工日期按时开工。

（2）接受发包人的必要监督。承包人更换项目经理应事先征得发包人同意，并应在更换14天前通知发包人和监理人。承包人项目经理短期离开施工场地，应事先征得监理人同意，并委派代表代行其职责。

《合同法》第二百七十七条规定，发包人在不妨碍承包人正常作业的情况下，可以随时对作业进度、质量进行检查。

（3）工程照管，按期按质按量完工并交付建设工程。自发包人向承包人移交施工现场之日起，承包人应负责照管工程及工程相关的材料、工程设备，直到颁发工程接收证书之日止。

除专用合同条款另有约定外，承包人应提供为完成合同工作所需的劳务、材料、施工设备、工程设备和其他物品，并按合同约定负责临时设施的设计、建造、运行、维护、管理和拆除。

对所有施工作业和施工方法的完备性和安全可靠性负责，采取施工安全、质量、环保、文明、健康措施，保证工程施工和人员的安全。

严格按照施工图及说明书进行施工。承包人对于发包人提供的施工图和其他技术资料，不得擅自修改。

《合同法》第二百八十一条规定，因施工人的原因致使建设工程质量不符合约定的，发包人有权要求施工人在合理期限内无偿修理或者返工、改建。经过修理或者返工、改建后，造成逾期交付的，施工人应当承担违约责任。

（4）对建设的工程负瑕疵担保责任。承包人对承建的工程质量负有瑕疵担保责任，即必须进行工程质量保修，在保修期内承担保修义务。《建设工程质量管理条例》和《房屋建筑工程质量保修办法》规定了在正常使用条件下，建设工程的最低保修期限，以及质量保修办法。

（5）对建设工程承担侵权赔偿责任。《合同法》第二百八十二条规定，因承包人的原因致使建设工程在合理使用期限内造成人身和财产损害的，承包人应当承担损害赔偿责任。

5. 监理人的主要职责

监理人是在施工合同专用合同条款中指明的，受发包人委托对合同履行实施管理的法人或其他组织。监理人的权力由发包人授予，并体现在施工合同的条款中。

（1）监理人受发包人委托，享有施工合同约定的权力。监理人在行使某项权力前需要经发包人事先批准而通用合同条款没有指明的，应在专用合同条款中指明。

监理人发出的任何指示应视为已得到发包人的批准，但监理人无权免除或变更合同约定的发包人和承包人的权利、义务和责任。

合同约定应由承包人承担的义务和责任，不因监理人对承包人提交文件的审查或批准，对工程、材料和设备的检查和检验，以及为实施监理做出的指示等职务行为而减轻或解除。

除合同另有约定外，承包人只从总监理工程师或被授权的监理人员处取得指示。

（2）审批承包人的实施方案。监理人对承包人报送的各项材料和工程设备的供货计划、施工进度计划和施工方案说明、质量保证措施计划、安全措施计划、环保措施计划、施工控制网资料、工艺试验措施计划等进行认真的审查，批准或者要求承包人对不符合合同要求的部分进行修改。

经监理人批准的施工进度计划称合同进度计划，是控制合同工程进度的依据。承包人还应根据合同进度计划，编制更为详细的分阶段或分项进度计划，报监理人审批。

（3）告知与指示。总监理工程师更换时，应在调离 14 天前通知承包人。总监理工程师短期离开施工场地的，应委派代表代行其职责，并通知承包人。

总监理工程师应将被授权监理人员的姓名及其授权范围通知承包人。

监理人应按合同约定向承包人发出指示，监理人的指示应盖有监理人授权的施工场地机构章，并由总监理工程师或总监理工程师授权的监理人员签字。

由于监理人未能按合同约定发出指示、指示延误或指示错误而导致承包人费用增加和（或）工期延误的，由发包人承担赔偿责任。

（4）商定或确定。合同约定总监理工程师应按照合同对任何事项进行商定或确定时，总监理工程师应与合同当事人协商，尽量达成一致。不能达成一致的，总监理工程师应认真研究后审慎确定。

总监理工程师应将商定或确定的事项通知合同当事人，并附详细依据。对总监理工程师的确定有异议的，构成争议，按合同专用条款处理。

6.6.4　工程监理合同

监理标准招标文件中所附合同条件规定，房屋建筑和市政工程等工程监理项目招标可以使用《建设工程监理合同（示范文本）》（GF—2012—0202）。我们以此合同示范文本为蓝本做些介绍。

1. 工程监理合同的基本内容

合同协议书主要包括工程概况、词语限定、组成本合同的文件、总监理工程师、签约酬金、期限、双方承诺、合同订立。

通用合同条款具体包括定义与解释、监理人的义务、委托人的义务、违约责任、支付、合同生效、变更、暂停、解除与终止、争议解决、其他。

2. 监理人的主要义务

（1）派出人员，完成委托范围内的监理工作。

监理人应组建满足工作需要的项目监理机构，配备必要的检测设备。按合同约定以及委托人要求，完成合同约定的全部工作，并对工作中的任何缺陷进行整改，使其满足合同约定的目的。

《建筑法》规定，工程监理单位不按照委托监理合同的约定履行监理义务，对应当监督检查的项目不检查或者不按照规定检查，给业主造成损失的，应当承担相应的赔偿责任。工程监理单位与承包单位串通，为承包单位谋取非法利益，给业主造成损失的，应当与承包单位承担连带赔偿责任。

（2）及时报告相关事项。

对于监理合同或监理项目施工合同中明确的，监理过程中需要事先征得委托人同意（批准）的事项，或出现超过监理合同授权范围的事项，应以书面形式报委托人批准。

在紧急情况下，为了保护财产和人身安全，监理人所发出的指令未能事先报委托人批准时，应在发出指令后的 24 小时内以书面形式报委托人。

应按专用条件约定的种类、时间和份数向委托人提交监理与相关服务的报告。

按照《合同法》的规定，有偿的委托合同因受托人的过错给委托人造成损失的，委托人可以要求赔偿损失。受托人超越权限给委托人造成损失的，应当赔偿损失。委托人或者受托人可以随时解除委托合同。因解除合同给对方造成损失的，除不可归责于该当事人的事由以外，应当赔偿损失。

（3）妥善使用、保管所用委托人无偿提供的财产，并按约定移交。

（4）保留监理文件。

在合同履行期内，监理人应在现场保留工作所用的图纸、报告及记录监理工作的相关文件。工程竣工后，应当按照档案管理规定将监理有关文件归档。

（5）保守委托人和第三人的商业秘密。

3. 委托人的主要义务

（1）提供相应的协助和便利。

委托人应授权一名熟悉工程情况的代表，负责与监理人联系。委托人应在双方签订合同后 7 天内，将委托人代表的姓名和职责书面告知监理人。当委托人更换委托人代表时，应提前 7 天通知监理人。

委托人应在委托人与承包人签订的合同中明确监理人、总监理工程师和授予项目监理机构的权限。如有变更，应及时通知承包人。

委托人应为监理人完成监理与相关服务提供必要的条件。

（2）提供必需的资料。

委托人应按照合同约定，无偿向监理人提供与工程有关的资料。在合同履行过程中，委托人应及时向监理人提供最新的与工程有关的资料。

（3）及时决定相关事宜。

委托人应在专用条件约定的时间内，对监理人以书面形式提交并要求做出决定的事宜，给予书面答复。逾期未答复的，视为委托人认可。

（4）委托人意见或要求通过监理发出。

在合同约定的监理工作范围内，委托人对承包人的任何意见或要求应通知监理人，由监理人向承包人发出相应指令。

（5）按合同约定，向监理人支付酬金。

6.6.5 造价咨询合同

工程造价咨询没有全国统一的标准招标文件，我们以住建部与原国家工商总局编制的《建设工程造价咨询合同（示范文本）》（GF—2015—0212）为蓝本进行介绍。

1. 造价咨询合同的主要内容

协议书包括工程概况、服务范围与工作内容、服务期限、质量标准、酬金或计取方式、合同文件的构成、词语定义、合同订立、合同生效和合同份数。

通用条款包括词语定义、语言、解释顺序与适用法律、委托人的义务、咨询人的义务、违约责任、支付、合同变更、解除与终止、争议解决、其他。

2. 委托人的义务

（1）提供资料。在约定的时间内，免费向咨询人提供与本项目咨询业务有关的资料。在合同履行过程中，委托人应及时向咨询人提供最新的与合同咨询业务有关的资料。委托人应对所提供资料的真实性、准确性、合法性与完整性负责。

（2）提供工作条件。需要咨询人派驻项目现场咨询人员的，按约定无偿提供房屋及设备。负责与本建设工程造价咨询业务有关的所有外部关系的协调，为咨询人工作提供必要的外部条件。

（3）明确委托人代表。授权一名代表，负责咨询合同履行。委托人应在双方签订合同7日内，将委托人代表的姓名和权限范围书面告知咨询人。委托人更换委托人代表时，应提前7日书面通知咨询人。

（4）答复。在约定的时间内就咨询人书面提交并要求做出答复的事宜做出书面答复。逾期未答复的，由此造成的工作延误和损失由委托人承担。

（5）按照合同的约定，向咨询人支付酬金。

3. 咨询人的义务

（1）派出人员，完成委托范围内的咨询工作。项目咨询团队的主要人员应具有专用条件约定的资格条件，团队人员的数量应符合专用条件的约定。应以书面形式授权一名项目负责人负责履行合同、主持项目咨询团队工作。咨询人更换项目负责人时，应提前7日向委托人书面报告，经委托人同意后方可更换。除专用条件另有约定外，咨询人更换项目咨询团队其他咨询人员，应提前3日向委托人书面报告，经委托人同意后以相当资格与能力的人员替换。

（2）按时如约提供咨询要求、意见及成果文件。提出需委托人提供的资料清单；提供与工程造价咨询业务有关的资料，包括咨询工作大纲等；对委托人以书面形式提出的建议或者异议给予书面答复；按照约定的份数、组成向委托人提交咨询成果文件。

（3）不转包承接的造价咨询服务业务。

（4）使用委托人房屋及设备的按约返还。

6.6.6 招标代理合同

招标代理没有全国统一的标准招标文件，我们以原建设部与原国家工商总局编制的

《工程建设项目招标代理合同示范文本》（GF—2005—0215）为蓝本进行介绍。

1. 招标代理合同的主要内容

协议书包括工程概况、委托内容、合同价款、组成合同的文件、词语定义、承诺、合同订立、合同生效。

通用合同条款包括词语定义和适用法律、双方一般权利和义务、委托代理报酬与收取、违约、索赔和争议、合同变更、生效与终止、其他。

2. 委托人的义务

（1）明确招标代理工作的范围和内容。

（2）按合同约定的内容和时间提供资料。包括立项、规划、报建等批件，资金落实证明文件、技术资料和图纸，并对提供资料的真实性、完整性、准确性负责。

（3）按合同约定提供工作条件。包括授权联系人，负责与第三方的协调。

（4）按合同约定支付代理报酬。

（5）对受托人提出的超出招标代理范围的合理化建议，以及取得的经济效益，委托人应予以经济奖励。

（6）保护受托人的知识产权。

3. 受托人的义务

（1）选派有足够经验的专职技术经济人员担任招标代理项目负责人。

（2）组织招标工作，维护各方的合法权益。

（3）为委托人提供完成招标工作相关的咨询服务。

（4）对招标工作中出具的有关数据、资料等的科学性和准确性负责。

（5）不得为合同的投标人提供咨询业务，不得接受所有投标人的礼品、宴请和任何其他好处。

（6）未经委托人同意，不得分包或转让合同的任何权利和义务。

（7）保守招标、评标、定标过程中的秘密。

4. 委托人的权利

（1）按合同约定，接收招标代理成果。

（2）向受托人询问合同工程招标工作进展情况和相关内容或提出不违反法律、行政法规的建议。

（3）审查受托人为合同工程编制的各种文件，并提出修正意见。

（4）要求受托人提交招标代理业务工作报告。

（5）与受托人协商，建议更换其不称职的招标代理从业人员。

（6）依法选择中标人。

（7）依法终止合同，追索经济赔偿，直至追究法律责任。

（8）依法享有的其他权利，双方在合同专用条款内约定。

5. 受托人的权利

（1）按合同约定收取委托代理报酬。

（2）对招标过程中应由委托人做出的决定，受托人有权提出建议。

（3）当委托人提供的资料不足或不明确时，有权要求委托人补足材料或做出明确的答复。

（4）拒绝委托人提出的违反法律、行政法规的要求，并向委托人做出解释。

（5）有权参加委托人组织的涉及招标工作的所有会议和活动。

（6）对为合同工程编制的所有文件拥有知识产权，委托人仅有使用或复制的权利。

（7）依法享有的其他权利，双方在合同专用条款内约定。

6.6.7　建筑材料和设备采购合同

在建设工程中，建设材料、设备的采购是买卖合同，发包人和承包人都可能订立买卖合同。当然，建设工程合同当事人在买卖合同中总是处于买受人的位置。

1. 买卖合同的概念

买卖合同是出卖人转移标的物的所有权于买受人，买受人支付价款的合同。买卖合同以转移财产所有权为目的，合同履行后，标的物的所有权转移归买受人。

买卖合同的出卖人除了应当向买受人交付标的物并转移标的物的所有权外，还应对标的物的瑕疵承担担保义务。买受人除了应按合同约定支付价款外，还应承担按约定接受标的物的义务。

买卖合同是双务、有偿合同，是诺成合同，买卖合同是不要式合同。

2. 买卖合同的主要内容

（1）标的物的交付。标的物的交付是买卖合同履行中最重要的环节，标的物的所有权自标的物交付时转移。标的物的交付包括交付期限和交付地点两方面的内容。

出卖人应当按照约定的期限、地点交付标的物。

（2）标的物的风险承担。所谓风险，是指标的物因不可归责于任何一方当事人的事由而遭受的意外损失。一般情况下，标的物毁损、灭失的风险，在标的物交付之前由出卖人承担，交付之后由买受人承担。

因买受人的原因致使标的物不能按照约定的期限交付的，买受人应当自违反约定之日起承担标的物毁损、灭失的风险。

出卖人出卖交由承运人运输的在途标的物，除当事人另有约定的以外，毁损、灭失的风险自合同成立时起由买受人承担。

出卖人按照约定未交付有关标的物的单证和资料的，不影响标的物毁损、灭失风险的转移。

（3）买受人对标的物的检验。检验即检查与验收，对买受人来说既是一项权利，也是一项义务。买受人收到标的物时应当在约定的检验期间内检验。没有约定检验期间的，应当及时检验。

当事人约定检验期间的，买受人应当在检验期间内将标的物的数量或者质量不符合约定的情形通知出卖人。买受人怠于通知的，视为标的物的数量或者质量符合约定。

（4）买受人支付价款。买受人应当按照约定的时间、地点、数额支付价款。合同载明的签约合同价包括卖方为完成合同全部义务应承担的一切成本、费用和支出以及卖方的合理利润。

3. 材料和设备合同结构的比较

材料采购、设备采购合同，都属于买卖合同，材料、设备标准文件的通用合同条款采用了基本相同的结构，又体现了各自标的物的特点。

材料采购通用合同条款由 12 条组成，包括一般约定、合同范围、合同价格与支付、包装标记运输和交付、检验和验收、相关服务、质量保证期、履约保证金、保证、违约责任、合同的解除、争议的解决。

设备采购通用合同条款由 16 条组成，包括材料采购通用合同条款 12 条的内容，其中"检验和验收"改为"开箱检验、安装、调试、考核、验收"，"相关服务"变为"技术服务"，另外增加 4 条，分别是监造及交货前检验、质保期服务、知识产权、保密（后两条，在材料采购合同中是包括在"一般约定"下的两款）。这些变化体现了设备采购合同的独特内容。

6.7 合同的履行

合同的履行是指合同依法成立后，当事人双方依据合同条款的规定，实现各自享有的权利，并承担各自负有的义务使各方的目的得以全面实现的行为。合同履行是一个过程。合同的全面适当履行是合同关系消灭的原因，并且是正常的、基本的消灭原因。

6.7.1 合同履行的机制与原则

所有的合同都必然包含支持其履行机制的规定。合同履行原则是指导当事人正确履行合同义务的基本准则，同时，它又是在合同没有约定、法律没有规定的情况下，当事人解决履行争议的依据。

1. 合同履行的机制

合同的性质决定了履约的方式必然是多元的，但实施机制主要有两种：基于声誉约束的自我实施机制和基于国家强制的第三方实施机制。

合同的自我实施机制强调合同各方的自觉性，通过合同各方的信任、信誉与耐心等机制达到合同履行的目的。合同的自我履行所依赖的私人惩罚条款包括两个方面的内容：一是交易关系终止造成的专用性资产的损失；二是交易者在市场上声誉贬值的有关损失。

第三方实施机制是指国家或法律机关通过立法或司法程序来弥补由于合同不完全造成的低效率。合同的第三方实施机制具有最强的强制性，但对合同各方行为的可观察性与可证实性的依赖性也是最大的，而且即使一方确实违反了合同，但由于法院调查损失和实施合同的诉讼，也可能是成本高昂的。

2. 合同履行的原则

合同履行原则是指合同依法成立后，当事人双方在履行过程中必须遵循的一般准则，在这些基本准则中，有的是《合同法》的基本原则，有的是专属于合同履行的原则。

根据有关法律的精神，公认的专属于合同履行应遵循的原则主要包括：

（1）实际履行原则。这是指债务人应按债中规定的给付标的来履行，非经债权人同意，债务人不得任意变更给付标的，也不得以支付赔偿金来代替合同履行。

（2）全面履行原则。这是指债务人应当依照合同约定的标的及其质量、数量，由适当的主体在适当的履行期限、履行地点，以适当的履行方式，全面、适当地履行自己的义务，使债权人的债权得到完全实现。

（3）协作履行原则。这是指当事人应基于诚实信用原则的要求，在必要的限度内，协助相对人履行债务，以实现合同目的。

（4）监督履行原则。这是指当事人双方在履行合同过程中要进行必要的相互检查和督促，以便正确地享有权利和承担义务。

3. 合同实施中的沟通

沟通是合同实施过程中达到互相了解和理解的一个重要手段。

在现代工程项目管理中，人们将项目参加者各方面的满意作为项目的一个目标。项目相关方需求矛盾和冲突的主要原因包括认识偏差、理解分歧和实施时段的不吻合。易发生冲突和不一致的事项主要体现在合同管理方面。项目沟通与协调工作包括组织之间和个人之间两个层面。通过沟通需形成人与人、事与事、人与事的和谐统一。

沟通是管理中主要的组织协调手段，也是避免和化解风险的一个重要途径。有效的沟通有利于合同各方的协调，同时可以创造良好的工作氛围。

6.7.2 合同履行的一般问题

合同履行涉及履行程度判断、合同漏洞的填补以及履行中的第三人等问题。

1. 合同履行的程度

在实践中，当事人并非都能全面适当地履行合同。区别合同的履行程度，有助于正确处理各种违约行为，以维护合同的法律效力。合同的履行程度有全面适当履行、不适当履行、不履行和履行不能几种情况。

（1）全面适当履行。全面适当履行是指承包人、发包人按照合同约定，全面适当地完成各自的义务，使履约行为、结果与合同条款要求全部相符，双方无任何争议。合同全面适当履行，导致合同关系消灭。

（2）不适当履行。不适当履行是指当事人由于主客观原因，不能按合同约定完成合同的一部分或全部，不能满足对方当事人的要求。不适当履行主要包括履行的标的物数量不适当、履行标的物的质量不适当、履行的地点不适当、履行的方式不适当等。还有一类履行期限晚于合同约定的期限的履行程度，一般称为迟延履行。迟延履行的一方当事人可能仍有继续履行的意愿和能力，并且在合理期限内继续履行其合同义务，此时，迟延履行就成为逾期履行；但也有可能在迟延之后，明确表示不再继续履行其合同义务或者在对方催告后在合理期限内仍不履行其合同义务，此时，迟延履行就转化为不履行或拒绝履行。不适当履行属违约行为，除依照法律规定可免责外，应根据各自的过错承担违约责任。

（3）不履行。不履行是指合同成立后，有履行义务的当事人根本没有履行合同规定的义务。也有将不履行称为拒绝履行的。当事人不履行合同的，除有法定免责事由外，应承担违约责任。

（4）履行不能。履行不能也称不可能履行，是指合同的当事人由于客观上出现了不能履行合同约定义务的特殊情况，如不可抗力事件，或是当事人一方关闭、停产或转产等，而不能依约定履行合同。当事人遇有履行不能的情况，不构成违约，允许其依法变更或解除合同。

2. 合同有关内容没有约定或者约定不明确问题的处理

合同生效后，当事人就质量、价款或者报酬、履行地点等内容没有约定或者约定不明确的，可以协议补充；不能达成补充协议的，按照合同有关条款或者交易习惯确定。依照上述规定仍不能确定的，依《合同法》六十二条、六十三条处理。

（1）质量要求不明确的，按照国家标准、行业标准履行；没有国家标准、行业标准的，按照通常标准或者符合合同目的的特定标准履行。

（2）价款或者报酬不明确的，按照订立合同时履行地的市场价格履行；依法应当执行政府定价或者政府指导价的，在合同约定的交付期限内政府价格调整时，按照交付时的价格计价。逾期交付标的物的，遇价格上涨时，按照原价格执行；价格下降时，按照新价格执行。逾期提取标的物或者逾期付款的，遇价格上涨时，按照新价格执行；价格下降时，按照原价格执行。

（3）履行地点不明确，给付货币的，在接受货币一方所在地履行；交付不动产的，在不动产所在地履行；其他标的，在履行义务一方所在地履行。

（4）履行期限不明确的，债务人可以随时履行，债权人也可以随时要求履行，但应当给对方必要的准备时间。

（5）履行方式不明确的，按照有利于实现合同目的的方式履行。

（6）履行费用的负担不明确的，由履行义务一方负担。

3. 合同履行中的第三人

在通常情况下，合同必须由当事人亲自履行。但根据法律的规定及合同的约定，或者在与合同性质不相抵触的情况下，合同可以向第三人履行，也可以由第三人代为履行。

例如《合同法》规定，当建设工程项目采用总承包时，"发包人可以与总承包人订立建设工程合同，……总承包人或者勘察、设计、施工承包人经发包人同意，可以将自己承包的部分工作交由第三人完成。第三人就其完成的工作成果与总承包人或者勘察、设计、施工承包人向发包人承担连带责任。"

与合同转让不同，向第三人履行或由第三人代为履行，并未变更合同的权利义务主体，只是改变了履行主体。《合同法》规定：当事人约定由债务人向第三人履行债务的，债务人未向第三人履行债务或者履行债务不符合约定，应当向债权人承担违约责任；当事人约定由第三人向债权人履行债务，第三人不履行债务或者履行债务不符合约定，债务人应当向债权人承担违约责任。

6.7.3　合同履行中的几项特殊权利

合同履行中还涉及抗辩权、代位权和撤销权。

1. 合同履行中的抗辩权

抗辩权是指在双务合同中，当事人一方有依法对抗对方要求或否认对方权利主张的权利。

（1）同时履行抗辩权。同时履行抗辩权又称不履行抗辩权，是指在没有规定履行顺序的双务合同中，当事人一方在对方当事人未予给付之前，有权拒绝先为给付。当事人互负债务、没有先后履行顺序的，应当同时履行。一方在对方履行之前有权拒绝其履行要求。一方在对方履行债务不符合约定时，有权拒绝其相应的履行要求。

（2）后履行抗辩权。后履行抗辩权也称异时履行抗辩权，是指在双务合同中，有先后履行顺序时，后履行一方有权要求应该先履行的一方先行履行自己的义务，如果应该先履行的一方未履行义务或者履行义务不符合约定，后履行的一方有权拒绝其相应的履行要求。

（3）不安抗辩权。不安抗辩权是指合同成立后，如果后履行债务的一方当事人财产状况恶化，先履行债务的一方当事人确有其财产状况恶化的证据时，在后履行债务的一方未履行或未提供担保之前有权拒绝先为履行。《合同法》规定，应当先履行债务的当事人，有确切证据证明对方有下列情形之一的，可以中止履行：①经营状况严重恶化；②转移财产、抽逃资金，以逃避债务；③丧失商业信誉；④有丧失或者可能丧失履行债务能力的其他情形。但当事人没有确切证据中止履行的，应当承担违约责任。当事人依照上述规定中止履行的，应当及时通知对方。当对方提供适当担保时，应当恢复履行。中止履行后，对方在合理期限内未恢复履行能力并且未提供适当担保的，中止履行的一方可以解除合同。

2. 合同履行中债权人的代位权和撤销权

合同当事人的财产是当事人履行合同最根本的担保。当事人的财产增减可能会影响对方当事人债权的实现。如果当事人财产增减不当并且实际构成对对方债权实现的威胁时，债权人可以依法行使代位权与撤销权，以维护债务人的财务状况并确保债务得到清偿。

（1）债权人代位权。债权人代位权是指债权人为了保障其债权不受损害，而以自己的名义代替债务人行使债权的权利。

《合同法》规定，因债务人怠于行使其到期债权，对债权人造成了损害，债权人可以向人民法院请求以自己的名义代位行使债务人的债权。代位权的行使范围以债权人的债权为限。债权人行使代位权的必要费用由债务人负担。

（2）债权人撤销权。债权人撤销权是指债权人对债务人所做的危害其债权的民事行为，有请求法院予以撤销的权利。

《合同法》规定，因债务人放弃其到期债权或者无偿转让财产，对债权人造成了损害，债权人可以请求人民法院撤销债务人的行为。债务人以明显不合理的低价转让财产，对债权人造成损害，并且受让人知道该情形，债权人也可以请求人民法院撤销债务人的行为。

撤销权的行使范围以债权人的债权为限。债权人行使撤销权的必要费用由债务人负担。撤销权自债权人知道或者应当知道撤销事由之日起一年内行使，但自撤销事由发生之日起五年内没有行使撤销权的，该撤销权消灭。

6.8 标准施工合同文本的相关内容

《标准施工招标文件》（2007 年版）中第四章"合同条款及格式"，立足中国国情，积极研究吸收世界银行、国际咨询工程师联合会（FIDIC）、英国土木工程师协会等国际组织的有益经验，结合我国实际情况对通用合同条款做了较为系统的规定，具有很强的操作性、实践性、指导性。

6.8.1 标准施工合同的基本内容与适用范围

《标准施工招标文件》（2007 年版）中第四章"合同条款及格式"，包括通用合同条款、专用合同条款和合同附件格式三节。通用合同条款的内容按我国各建设行业工程合同管理中的共性规则制定；专用合同条款则根据各行业的管理要求和具体工程的特点，由国务院有关行业主管部门和招标人根据需要，在其施工招标文件范本中自行制定；合同附件格式包括合同协议书、履约担保、预付款担保三个格式文件。

1. 基本内容

通用合同条款全文共 24 条 130 款，其基本结构归纳于表 6-1 中。

表 6-1　通用合同条款结构

功能	条　目	款　目
一般性约定	1. 一般约定	1.1 词语定义，1.2 语言文字，1.3 法律，1.4 合同文件的优先顺序，1.5 合同协议书，1.6 图纸和承包人文件，1.7 联络，1.8 转让，1.9 严禁贿赂，1.10 化石、文物，1.11 专利技术，1.12 图纸和文件的保密
当事人的责任	2. 发包人义务	2.1 遵守法律，2.2 发出开工通知，2.3 提供施工场地，2.4 协助承包人办理证件和批件，2.5 组织设计交底，2.6 支付合同价款，2.7 组织竣工验收，2.8 其他义务
	3. 监理人	3.1 监理人的职责和权力，3.2 总监理工程师，3.3 监理人员，3.4 监理人的指示，3.5 商定或确定
	4. 承包人	4.1 承包人的一般义务，4.2 履约担保，4.3 分包，4.4 联合体，4.5 承包人项目经理，4.6 承包人人员的管理，4.7 撤换承包人项目经理和其他人员，4.8 保障承包人人员的合法权益，4.9 工程价款应专款专用，4.10 承包人现场查勘，4.11 不利物质条件
施工资源投入	5. 材料和工程设备	5.1 承包人提供的材料和工程设备，5.2 发包人提供的材料和工程设备，5.3 材料和工程设备专用于合同工程，5.4 禁止使用不合格的材料和工程设备
	6. 施工设备和临时设施	6.1 承包人提供的施工设备和临时设施，6.2 发包人提供的施工设备和临时设施，6.3 要求承包人增加或更换施工设备，6.4 施工设备和临时设施专用于合同工程
	7. 交通运输	7.1 道路通行权和场外设施，7.2 场内施工道路，7.3 场外交通，7.4 超大件和超重件的运输，7.5 道路和桥梁的损坏责任，7.6 水路和航空运输
	8. 测量放线	8.1 施工控制网，8.2 施工测量，8.3 基准资料错误的责任，8.4 监理人使用施工控制网
安全环境管理	9. 施工安全、治安保卫和环境保护	9.1 发包人的施工安全责任，9.2 承包人的施工安全责任，9.3 治安保卫，9.4 环境保护，9.5 事故处理
工程进度控制	10. 进度计划	10.1 合同进度计划，10.2 合同进度计划的修订
	11. 开工和竣工	11.1 开工，11.2 竣工，11.3 发包人的工期延误，11.4 异常恶劣的气候条件，11.5 承包人的工期延误，11.6 工期提前
	12. 暂停施工	12.1 承包人暂停施工的责任，12.2 发包人暂停施工的责任，12.3 监理人暂停施工指示，12.4 暂停施工后的复工，12.5 暂停施工持续 56 天以上
质量控制	13. 工程质量	13.1 工程质量要求，13.2 承包人的质量管理，13.3 承包人的质量检查，13.4 监理人的质量检查，13.5 工程隐蔽部位覆盖前的检查，13.6 清除不合格工程
	14. 试验和检验	14.1 材料、工程设备和工程的试验和检验，14.2 现场材料试验，14.3 现场工艺试验
工程造价控制	15. 变更	15.1 变更的范围和内容，15.2 变更权，15.3 变更程序，15.4 变更的估价原则，15.5 承包人的合理化建议，15.6 暂列金额，15.7 计日工，15.8 暂估价
	16. 价格调整	16.1 物价波动引起的价格调整，16.2 法律变化引起的价格调整
	17. 计量与支付	17.1 计量，17.2 预付款，17.3 工程进度付款，17.4 质量保证金，17.5 竣工结算，17.6 最终结清
验收和保修	18. 竣工验收	18.1 竣工验收的含义，18.2 竣工验收申请报告，18.3 验收，18.4 单位工程验收，18.5 施工期运行，18.6 试运行，18.7 竣工清场，18.8 施工队伍的撤离
	19. 缺陷责任与保修责任	19.1 缺陷责任期的起算时间，19.2 缺陷责任，19.3 缺陷责任期的延长，19.4 进一步试验和试运行，19.5 承包人的进入权，19.6 缺陷责任期终止证书，19.7 保修责任

（续）

功能	条　　目	款　　目
违约责任及其他	20. 保险	20.1 工程保险，20.2 人员工伤事故的保险，20.3 人身意外伤害险，20.4 第三者责任险，20.5 其他保险，20.6 对各项保险的一般要求
	21. 不可抗力	21.1 不可抗力的确认，21.2 不可抗力的通知，21.3 不可抗力后果及其处理
	22. 违约	22.1 承包人违约，22.2 发包人违约，22.3 第三人造成的违约
	23. 索赔	23.1 承包人索赔的提出，23.2 承包人索赔处理程序，23.3 承包人提出索赔的期限，23.4 发包人的索赔
	24. 争议的解决	24.1 争议的解决方式，24.2 友好解决，24.3 争议评审

2. 通用合同条款的特点

合同条款是以发包人委托监理人管理工程合同的模式设定当事人的权利、义务和责任，区别于由发包人和承包人双方直接进行约定和操作的合同管理模式。

为使当事人能够在合同订立时客观评估合同风险，合同条款对发包人、承包人的责任进行恰当的划分，在材料和设备、工程质量、计量、变更、违约责任等方面，对双方当事人的权利、义务、责任做了相对具体、集中和具有操作性的规定，为明确责任、减少合同纠纷提供了条件。

合同条款留有空间，供行业主管部门和招标人根据项目具体情况编制专用合同条款予以补充。对合同条款中规定的一些授权条款，由行业主管部门做出规定或由当事人另行约定，但不得与合同条款强制性内容相抵触。

合同条款同时适用于单价合同和总价合同。招标人在编制招标文件时，应根据各行业和具体工程的特点和要求，进行修改和补充。

从合同的公平原则出发，合同条款引入了争议评审机制，供当事人选择使用，以更好地引导双方解决争议，提高合同管理效率。

6.8.2　施工阶段相关工作的约定

通用合同条款列明的施工阶段相关工作包括安全、进度、质量、变更、价格调整、支付等。

1. 施工安全管理

（1）发包人的施工安全责任。发包人应按合同约定履行安全职责，授权监理人按合同约定的安全工作内容监督、检查承包人安全工作的实施，组织承包人和有关单位进行安全检查。发包人应对其现场机构雇用的全部人员的工伤事故承担责任，但由于承包人原因造成发包人人员工伤的，应由承包人承担责任。

发包人应负责赔偿工程或工程的任何部分对土地的占用所造成的第三者财产损失，以及由于发包人原因在施工场地及其毗邻地带造成的第三者人身伤亡和财产损失。

（2）承包人的施工安全责任。承包人应按合同约定的安全工作内容，编制施工安全措施计划报送监理人审批，按监理人的指示制定应对灾害的紧急预案，报送监理人审批。承包人还应按预案做好安全检查，配置必要的救助物资和器材，切实保护好有关人员的人身和财产安全。

承包人应加强施工作业安全管理。合同约定的安全作业环境及安全施工措施所需费用应遵守有关规定，并包括在相关工作的合同价格中。因采取合同未约定的安全作业环境及安全施工措施增加的费用，由监理人按商定或确定方式予以补偿。

承包人应对其履行合同所雇用的全部人员，包括分包人人员的工伤事故承担责任，但由于发包人原因造成承包人人员工伤事故的，应由发包人承担责任。由于承包人原因在施工场地内及其毗邻地带造成的第三者人员伤亡和财产损失，由承包人负责赔偿。

2. 工程进度控制

（1）合同进度控制程序。合同进度控制程序如图 6-3 所示。

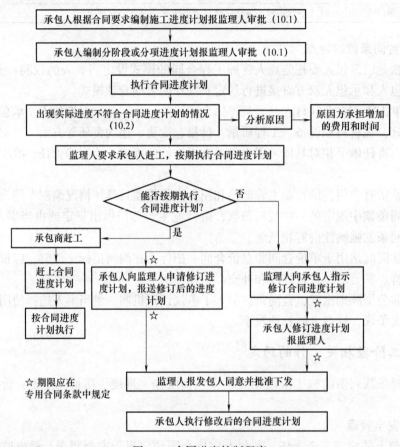

图 6-3　合同进度控制程序

（2）合同进度计划的修订。不论何种原因造成工程的实际进度与合同进度计划不符时，承包人可以在专用合同条款约定的期限内向监理人提交修订合同进度计划的申请报告，并附有关措施和相关资料，报监理人审批；监理人也可以直接向承包人做出修订合同进度计划的指示，承包人应按该指示修订合同进度计划，报监理人审批。监理人应在专用合同条款约定的期限内批复。监理人在批复前应获得发包人同意。

（3）发包人的工期延误。在履行合同过程中，由于发包人的下列原因造成工期延误的，承包人有权要求发包人延长工期和（或）增加费用，并支付合理利润：①增加合同工作内容；②改变合同中任何一项工作的质量要求或其他特性；③发包人迟延提供材料、工程设备或变更交货地点的；④因发包人原因导致的暂停施工；⑤提供图纸延误；⑥未按合同约定及时支付预付款、进度款；⑦发包人造成工期延误的其他原因。

（4）承包人的工期延误。由于承包人原因，未能按合同进度计划完成工作，或监理人认为承包人施工进度不能满足合同工期要求的，承包人应采取措施加快进度，并承担加快进度所增加的费用。由于承包人原因造成工期延误，承包人应支付逾期竣工违约金，且不免除承包人完成工程及修补缺陷的义务。

（5）暂停施工。暂停施工程序如图 6-4 所示。

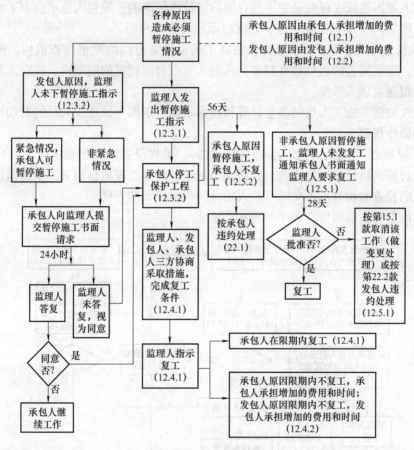

图 6-4 暂停施工程序

因下列暂停施工增加的费用和（或）工期延误由承包人承担：①承包人违约引起的暂停施工；②由于承包人原因为工程合理施工和安全保障所必需的暂停施工；③承包人擅自暂停施工；④承包人其他原因引起的暂停施工；⑤专用合同条款约定由承包人承担的其他暂停施工。

暂停施工期间承包人应负责妥善保护工程并提供安全保障。

暂停施工后，监理人应与发包人和承包人协商，采取有效措施积极消除暂停施工的影响。当工程具备复工条件时，监理人应立即向承包人发出复工通知。承包人收到复工通知后，应在监理人指定的期限内复工。

（6）发包人要求提前竣工。发包人要求承包人提前竣工，或承包人提出提前竣工的建议能够给发包人带来效益的，应由监理人与承包人共同协商采取加快工程进度的措施和修订合同进度计划。发包人应承担承包人由此增加的费用，并向承包人支付专用合同条款约定的相应奖金。

3. 工程质量控制

（1）工程质量责任。因承包人原因造成工程质量达不到合同约定验收标准的，监理人有权要求承包人返工直至符合合同要求为止，由此造成的费用增加和（或）工期延误由承包人承担。

因发包人原因造成工程质量达不到合同约定验收标准的，发包人应承担由于承包人返工造成的费用增加和（或）工期延误，并支付承包人合理利润。

（2）承包人的质量管理。承包人应在施工场地设置专门的质量检查机构，配备专职质量检查人员，建立完善的质量检查制度。承包人应在合同约定的期限内，提交工程质量保证措施文件，报送监理人审批。

承包人应加强对施工人员的质量教育和技术培训，定期考核施工人员的劳动技能，严格执行规范和操作规程。

（3）质量检查。承包人应按合同约定对材料、工程设备以及工程的所有部位及其施工工艺进行全过程的质量检查和检验，并做详细记录，编制工程质量报表，报送监理人审查。

监理人的检查和检验，不免除承包人按合同约定应负的责任。

工程隐蔽部位覆盖的检查程序如图 6-5 所示。

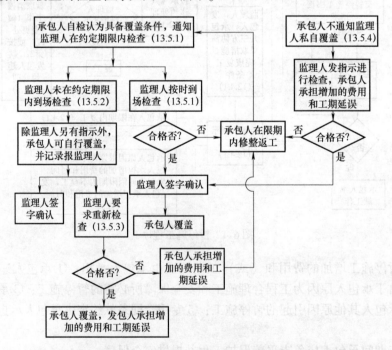

图 6-5　隐蔽部位覆盖的检查程序

（4）材料、工程设备和工程的试验和检验。承包人应按合同约定进行材料、工程设备和工程的试验和检验，并为监理人对上述材料、工程设备和工程的质量检查提供必要的试验资料和原始记录。

承包人应按合同约定或监理人指示进行现场材料试验、现场工艺试验。对大型的现场工艺试验，监理人认为必要时，应由承包人根据监理人提出的工艺试验要求，编制工艺试验措施计划，报送监理人审批。

4. 变更管理

（1）变更的范围和内容。除专用合同条款另有约定外，在履行合同中发生以下情形之一，应进行变更：①取消合同中任何一项工作，但被取消的工作不能转由发包人或其他人实施；②改变合同中任何一项工作的质量或其他特性；③改变合同工程的基线、标高、位置或尺寸；④改变合同中任何一项工作的施工时间或改变已批准的施工工艺或顺序；⑤为完成工程需要追加的额外工作。

（2）变更权。在履行合同过程中，经发包人同意，监理人可按合同约定的变更程序向承包人做出变更指示，承包人应遵照执行。没有监理人的变更指示，承包人不得擅自变更。

（3）变更程序。变更程序如图 6-6 所示。

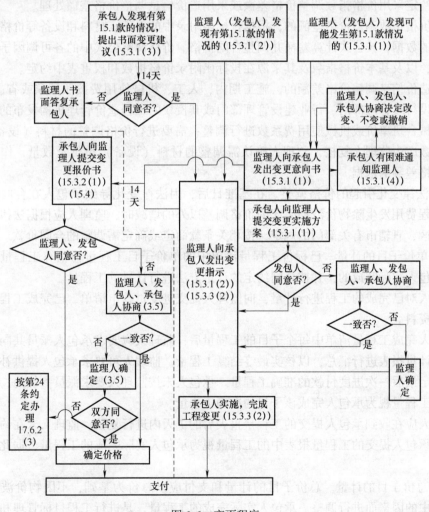

图 6-6　变更程序

除专用合同条款对期限另有约定外，承包人应在收到变更指示或变更意向书后的 14 天内，向监理人提交变更报价书，报价内容应根据估价原则，详细开列变更工作的价格组成及其依据，并附必要的施工方法说明和有关图纸。

除专用合同条款对期限另有约定外，监理人收到承包人变更报价书后的 14 天内，根据估价原则，按照商定或确定条款变更价格。

（4）变更的估价原则。除专用合同条款另有约定外，因变更引起的价格调整按照如下约定处理：①已标价工程量清单中有适用于变更工作的子目的，采用该子目的单价；②已标价工程量清单中无适用于变更工作的子目，但有类似子目的，可在合理范围内参照类似子目的单价，由监理人按相关条款商定或确定变更工作的单价；③已标价工程量清单中无适用或类似子目的单价，可按照成本加利润的原则，由监理人按相关条款商定或确定变更工作的单价。

5. 合同价格调整与支付管理

（1）物价波动引起的价格调整。除专用合同条款另有约定外，因物价波动引起的价格调整按照约定采用价格指数调整价格差额或采用造价信息调整价格差额处理。

采用价格指数调整价格差额的，根据投标函附录中的人工、材料和设备等价格指数和权重表约定的数据，按公式计算差额并调整合同价格。价格调整公式中的各可调因子、定值和变值权重，以及基本价格指数及其来源在投标函附录价格指数和权重表中约定。

采用造价信息调整价格差额的，施工期内，人工、机械使用费按照国家或省、自治区、直辖市建设行政管理部门、行业建设管理部门或其授权的工程造价管理机构发布的人工成本信息、机械台班单价或机械使用费系数进行调整；需要进行价格调整的材料（设备），其单价和采购数应由监理人复核，监理人确认需调整的材料（设备）单价及数量，作为调整工程合同价格差额的依据。

（2）法律变化引起的价格调整。在基准日后，因法律变化导致承包人在合同履行中所需要的工程费用发生除物价波动引起的价格调整以外的增减时，监理人应根据法律、国家或省、自治区、直辖市有关部门的规定，按相关条款商定或确定需调整的合同价款。

（3）单价子目的计量。已标价工程量清单中的单价子目工程量为估算工程量。结算工程量是承包人实际完成的，并按合同约定的计量方法进行计量的工程量。

承包人对已完成的工程进行计量，向监理人提交进度付款申请单、已完成工程量报表和有关计量资料。

承包人完成工程量清单中每个子目的工程量后，监理人应要求承包人派员共同对每个子目的历次计量报表进行汇总，以核实最终结算工程量。监理人可要求承包人提供补充计量资料，以确定最后一次进度付款的准确工程量。承包人未按监理人要求派员参加的，监理人最终核实的工程量视为承包人完成该子目的准确工程量。

监理人应在收到承包人提交的工程量报表后的 7 天内进行复核，监理人未在约定时间内复核的，承包人提交的工程量报表中的工程量视为承包人实际完成的工程量，据此计算工程价款。

（4）总价子目的计量。总价子目的计量和支付应以总价为基础，不因物价波动引起的价格调整中的因素而进行调整。承包人实际完成的工程量，是进行工程目标管理和控制进度支付的依据。

承包人在合同约定的每个计量周期内，对已完成的工程进行计量，并向监理人提交进度付款申请单、专用合同条款约定的合同总价支付分解表所表示的阶段性或分项计量的支持性资料，以及达到工程形象目标或分阶段需完成的工程量和有关计量资料。

监理人对承包人提交的资料进行复核，以确定分阶段实际完成的工程量和工程形象目标。

除按照约定的变更外，总价子目的工程量是承包人用于结算的最终工程量。

（5）工程进度付款。承包人应在每个付款周期末，按监理人批准的格式和专用合同条款约定的份数，向监理人提交进度付款申请单，并附相应的支持性证明文件。发包人应按监理人出具的进度付款证书，向承包人支付进度款。

6.8.3 验收和合同缺陷期管理约定

发包人应当组织设计、施工、工程监理等有关单位进行竣工验收。建设工程在保修范围和保修期限内发生质量问题的，施工单位应当履行保修义务，并对造成的损失承担赔偿责任。

1. 验收的约定

（1）竣工验收的含义。竣工验收是指承包人完成了全部合同工作后，发包人按合同要求进行的验收。

国家验收是政府有关部门根据法律、规范、规程和政策要求，针对发包人全面组织实施的整个工程正式交付投运前的验收。

需要进行国家验收的，因竣工验收是国家验收的一部分，竣工验收所采用的各项验收和评定标准应符合国家验收标准，发包人和承包人为竣工验收提供的各项竣工验收资料应符合国家验收的要求。

（2）竣工验收程序。当工程具备条件时，承包人即可向监理人报送竣工验收申请报告，启动竣工验收程序，如图 6-7 所示。

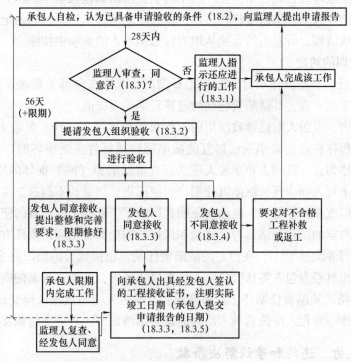

图 6-7　竣工验收程序

（3）单位工程验收。发包人根据合同进度计划安排，在全部工程竣工前需要使用已经竣工的单位工程时，或承包人提出经发包人同意时，可进行单位工程验收。验收合格后，由监理人向承包人出具经发包人签认的单位工程验收证书。已签发单位工程接收证书的单位工程由发包人负责照管。单位工程的验收成果和结论作为全部工程竣工验收申请报告的附件。

发包人在全部工程竣工前，使用已接收的单位工程导致承包人费用增加的，发包人应承担由此增加的费用和（或）工期延误，并支付承包人合理利润。

（4）施工期运行。施工期运行是指合同工程尚未全部竣工，其中某项或某几项单位工程或工程设备安装已竣工，根据专用合同条款约定，需要投入施工期运行的，经发包人单位工程验收合格，证明能确保安全后，才能在施工期投入运行。

在施工期运行中发现工程或工程设备损坏或存在缺陷的，由承包人按约定进行修复。

（5）试运行。除专用合同条款另有约定外，承包人应按专用合同条款约定进行工程及工程设备试运行，负责提供试运行所需的人员、器材和必要的条件，并承担全部试运行费用。

由于承包人的原因导致试运行失败的，承包人应采取措施保证试运行合格，并承担相应费用。由于发包人的原因导致试运行失败的，承包人应当采取措施保证试运行合格，发包人应承担由此产生的费用，并支付承包人合理利润。

（6）竣工结算。竣工验收合格后，由承包人向监理人提交竣工付款申请单，启动竣工结算程序。发包人应按监理人出具的付款证书，将应支付款支付给承包人。

（7）竣工清场。除合同另有约定外，工程接收证书颁发后，承包人应按要求对施工场地进行清理，直至监理人检验合格为止。竣工清场费用由承包人承担。

承包人未按监理人的要求恢复临时占地，或者场地清理未达到合同约定的，发包人有权委托其他人恢复或清理，所发生的金额从拟支付给承包人的款项中扣除。

2. 缺陷责任期的约定

（1）缺陷责任。缺陷责任期自实际竣工日期起计算。在全部工程竣工验收前，已经发包人提前验收的单位工程，其缺陷责任期的起算日期相应提前。

缺陷责任期内，发包人对已接收使用的工程负责日常维护工作。发包人在使用过程中，发现已接收的工程存在新的缺陷或已修复的缺陷部位或部件又遭损坏的，承包人应负责修复，直至检验合格为止。监理人和承包人应共同查清缺陷和（或）损坏的原因，分清责任。发包人有权要求承包人相应延长缺陷责任期，但缺陷责任期最长不超过 2 年。

任何一项缺陷或损坏修复后，经检查证明其影响了工程或工程设备的使用性能，承包人应重新进行合同约定的试验和试运行，试验和试运行的全部费用应由责任方承担。

（2）缺陷责任期终止证书。在约定的缺陷责任期，包括延长的期限终止后 14 天内，由监理人向承包人出具经发包人签认的缺陷责任期终止证书，并退还剩余的质量保证金。

（3）最终结清。缺陷责任期终止证书签发后，承包人应向监理人提交最终结清申请单，启动最终结清程序。发包人应按监理人出具的最终结清证书，将应支付款支付给承包人。

6.8.4 不可抗力、违约和争议解决条款

通用合同条款根据法律规定，对合同的不可抗力及违约责任条款进行了细化。

1. 不可抗力的约定

（1）不可抗力事件。不可抗力是指承包人和发包人在订立合同时不可预见，在工程施工过程中不可避免发生并不能克服的自然灾害和社会性突发事件，如地震、海啸、瘟疫、水灾、骚乱、暴动、战争和专用合同条款约定的其他情形。

（2）不可抗力发生后的管理。合同一方当事人遇到不可抗力事件，使其履行合同义务受到阻碍时，应立即通知合同另一方当事人和监理人，书面说明不可抗力和受阻碍的详细情况，并提供必要的证明。

如不可抗力持续发生，合同一方当事人应及时向合同另一方当事人和监理人提交中间报告，说明不可抗力和履行合同受阻的情况，并于不可抗力事件结束后 28 天内提交最终报告及有关资料。

除专用合同条款另有约定外，不可抗力导致的人员伤亡、财产损失、费用增加和（或）工期延误等后果，由合同双方按约定原则承担。

合同一方当事人延迟履行，在延迟履行期间发生不可抗力的，不免除其责任。

不可抗力发生后，发包人和承包人均应采取措施尽量避免和减少损失的扩大，任何一方没有采取有效措施导致损失扩大的，应对扩大的损失承担责任。

（3）因不可抗力解除合同。合同一方当事人因不可抗力不能履行合同的，应当及时通知对方解除合同。合同解除后，承包人应按照约定撤离施工场地。已经订货的材料、设备由订货方负责退货或解除订货合同，不能退还的货款和因退货、解除订货合同发生的费用，由发包人承担，因未及时退货造成的损失由责任方承担。合同解除后的付款，由监理人商定或确定。

2. 承包人违约

（1）承包人违约的情形。在履行合同过程中发生的下列情况属承包人违约：①承包人违反约定，私自将合同的全部或部分权利转让给其他人，或私自将合同的全部或部分义务转移给其他人；②承包人违反约定，未经监理人批准，私自将已按合同约定进入施工场地的施工设备、临时设施或材料撤离施工场地；③承包人违反约定使用了不合格材料或工程设备，工程质量达不到标准要求，又拒绝清除不合格工程；④承包人未能按合同进度计划及时完成合同约定的工作，已造成或预期造成工期延误；⑤承包人在缺陷责任期内，未能对工程接收证书所列的缺陷清单的内容或缺陷责任期内发生的缺陷进行修复，而又拒绝按监理人指示再进行修补；⑥承包人无法继续履行或明确表示不履行或实质上已停止履行合同；⑦承包人不按合同约定履行义务的其他情况。

（2）承包人违约解除合同。监理人发出整改通知 28 天后，承包人仍不纠正违约行为的，发包人可向承包人发出解除合同通知。合同解除后，发包人可派员进驻施工场地，另行组织人员或委托其他承包人施工。发包人因继续完成该工程的需要，有权扣留使用承包人在现场的材料、设备和临时设施。但发包人的这一行动不免除承包人应承担的违约责任，也不影响发包人根据合同约定享有的索赔权利。

（3）协议利益的转让。因承包人违约解除合同的，发包人有权要求承包人将其为实施合同而签订的材料和设备的订货协议或任何服务协议利益转让给发包人，并在解除合同后的 14 天内，依法办理转让手续。

（4）紧急情况下无能力或不愿进行抢救。在工程实施期间或缺陷责任期内发生危及工程安全的事件，监理人通知承包人进行抢救，承包人声明无能力或不愿立即执行的，发包人有权雇用其他人员进行抢救。此类抢救按合同约定属于承包人义务的，由此发生的金额和（或）工期延误由承包人承担。

3. 发包人违约

（1）发包人违约的情形。在履行合同过程中发生的下列情形，属发包人违约：①发包人未能按合同约定支付预付款或合同价款，或拖延、拒绝批准付款申请和支付凭证，导致付款延误的；②发包人原因造成停工的；③监理人无正当理由没有在约定期限内发出复工指示，导致承包人无法复工的；④发包人无法继续履行或明确表示不履行或实质上已停止履行合同的；⑤发包人不履行合同约定其他义务的。

（2）承包人有权暂停施工。发包人发生除上述④以外的违约情况时，承包人可向发包人发出通知，要求发包人采取有效措施纠正违约行为。发包人收到承包人通知后的28天内仍不履行合同义务，承包人有权暂停施工，并通知监理人，发包人应承担由此增加的费用和（或）工期延误，并支付承包人合理利润。

（3）发包人违约解除合同。发生上述第④的违约情况时，承包人可书面通知发包人解除合同。

承包人暂停施工28天后，发包人仍不纠正违约行为的，承包人可向发包人发出解除合同通知。但承包人的这一行动不免除发包人承担的违约责任，也不影响承包人根据合同约定享有的索赔权利。

第 **7** 章

建设工程合同管理

在合同体系中，工程施工合同是最有代表性、最普遍，也是最复杂的合同类型。它在合同体系中处于主导地位，是整个项目合同管理的重点。因此，本章以工程施工合同管理为重点进行介绍。

7.1 合同管理的基本内容

合同管理是项目管理的重要内容，贯穿了项目合同的形成到执行的始终，与范围管理、质量管理、进度管理、成本管理、信息管理、沟通管理、风险管理等紧密相连，是项目管理中其他活动的基础和前提。现代工程项目的复杂性决定了合同管理任务的艰巨性。

7.1.1 合同管理的任务与特点

一般地说，管理是在一定的环境下，为了达到组织的目的，组织内的成员从事提高组织资源效率的行为。我们知道。任何一种管理活动都由以下四个基本要素构成：管理主体（回答由谁管的问题）；管理客体（回答管什么的问题）；组织目标（回答为何而管及管理效果的问题）；组织环境或条件（回答在什么情况下管的问题）。

1. 合同管理的四要素

工程项目层面的合同管理的主体，是订立建设工程合同的业主和承包商，其法律行为由双方的法定代表人行使。项目管理机构（项目经理部）是合同实际的管理主体，双方的项目经理作为业主和承包商在施工项目上的委托代理人，按照合同组织工程实施，承担合同约定义务，行使权利。而具体合同管理的任务则由一定的组织机构和人员来完成。对不同的企业组织和工程项目组织形式，合同管理组织的形式不一样，存在设专职合同管理部门、设专职合同管理员或设兼职合同管理员等多种模式。

合同管理的客体是合同管理的各项任务和内容，包括对合同的编制、签订、履行、变更、转让、解除、终止以及计划、评审、监督、控制、协调等一系列活动。业主是建设工程项目生产过程的发起者和总组织者，项目合同关系以业主为主导，其合同管理贯穿于建设项目的全过程。

合同管理的目标是保证实现物有所值，它是建设项目管理目标系统的一个重要组成部分。项目参与各方是通过一系列合同与项目建立起联系的，不管各单位的目标如何，所有参与单位的合同管理都必须服从以业主的关键绩效指标为核心的整个项目的总目标。

组织环境或条件是指项目团队不能控制的，将对项目产生影响、限制或指令作用的外部环境和内部条件。外部环境因素包括法律、技术标准、市场、政治、社会和经济环境，内部条件包括组织文化、结构和治理，组织的基础设施、商业数据库、项目管理信息系统、现有人力资源状况、现有的沟通渠道，项目利益相关方风险承受能力等。

2. 合同管理的任务

有效的合同管理需要在管理风险的同时系统而有效地计划、执行、监测和评审，以优化运行、确保双方履行各自的合同义务，最终实现物有所值且落实预期结果。

根据合同管理的对象，可将合同管理分为两个层次：一是对单项合同的管理，二是对整个建设项目合同的管理。

单项合同的管理主要是指合同当事人从合同拟定开始到合同结束的全过程对某个合同的管理，包括合同的提出、合同文本的起草、合同的订立、合同的履行、合同的变更与索赔控制和合同收尾等工作环节。

整个建设项目合同的管理，就业主而言，包括合同策划、项目合同实施计划和合同控制，而对承包人来说，主要是合同评审、项目合同实施计划和合同控制工作。

3. 工程建设合同管理的特点

由工程建设和工程建设合同的特点，带来合同管理的如下特点：

（1）工程建设合同管理持续时间长。

（2）合同管理对工程经济效益影响很大。据统计，对于正常的工程，合同管理成功和失误对经济效益产生的影响之差能达工程造价的20%。

（3）合同管理必须是全过程的、系统性的、动态性的。

（4）合同管理影响因素多，风险大。

7.1.2 合同管理的程序与要求

合同管理的内容与程序应体现企业管理层和项目管理层参与的项目管理活动。项目管理的每一个过程都应该体现计划、实施、检查、处理（PDCA）的持续改进过程。

1. 合同管理程序

项目合同管理应遵循下列程序：

（1）合同策划和合同评审。在工程项目招标投标阶段的初期，业主的主要工作是合同策划，而承包商的主要合同管理工作是合同评审。

（2）合同订立。

（3）合同实施计划。

（4）合同实施控制。在合同实施过程中通过合同控制确保承包商的工作满足合同要求。包括对各种合同的执行进行监督、跟踪、诊断、工程变更管理和索赔管理等。

（5）合同管理总结。项目结束阶段后对采购和合同管理工作进行总结和评价以提高以后新项目的采购和合同管理水平。

2. 合同管理的要求

组织应建立项目合同管理制度，明确合同管理责任，设立专门机构或人员负责合同管理工作。

组织应配备符合要求的项目合同管理人员，实施合同的策划和编制活动，规范项目合同管理的实施程序和控制要求，确保合同订立和履行过程的合规性。

建设工程合同管理应符合法律法规要求。严禁通过违法发包、转包、违法分包、挂靠方式订立和实施建设工程合同。

组织应在整个合同期内积极主动地按照合同实施计划管理合同，使用关键绩效指标定量考核，以确保实施过程令人满意，利益相关方可获得充分信息，合同的要求得到满足。合同履行的评审应在合同完成后进行，以评审绩效，如果适用，为未来的合同取得经验和教训。

3. 合同管理的原则

（1）集中控制原则。依据规范统一的合同审查、批准制度，企业对各类合同管理过程中的立项、签订、履行、变更和结束等关键管理过程中的审查、决策实行集中控制。

（2）授权管理原则。依据分级授权等相关管理制度，企业对执行部门及相关职能部门在合同的管理行为方面实行授权管理。

（3）系统管理原则。合同管理过程贯穿于从合同编制至最终关闭的整个过程，因此，需要对合同管理的各个环节进行统筹规划，系统管理。通过建立系统的、覆盖企业合同管理全过程的合同管理文件和程序，制定相关工作流程图，实现合同管理活动的有章可循，做到合同管理内容的有形化和程序化。

（4）预防为主原则。合同管理的关键是在合同签订之前或变更之前，做好合同无效或争议的预防，即加强合同策划、合同评审和合同谈判工作，采取相应的防范性对策，尽力避免拟商谈和签订的合同遗漏或含有模糊、矛盾等内容，尽可能地使合同内容做到公正和平等，从而减少投标的承包商中标后双方进行合同谈判时的工作量及合同签订后履行过程中的合同争议。只有事先的预防工作做好了，才能顺利履行合同，事后的补救也有相应的合同依据。

7.2 合同总体策划

合同形成阶段业主的合同管理工作主要是合同总体策划。业主需要分层次、分对象对合同的一些重大问题进行研究，并做出决策和安排，提出合同措施。

7.2.1 合同策划的要求、依据与过程

总体策划是指合同当事人根据合同目标，预先决定在合同方面做什么，何时做，如何做，谁来做，为什么做等带根本性和方向性的，对整个项目、对整个合同的签订和实施有重大影响的问题的过程。由于业主处于主导地位，它的合同策划对整个工程有导向作用。

1. 合同策划的要求

合同策划与编制通常由组织授权，项目管理机构负责具体实施。合同策划与编制一般同步进行。合同策划结果应该反映在合同管理计划中。

合同策划的目的是通过合同保证项目总目标的实现。它必须反映项目发展采购战略和工

程项目的实施战略。

合同策划要符合合同基本原则，不仅要保证合法性、公正性，而且要促使各方面的互利合作，确保高效地完成项目目标。同时应保证项目实施过程的系统性和协调性。

业主要有理性思维，要有追求工程最终总体综合效率的内在动力。作为理性的业主，应该认识到：合同策划不是为了自己，而是为了实现项目总目标。业主应该理性决定工期、质量、价格三者之间的关系，追求三者的平衡，应该公平地分配项目风险。业主不能指望采用"损人"的方式达到"利己"，这只能是一厢情愿，最终受损的是项目总目标。

合同策划的可行性和有效性只有在工程实施中体现出来。在项目实施过程中，在开始准备每一个合同招标，准备确定每一份合同时，以及在工程结束阶段都应当对合同策划再做一次评价。

2. 合同策划的依据

业主合同策划的依据主要有：

（1）项目特性。包括：项目的界限，项目经营属性，工程的类型、规模、特点，项目复杂程度，子项目施工干扰程度等。

（2）业主的需求与偏好。包括：企业经营战略、项目管理目标，人力资源、管理水平和能力，投资控制要求，工期控制要求，质量控制要求，对风险的偏好，对采购方式的偏好，对发包方式的偏好，等等。

（3）建设环境。包括：征地拆迁、移民，施工现场条件，国家和地方法律法规，市场发育程度，建设资源条件，等等。

3. 合同策划一般过程

业主是通过合同分解项目目标，落实负责人，并实施对项目的控制权力。对一个工程项目，合同总体策划一般过程如下：

（1）进行项目的总目标和战略分析，确定项目和采购对合同的总体要求。

（2）依据项目分解结构，确定合同的总体原则、目标和实施战略。它决定业主面对承包商的数量和项目合同体系、对工程风险分配的策略、业主准备对项目实施的控制程度、对材料和设备所采用的承包模式等。

（3）选择业主的项目管理模式。例如：业主自己投入管理力量，或采用业主代表与监理工程师共同管理；将项目管理工作分阶段委托，或采用项目管理承包。项目管理模式与工程发承包方式相互制约，对项目的组织形式、风险的分配、合同类型和合同内容有很多影响。

（4）进行项目发承包策划。即按照工程管理模式、发包方式、承包模式和对项目结构分解得到的项目工作进行具体分类、打包和发包，形成一个个独立同时又是相互影响的合同。

（5）进行与具体合同相关的内容策划。包括竞争方式、合同种类与合同条件的选择，合同风险分配，主要合同条款确定，项目相关各个合同在内容、组织、技术、时间上的关系协调等。

（6）进行项目管理工作过程策划。包括项目工作流程定义、项目组织设置和项目管理规则制定等。将整个项目管理工作在业主、监理工程师和承包商之间进行分配，划分各自的管理工作范围，分配职责，授予权力，进行协调。

（7）起草招标文件和合同文件。上述工作成果都必须具体体现在招标文件和合同文件中。

7.2.2　合同总体策划的要点

合同总体策划的核心是确定工程交易模式，就一些重大问题做出安排，包括：发包人管理模式、发包方式、合同切块、竞争方式、承包模式、合同种类及条件、合同风险、合同中重要条款等。

1. 合同体系策划

合同体系策划的核心是确定签约合同数量，它是由项目的分解结构和业主所采用的项目管理模式、工程发包方式以及合同切块所决定的。

发包人的管理模式可以归为两类：一类是自主管理＋监理；另一类是委托管理，即代建或项目管理。自主管理适用于业主有较强管理能力的情形。

工程发包方式是指项目参与方为了实现发包人的目标与目的，完成预定的工程项目而组织实施的项目设计、采购、施工、运行等系统的方式。它是分配项目设计、施工合同责任的综合方法。目前国内外常用的工程发包方式有设计-招标-施工（DBB）、设计-施工总承包（DB）、设计-采购-施工总承包（EPC）、风险型建设管理（CM at Risk）模式等。一般认为，随着设计深度因素的变化，适用的发包方式依次为 EPC、DB 和 DBB。同时，DB 模式主要适用于房屋建筑工程，很少涉及复杂设备的采购和安装，而 EPC 模式一般适用于大型工业投资项目，CM 模式适用于设计变更可能性较大、工期要求比较严格和工程总体范围和规模不确定而无法准确定价的工程项目。研究表明，不存在一个在任何情况下都是最佳的模式。

合同切块中，以招标投标方式交易的称为标段的划分，也称分标。在项目分解结构的基础上，业主在发包或招标前必须决定，对项目分解结构中的活动如何进行组合，以形成一个个合同包（标段或独立的部分），进而形成工程项目的合同体系。合同切块核心内容是其合理性。

合同体系策划应在确认工作内容完整性的基础上完成：全部合同确定的工作范围应能涵盖项目的所有工作，即只要完成各个合同，就可实现项目总目标。合同体系策划不应在工作内容上造成缺陷或遗漏。为了防止缺陷和遗漏，应做好如下工作：①在合同切块前认真地进行项目的系统分析，确定项目的系统范围。②系统地进行项目的结构分解，在详细的项目结构分解的基础上列出各个独立合同的工作量表。③进行项目任务（各个合同或各个承包单位或项目单元）之间的界面分析。划定各个界面上的工作责任、成本、工期、质量的定义。实践证明，许多遗漏和缺陷常常都发生在界面上。

2. 竞争内容策划

（1）选择竞争方式。竞争方式是指产生工程合同承包人的方式。除了强制招标项目，业主必须选择公开招标方式外，其他项目可以选择公开招标、邀请招标，甚至不招标的直接发包。各种招标方式有其特点及适用范围。一般要根据承包模式、合同类型、业主所拥有的采购时间（工程紧迫程度）、业主的项目管理能力和期望控制工程建设的程度等决定。

公开招标，业主选择范围大，有利于降低造价，提高工程质量，缩短工期。但招标期较长，业主有大量的管理工作，处理不当，会造成大量时间、精力和金钱的浪费。

邀请招标，业主的事务性管理工作较少，招标所用的时间较短，费用低，同时业主可以获得一个合理的价格。

直接发包，通过合同谈判确定承包商业主比较省事，仅一对一谈判，无须准备大量的招标文件，无须复杂的管理工作，时间又很短。但由于该类方式往往没有形成明确的需求文件，遗漏和变化较多，另外，没有形成竞争，所以通常合同价格较高。

（2）确定承包商评价标准。采用招标方式采购，资格预审的标准与评标标准是决定选择什么样的承包商的关键内容，需要考虑市场实际情况审慎处理。包括：

1）确定资格预审的标准和允许参加投标的单位数量。业主要保证在招标中有比较激烈的竞争，则必须保证有一定量的投标单位。但如果投标单位太多，则管理工作量大，招标期较长。在预审期要对投标人有基本的了解和分析。一般从资格预审到开标，投标人会逐渐减少。必须保证最终有一定量的投标人参加竞争，否则在开标时会很被动。

2）定标的标准。确定定标的指标对整个合同的签订（承包商选择）和执行影响很大。人们越来越趋向采用综合评标法，从技术方案、报价、工期、资信、管理组织等各方面综合评价，以选择中标者。对此要确定各个要素的权重。

（3）承包模式选择。承包模式是指承包商承包工程时，施工中需要的人工、材料及施工机械的供应的方式，在实践中有多种可供选择的方式。目前市场条件下，一般可以概括为包工包料、包工不包料和包工部分包料三种情况。

1）包工包料，即承包人提供工程施工所用的全部人工、材料和机械。

2）包工不包料，也称为清包工，即承包人仅提供劳务而不承担供应任何材料的义务，一般情况下，承包人不提供施工机具，而仅自带工人手用工具。

3）包工部分包料，也有称包工半包料的，即承包人只负责提供施工所用的全部人工、施工机械和一部分材料，其余部分则由发包人或总承包人负责供应（简称甲供）。

3. 合同内容策划

（1）合同条件的选择。在实际工作中，除了依法必须招标的项目外，业主可以按照需要自己起草合同条款，也可以选择标准的合同条件或合同示范文本。

对一个项目，有时会有几个同类型的合同条件供选择，选择应注意如下问题：

1）大家从主观上都十分希望使用严密的、完备的、科学的合同条件，但合同条件应该与双方的管理水平相配套。双方的管理水平很低，而使用十分完备、周密同时规定又十分严格的合同条件，则这种合同条件没有可执行性。

2）选用的合同条件最好双方都熟悉，这样能较好地执行，特别是应更多地考虑使用承包商熟悉的合同条件。

3）合同条件的使用应注意到其他方面的制约。

（2）合同种类的选择。不同种类的合同，有不同的应用条件，有不同的权力与责任的分配，对合同双方有不同的风险。应按具体情况选择合同类型。

三种最典型的合同的特点如下：

1）固定单价合同是单价优先，承包商仅按合同规定承担报价的风险，即对报价（主要为单价）的正确性和适宜性承担责任，而工程量变化（按实际量结算）的风险由业主承担。

2）固定总价合同以一次包死的总价格成交，价格不因环境的变化和工程量增减而变化。所以在这类合同中承包商承担了全部的工作量和价格风险，因此报价中不可预见风险费用较高。固定总价合同是总价优先，承包商报总价，最终按总价结算。通常只有设计变更，或合同中规定的调价条件，如法律变化，才允许调整合同价格。这种合同，业主较省事，合同双方价格结算简单。由于业主没有风险，所以他干预工程的权力较小，只管总的目标和要求。

3）成本加酬金合同是与固定总价合同截然相反的合同类型，工程最终合同价格按承包商的实际成本加一定比例的酬金计算。而在合同签订时不能确定一个具体的合同价格，只能确定酬金的比例。承包商不承担任何风险，而业主承担了全部工作量和价格风险。在这种合同中，合同条款应十分严格。

研究认为，工程的不确定性与工期的长短是选择合同类型的重要参数。一般地，工程范围、工程结构由较为确定变化到十分不确定，适用的合同类型依次为：总价合同、单价合同和成本加酬金合同；对于工期较短（小于 2 年）的往往采用总价合同，而另外两种合同对工期并无特别要求。

（3）合同风险策划。合同风险策划包括如下工作：

1）工程项目风险分析。工程中的风险是多角度的，常见的有：项目环境风险；工程技术和实施方法等方面的风险；项目组织成员资信和能力风险；项目实施和管理过程中可能出现的预测、决策、计划和实施控制中出现的问题。

2）通过合同进行风险分配。工程风险通过合同条款分配给承担者，成为承担者的合同风险。合同双方在整个合同的签订和谈判过程中对风险分配会经历复杂的博弈过程，合同条款需明确规定风险承担人。

（4）重要合同条款的确定。由于业主起草招标文件，他居于合同的主导地位，所以他要确定一些重要的合同条款。例如：

1）适用于合同关系的法律，以及合同争执仲裁的地点、程序等。

2）付款方式。如采用进度付款、分期付款、预付款或由承包商垫资承包。

3）合同价格的调整条件、调整范围、调整方法，特别是由于物价上涨、汇率变化、法律变化、关税变化等对合同价格调整的规定。

4）合同双方风险的分担。

5）合同的里程碑、关键合同成果交付。

6）关键绩效指标。

7）对承包商的激励措施。

8）通过合同保证对项目的控制权力，如合同变更与变更控制机制。

4. 合同管理计划

合同管理计划在合同创建过程中建立，并在合同签订时成形，合同策划结果应反映在合同管理计划中。

合同管理计划通常应当包含的细节为：

（1）识别的潜在风险及其应对措施。

（2）合同各方的主要联系人及职责。

（3）沟通和报告程序。

（4）关键合同条款。

（5）合同的里程碑，包括关键路径以及与合同条款相一致的支付程序。

（6）关键合同可交付成果的识别、适当描述与更新，并在合同执行过程中为变更令提供基础。

（7）关键绩效指标及其衡量过程的描述（如果需要的话）。

（8）合同变更与变更控制机制。

（9）记录存档要求。

7.3 合同评审

合同评审通常是每一份合同在签订前所必须经历的过程，是合同签订之前的一次具有实际意义的合同把关。但现实情况是，合同评审在很多企业往往得不到应有的重视。

7.3.1 合同评审的内涵

合同评审是指业主或承包商按照制定的评审程序对合同文件所涉及的要素及条款语句陈述的逻辑性、通顺性、准确性进行审查、认定和评估，以确定其达到规定目标的适宜性、充分性和有效性。

1. 合同评审的主体、客体与时点

合同的评审通常由业主或承包商企业层面的合同管理部门负责组织。承包商的分包合同或拟签订的其他合同的评审通常由承包商项目部的合同部门或专职合同管理员负责组织。

合同评审的对象是拟评审合同的具体内容，以及合同履行过程中的重大变更内容。招标发包和直接发包订立合同方式，其需要评审的合同文件有所不同。招标发包方式需要评审的合同文件齐全一些，一般包括：招标文件及工程量清单、招标答疑、投标文件及组价依据、拟定合同主要条款、谈判纪要、工程项目立项审批文件等。

合同评审的行为主要发生在合同正式签订之前，即合同产生阶段。但是，特定情况下，合同评审也可以发生在合同履行阶段。例如，合同当事人在合同履行过程中因发生新情况、新变化需要对原合同进行修改或补充，此修改或补充的内容将对原合同构成实质性的影响，需要进行合同评审以确定是否必要或其内容是否满足了己方当事人的要求等。

2. 合同评审的目的

合同评审的目的是从合同执行的角度去分析、补充合同的具体内容，是为了使合同尽可能地做到全面、公正，避免错误、遗漏和对己方不利的条款，以便在合同谈判过程中有针对性地与合同另一方进行商谈，维护己方应有的合法权益。

事实证明，合同评审还可以有效避免合同签订后在履行过程中双方因合同内容的错误、遗漏、歧义、不公平等原因而产生的不必要的合同争议，为合同的顺利完成创造一个良好的履行环境。

3. 合同评审是承包商应尽之责

对于业主拟定的招标文件、合同条件等，承包商缺乏发言权，往往只能被动接受，其中的利益与风险只能通过合同评审程序予以甄别。因此，承包商的合同评审越发显得重要。而且，无论承包商是否执行合同评审程序，承包商对招标文件的责任都是客观存在的：

（1）一般招标文件都规定，承包商对招标文件的理解负责，必须按照招标文件的各项要求报价、投标、施工。承包商必须全面分析和正确理解招标文件，弄清楚业主的意图和要求，由于对招标文件理解错误造成实施方案和报价失误由承包商自己承担。

（2）投标人在递交投标书前被视为已对规范、图纸进行了检查和审阅，并对其中可能的错误、矛盾或缺陷已经明了，应在规定时间内以书面的形式向业主提出。对其中明显的错误，如果承包商没有提出，则可能要承担相应责任。

7.3.2 合同评审的内容与方式

以招标方式订立合同的，组织应对所编制的招标文件或者投标文件进行审查、认定和评估。承包商进行的合同评审中，应研究合同文件和发包人所提供的信息，确保合同要求得以实现，确保自身应有能力完成合同要求。

1. 合同评审的主要内容

合同评审应该包括下列内容：

（1）合法性、合规性评审。保证合同条款不违反法律、行政法规、地方性法规的强制性规定，不违反国家标准、行业标准、地方标准的强制性条文。

（2）合理性、可行性评审。保证合同权利和义务公平合理，不存在对合同条款的重大误解，不存在合同履行障碍。

（3）合同严密性、完整性评审。保证合同内容没有缺项漏项，合同条款没有文字歧义、数据不全、条款冲突等情形，合同组成文件之间没有矛盾。通过招标投标方式订立合同的，合同内容还应当符合招标文件和中标人的投标文件的实质性要求和条件。

（4）与产品或过程有关要求的评审。保证与合同履行紧密关联的合同条件、技术标准、施工图、材料设备、施工工艺、外部环境条件、自身履约能力等条件满足合同履行要求。

（5）合同风险评估。保证合同履行过程中可能出现的经营风险、法律风险处于可以接受的水平。

2. 合同评审的方式

合同评审可能涉及招标投标阶段、签约阶段及合同变更阶段。都需要根据管理制度，提前确定评审方式、评审时间、主持者、参与者，需要准备评审所需文件资料，最后形成评审报告，提交企业负责人进行决策。

由于组织方式、合同的性质千差万别，针对不同类型、规模的项目，或存在特殊技术、管理要求的项目，可以采取不同方式或者综合运用几种不同的合同评审方式进行评审。例如：

（1）部门会签式。合同管理人员制作"合同评审会签表"，将该表连同拟评审的合同文本交各评审部门进行会签，各评审部门将评审意见写在会签表上。会签完毕，合同管理员综合各评审部门的意见后写出最终意见和建议。该方式适用于招标投标阶段评审，或合同金额不大或标准产品、服务的评审。

（2）调查问卷式。合同管理人员将拟评审合同中需要评审的内容一一列出，制成相应的"合同评审问卷"，交各评审部门回答。回答完毕，合同管理员综合各评审部门的意见后写出最终意见和建议。该方式适用于合同谈判期间就双方分歧的内容进行的评审。

（3）评审会议式。合同管理员事先将拟评审的合同文本发给各评审部门审阅，之后，召开由各评审部门具体评审人员参加的合同评审会议，由各个评审人员阐述其意见和建议，合同管理员制作"合同评审会议记录"。会议结束，合同管理员综合各评审部门的意见后写出最终意见和建议。该方式适用于合同评审时间要求比较急迫的合同，或合同金额大或结构复杂、技术含量高或协作单位多或涉外的产品、服务的评审。

（4）简易评审式。合同管理员在征求负责合同具体履行部门意见的基础上提出合同管理部门的意见和建议。该方式适用于内容简单、金额较小、技术条款不多的合同的评审。

3. 合同审查表

合同审查过程及其结果一般以最简洁的表格形式表达出来，这就是合同审查表。合同审查表的设计要涵盖合同评审内容，有利于对评审的对象进行"解剖"、归纳、分析。

要达到合同审查目的，审查表至少应具备如下功能：①完整的审查项目和审查内容；②被审查合同在对应审查项目上的具体条款和内容；③对合同内容的分析评价，即合同中有什么样的问题和风险；④针对分析出来的问题提出建议或对策。

对于一些重大的工程或合同关系和合同文本很复杂的工程，合同审查的结果应经律师或合同法律专家核对评价，或在他们的直接指导下进行审查。这会减少合同中的风险，减少合同谈判和签订中的失误。

4. 合同评审结果的处理

业主合同评审完成后，招标（合同）文件起草部门应依评审结果修改相应的文件。

承包商招标阶段合同评审完毕，对于可行性和风险方面的意见和建议，由投标报价部门作为投标报价的参考；对于需要澄清的问题，应由投标报价部门立即按照招标文件规定的要求和格式以书面形式向业主提出，要求予以澄清或调整。

业主和承包商应根据需要进行合同谈判，以评审意见为依据，细化、完善、补充、修改或另行约定合同条款和内容。对于双方不能协商达成一致的合同条款，可提请行业主管部门协调或者合同约定的争议解决机构处理。

业主和承包商应依据合同评审和谈判结果，订立合同或协议。

合同履行过程中，如果需要对原合同的内容进行重大变更，应按照管理权限由授权人决定是否需要进行评审。如果授权人同意，则需要按照程序组织评审，在未评审之前，不得同意合同的变更。

7.4 合同实施计划与控制

工程项目的实施过程实质上是项目相关的各个合同的执行过程，这是由承包商主导的过程。要保证项目正常、按计划、高效率地实施，必须正确地执行各个合同。

7.4.1 合同实施计划

合同实施计划是保证合同履行的重要手段。承包商应规定合同实施工作程序，由有关部门和专业人员根据合同和项目管理计划编制合同实施计划，并经管理层批准。

1. 合同实施计划的主要内容

合同实施计划应重点突出如下内容：

（1）合同实施总体安排。

（2）工程分解与分包策划。

（3）合同实施保证体系的建立。

2. 合同实施总体安排

承包人应对其承接的合同做总体协调安排。承包人自行完成的工作及所分包合同的内容，应在质量、资金、进度、管理架构等方面符合总包合同的要求。

合同的实施总体安排要特别注意工作或合同界面管理，签订的分包合同以及自行完成的工程内容应能涵盖所有主合同的全部内容，既不遗漏，也不重复。

3. 工程分解与分包策划

承包商必须就如何完成合同范围的工程、供应或工作的承担者做出安排，包括：①项目范围内的工作哪些由企业内部完成，哪些准备委托（分包）出去；②对材料和设备所采用的供应方式，如由自己采购还是由分包商采购；③与分包工程相关的风险分配；④如何有效地控制分包商和供应商。

分包方式的选择有时是承包商的自主行为，往往也需要征得业主或监理工程师的同意，有时是出于业主的指令要求。

分包合同策划包括如下工作内容：①分包合同范围的划定；②进行与具体分包合同相关的策划，包括每一份分包合同种类的选择、合同风险分配、项目相关各个合同之间的协调等；③各个分包的招标文件和（或）合同文件的起草。

4. 合同实施保证体系的建立

合同实施保证体系致力于提供合同要求会得到满足的信任，是全部管理体系的一部分，是为了实现合同目标而需要的组织结构、岗位与职责、程序和资源等组成的有机整体。

合同实施保证体系构建的原则包括：①明确项目目标和项目关键；②分解、落实项目责任；③能够实施项目预控；④能有效避免合同纠纷。

合同实施保证体系与其他管理体系存在密切联系，应与其他管理体系协调一致，须建立合同文件沟通方式、编码系统和文档系统。

组织应根据自身条件和项目实际情况制定必要的合同实施工作程序并规定其内容。

7.4.2 合同实施控制

合同实施控制是指业主或承包商为保证合同所约定的各项义务的全面完成及各项权利的实现，以合同实施计划为基准，监督合同实施活动的绩效，纠正各种偏差。

1. 合同实施控制的内容与原则

合同实施控制具有为组织提供适应环境变化、限制偏差累积、处理组织内部复杂局面和降低成本四项基本功能。

合同实施控制，根据其内容可以分为合同实施控制的日常工作和特殊工作两个方面。合同实施控制的日常工作是指日常性的、项目管理机构能够自主完成的合同管理工作。对于合同变更、合同索赔、合同中止等工作，往往不是项目管理机构自己单方面能够完成的，需要组织通过协商、调解、诉讼或仲裁等方式来实现，属于合同实施控制的特殊工作。

为了使合同实施控制工作做得切实有效，一般需要注意以下几条原则：

（1）控制应该同计划和组织相适应。

（2）控制应该突出重点，强调例外。

（3）控制应该具有灵活性、及时性和经济性的特点。

（4）控制过程应避免出现为了遵守规定或完成目标而不顾实际控制效果的种种刻板、僵硬、扭曲的行为。

（5）控制工作应注意培养组织成员的自我控制能力。

2. 合同实施的关键人员

合同的履行主要表现为当事人项目管理机构执行合同义务的行为。

全面履行合同的关键是承担建设工程项目建设的业主项目负责人、勘察单位项目负责人、设计单位项目负责人、施工单位项目经理、监理单位总监理工程师这五方责任主体项目负责人。这些人员需要按照合同赋予的责任，认真落实合同的各项要求。

3. 业主合同控制的基本要求

在合同执行期，业主应执行合同和合同管理计划，以确保合同双方都能满足合同规定。

为了确定物有所值是否实现，业主监控合同至少确保：

（1）风险在发生之前得到管理或减轻。

（2）合同在预算范围内按时完成。

（3）合同变更有适当合理的理由。

（4）合同的成果符合在开始设定的目标。

（5）业主的技术和商业要求均达到或超出预期。

（6）最后的合同价格与基准相比是令人满意的。

4. 合同实施控制的日常工作

合同实施控制的日常工作包括合同交底、合同跟踪与诊断、合同完善与补充、信息反馈与协调以及其他应自主完成的合同管理工作。

（1）合同交底。合同交底就是单位的相关部门组织项目管理人员学习合同和合同总体分析结果，将合同的内容贯彻下去，让相关人员清楚相关的合同条款，并遵照执行，防止因对合同不熟、不理解、掌握不透彻而出现违反合同的行为，为自己带来损失。合同交底既是向项目管理机构做合同文件解析，也是合同管理职责移交的一个重要环节。

合同交底应在合同实施前进行，由单位的相关部门及合同谈判人员负责，交底对象是项目管理机构，交底方式可以书面、电子数据、视听资料或口头方式进行，书面交底的应签署确认书。

合同交底内容包括：合同的主要内容、合同待定问题、合同订立过程中的特殊问题、合同实施计划及责任分配、合同实施的主要风险、其他应进行交底的合同事项。

合同交底应避免走形式。交底前，需要接受交底的各级管理和技术人员应认真阅读合同，进行合同分析，发现合同问题，提出合理建议。

合同交底通常可以分层次按一定程序进行。目前大多数合同管理人士倡导合同的两级交底制度，法人单位向具体的项目经理部领导的交底作为一级交底，将项目经理部领导向项目员工的交底作为二级交底。随着合同管理的不断完善，现在有一部分管理比较完善的企业倡导合同三级交底制度，将项目职能部门对分包商、材料商的交底（技术交底、安全交底等）也纳入企业合同交底的范畴。

合同交底核心内容属企业商业秘密，应当采取严格的保密措施，任何人不得非法传播、泄露及非法利用。

（2）合同跟踪与诊断。项目管理机构应在合同实施过程中定期进行合同跟踪和诊断。

合同跟踪是指合同管理人员对合同的执行过程和执行结果持续关注，检查、记录和分析合同履行状态。合同跟踪包括两个方面的内容，一是合同管理职能部门对合同执行者（项目经理部或项目参与人）的履行情况进行的监督和检查，二是合同执行者（项目经理部或项目参与人）本身对合同计划的执行情况进行的检查与对比，在合同实施过程中二者缺一不可。承包商合同跟踪的对象，通常可以分为具体的合同事件、工程小组或分包商的工程和工作、业主和其委托的监理工程师的工作以及工程总的实施状况几个层次。

合同诊断是在合同跟踪的基础上对合同执行情况的评价、判断和趋向分析、预测。

合同实施控制特别强调管理层和有关部门的作用，管理层和有关部门需在合同跟踪和诊断方面对项目管理机构进行监督、指导和协调，协助项目管理机构做好合同实施工作。

合同跟踪和诊断应符合下列要求：①对合同实施信息进行全面收集、分类处理，将合同实施情况与合同实施计划进行对比分析，查找合同实施中的偏差；②定期对合同实施中出现的偏差进行定性、定量分析，通报合同实施情况及存在的问题；③对合同实施中的偏差分析，应当包括原因分析、责任分析以及实施趋势预测。

（3）合同完善与补充。合同完善与补充也称为合同纠偏。项目管理机构应根据合同实施偏差结果制定合同纠偏措施或方案，经授权人批准后实施。实施需要其他相关方配合时，应事先征得各相关方的认同，并在实施中协调一致。

重大的纠偏措施或方案，应按照合同评审程序进行评审。

纠偏措施或方案可以分为：①组织措施，包括调整和增加人力投入、调整工作流程和工作计划；②技术措施，包括变更技术方案、采用高效的施工方案和施工机具；③经济措施，包括增加资金投入、采取经济激励措施；④合同措施，包括变更合同内容、签订补充协议、采取索赔手段。

通常采用的偏差调整措施多是通过实施过程调整（如变更实施方案，重新进行组织）或项目目标调整来进行的。从合同双方关系的角度，这多属于合同变更。

7.4.3 合同变更、转让与中止

合同变更与转让属于合同实施控制的特殊工作。我们这里所说的合同变更，不包括合同主体的变更，是狭义的合同变更。合同主体的变更我们称之为合同的转让。

1. 合同变更

（1）合同变更的内涵。合同变更是指合同成立以后，尚未履行或尚未完全履行以前，当事人就合同的内容达成的修改和补充协议。

合同变更可以对已完成的部分进行变更，也可以对未完成的部分变更。《合同法》第二百五十八条规定：定作人中途变更工作的要求，造成承揽人损失的，应当赔偿损失。此条是对定作人的单方变更的规定，适用于建设工程合同的发包人。

当事人变更合同，有时是一方提出，有时是双方提出，有时是根据法律规定变更，有时是由于客观条件变化而不得不变更，无论何种原因变更，变更的内容应当是双方协商一致的结果。

（2）合同变更的效力。合同变更后，将产生以下效力：

1）合同变更后，被变更的部分失去效力，当事人应按变更后的内容履行。

2）合同的变更只对合同未履行的部分有效，不对已经履行的内容发生效力，也就是说合同的变更没有溯及力。合同的当事人不得以合同发生了变更，而要求已履行的部分归于无效。

3）合同的变更不影响当事人请求损害赔偿的权利。实践中，一般在合同变更协议中就

有关损害赔偿一并做出规定，只不过不承担违约责任罢了。

（3）合同变更范围。合同变更是合同实施调整措施的综合体现。合同变更的范围很广，一般在合同签订后所有工程范围、进度、工程质量要求、合同条款内容、合同双方责权利关系的变化等都可以被看作合同变更。最常见的变更有两种：

1）涉及合同条款的变更。这是指合同条件和合同协议书所定义的双方的责权利关系，或一些重大问题的变更。这是狭义的合同变更，以前人们定义的合同变更即为这一类。

2）工程变更。这是指合同工程实施过程中由发包人提出或由承包人提出经发包人批准的合同工程任何一项工作的增、减、取消或施工工艺、顺序、时间的改变（包括发包方更改经审定批准的施工组织设计）；设计图的修改；施工条件的改变；招标工程量清单的错、漏从而引起合同条件的改变或工程量的增减变化。这是最常见和最多的合同变更。

（4）合同变更的管理。项目管理机构应按照规定实施合同变更的管理工作。合同变更管理包括变更依据、变更范围、变更程序、变更措施的制定和实施，以及对变更的检查和信息反馈工作。

合同变更应当符合下列条件：①变更的内容应符合合同约定或者法律规定。变更超过原设计标准或者批准规模时，应由组织按照规定程序办理变更审批手续。②变更或变更异议的提出，应符合合同约定或者法律规定的程序和期限。③对重大的合同变更，由双方签署变更协议确定。变更应经组织或其授权人员签字或盖章后实施。④变更对合同价格及工期有影响时，相应调整合同价格和工期。

合同变更的处理要求包括：①变更在规定期限内尽可能快地做出。②及时将变更文件和要求传递至相关人员，迅速、全面、系统地落实变更指令。③保存原始设计图、设计变更资料、业主书面指令、变更后发生的采购合同、发票以及实物或现场照片。④对合同变更的影响做进一步分析或评审。合同变更是索赔机会，应在合同规定的索赔有效期内完成对它的索赔处理。

合同通常明确工程变更的程序。在合同分析中常常须做出工程变更程序图。

2. 合同的转让

（1）合同转让的含义。合同转让是指合同的当事人依法将合同的权利和义务全部地或部分地转让给第三人。承包商对工程建设合同的转让，一般称为转包。

合同的转让与合同中的分包是不同的。在合同理论上，分包一般称为次承揽。《合同法》二百七十二条规定总承包人或者勘察、设计、施工承包人经发包人同意，可以将自己承包的部分工作交由第三人完成，称之为分包。我国有关法律规定，承包人不得将其承包的全部建设工程转包给第三人或者将其承包的全部建设工程肢解以后以分包的名义分别转包给第三人。

（2）合同转让内容。按照转让的内容不同，可分为合同权利的转让、合同义务的转让以及合同权利义务概括的转让。

1）合同权利的转让是指合同中权利人通过协议将其享有的权利全部或部分地转让给第三人的行为。合同中，业主和承包商都享有一定的权利，因此，业主和承包商都可以将其权利转让。

2）合同义务的转让又称合同债务承担，它是指债务人经债权人同意，将债务转移给第三人承担。

3）合同权利义务的概括转让是指合同的当事人将其在合同中的权利义务一并转让给第三人，由第三人概括地继受这些债权债务。由于权利义务的转移，包括义务的转移，因此，当事人概括转让权利义务时，应取得对方当事人的同意。

3. 合同中止

合同中止是指合同履行过程中，由于特定法律事实的发生，暂时中断项目履行，等中止原因消除后，再继续恢复履行合同，也有可能因中止原因持续难以消除而导致合同终止。

合同中止在工程施工合同中常表现为"暂停施工"。

合同中止应根据合同约定或者法律规定实施。项目管理机构应管理合同中止行为。

合同中止应按照下列方式处理：①合同中止履行时，应及时以书面形式通知对方并说明理由。②因对方违约导致合同中止履行时，在对方提供适当担保时应恢复履行；中止履行后，对方在合理期限内未恢复履行能力并且未提供适当担保时，应报请组织决定是否解除合同。③合同中止或恢复履行，依法需要向有关行政主管机关报告或履行核验手续，应在规定的期限内履行相关手续。④合同中止后不再恢复履行时，应根据合同约定或法律规定解除合同。

因对方违约导致合同中止的，应追究其违约责任。因不可抗力导致合同中止的，需按照合同约定或者法律规定签订部分或者全部免除责任协议，涉及合同内容变更的，应订立补充合同。

7.5 合同索赔管理

索赔属于合同实施控制的特殊工作，是合同实施阶段的一种避免风险的方法，同时也是避免风险的最后手段。在国内，索赔及其管理还是工程建设管理中一个相对薄弱的环节。

7.5.1 索赔的内涵

索赔是一种正当的合同权利，它是业主和承包商之间（在业主和承包商、总包和分包、联营成员之间都可能有索赔，业主与承包商之间的索赔最具典型性）一项正常的、大量发生而且普遍存在的合同管理业务，是签订合同的双方各自应该享有的合法权利。

1. 索赔的含义

我们常说的工程建设索赔主要是指工程施工的索赔，是指在工程合同履行过程中，合同当事人一方因非己方的原因而遭受损失，按合同约定或法律法规规定应由对方承担责任，从而向对方提出补偿的要求。

按照索赔肇始原因分，索赔可分为狭义索赔和反索赔。索赔是指对自己已经受到的损失进行追索，即主动出击争取权益。反索赔则着眼于对损失的防止，它有两个方面的含义：一是反驳对方不合理的索赔要求，对对方已提出的索赔要求进行反驳，或提出新的索赔要求，推卸自己对已产生的干扰事件的合同责任，否定或部分否定对方的索赔要求，使自己不受或少受损失；二是防止对方提出索赔。

2. 索赔的基本特征

根据索赔的含义，索赔具有如下基本特征：

（1）索赔是要求给予补偿（赔偿）的权利主张。索赔是双向的，不仅承包商可以向业主索赔，业主同样也可以向承包商索赔。

（2）索赔的前提是自己没有过错，而导致索赔事件发生的责任应当由对方承担。

（3）只有实际发生了经济损失或权利损害，一方才能向对方索赔。经济损失是指因对方因素造成合同外的额外支出；权利损害是指虽然没有经济上的损失，但造成了一方权利上的损害，如由于恶劣气候条件对工程进度的不利影响。

（4）索赔是一种未经确认的单方行为。索赔要求能否得到最终实现，必须要通过确认（如双方协商、谈判、调解或仲裁、诉讼）后才能实现。

（5）索赔的成败，取决于是否获得了对自己有利的证据。对于特定干扰事件的索赔，没有固定的模式，没有额定的统一标准。

3. 索赔要求

从根本上说，索赔是由于工程受干扰引起的。那些使实际情况与合同规定不符合，最终引起工期和费用变化的那类事件，称为索赔事件或干扰事件。索赔事件是在合同的实施过程中发生的。不断地追踪、监督索赔事件就是不断地发现索赔机会。

在承包工程中，索赔事件引起的索赔要求通常有两个：一个是合同工期的延长，另一个是费用补偿。

（1）合同工期的延长。承包合同中都有工期（开始期和持续时间）和工程延缓的罚款条款。如果工程拖期是由承包商管理不善造成的，则他必须承担责任，接受合同规定的处罚；而对外界干扰引起的工期拖延，承包商可以通过索赔，取得业主对合同工期延长的认可，则在这个范围内可免受合同处罚。

业主可以按照合同规定向承包商索赔工程缺陷责任期（保修期）。

（2）费用补偿。由于非承包商自身责任造成工程成本增加，使承包商增加额外费用，蒙受经济损失，他可以根据合同规定提出费用或利润索赔要求。如果该要求得到业主的认可，业主应向他追加支付这笔费用以补偿损失。

4. 索赔事件的发生率

国内目前尚未见专门的机构对索赔事件进行系统调查统计，文献经常引用的是美国某机构曾对政府管理的各项工程进行的调查结果（见表7-1）。美国的调查结果表明：

（1）工程规模越大，施工索赔的机会和次数就越多。大于500万美元的工程，发生索赔次数占总次数的48%。

（2）中标标价低于次低标价（即第二个最低标价）的幅度越大，索赔发生率就越高。低于次低标价10%以上中标的工程，占索赔总次数的87%。

表7-1 美国某机构统计的索赔比例分布情况

索赔种类/事件	比例分布
设计错误	是引起索赔的主要因素或种类，其出现次数占增量索赔的46%，获得的赔偿费占赔偿总额的40%
工程变更	是引起索赔的重要因素或类别，分随意性变更和强制性变更两种，前者是指业主因最初工作范围规定不周或要求增减工作量所做的变更；后者是指因法规或规程变化所做的工程规模的变更。两种变更的索赔次数在增量索赔中占26%，获得的赔偿费占赔偿总额的28%
现场条件变化	是指现场施工条件与合同规定不符。这些索赔次数占15%，获得的赔偿费占赔偿总额的13%
恶劣气候和罢工	这两类索赔基本上是要求延长工期，因恶劣气候与罢工所获准的延期占全部延期的60%
其他	包括终止合同和停工等一些不常发生的索赔，共占2%，获得的赔偿费占赔偿总额的19%

7.5.2 索赔条件、要素及依据

索赔是法律和合同赋予当事人遭受非己方责任的损失后进行自我救济的一种手段，索赔要求只有符合一定的实质性和程序性要件，才有可能被相对方认可。

1. 索赔条件

索赔的根本目的在于保护自身利益、追回损失、避免亏本，因此是不得已而用之。影响索赔成功的主要因素包括：①合同背景（即合同的具体规定）；②业主的管理水平；③承包商的管理水平。

要取得索赔的成功，索赔要求必须符合如下基本条件：

（1）客观性。确实存在不符合合同或违反合同的干扰事件，且对工期和成本造成实际影响。同时，有确凿的证据证明。

（2）合法性。干扰事件由非自身责任引起，且不是自身应承担的风险，按照合同条款对方应给予补（赔）偿。并且在规定时间内通知和索赔。

（3）合理性。索赔要求必须合情合理，符合实际情况，真实反映由于干扰事件引起的实际损失，采用合理的计算方法和计算基础。同时索赔报告严密、有很强的逻辑性。索赔者必须证明干扰事件与干扰事件的责任，与工程施工过程所受到的影响、与自身所受到的损失、与自身所提出的索赔要求之间存在着因果关系。

2. 索赔要素

所谓索赔要素，是指能够使索赔成立的不可或缺的因素。一般认为，当合同一方向另一方提出索赔时，应有正当的索赔理由和有效证据，并应符合合同的相关约定。因此，索赔至少包括索赔理由、索赔证据和索赔程序三个要素。

（1）索赔理由。这是指索赔的缘由、道理、依据，用以说明索赔事件及其发生过程，阐述索赔事件属于对方应承担责任的因果逻辑，指出在法律上、合同上的索赔根据等。索赔理由要以合同规定的方式和时限知会对方。有正当索赔理由是索赔能够成立的前提条件。

（2）索赔证据。索赔证据是用来支持索赔的证明文件和资料。索赔证据主要来源于施工过程中的信息和资料。一般要求证据必须是书面文件，有关记录、协议、纪要必须是双方签署的；工程中重大事件、特殊情况的记录、统计必须由合同约定的发包人现场代表或监理工程师签证认可。索赔主要是靠有效证据说话，所谓有效证据是指与索赔事件相关联的、真实的、合法的证据。证据不足、无效或者没有证据，索赔是难以成功的。

（3）索赔程序。索赔程序是指索赔事件发生后，按照合同规定请求费用补偿或工期延长时，必须履行的必要手续及时限要求。所谓时限要求，也称索赔时限制度，是指合同履行过程中，索赔方在索赔事件发生后的约定期限内不行使索赔权即视为放弃索赔权利，其索赔权归于消灭的制度。因此，不按程序索赔，法律很难保护受损一方的利益，同样难以获得成功。

3. 索赔的合同依据

索赔的依据是索赔理由的重要支撑，主要是法律、法规，尤其是双方签订的合同文件。索赔应依据合同约定提出。合同没有约定或者约定不明时，按照法律规定提出。由于不同的项目有不同的合同文件，索赔的依据也就不同，合同当事人的索赔权利也不同。

表 7-2 列出了《标准施工招标文件》的合同通用条款中可以给承包商补偿的条款。

表7-2　《标准施工招标文件》的合同通用条款中可以给承包商补偿的条款

条　款	事　由	延长工期	费用+利润	费用（无利润）
1.6.1 施工图的提供	发包人未按时提供图纸造成工期延误	√	√	
1.10.1（化石、文物）	施工中发现文物、古迹按文物行政部门要求采取妥善保护措施，由此导致费用增加和（或）工期延误	√		√
3.4.5（监理人的指示）	监理人未能按合同约定发出指示、指示延误或指示错误而导致承包人费用增加和（或）工期延误	√		√
4.11.2（不利物质条件）	承包人遇到不利物质条件，监理人没有发出指示的，承包人因采取合理措施而增加的费用和（或）工期延误	√		√
5.2.4（发包人提供的材料和工程设备）	发包人要求向承包人提前交货的，发包人应承担承包人由此增加的费用			√
5.2.6（发包人提供的材料和工程设备）	发包人提供材料和工程设备不符合合同要求，或迟延提供或变更交货地点	√	√	
5.4.3（禁止使用不合格的材料和工程设备）	发包人提供的材料或工程设备不符合合同要求，因发包人更换增加的费用和（或）工期延误	√		√
8.3 基准资料错误的责任	发包人提供基准资料错误导致承包人测量放线工作返工或造成工程损失	√	√	
11.3 发包人的工期延误	发包人因下列原因造成工期延误：增加合同工作内容；改变合同中任一项工作的质量要求或其他特性；发包人迟延提供材料、工程设备或变更交货地点的；因发包人原因导致的暂停施工；提供施工图延误；未按合同约定及时支付预付款、进度款；发包人造成工期延误的其他原因	√	√	
11.4 异常恶劣的气候条件	异常恶劣的气候条件导致工期延误	√		
11.6 工期提前	发包人要求承包人提前竣工，或承包人提出提前竣工的建议能够给发包人带来效益		√	
12.2 发包人暂停施工的责任	由于发包人原因引起的暂停施工造成工期延误	√	√	
12.4.2（暂停施工后的复工）	因发包人原因无法按时复工	√	√	
13.1.3（工程质量要求）	因发包人原因造成工程质量达不到合同约定验收标准导致承包人返工	√	√	
13.5.3 监理人重新检查	监理人对已经覆盖的隐蔽工程要求重新检查且经检验证明工程质量符合合同要求	√	√	
13.6.2（清除不合格工程）	由于发包人提供的材料或工程设备不合格造成的工程不合格，需要承包人采取措施补救	√	√	
14.1.3（材料、工程设备和工程的试验和检验）	承包人应监理人要求重新试验和检验，重新试验和检验结果证明该项材料、工程设备和工程符合合同要求	√	√	
16.1 物价波动引起的价格调整	施工期内，因人工、材料、设备和机械台班价格波动影响合同价格		√	
16.2 法律变化引起的价格调整	在基准日后，因法律变化导致承包人在合同履行中所需要的工程费用发生除物价约定以外的增减		√	

（续）

条　　款	事　　由	延长工期	费用 + 利润	费用（无利润）
18.4.2（单位工程验收）	发包人在全部工程竣工前，使用已接收的单位工程导致承包人费用增加	√	√	
18.6.2（试运行）	因发包人的原因导致工程试运行失败，承包人采取措施保证试运行合格		√	
19.2.3（缺陷责任）	缺陷和（或）损坏经查验属发包人原因造成		√	
19.4 进一步试验和试运行	因发包人原因出现的缺陷或损坏修复后重新的试验和试运行			√
21.3.1（4）（不可抗力造成损害的责任）	停工期间应监理人要求照管工程和清理、修复工程			√
21.3.1（5）（不可抗力造成损害的责任）	不能按期竣工，发包人要求赶工	√		√
22.2.2 承包人有权暂停施工	因发包人违约导致承包人暂停施工	√	√	

7.5.3　索赔的原则

在工程施工索赔中，业主和承包商双方产生的纠纷，一般都集中反映在"该不该提出索赔要求"和"索赔费用金额（工期）是否合理"两个问题上，即"索赔资格"和"索赔数量"的确定上。实际工作中，对索赔数量的认定难度大大超过对索赔资格的认定难度。这就需要遵循索赔原则进行处理。这些原则是工程合同履行过程中，承发包双方及中介咨询机构处理工程索赔的共同准则。

1. 费用索赔的基本原则

进行经济索赔应遵循如下几个原则：

（1）必要原则。这是指从索赔费用发生的必要性角度来看，索赔事件所引起的额外费用应该是承包商履行合同所必需的，即索赔费用应在所履行合同的规定范围之内，如果没有该费用支出，就无法合理履行合同，无法使工程达到合同要求。

（2）赔偿原则。这是指从索赔费用的补偿数量角度来看，索赔费用的确定应能使承包商的实际损失得到完全弥补，但也不应使其因索赔而额外受益。索赔事件的赔偿，是按照市场（交易）价格赔偿，还是按照成本赔偿，这与索赔事项的类型以及合同约定有关。

（3）损失最小原则。这是指从承包商对索赔事件的处理态度来看，一旦承包商意识到索赔事件的发生，应及时采取有效措施防止事态的扩大和损失的加剧，以将损失费用控制在最低限度。如果没有及时采取适当措施而导致损失扩大，承包商无权就扩大的损失费用提出索赔要求。

（4）引证原则。承包商提出的每一项索赔费用都必须伴随有充分、合理的证明材料，以表明承包商对该项费用具有索赔资格且其数额的计算方法和过程准确、合理。

（5）时限原则。承包商应严格按照适用合同条件的要求或合同协议的规定，在适当时间内提出索赔要求，发现一件、提出一件、处理一件，以免丧失索赔机会。

（6）初始延误原则。所谓初始延误原则，就是索赔事件发生在先者承担索赔责任的原则。如果业主是初始延误者，则在共同延误时间内，业主应承担工程延误责任，此时，承包商既可得到工期补偿，又可得到经济补偿。如果不可抗力是初始延误者，则在共同延误时间内，承包人只能得到工期补偿，而无法得到经济补偿。

2. 索赔定量计算的原则

按国际工程索赔惯例，一般有五种损失可以索赔：①由索赔事项引起的直接额外成本；②由于合同延期而带来的额外时间相关成本；③由于合同延期而带来的利润损失；④合同延期引起的总部管理费损失；⑤由干扰造成的生产率降低所引起的额外成本。按照惯例，承包人的索赔准备费用、索赔金额在索赔处理期间的利息、仲裁费用、诉讼费用等是不允许索赔的，因而不应将这些费用包含在索赔费用中。

工期索赔和费用索赔的定量计算原则如下：

（1）工期索赔

1）按单项索赔事件计算。

关键工作：工期补偿 = 延误时间

非关键工作：当延误时间 ≤ 总时差时，不予补偿；当延误时间 > 总时差时，工期补偿 = 延误时间 – 总时差。

2）按总体网络综合计算。

$$工期补偿 = "计划 + 补偿" 工期 – 计划工期$$

式中，"计划 + 补偿"工期是指仅考虑发包人责任及不可抗力影响的网络计算工期；计划工期是指承包人的初始网络计算工期。

（2）费用索赔。

1）合同内的窝工闲置，按照成本费用原则处理。不得补偿管理费和利润损失。

人工费按窝工标准计算，一般仅考虑将这部分工人调做其他工作时的降效损失。机械费分两种情况：对于自有机械，按折旧费或停滞台班费计算；对于租赁机械，按合同租金计算。

2）合同外的新增工程（或工作）。除人工费、材料费和机械台班费按合同单价计算外，还应补偿管理费及利润损失。

另外，针对不可抗力发生给双方造成的经济损失和人员伤亡的费用，一般采用风险共担方式进行处理。根据合同的一般原则，合同缔约及履行过程中，应合理分摊及转移风险。当风险事件发生后，对于无法通过保险等手段转移的风险，双方应共同承担，这就是风险共担方式的基本内涵。

7.5.4 索赔的管理工作

项目管理机构应按照合同约定或者规定实施合同索赔的管理工作。

1. 索赔意识

在市场经济环境中，承包商要提高工程经济效益必须重视索赔，必须有索赔意识。索赔意识主要体现在如下三方面：

（1）法律意识。

（2）市场经济意识。

（3）工程管理意识。

2. 索赔小组

索赔工作实质上是承包商和业主在分担工程风险方面的重新分配过程，涉及双方的众多经济利益，因而是一项烦琐、细致、耗费精力和时间的过程。

索赔工作涉及面广，需要项目各职能人员和总部的各职能部门的配合。

通常情况下，索赔小组由组长（一般由项目经理担任）、合同管理人员、法律专家或索赔专家、造价师、会计师、专业工程师等组成。项目的其他人员以及总部的各职能部门应提供信息资料，予以积极配合，以保证索赔成功。

3. 预测、寻找和发现索赔机会

寻找和发现索赔机会是索赔的第一步，是合同管理人员的工作重点之一。

虽然干扰事件产生于工程施工中，但它的根由却在招标文件、合同、设计、计划中，所以，在招标文件分析、合同谈判（包括在工程实施中双方召开变更会议、签署补充协议等）中，承包商应对干扰事件有充分的考虑和防范，预测索赔的可能。

承包商应对索赔机会有敏锐的感觉，可以通过对合同实施过程进行跟踪和诊断，以寻找和发现索赔机会。合同实施过程中的潜在索赔机会是客观存在的，但能否及早地发现并合理地提出索赔要求，则取决于承包商现场管理人员本身的素质及其对索赔的辨识能力。

合同在工程实施前签订，在实施过程中不断调整、修正和补充。由于建设工程固有的不确定性和动态变化特征，构成其合同状态○的基础条件参数总处在一种非确定性的时变状态，索赔机会的识别与索赔的客观存在性就蕴含在这种不确定的合同状态的动态变化之中。

合同分析、成本分析、进度分析及事件分析，是承包商辨识和发现索赔机会的四种相互依存、互为条件的主要具体途径。它们之间的关系及单项索赔处理过程可由图 7-1 所示的流程图来描述。

4. 收集索赔的证据

一经发现索赔机会，应迅速做出反应，进入索

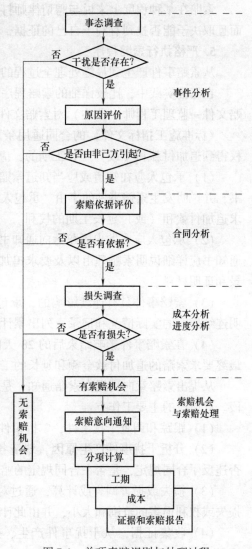

图 7-1　单项索赔识别与处理过程

○ 从合同签订开始到合同结束为止的整个合同实施过程中任一时刻所对应的全部合同目标（如成本、工期、资源等）与合同基础条件（如适用法律、气候条件、实施方案、合同条件、经济社会环境等）各方面所包含的全部要素的总和，称为合同状态。

赔处理过程。在这个过程中有大量具体、细致的索赔管理工作和业务，其中核心工作是搜集索赔证据。

索赔应全面、完整地收集和整理索赔资料。索赔证据作为索赔文件的组成部分，在很大程度上关系到索赔的成功与否。

作为索赔证据既要真实、准确、全面、及时，又要具有法律证明效力。索赔证据包括当事人陈述、书证、物证、视听资料、电子数据、证人证言、鉴定意见、勘验笔录等证据形式。施工过程中系统地积累和管理施工合同文件、质量、进度及财务收支等方面的资料，特别是施工现场发生的各种异常情况记录，都是索赔的有力证据。

索赔在某种程度上来说与聘请律师打官司相似，索赔的成败常常不仅在于事件的实情，而且取决于能否找到有利于自己的证据，能否找到为自己辩护的法律或合同条文。

5. 严格执行索赔程序

从索赔事件产生到最终处理全过程的索赔工作程序一般在合同中规定。

在工程实践中，比较详细的索赔程序一般可分为如下主要步骤：提出索赔意向→提交索赔文件→监理工程师（业主）对索赔文件的审核→索赔的处理与解决。

《标准施工招标文件》的合同通用条款第 23.1 款规定，根据合同约定，承包人认为有权得到追加付款和（或）延长工期的，应按以下程序向发包人提出索赔：

（1）承包人应在知道或应当知道索赔事件发生后 28 天内，向监理人递交索赔意向通知书，并说明发生索赔事件的事由。承包人未在前述 28 天内发出索赔意向通知书的，表失要求追加付款和（或）延长工期的权利。

（2）承包人应在发出索赔意向通知书后 28 天内，向监理人正式递交索赔通知书。索赔通知书应详细说明索赔理由以及要求追加的付款金额和（或）延长的工期，并附必要的记录和证明材料。

（3）索赔事件具有连续影响的，承包人应按合理时间间隔继续递交延续索赔通知，说明连续影响的实际情况和记录，列出累计的追加付款金额和（或）工期延长天数。

（4）在索赔事件影响结束后的 28 天内，承包人应向监理人递交最终索赔通知书，说明最终要求索赔的追加付款金额和延长的工期，并附必要的记录和证明材料。

从提出索赔意向到提交索赔通知，是属于承包商索赔的内部处理阶段和索赔资料准备阶段。此阶段的主要工作有：

（1）跟踪和调查干扰事件，掌握事件产生的详细经过和前因后果。

（2）分析干扰事件产生原因，划清各方责任，确定由谁承担，并分析这些干扰事件是否违反了合同规定，是否在合同规定的赔偿或补偿范围内。

（3）损失或损害调查或计算，通过对比实际和计划的施工进度和工程成本，分析经济损失或权利损害的范围和大小，并由此计算出工期索赔值和费用索赔值。

（4）收集证据，从干扰事件产生、持续直至结束的全过程，都必须保留完整的当时记录。

（5）起草索赔报告。按照索赔报告的格式和要求，将上述各项内容系统反映在索赔文件中。

从递交索赔报告到最终获得赔偿的支付是索赔的解决过程。这个阶段工作的重点是，通过谈判，或调解，或仲裁，使索赔得到合理的解决。

同时，承包人应注意提出索赔的期限要求。《标准施工招标文件》的合同通用条款第23.3款规定：①承包人接受了竣工付款证书后，应被认为已无权再提出在合同工程接收证书颁发前所发生的任何索赔。②承包人提交的最终结清申请单中，只限于提出工程接收证书颁发后发生的索赔。提出索赔的期限自接受最终结清证书时终止。

6. 索赔报告

索赔报告是合同一方向对方正式提出索赔要求的书面文件。它全面反映了一方当事人对一个或若干个索赔事件的所有要求和主张，对方当事人也是通过对索赔文件的审核、分析和评价来做出认可、要求修改、反驳甚至拒绝的回答，索赔报告也是双方进行索赔谈判或调解、仲裁、诉讼的基础，因此索赔报告的表达与内容对索赔的解决有重大影响，索赔方必须认真编写好索赔报告。

索赔报告需要经验丰富的专业人员来撰写，应避免使用强硬的不友好的抗议式语言。对重大的索赔报告或一揽子索赔最好在律师或索赔专家的指导下进行。

索赔报告一般应包括：事件、理由、结论、工期延长的计算、损失费用的估算以及各种证据材料等内容。

7.5.5　反索赔管理工作

反索赔与索赔有相似的处理过程。合同当事人应该认真对待每一次索赔，特别是重大的一揽子索赔，应该像对待一个新的项目一样，进行详细认真的分析、斟酌，有计划、有步骤地去实施。下面以发包人的角度介绍反索赔管理工作的内容。

1. 反索赔的主要步骤

（1）严格按照索赔处理程序对待索赔。《标准施工招标文件》的合同通用条款第23.2款规定了承包人索赔处理程序：

1）监理人收到承包人提交的索赔通知书后，应及时审查索赔通知书的内容、查验承包人的记录和证明材料，必要时监理人可要求承包人提交全部原始记录副本。

2）监理人应商定或确定追加的付款和（或）延长的工期，并在收到上述索赔通知书或有关索赔的进一步证明材料后的42天内，将索赔处理结果答复承包人。

3）承包人接受索赔处理结果的，发包人应在做出索赔处理结果答复后28天内完成赔付。承包人不接受索赔处理结果的，按"争议的解决方式"条款的约定办理。

（2）制定反索赔策略。考虑如何对待所提出的索赔，采用什么样的基本策略（全部认可、全部否决、部分否决），并从总体上对反索赔的处理做出安排。反索赔通常有以下几种方法：

1）以事实或确凿的证据论证对方索赔没有理由，不符合事实，以达到全盘否定或部分否定对方的索赔。

2）以自己的索赔抵制对方的索赔。提出的索赔金额比对方的还要大，为最终谈判的让步留有余地。

3）承认干扰事件存在，但指出对方不应该提出索赔。利用合同条款否定对方提出的索赔理由，指出在对方提出的这些问题上，合同规定不予补偿。

4）承认干扰事件存在，反驳对方索赔超过规定的时限，计算方法错误，计算基础不合理，计算结果不成立。这样仍可以驳倒对方以维护自己的利益。

（3）合同总体分析。反索赔同样是以合同作为反驳的理由和根据。合同分析的目的是分析、评价对方索赔要求的理由和依据。在合同中找出对对方不利、对己方有利的合同条文，以构成对对方索赔要求否定的理由。

合同总体分析的重点是与对方索赔报告中提出的问题有关的合同条款。

（4）事态调查。反索赔仍然基于事实基础，以事实为根据。这个事实必须以己方对合同实施过程跟踪和监督的结果，即各种实际工程资料作为证据，用以对照索赔报告所描述的事情经过和所附证据。通过调查可以确定干扰事件的起因、事件经过、持续时间、影响范围等真实的详细的情况，以指认不真实、不肯定、没有证据的索赔事件。

在此应收集整理所有与反索赔相关的工程资料。

（5）合同签订和实施状态分析。通过三种状态（合同原始状态、合同现实状态和合同假想状态）的分析可以达到：

1）全面地评价合同、合同实施状况，评价双方合同责任的完成情况。

2）对对方有理由提出索赔的部分进行总概括，分析出对方有理由提出索赔的干扰事件有哪些，以及索赔的大约值或最高值。

3）对对方的失误和风险范围进行具体指认，这样在谈判中才有攻击点。

4）针对对方的失误做进一步分析，以准备向对方提出索赔。

（6）索赔报告分析。对索赔报告进行全面分析，对索赔要求、索赔理由进行逐条分析评价。分析评价索赔报告，可以通过索赔分析评价表进行。其中，分别列出对方索赔报告中的干扰事件、索赔理由、索赔要求，提出己方的反驳理由、证据、处理意见或对策等。

通常在索赔报告中有如下问题存在：①对合同理解的错误。②对方有推卸责任、转移风险的企图。在索赔报告中所列的干扰事件可能是或部分是因对方管理不善造成的问题，或索赔要求中包括属于合同规定对方自己风险范围内的损失。③扩大事实根据，夸大干扰事件的影响，或提出一些不真实的干扰事件和没有根据的索赔要求，甚至无中生有或恶人先告状。④未能提出支持其索赔的详细的资料，对方没有也不能够对索赔要求做出进一步解释，并提供更详细的证据。⑤索赔值的计算不合理，多估冒算，漫天要价。

（7）起草并向对方递交反索赔报告。反索赔报告是索赔报告分析工作的总结，向对方（索赔者）表明自己的分析结果、立场、对索赔要求的处理意见以及反索赔的证据。

在调解或仲裁中，反索赔报告应递交给调解人或仲裁人。

2. 反索赔报告的重点内容

反驳索赔报告是反索赔的重点，其目的是找出索赔报告中的漏洞和薄弱环节，以全部或部分地否定索赔要求。对一索赔报告的反驳通常可以从如下几个方面着手：

（1）索赔事件的真实性。事件的真实性可以从两种方面证实：一是对方索赔报告后面的证据，二是己方合同跟踪的结果。

（2）干扰事件责任分析。干扰事件和损失是存在的，但责任不在己方。通常有：①责任在于索赔者自己，由于他疏忽大意、管理不善造成损失，或在干扰事件发生后未采取得力有效的措施降低损失，或未遵守监理工程师的指令、通知等；②干扰事件是由其他方面引起的，不应由己方赔偿；③合同双方都有责任，则应按各自的责任分担损失。

（3）索赔理由分析。反索赔和索赔一样，要能找到对自己有利的合同条文，推卸自己的合同责任；或找到对对方不利的合同条文，使对方不能推卸或不能完全推卸自己的合同责任。这样可以从根本上否定对方的索赔要求。

（4）干扰事件的影响分析。分析索赔事件和影响之间是否存在因果关系，分析干扰事件的影响范围以及索赔方对干扰事件处理的合理性。

（5）证据分析。证据不足、证据不当或仅有片面的证据，索赔是不成立的。

（6）索赔值审核。如果经过上面的各种分析、评价，仍不能从根本上否定该索赔要求，则必须对索赔值进行认真、细致的审核。重点放在各数据的准确性和计算方法的合理性方面。

7.6 合同终止和合同总结

合同终止，既有合同履行完毕的正常终止情形，也有合同解除等非正常终止情形，合同管理人员应有针对性地对合同管理工作进行回顾总结，肯定成绩，找出问题，归纳出经验教训，以便进一步做好合同管理工作。

7.6.1 合同终止

合同终止又称为合同的消灭，《合同法》中称为合同的权利义务终止，是指因某种原因而引起的合同权利义务（债权债务）客观上不复存在，当事人不再受合同关系的约束。合同的终止也就是合同效力的完全终结。

1. 合同终止的法定情形

合同的权利义务终止须有法律上的原因。法律规定的合同权利义务终止的原因一旦发生，合同当事人之间的权利义务关系即在法律上当然消灭，并不须由当事人主张。

根据《合同法》的规定，有下列情形之一的，合同终止：

（1）债务已经按照约定履行，又称为（债务）清偿。

（2）合同被解除。这是指合同有效成立后，在尚未履行或尚未履行完毕之前，因当事人一方或者双方的意思表示，而使合同的权利义务关系自始消灭或者将来消灭。合同解除可以分为约定解除、协议解除和法定解除。

（3）债务相互抵消。这是指合同当事人双方互负相同种类债务时，各自以其债权充当债务的清偿，从而使其债务与对方的债务在对等数额内相互消灭。

（4）债务人依法将标的物提存。提存是指出于债权人的原因致使债务人无法向其交付标的物时，债务人得以将该标的物提交给有关机关从而消灭合同权利义务关系。目前，我国的提存机关为公证机关。

（5）债权人免除债务，简称免除。这是指债权人单方向债务人做出的意思表示，抛弃其全部或者部分债权，从而全部或者部分消灭合同的权利义务关系。

（6）债权债务归于一人，也称为混同。这是指债权和债务同归于一人，致使合同权利义务关系终止。

（7）法律规定或者当事人约定终止的其他情形。

2. 合同终止的效力

合同终止，因终止原因的不同而发生不同的效力。

根据《合同法》规定，除上述合同终止情形的第（2）项和第（7）项终止条件以外，在消灭因合同而产生的债权债务的同时，也产生了下列效力：①消灭从权利。债权的担保及其他从属的权利，随合同终止而同时消灭。②返还负债字据。

根据《合同法》的规定，上述合同终止情形的第（2）项和第（7）项规定的情形合同终止的，将消灭当事人之间的合同关系及合同规定的权利义务，但并不完全消灭相互间的债务关系，对此，将适用下列条款：

（1）结算与清理。《合同法》第九十八条规定，合同的权利义务终止，不影响合同中结算与清理条款的效力。

（2）争议的解决。《合同法》第五十七条规定，合同无效、被撤销或者终止的，不影响合同中独立存在的有关解决争议方法的条款的效力。

3. 合同终止后的义务与主要管理内容

《合同法》第九十二条规定，合同的权利义务终止后，当事人应当遵循诚实信用原则，根据交易习惯履行通知、协助、保密等义务。这就是合同终止后的义务，即后合同义务，又称后契约义务。《最高人民法院关于适用〈中华人民共和国合同法〉若干问题的解释》（二）规定：当事人一方违反合同法第九十二条规定的义务，给对方当事人造成损失，对方当事人请求赔偿实际损失的，人民法院应当支持。

合同正常终止以前，应当验证所有的合同条件都得到满足。

对于特殊情况下合同履行过程中的终止，必须及时办理终止手续，收集终止合同给项目管理机构带来的经济损失的证据和资料，为纠纷的处理做好准备。

合同终止时，承办部门做好终止记录，收集履行合同过程中所有与合同有关的文件，做好经济往来和结算工作，办理解除合同的手续，并将资料保存。

解除合同的协议、文件，应当按照合同审查程序履行审查手续。

合同签订时按照法律规定或者约定办理了批准、登记、公证等手续的，在撤销或者解除合同时仍需办理相应的批准、登记、公证等手续。

7.6.2 合同管理总结

合同管理总结是指合同执行完后，对合同的战略、执行过程、效果、作用和影响等进行的系统的、客观的分析和评价。组织应根据合同总结报告确定项目合同管理改进需求，制定改进措施，完善合同管理制度，并按照规定保存合同总结报告。现在人们还没有足够重视起合同管理总结这项工作。

1. 合同管理总结的作用与目的

项目管理机构应进行项目合同管理评价，总结合同订立和执行过程中的经验和教训，提出总结报告。

合同管理人员通过对合同从前期策划（评审）直到合同终止整个过程的全面回顾分析，找出差别和问题，分析原因，总结经验和教训，提出切实可行的改进措施和建议，形成合同管理工作总结，可以将项目个体的经验教训变成组织财富。

合同管理总结可以达到如下目的：①及时反馈信息，调整相关政策、计划、制度，改进或完善在执行合同；②增强项目管理人员的责任心，提高合同管理水平；③改进未来项目合同和合同的管理，提高经济效益。

2. 合同管理总结的内容

（1）合同订立情况评价。合同订立情况评价包括：①预定的合同战略和策划是否正确，是否已经顺利实现；②招标文件分析和合同风险分析的准确程度；③该合同环境调查、实施方案、工程估价以及报价方面的问题及经验教训；④合同谈判中的问题及经验教训，以后签订同类合同的注意点；⑤各个相关合同之间的协调问题等。

（2）合同履行情况评价。合同履行情况评价包括：①本合同执行战略是否正确，是否符合实际，是否达到预想的结果；②在本合同执行中出现了哪些特殊情况，应采取什么措施防止、避免或减少损失；③合同风险控制的利弊得失；④各个相关合同在执行中协调的问题等。

（3）合同管理工作评价。合同管理工作评价是对合同管理本身，如工作职能、程序、工作成果的评价，包括：①合同管理工作对工程项目的总体贡献或影响；②合同分析的准确程度；③在投标报价和工程实施中，合同管理子系统与其他职能协调中的问题，需要改进的地方；④索赔处理和纠纷处理的经验教训等。

（4）合同条款的评价。合同条款的评价主要集中于对本项目有重大影响的合同条款的评价，包括：①本合同的具体条款，特别对本工程有重大影响的合同条款的表达和执行利弊得失；②本合同签订和执行过程中所遇到的特殊问题的分析结果；③对具体的合同条款如何表达更为有利；④哪些条款可以进行增补和缩减等。

（5）其他经验和教训。对于合同非正常终止情形，合同总结编写的侧重点应有所不同，重点内容是相关的经验教训。

以上合同管理总结内容也是合同总结报告的内容。

由于项目的唯一性，合同的总结报告应根据实际情况编写。项目合同总结报告应将合同总结与项目总结工作结合起来，关注相应的经验教训，并输入合同管理改进工作信息。

3. 合同管理总结的方法

合同管理总结的主要分析评价方法是前后对比法，即根据合同执行的实际情况，对照合同策划时所确定的直接目标和间接目标，以及合同条款，分析合同实施的利弊得失，分析原因，得出结论和经验教训。

以合同执行情况为例，其分析评价可以采用表 7-3 的框架进行。一方面评价合同依据的法律规范和程序等，另一方面要分析合同履行情况和违约责任及其原因。

表 7-3　合同履行情况评价分析表

合同主要条款	实际执行结果	执行的主要差别	原因与责任

第 **8** 章

工程担保与保险

工程担保和工程保险是风险转移的两种常用方法，均是用于抵御工程建设项目中遇到的风险的手段。总体上说，我国工程担保与保险制度发展较为缓慢，2017 年 4 月《建筑业发展"十三五"规划》把"工程担保、保险制度基本建立"作为建筑市场监管目标之一。

8.1 工程担保

工程担保用于转移被担保人应该作为而不作为违约产生的风险，强调的是人为因素、道德风险。工程承包担保起源于美国，在国外的发展已经有 120 多年历史，不少国际组织和一些国家的行业组织，如世界银行、FIDIC 等在标准合同条件中都针对工程担保进行了具体规定。我国从 1998 年开始进行工程担保制度试点起算仅有 20 年的历史，至今仍处于国家推行阶段。

8.1.1 与工程担保有关的概念

工程担保是担保的品种之一。广义地讲，《担保法》中规定的保证、抵押、质押、留置、定金五种担保形式中，只要与工程建设相关而采取的各种担保措施都是工程担保的方式。除了保证和留置外，其他的担保形式都是通过业主和承包商之间的约定进行，而且只与业主和承包商有关。

1. 担保与担保方式

（1）担保的内涵。在民法上，担保主要有两种含义：一是对某一事项的保证，例如在合同中对商品或劳务质量的保证；二是对债务履行的保证，称为债的担保。

一般说来，债的担保仅指狭义的债的担保，即《担保法》中所说的担保，是指法律为保证特定债权人利益的实现而特别规定的以第三人的信用或者以特定财产保障债务人履行债务、债权人实现债权的制度。

担保方式，又称为担保方法，是指担保人用来担保债权的手段。担保方式由法律直接规定，而不由当事人任意决定。

（2）保证。保证是人的担保的典型方式，是以人的信用来担保债权的担保，指保证人和债权人约定，当债务人不履行债务时，保证人按照约定履行债务或者承担责任的能力。

保证方式有一般保证和连带责任保证。

一般保证的保证人在一般情况下仅在债务人的财产不能完全清偿债权时，才对不能清偿的部分负担担保责任。一般保证的债务人只有在主债权纠纷经过审判或仲裁，并就主债务人的财产强制执行而仍不足受偿时，才能请求保证人履行保证债务。

连带责任保证是指保证人在债务人不履行债务时与债务人负有连带责任的保证。连带责任保证的债务人在主合同规定的债务履行期届满没有履行债务的，债权人可以要求债务人履行债务，也可以要求保证人在其保证范围内承担保证责任。连带责任保证的债权人要求保证人承担保证责任的，只需证明债务人有届期不履行债务的事实即可，而不论债权人是否就债务人的财产已强制执行，保证人都应根据保证合同的约定承担保证责任。

（3）抵押。抵押是物的担保的一种，是以特定财产担保债权实现的担保方式，是指债务人或者第三人不转移财产的占有，将该财产作为债权的担保。

（4）质押。质押是物的担保的一种，是指债务人或者第三人将其动产或权利移交债权人占有，将该动产作为债权的担保。

（5）留置。留置是物的担保的一种，是指因保管合同、运输合同、加工承揽合同发生的债权，债务人不履行债务的，债权人按照合同约定占有债务人的动产，债务人不按照合同约定的期限履行债务的，债权人有权依法留置该财产，以该财产折价或者以拍卖、变卖该财产的价款优先受偿。

（6）定金。定金是金钱担保的一种，是在债务以外又交付一定数额的金钱，该金钱的得失与债务履行与否相联系。法律上并未给定金一个明确的概念。《担保法》第八十九条规定："当事人可以约定一方向对方给付定金作为债权的担保。债务人履行债务后，定金应当抵作价款或者收回。给付定金的一方不履行约定的债务的，无权要求返还定金；收受定金的一方不履行约定的债务的，应当双倍返还定金。"这即有名的"定金罚则"。

（7）押金。押金实务中也称保证金，是《担保法》规定外的一种金钱担保形式，是指当事人双方约定，债务人或第三人向债权人给付一定金额的金钱作为其履行债务的担保：债务履行时，返还押金或予抵扣；债务不履行时，债权人得就该款项优先受偿。

2. 担保合同

担保合同是担保人和担保权人之间明确相互权利和义务的协议，是以担保债务履行为目的的民事合同。

担保合同的当事人是担保权人和担保人。担保权人是债权人，担保人是在担保合同中提供担保的一方，担保人既可以是债务人，也可以是债务人以外的第三人。

由债务人提供担保的，仅限于物的担保；由债务人以外的第三人提供担保的，既可以提供物的担保，也可以用保证方式以其自身信用作为人的担保。

保证合同的保证人只能是债务人以外的第三人，保证人与被担保履行债务的债务人不能是同一人。

担保合同是从合同，它以主合同的成立而成立，以主合同的转移而转移，以主合同的消灭而解除，离开了主合同，担保合同便不具有独立的存在价值。

担保合同依法成立之后，对担保权人、担保人、被担保人都具有约束力。

担保的有效期是指债权人要求担保人承担担保责任的权利存续期间。在有效期内，债权人有权要求担保人承担担保责任。有效期届满，债权人要求担保人承担担保责任的实体权利消灭，担保人免除担保责任。

担保金额是指担保人承担赔付或代为履行担保责任的数额或限额。

担保费用是指由被担保人向担保人支付的、担保人承担风险的对价，是担保金额与担保费费率的乘积。

8.1.2　工程担保的类型

国际上，要求承包商为履行合同义务提供工程承包类保证担保是国际惯例，且担保品种繁多，而要求业主向承包商提供担保的做法非常罕见，但业主需向政府提交另外的保证担保。

1. 工程担保的品种

按照国务院办公厅《关于全面治理拖欠农民工工资问题的意见》（国办发〔2016〕1 号）和《关于清理规范工程建设领域保证金的通知》（国办发〔2016〕49 号）的要求，仅保留依法依规设立的投标保证金、履约保证金、工程质量保证金、农民工工资保证金和工程款支付担保，其他保证金一律取消。对保留的保证，推行银行保函制度。

2. 工程保证担保模式

工程保证担保模式主要包括无条件保函、传统的有条件保函和现代的有条件保函三种。一般来说，银行大多使用无条件保函，专业担保公司大都使用现代的有条件保函。当事人对保证方式没有约定或者约定不明确的，按照连带责任保证承担保证责任。

（1）无条件保函。无条件保函即"见索即付"保函，也称为见索即付独立保函，是指由担保人根据申请人指示出具的不可撤销的承诺，保证在保函规定的最高赔偿金额内，凭与保函条款规定的相符索赔单据，无条件向受益人支付索赔款项。

在无条件保函发生索赔时，受益人无须证明被担保人违约，而只需按照保函上规定的索赔条件出示相应文件（通常受益人仅需提交书面索赔书和违约声明），担保人就必须无条件赔付，就如同承兑一般的银行票据。

这种担保保证人为了规避自己的担保风险，往往采取较为严格的反担保措施，如收取100% 的保证金或接受等额的抵押物等，或将其视同信贷，将担保金额严格控制在其对被担保人的授信额度内，而赔付发生后，垫付金额立即转化为被担保人的贷款。

（2）传统的有条件保函。传统的有条件保函的基本含义是指：当受益人要求担保人就保函索赔时，必须证明被担保人违约（经被担保人书面同意，或按照合同约定经过仲裁或法院判决后方可执行），而且担保人的赔付责任仅限在保函的担保金额内且以受益人的实际损失为限。

这种保函受益人在遭受损失后很难立即得到赔付，故在现实的工程实务中已很少被采用。

（3）现代的有条件保函。现代的有条件保函是高保额有条件保函，也称美式有条件保函。与传统有条件担保模式相比，美式有条件担保模式强调担保人介入违约责任的认定，并且采用较高保额的担保。所谓高保额，是指担保额度最高可达到相关合同金额的 100 %；所谓有条件担保，是指担保受益人在索赔时，必须出具相关资料证明被担保人违约。其特点是：被担保人违约后，保证人在保函所规定的担保总额内将对被担保人尚未履行的全部合同责任负责，但同时也继承了被担保人的合同权利。保证人有权自行选择代为履行合同的方式，包括对被担保人提供各种支持帮助其继续履约，或向受益人直接支付一笔受益人能够接受的赔偿金以买回保函。如果是受益人恶意索赔，则可免除担保人的担保责任，这也是高保额有条件担保模式公平性的重要体现。

3. 工程保证担保范围

（1）强制担保范围。国际上，大多数国家政府投资的公共设施工程项目，都规定必须实行强制担保。而私人业主投资的工程项目，一般都参照政府投资的公共设施项目工程的担保方式实行担保。

在我国，按照《关于在建设工程项目中进一步推行工程担保制度的意见》（建市〔2006〕326 号），目前强制担保的范围是工程建设合同造价在 1000 万元以上的房地产开发项目（包括新建、改建、扩建的项目）。

（2）保证债务的范围。保证债务的范围是指保证人在主债务人不履行债务时，向债权人承担的履行义务的限度。保证债务的范围可由双方当事人自行约定，但保证责任的范围不必与主债务的范围一致且不得超过主债务的数额，否则，超出部分无效。保证担保的范围包括主债权及利息、违约金、损害赔偿金和实现债权的费用。

（3）保证人资格。我国规定，工程建设合同担保的保证人应是在中华人民共和国境内依法设立的银行、专业担保公司、保险公司。保险公司出具的保证保险合同或保险单作为工程担保的形式之一，与现金、专业担保机构担保书、银行保函具有同等效力。

8.1.3　投标担保实务

投标担保是指由担保人为投标人向招标人提供的，保证投标人按照招标文件的规定参加投标活动的担保；或投标人直接向招标人提交现金、支票或银行汇票的方式，以此作为债权的担保。境内投标单位以现金或者支票形式提交的投标保证金应当来自其基本账户。

1. 投标担保方式

在实际招标活动中，投标担保的方式主要有：

（1）银行保函或担保公司担保书。

（2）现金保证金。明确规定了招标人不与中标人签订合同应当向中标人双倍返还投标保证金的，属于定金担保方式，否则为质押担保方式。

（3）保兑支票、银行汇票或现金支票。这些属于权利质押担保方式。

2. 担保责任、保额及有效期

（1）担保责任。投标担保需要投标人在投标截止日之前或当时向招标人提交，保证投标人在投标有效期内不撤回投标文件；投标人在收到中标通知书和合同书后，中标人应在招标人规定的时间内保证受标并与业主签订承包合同；签约时，中标人应根据招标人的要求提供履约保证担保。

投标保证担保的目的是保护业主不因投标人中途撤销投标或中标人不签约而使业主不能以满意的价格授标签约，造成经济损失。由于投标担保的金额通常不高，国际上流行采用罚没性的投标担保，即投标人无故中途撤销投标或中标人不与业主签约时须赔付全部担保金额。

（2）保额。《招标投标法实施条例》要求，投标担保的担保金额不得超过招标项目估算价的 2%。

（3）有效期。投标担保的有效期在担保合同中约定。《招标投标法实施条例》要求投标保证金有效期应当与投标有效期一致。

关于投标担保退回时间的要求，国内的规定基本相同，一般要求招标人与中标人签订合同后 5 个工作日内，向未中标的投标人和中标人退还。

8.1.4 承包商履约担保实务

承包商履约担保是指由保证人为承包商向业主提供的，保证承包商履行工程建设合同约定义务的担保。

1. 担保责任

履约担保用于保证承包商按合同的真实含义与意图去严格履行、实施工程承包合同，使避免因承包商出现资金、技术、管理、非意外灾害、非意外事故等原因导致承包商违约而遭受损失。如果承包商不能按合同要求完成工程项目，除非业主也有违约行为，否则担保人必须无条件保证工程按合同的约定完工，或在担保规定的金额限度内向业主赔偿。

如果承包商违约而不能履行合同，保证担保人可以采取以下方式：

（1）向承包商提供融资或资金上的支持，避免承包商宣告破产而导致工程失败。

（2）向承包商提供技术、设备和管理上的支持，使承包商能够继续履行合同，使工程得以继续完成。

（3）安排业主满意的新的承包商接替原承包商继续完成工程项目。

（4）由担保人自己组织力量保证按照合同规定的质量、工期、造价等要求全部履约。

（5）由业主重新招标，中标者将完成合同的剩余部分，由此造成的工程造价超出原合同的部分，由保证担保人给予赔偿，但不超过担保人所担保的金额。

（6）如果业主对以上解决方案均不满意，担保人将根据业主的损失，按照履约保函的担保额度给予赔偿。

2. 履约担保的额度及有效期

《招标投标法实施条例》规定，履约保证金不得超过中标合同金额的 10%。

承包商在业主就其履约担保索赔了全部担保金额之日起一定时间（如 28 天）内，应当向业主重新提交同等担保金额的履约担保。当剩余合同价值已不足原担保金额时，承包商重新提交的履约担保的担保金额不应低于剩余合同价值。

承包商履约担保的有效期应当在合同中约定。一般地，合同约定的有效期截止时间为工程建设合同约定的工程竣工验收合格之日后 30~180 天。

8.1.5 工程款支付担保

工程款支付担保也称业主工程款支付担保，是指为保证业主履行工程合同约定的工程款支付义务，由担保人为业主向承包商提供的，保证业主支付工程款的担保。

1. 担保责任

我国推行业主支付担保制度，主要是解决拖欠工程款的"老大难"问题。

由于非承包商的原因，业主未按工程建设合同的约定履行支付义务的，承包商可依据业主工程款支付保函，要求保证人在担保额度范围内承担工程款支付责任。

一般地，承包商依业主工程款支付担保向保证人提出索赔之前，应当书面通知业主和保证人，说明导致索赔的原因。业主应当在 14 天内向保证人提供能够证明工程款已按约定支付或工程款不应支付的有关证据，否则保证人应该在担保额度内予以代偿。

2. 担保的额度及有效期

业主支付担保的担保金额应当与承包商履约担保的担保金额相等。

对于工程建设合同额超过 1 亿元人民币的工程，业主工程款支付担保可以按工程合同确定的付款周期实行分段滚动担保，但每段的担保金额为该段工程合同额的 10% ~ 15%，且应与履约担保对等。

业主工程款支付担保采用分段滚动担保的，在业主、项目监理工程师或造价工程师对分段工程进度签字确认或结算、业主支付相应的工程款后，当期业主工程款支付担保解除，并自动进入下一阶段工程的担保。

业主工程款支付担保的有效期应当在合同中约定。一般地，合同约定的有效期截止时间为业主根据合同的约定完成了除工程质量保修金以外的全部工程结算款项支付之日起 30 ~ 180 天。

8.1.6 其他工程担保实务

农民工工资担保与工程质量担保是常见的其他工程担保类型。

1. 农民工工资保证金

农民工工资保证金也称工程建设领域工资保证金，是指建筑市政、交通、水利等工程建设领域施工单位按照国家规定在开工前缴存的，专项用于应急支付施工企业拖欠的农民工工资的资金。

工资保证金的设立可采取企业工资保证金或项目工人工资支付担保两种方式，也有试行商业保险机制的。

企业工资保证金是指施工单位在银行开设专用账户（或政府监管部门指定的专户），一次性存入工资保证金。企业工资保证金是预防和解决拖欠工人工资的专项资金，实行专户管理。

项目工人工资支付担保方式是指施工单位选择银行保函或业主担保等第三方担保的方式，替代缴存企业工资保证金。项目工人工资支付担保是强制性的不可撤销担保。支付担保的有效期截止时间为项目施工合同约定的竣工日期之后的 90 ~ 180 天。

农民工工资保证金按工程建设项目合同造价的一定比例缴存，原则上不低于造价的 1.5%，不超过 3%。

工资保证金一般采取差异化缴存办法，对一定时期内未发生工资拖欠的企业实行减免措施，发生工资拖欠的企业适当提高缴存比例。

施工企业拖欠工资被责令限期支付逾期未支付的，由有关责任部门申请，工资保证金监管部门批准，可以动用工资保证金支付被拖欠工资。资金动用后，由缴存企业限期补足工资保证金。

工程项目完工并经验收后，未发现拖欠工资的，经缴存企业申请并公示，工资保证金监管部门自公示期满之日起 5 个工作日内，做出同意缴存企业将工资保证金本息一并转入该缴存企业其他同名银行结算账户的决定。

2. 工程质量保证金

建设工程质量保证金是指发包人与承包人在建设工程承包合同中约定，从应付的工程款中预留，用以保证承包人在缺陷责任期内对建设工程出现的缺陷进行维修的资金。

缺陷责任期一般为 1 年，最长不超过 2 年，由发承包双方在合同中约定。

工程质量保证金可采用保修保证金、银行保函或担保公司担保书、质量保险等方式。

采用工程质量保证担保、工程质量保险等其他保证方式的，发包人不得再预留保证金。维修担保可以包含在履约担保之中，也可以作为一种独立的担保形式。在工程项目竣工前，已经缴纳履约保证金的，发包人不得同时预留工程质量保证金。

发包人应按照合同约定方式预留保证金，保证金总预留比例不得高于工程价款结算总额的 3%。合同约定由承包人以银行保函替代预留保证金的，保函金额不得高于工程价款结算总额的 3%。

缺陷责任期内，由承包人原因造成的缺陷，承包人应负责维修，并承担鉴定及维修费用。如承包人不维修也不承担费用，发包人可按合同约定从保证金或银行保函中扣除，费用超出保证金额的，发包人可按合同约定向承包人进行索赔。承包人维修并承担相应费用后，不免除对工程的损失赔偿责任。

缺陷责任期到期后，承包人向发包人申请返还保证金。发包人在接到承包人返还保证金申请后，应于 14 天内会同承包人按照合同约定的内容进行核实。如无异议，发包人应当按照约定将保证金返还给承包人。

8.1.7 工程担保合同（保函）的主要内容

原建设部发布的《工程担保合同示范文本（试行）》中包括了投标委托保证合同、业主支付委托保证合同、承包商履约委托保证合同、总承包商付款委托保证合同四个保证合同范本，包括了投标保函、业主支付保函、承包商履约保函、总承包商付款保函四个保函范本。下面以此为蓝本对共性内容做些介绍。

1. 工程保证合同的主要条款

保证合同一般由 12 个条款组成。

（1）定义。包括担保种类、主合同约定的价款等含义。

（2）保证的范围及保证金额。投标保证的范围是甲方（委托保证人）未按照招标文件的规定履行投标人义务，给招标人造成的实际损失；履约担保的范围是未履行主合同约定的义务，给业主造成的实际损失；支付（付款）担保的范围是主合同约定的价款。保证金额包括担保的金额与限额。

（3）保证的方式及保证期间。保证的方式为连带责任保证，保证期间包括确定的期间范围以及保证期间的调整方法。

（4）承担保证责任的形式。投标担保和履约担保分别约定担保责任情形，支付（付款）担保证责任的形式是代为支付。

（5）担保费及支付方式。规定担保费费率根据担保额、担保期限、风险等因素确定。确定担保费费率、担保费总额、一次性支付的日期。

（6）反担保。说明需按照要求提供反担保，由双方另行签订反担保合同。

（7）乙方（保证人）的追偿权。强调保证人按照合同的约定承担了保证责任后，即有权要求被保证人立即归还乙方代偿的全部款项及乙方实现债权的费用，还应支付代偿之日起企业银行同期贷款利息、罚息，并按上述代偿款项的一定百分比一次性支付违约金。

（8）双方的其他权利义务。说明：保证人出具担保函的日期；被保证人发生法定资格等变更及重大经营举措，发生亏损、诉讼等事项，主合同的修改、变更等，应尽通知义务；主合同发生重大变更，应经保证人书面同意；被保证人应全面履行主合同，及时通报合同履行情况，配合保证人进行的检查和监督。

（9）争议的解决。

（10）甲乙双方约定的其他事项。

（11）合同的生效、变更和解除。

（12）附则。说明合同份数。

2. 工程保函的主要条款

保函一般由以下八个条款组成：

（1）保证的范围及保证金额。与工程保证合同类似。

（2）保证的方式及保证期间。与工程保证合同类似。

（3）承担保证责任的形式。与工程保证合同类似。

（4）代偿的安排。说明受益人要求保证人承担保证责任的，需要发出书面索赔通知及对方违约（或造成损失）的证明材料。索赔通知应写明要求索赔的金额、支付款项应到达的账号。有质量争议的，还需提供第三方机构出具的质量说明材料。保证人收到书面索赔通知及相应证明材料后，核实并承担保证责任的时间期限等。

（5）保证责任的解除。说明保证期间，受益人未书面主张保证责任，或者被保证人按主合同约定履行了全部义务，自届满次日起，保证责任解除；或者保证人按照保函向受益人履行保证责任所支付金额达到保函金额时，自支付之日起，保证责任即解除；按照法律法规的规定或出现应解除保证人保证责任的其他情形的，保证责任也解除。解除保证责任后，受益人应将保函原件返还保证人。

（6）免责条款。说明因受益人违约致使业主不能履行义务的，保证人不承担保证责任；依照法律法规的规定或受益人与被担保人的另行约定，免除被保证人部分或全部义务的，保证人亦免除其相应的保证责任；受益人与被担保人协议变更主合同的，如加重被担保人责任致使保证人保证责任加重的，需征得保证人书面同意，否则保证人不再承担因此而加重部分的保证责任；因不可抗力造成被保证人不能履行义务的，保证人不承担保证责任。

（7）争议的解决。

（8）保函的生效。

8.2 | 工程保险

工程保险用于转移非预见性的、不可抗力、意外事故等风险，针对的是自然灾害和意外事故。一般认为，工程保险源于英国的锅炉爆炸保险，至今已有 160 年的历史，从 1950 年起 FIDIC 将承包人办理有关工程保险义务列入其标准施工合同条款。我国工程保险始发于20 世纪 70 年代初期，至今有 40 余年的历史。2014 年国务院《关于加快发展现代保险服务业的若干意见》下发以后，全国各地加快了工程保险发展的步伐。

8.2.1 与工程保险有关的概念

工程保险是从财产保险中派生的一个险种。从广义上理解工程保险包括工程实施阶段的保险和工厂运行设备的保险两大类。但从狭义的角度来看，通常人们所讲的工程保险主要是针对工程项目在建设过程中可能出现的自然灾害和意外事故而造成的物质损失和依法应对第三人的人身伤亡和财产损失承担的经济赔偿责任提供保障的一种综合性保险。

1. 保险的内涵

保险是指投保人根据合同约定，向保险人支付保险费，保险人对于合同约定可能发生的事故因其发生所造成的财产损失承担赔偿保险金责任，或者当被保险人死亡、伤残、疾病或者达到合同约定的年龄、期限时承担给付保险金责任的商业保险行为。保险合同是投保人与保险人约定保险权利义务关系的协议。

现代保险学者一般从两个方面来解释保险的定义。从经济角度上说，保险是分摊意外事故损失的一种财务安排。投保人参加保险，实质上是将他的不确定的大额损失变成确定的小额支出，即保险费。而保险人集中了大量同类风险，能借助大数法则来正确预见损失的发生额，并根据保险标的的损失概率制定保险费费率，通过向所有投保人收取保险费建立保险基金，用于补偿少数被保险人遭受的意外事故损失。从法律角度来看，保险是一种合同行为，体现的是一种民事法律关系。

2. 保险当事人、保险金额与保险费

保险人是指与投保人订立保险合同，并承担赔偿或者给付保险金责任的保险公司。

投保人是指与保险人订立保险合同，并按照保险合同负有支付保险费义务的人。

被保险人是指其财产或者人身受保险合同保障，享有保险金请求权的人，投保人可以为被保险人。

受益人是指人身保险合同中由被保险人或者投保人指定的享有保险金请求权的人，投保人、被保险人可以为受益人。

保险金额是指保险人承担赔偿或者给付保险金责任的最高限额。

保险费是指保险人承担风险的对价，是保险金额与保险费费率的乘积。

3. 工程保险的投保人

从风险管理的角度看，保险实质上是一种风险转移，将原应由业主或承包人或其他被保险人承担的风险责任转移给保险人承担。

工程保险的投保人一般为项目业主或总承包商。工程施工合同的工程一切险及其附加的第三者责任险，由谁投保的决定权通常在业主，多数的工程合同中规定由承包商负责投保。

《标准施工招标文件》的合同通用条款要求，承包人应以发包人和承包人的共同名义向双方同意的保险人投保建筑工程一切险、安装工程一切险；在整个施工期间，发包人和承包人应为其现场机构雇用的全部人员办理工伤保险、投人身意外伤害险；在缺陷责任期终止证书颁发前，承包人应以承包人和发包人的共同名义，投第三者责任险；承包人应为其施工设备、进场的材料和工程设备等办理保险。

4. 保险原则

保险原则是保险过程中逐步形成并为人们公认的基本原则，与工程保险合同有关的主要有保险利益原则、补偿原则、最大诚信原则和分摊原则。

（1）保险利益原则。保险利益原则是指投保人或者被保险人对保险标的应当具有法律上承认的利益。投保人对保险标的不具有保险利益的，保险合同无效。

保险人在履行赔偿或者给付责任时，必须以被保险人对保险标的所具有的保险利益为最高限额，赔偿或者给付的最高限额不得超过其保险利益的损失价值。

（2）补偿原则。补偿原则是指在发生保险事故，致使保险标的发生损失时，按照保险合同约定的条件，依保险标的的实际损失，在保险金额以内进行赔偿，但被保险人不能因损失赔偿而获得额外利益的原则。

通常，工程都是按其造价作为保险金额投保的。此时，除受损工程原造价进入合同工程保险金额外，其他费用并未列入工程保险金额。也就是说，对这些超出受损工程原造价的各种额外费用（包括受损工程修复费用超额部分）进行赔偿虽不违反损失补偿原则，但均须双方特别约定才能获得赔偿。因保险事故发生而引起的工程造价增加的内容如图 8-1 所示。

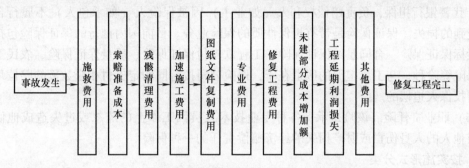

图 8-1　因保险事故发生而引起的工程造价增加的内容

（3）最大诚信原则。保险活动中最大诚信原则的基本含义是：保险双方在签订和履行保险合同时，必须以最大的诚意，履行自己应尽的义务，互不欺骗和隐瞒，恪守合同的约定与承诺，否则会导致保险合同无效。

最大诚信原则的实施，对于投保人来说，主要是告知（如实陈述有关保险标的的重要事实）、保证（按要求在保险期间对某一事项的作为或不作为、某种事态的存在或不存在做出承诺）和违反诚信原则的处分。对于保险人而言，则要求其在保险业务中不得有下列行为：①欺骗投保人、被保险人或者受益人；②对投保人隐瞒与保险合同有关的重要情况；③阻碍投保人、被保险人履行如实告知义务，或者诱导投保人不履行告知义务；④承诺向投保人、被保险人或者受益人给予保险合同规定以外的保险费回扣或者其他利益。

（4）分摊原则。分摊原则是由补偿原则派生出来的，是指在重复保险的情况下，当发生保险事故，对于保险标的所受损失，由各保险人分摊。

如果保险金额总和超过保险价值的，各保险人承担的赔偿金额总和不得超过保险价值。

8.2.2　工程保险的种类

建设工程保险的种类较多，没有具体的分类标准。通常情况下，可以按保障范围和实施方式两种办法分类。

1. 按保障范围分类

按保障范围，工程保险可分为建筑工程一切险、安装工程一切险、人身保险、保证保险、职业责任险。

（1）建筑工程一切险。该险承保各类民用、工业和公用事业建筑工程项目在建造过程中因自然灾害或意外事故造成保险财产的物质损失，以及由此造成对第三者的经济赔偿责任。

（2）安装工程一切险。该险承保新建、扩建或改造的各种大型机器设备或钢结构建筑物在整个安装调试期间由于自然灾害、意外事故、机械事故、人为风险等造成的物质损失和费用，并承担对第三者损害的赔偿责任。

（3）人身保险。该险是以人的生命或身体为保险标的，当被保险人因意外导致死亡、残疾或丧失劳动能力等损害，保险人应按约定对其进行经济赔偿。

（4）保证保险。该险承保的是一种信用风险，是义务人应权利人的要求，通过保险人担保自身信用的保险，保险标的是义务人自身的信用风险。即由保险人提供保险单（保险合同）代替银行担保，负责赔偿权利人（如业主）因被保险人（如承包人）不履行合同义务而受到的损失。保证保险是带有担保性质的保险业务。目前国内推行的保证保险包括建设工程投标保证保险、合同履约保证保险、工程款支付保证保险、质量保证保险、农民工工资保证保险等险种。与工程担保的区别在于，保险公司按合同约定支付相应数额的赔偿后，是不能向投保人追偿的。

（5）职业责任险。该险是承保各种专业技术人员因工作上的疏忽或过失造成他们的当事人或他人的人身伤亡或财产损失的经济赔偿责任的一种保险。

2. 按实施形式分类

建设工程保险按实施的形式分为自愿保险、强制保险两类。

（1）自愿保险。在自愿原则下，投保人与保险人订立保险合同构成的保险关系，称为自愿保险。自愿保险体现在，投保人可以决定是否选择保险、投多少保和自由选择保险人；保险人也可以决定是否承保和承保多少。

（2）强制保险。强制保险也称法定保险，是指根据国家颁布的有关法律和法规，凡是在规定范围内的单位或个人，不管愿意与否都必须参加的保险。

8.2.3 工程保险合同的形式与条款

保险合同是指保险人与投保人约定保险权利义务关系，并承担源于被保险人保险风险的协议。根据保险合同的约定，收取保险费是保险人的基本权利，赔偿或给付保险金是保险人的基本义务；与此相对应的，交付保险费是投保人的基本义务，请求赔偿或给付保险金是被保险人的基本权利。

1. 工程保险合同的形式

保险合同通常采用书面形式，投保人通过填写投保单提出要约，保险人是以签发投保单、暂保单或保险单为承诺。

工程保险合同不仅仅指的是工程保险单，一份完整的工程保险合同通常由投保单、保险单、特别条款和批单等几部分组成，有时还有暂保单。

（1）投保单。投保单又称要保书，是保险人事先制定好的供投保人提出保险申请时使用的一种书面凭证。投保单一般都记载保险合同的必要条款，主要内容包括投保人、被保险人、保险标的、保险金额、保险费费率和保险期限等，并载有投保人申请保险时应向保险人履行如实告知义务的注意事项。经保险人签字盖章确认的投保单是保险合同的重要组成部分。如果某些信息在保险单上没有体现，但在投保单上有注明，则记载在投保单上的信息效力与记载在保险单上相同。

（2）保险单。保险单简称保单，是保险人和投保人订立的正式保险合同的书面凭证。工程保险的保险单通常包括下列内容：投保人、保险人、被保险人、保险种类、保险标的、保险责任、除外责任、保险期间、保险金额、保险费及其支付方式、保险金赔偿方式、订立保险合同的时间和地点、附加条款及批文等。应当明确的是保险单仅仅是保险合同成立的凭证之一，并不是保险合同成立的前提条件。保险合同成立（如签发临时保单）后，即使保险单未签发，如果发生保险事故，除非保险合同另有约定，保险人都应当承担赔偿责任。

（3）特别条款。特别条款是依附于标准保险单后的附加条款，其实质是对基本条款的修正或者限制，它类似于建设工程施工合同中的专用条款。在保险条款解释原则上，特别条款的效力优于标准保险单上的内容。我国目前颁布和使用的特别条款归纳起来可以分为三类：扩展类特别条款、限制类特别条款和规定类特别条款。

（4）批单。批单又称背书，是保险人应投保人或被保险人的要求出具的修订或更改保单内容的书面证明文件。批单可在原保单或保险凭证上批注，也可另外出具一张变更合同内容的附贴便条。凡经批改过的内容，以批单为准；多次批改，应以最后批改为准。批单一经签发，就自动成为保单的一个重要组成部分。

（5）暂保单。暂保单又称临时保险单，是保险人在出立正式保险单之前签发的证明保险人已同意给予投保人以保险保障的一种临时凭证。它既不是保险合同的凭证，也不是保险合同订立的必经程序，而仅仅是签发正式保险单之前的权宜之计，在某些特定情形中使用。暂保单的法律效力与保险合同相同，但有效期较短，一般只有 30 天。当正式保险单出立后，暂保单就自动失效。在正式保险单出立之前，保险人有权终止暂保单的效力，但必须事先通知投保人。

2. 工程保险合同条款及其选择

工程保险合同条款是工程保险合同的主要内容。按照法律规定，关系社会公众利益的保险险种、依法实行强制保险的险种的保险条款和保险费费率，保险公司应当报中国银保监会审批。其他保险险种的保险条款和保险费率，保险公司应当报中国银保监会备案。

（1）合同条款的分类。工程保险条款可以分为基本条款和附加条款。基本条款是指按照工程的常规风险设计的条款，其主要作用是解决工程项目的投保人在风险分散共性方面的需求。附加条款是指根据不同的投保人风险分散的需求有针对性地设计的条款，其主要作用是解决工程项目投保人在风险分散个性方面的需求。

工程保险条款按照承保风险的范围分为一切险条款和列明风险条款。一切险条款的实质是一种列明除外的条款，即条款的责任范围为列明除外责任以外的自然灾害与意外事故造成的损失。列明风险条款的责任范围则是条款中列明风险造成的损失。列明责任条款的特点是责任范围相对较窄，操作简单，适用于一些中、小型项目。

目前，国内工程保险市场主要使用原中国保监会核准备案的行业统一标准的《建筑工程一切险条款》《安装工程一切险条款》和《建筑、安装工程保险条款》（列明责任）。

（2）合同条款的内容。国内通行的工程保险条款一般由以下六个主要部分组成：

1）总则，主要规定保险合同的组成及合同形式。

2）第一部分：物质损失保险，一般包括保险标的、保险责任、责任免除、保险金额与免赔额、赔偿处理。

3）第二部分：第三者责任保险，一般包括保险责任、责任免除、责任限额及免赔额、赔偿处理。

4）第三部分：通用条款，一般包括责任免除、保险期间、保险人义务、投（被）保险人义务、赔偿处理、争议处理、其他事项。

5）释义，一般包括自然灾害、意外事故、应保险金额三方面的定义。

6）附加条款或批单。

（3）合同条款的选择。一般很少有一个工程项目是纯粹的建筑工程或安装工程，往往同时包含了建筑工程和安装工程的内容，因此，就有一个条款的选择问题。

对于大中型项目，主条款选择的基本原则是根据建筑工程和安装工程的各自占比决定。一般的规则是：在一个以建筑工程为主的项目中，如果安装工程的占比不超25%，则采用建筑工程一切险条款承保；如果安装工程占比超过25%，则应采用建筑工程一切险条款和安装工程一切险条款分别承保。在一个以安装工程为主的项目中也是按照一样的原则处理。

对于小型项目，一般推荐采用建筑安装工程列明责任险。

同时应注意风险分散个性方面的需求。根据项目工程项目特点，选择使用附加条款，以实现对基本条款的补充和修正。

8.2.4　建筑工程一切险主要条款

我们主要以国内工程保险市场使用的《建筑工程一切险条款》为蓝本做些介绍。

1. 第一部分：物质损失保险部分

（1）保险标的。保险标的分为可保险标的、特约保险标的和不可保险标的。

1）可保险标的是保险合同明细表中分项列明的在列明工地范围内的与实施工程合同相关的财产或费用，属于保险合同的保险标的。

2）特约保险标的通常被称为"相对除外标的"，即标准合同条件是不包括的，但可以根据投保人的要求扩展承保，主要包括四类：①施工用机具、设备、机械装置；②在保险工程开始以前已经存在或形成的位于工地范围内或其周围的属于被保险人的财产；③在保险合同保险期间终止前，已经投入商业运行或业主已经接受、实际占有的财产或其中的任何一部分财产，或已经签发工程竣工证书或工程承包人已经正式提出申请验收并经业主代表验收合格的财产或其中任何一部分财产；④清除残骸费用，该费用是指发生保险事故后，被保险人为修复保险标的而清理施工现场所发生的必要、合理的费用。

3）不可保险标的通常被称为"绝对除外标的"，即由于这类标的的特点，决定了其即使是通过约定方式也不予承保的标的。主要包括以下五类：①文件、账册、图表、技术资料、计算机软件、计算机数据资料等无法鉴定价值的财产；②便携式通信装置、便携式计算机设备、便携式照相摄像器材以及其他便携式装置、设备；③土地、海床、矿藏、水资源、动物、植物、农作物；④领有公共运输行驶执照的，或已由其他保险予以保障的车辆、船舶、航空器；⑤违章建筑、危险建筑、非法占用的财产。

（2）保险责任。在保险期间内，保险合同分项列明的保险财产在列明的工地范围内，因保险合同责任免除以外的任何自然灾害或意外事故造成的物质损坏或灭失（以下简称

"损失"），保险人按保险合同的约定负责赔偿。

在保险期间内，由于前述保险责任事故发生造成保险标的的损失所产生的以下费用，保险人按照保险合同的约定负责赔偿：①保险事故发生后，被保险人为防止或减少保险标的的损失所支付的必要的、合理的费用，保险人按照保险合同的约定也负责赔偿；②对经保险合同列明的因发生上述损失所产生的其他有关费用，保险人按保险合同约定负责赔偿。

（3）责任免除。我国工程保险保单对于责任免除的结构设计采用的是分别设计工程保险合同项下的物质损失保险部分、第三者责任保险部分的责任免除和适用于整个工程保险合同的责任免除（列于通用条款部分）。

除了通用条款所列责任免除项目之外，列于物质损失保险项下的责任免除包括如下两种情况：

1）下列原因造成的损失、费用，保险人不负责赔偿：①设计错误引起的损失和费用；②自然磨损、内在或潜在缺陷、物质本身变化、自燃、自热、氧化、锈蚀、渗漏、鼠咬、虫蛀、大气（气候或气温）变化、正常水位变化或其他渐变原因造成的保险财产自身的损失和费用；③因原材料缺陷或工艺不善引起的保险财产本身的损失以及为换置、修理或矫正这些缺点错误所支付的费用；④非外力引起的机械或电气装置的本身损失，或施工用机具、设备、机械装置失灵造成的本身损失。前三项是建筑工程一切险所特有的责任免除。

2）下列损失、费用，保险人也不负责赔偿：①维修保养或正常检修的费用；②档案、文件、账簿、票据、现金、各种有价证券、图表资料及包装物料的损失；③盘点时发现的短缺；④领有公共运输行驶执照的，或已由其他保险予以保障的车辆、船舶和飞机的损失；⑤除非另有约定，在保险工程开始以前已经存在或形成的位于工地范围内或其周围的属于被保险人的财产的损失；⑥除非另有约定，在保险合同保险期间终止以前，保险财产中已由工程所有人签发完工验收证书或验收合格或实际占有或使用或接收部分的损失。

（4）保险金额与免赔额。工程项目物质损失部分的责任限额以具体金额表示，称为保险金额。

由于建筑工程中保险标的的价值随着工程进展而不断变化，因此建筑工程一切险保险金额的确定比较复杂。通常，保险合同中的保险金额是分项列明的。

被保险人投保时，通常是先估计保险金额，一般可以按照工程预算造价或者投标合同价确定保险金额，而后再根据实际的变化进行调整，同时，保费也是估计并预收的，在保险期限结束时再根据工程的实际价值调整保险金额，再相应调整保费，实行多退少补的保险费结算制度。

免赔额（率）由投保人与保险人在订立保险合同时协商确定，并在保险合同中载明。

（5）赔偿处理。对保险标的遭受的损失，保险人可选择以支付赔款或以修复、重置受损项目的方式予以赔偿，对保险标的在修复或替换过程中，被保险人进行的任何变更、性能增加或改进所产生的额外费用，保险人不负责赔偿。

在发生保险单物质损失项下的损失后，保险人按下列方式确定损失金额：

1）可以修复的部分损失：以将保险财产修复至其基本恢复受损前状态的费用考虑保险合同约定的残值处理方式后确定的赔偿金额为准。但若修复费用等于或超过保险财产损失前的价值时，则按全部损失或推定全损的规定处理。

2）全部损失或推定全损：以保险财产损失前的实际价值考虑保险合同约定的残值处理

方式后确定的赔偿金额为准。

保险标的发生保险责任范围内的损失，保险人按以下方式计算赔偿：保险金额等于或高于应保险金额时，按实际损失计算赔偿，最高不超过应保险金额；保险金额低于应保险金额时，按保险金额与应保险金额的比例乘以实际损失计算赔偿，最高不超过保险金额。

每次事故保险人的赔偿金额为根据合同约定计算的金额扣除每次事故免赔额后的金额，或者为根据合同约定计算的金额扣除该金额与免赔率乘积后的金额。保险标的在连续72小时内遭受暴雨、台风、洪水或其他连续发生的自然灾害所致损失视为一次单独事件，在计算赔偿时视为一次保险事故，并扣减一个相应的免赔额（率）。被保险人可自行决定72小时的起始时间，但若在连续数个72小时时间内发生损失，任何两个或两个以上72小时期限不得重叠。

若保险合同所列标的不止一项时，应分项计算赔偿，保险人对每一保险项目的赔偿责任均不得超过保险合同明细表对应列明的分项保险金额，以及保险合同特别条款或批单中规定的其他适用的赔偿限额。在任何情况下，保险人在保险合同下承担的对物质损失的最高赔偿金额不得超过保险合同明细表中列明的总保险金额。

保险标的的保险金额大于或等于其应保险金额时，被保险人为防止或减少保险标的的损失所支付的必要的、合理的费用，在保险标的的损失赔偿金额之外另行计算，最高不超过被施救标的的应保险金额。保险标的的保险金额小于其应保险金额时，上述费用按被施救标的的保险金额与其应保险金额的比例在保险标的的损失赔偿金额之外另行计算，最高不超过被施救标的的保险金额。被施救的财产中，含有保险合同未承保财产的，按被施救保险标的的应保险金额与全部被施救财产价值的比例分摊施救费用。

保险标的发生部分损失，保险人履行赔偿义务后，保险合同的保险金额自损失发生之日起按保险人的赔偿金额相应减少，保险人不退还保险金额减少部分的保险费。如投保人请求恢复至原保险金额，应按原约定的保险费费率另行支付恢复部分从投保人请求的恢复日期起至保险期间届满之日止按日比例计算的保险费。

2. 第二部分：第三者责任部分

（1）保险责任。建筑工程一切险第三者责任部分的保险责任同样采用的是概括式的说明。

在保险期间内，因发生与保险合同所承保工程直接相关的意外事故引起工地内及邻近区域的第三者人身伤亡、疾病或财产损失，依法应由被保险人承担的经济赔偿责任，保险人按照保险合同约定负责赔偿。

本项保险事故发生后，被保险人因保险事故而被提起仲裁或者诉讼的，对应由被保险人支付的仲裁或诉讼费用以及其他必要的、合理的费用（以下简称"法律费用"），经保险人书面同意，保险人按照保险合同约定也负责赔偿。

（2）责任免除。除了通用条款所列责任免除项目之外，列于第三者责任部分的责任免除包括以下两种情况：

1）下列原因造成的损失、费用，保险人不负责赔偿：由于震动、移动或减弱支撑而造成的任何财产、土地、建筑物的损失及由此造成的任何人身伤害和物质损失；领有公共运输行驶执照的车辆、船舶、航空器造成的事故。

2）下列损失、费用，保险人也不负责赔偿：保险合同物质损失项下或本应在该项下予以负责的损失及各种费用；工程所有人、承包人或其他关系方或以上各方所雇用的在工地现场从事与工程有关工作的职员、工人及上述人员的家庭成员的人身伤亡或疾病；工程所有人、承包人或其他关系方或以上各方所雇用的职员、工人所有的或由上述人员所照管、控制的财产发生的损失；被保险人应该承担的合同责任，但无合同存在时仍然应由被保险人承担的法律责任不在此限。

（3）责任限额与免赔额（率）。责任限额包括每次事故责任限额、每人人身伤亡责任限额、累计责任限额，由投保人与保险人协商确定，并在保险合同中载明。

每次事故免赔额（率）由投保人与保险人在订立保险合同时协商确定，并在保险合同中载明。

（4）赔偿处理。保险人的赔偿以下列方式之一确定的被保险人的赔偿责任为基础：①被保险人和向其提出损害赔偿请求的索赔方协商并经保险人确认；②仲裁机构裁决；③人民法院判决；④保险人认可的其他方式。

在保险期间内发生保险责任范围内的损失，保险人按以下方式计算赔偿：①对于每次事故造成的损失，保险人在每次事故责任限额内计算赔偿，其中对每人人身伤亡的赔偿金额不得超过每人人身伤亡责任限额。②在依据本条第①项计算的基础上，保险人在扣除保险合同载明的每次事故免赔额后进行赔偿，但对于人身伤亡的赔偿不扣除每次事故免赔额；在依据本条第①项计算的基础上，保险人在扣除按保险合同载明的每次事故免赔率计算的每次事故免赔额后进行赔偿，但对于人身伤亡的赔偿不扣除每次事故免赔额。③保险人对多次事故损失的累计赔偿金额不超过保险合同列明的累计赔偿限额。

对每次事故法律费用的赔偿金额，保险人在前述计算的赔偿金额以外按保险合同的约定另行计算。

保险人对被保险人给第三者造成的损害，可以依照法律的规定或者保险合同的约定，直接向该第三者赔偿保险金。被保险人给第三者造成损害，被保险人对第三者应负的赔偿责任确定的，根据被保险人的请求，保险人应当直接向该第三者赔偿保险金。被保险人怠于请求的，第三者有权就其应获赔偿部分直接向保险人请求赔偿保险金。被保险人给第三者造成损害，被保险人未向该第三者赔偿的，保险人不得向被保险人赔偿保险金。

3. 第三部分：通用条款

这部分内容同时适用于物质损失保险和第三者责任保险两个部分。

（1）责任免除。下列原因造成的损失、费用和责任，保险人不负责赔偿：①战争、类似战争行为、敌对行为、武装冲突、恐怖活动、谋反、政变；②行政行为或司法行为；③罢工、暴动、民众骚乱；④被保险人及其代表的故意行为或重大过失行为；⑤核裂变、核聚变、核武器、核材料、核辐射、核爆炸、核污染及其他放射性污染；⑥大气污染、土地污染、水污染及其他各种污染。

下列损失、费用，保险人也不负责赔偿：①工程部分停工或全部停工引起的任何损失、费用和责任；②罚金、延误、丧失合同及其他后果损失；③保险合同中载明的免赔额，以及按保险合同中载明的免赔率计算的免赔额。

（2）保险期间。建筑工程一切险承保从开工到完工过程中的风险，保险期限按整个工程的期限计算。对于大型、综合性工程，由于其各部分的工程项目分期施工，如果投保人要求分别投保，可以分别签发保单和分别规定保险期限。

保险合同保险期间遵循如下约定：

1）保险人的保险责任自保险工程在工地动工或用于保险工程的材料、设备运抵工地之时起始，至工程所有人对部分或全部工程签发完工验收证书或验收合格，或工程所有人实际占有或使用或接收该部分或全部工程之时终止，以先发生者为准。但在任何情况下，建筑期保险责任的起始或终止不得超出本保险单载明的建筑保险期间范围。

2）不论有关合同中对试车和考核期如何规定，保险人仅在保险合同明细表中列明的试车和考核期间内对试车和考核所引发的损失、费用和责任负责赔偿；若保险设备本身是在本次安装前已被使用过的设备或转手设备，则自其试车之时起，保险人对该项设备的保险责任即行终止。

3）上述保险期间的展延，投保人须事先获得保险人的书面同意，否则，从保险合同明细表中列明的建筑期保险期间终止日之后发生的任何损失、费用和责任，保险人不负责赔偿。

（3）保险人义务。订立保险合同时，采用保险人提供的格式条款的，保险人向投保人提供的投保单应当附格式条款，保险人应当向投保人说明保险合同的内容。对保险合同中免除保险人责任的条款，保险人在订立合同时应当在投保单、保险单或者批单上做出足以引起投保人注意的提示，并对该条款的内容以书面或者口头形式向投保人做出明确说明；未做提示或者明确说明的，该条款不产生效力。

保险合同成立后，保险人应当及时向投保人签发保险单或批单。

保险人依据合同中投保人未履行如实告知义务所取得的保险合同解除权，自保险人知道有解除事由之日起，超过30日不行使而消灭。自保险合同成立之日起超过2年的，保险人不得解除合同；发生保险事故的，保险人承担赔偿责任。保险人在合同订立时已经知道投保人未如实告知的情况的，保险人不得解除合同；发生保险事故的，保险人应当承担赔偿责任。

保险人按照合同索赔条款的约定，认为被保险人提供的有关索赔的证明和资料不完整的，应当及时一次性通知投保人、被保险人补充提供。

保险人收到被保险人的赔偿保险金的请求后，应当及时做出是否属于保险责任的核定；情形复杂的，应当在30日内做出核定，但保险合同另有约定的除外。保险人应当将核定结果通知被保险人；对属于保险责任的，在与被保险人达成赔偿保险金的协议后10日内，履行赔偿保险金义务。保险合同对赔偿保险金的期限有约定的，保险人应当按照约定履行赔偿保险金的义务。保险人依照前款约定做出核定后，对不属于保险责任的，应当自做出核定之日起3日内向被保险人发出拒绝赔偿保险金通知书，并说明理由。

保险人自收到赔偿保险金的请求和有关证明、资料之日起60日内，对其赔偿保险金的数额不能确定的，应当根据已有证明和资料可以确定的数额先予支付；保险人最终确定赔偿的数额后，应当支付相应的差额。

（4）投保人、被保险人义务。

1）订立保险合同，保险人就保险标的或者被保险人的有关情况提出询问的，投保人应当如实告知。投保人故意或者因重大过失未履行前款规定的如实告知义务，足以影响保险人决定是否同意承保或者提高保险费费率的，保险人有权解除保险合同。投保人故意不履行如实告知义务的，保险人对于合同解除前发生的保险事故，不承担赔偿责任，并不退还保险费。投保人因重大过失未履行如实告知义务，对保险事故的发生有严重影响的，保险人对于合同解除前发生的保险事故，不承担赔偿责任，但应当退还保险费。

2）投保人应按约定交付保险费。约定一次性交付保险费的，投保人在约定交费日后交付保险费的，保险人对交费之前发生的保险事故不承担保险责任。约定分期交付保险费的，保险人按照保险事故发生前保险人实际收取保险费总额与投保人应当交付的保险费的比例承担保险责任，投保人应当交付的保险费是指截至保险事故发生时投保人按约定分期应该缴纳的保费总额。

3）被保险人应当遵守国家有关消防、安全、生产操作等方面的相关法律、法规及规定，谨慎选用施工人员，遵守一切与施工有关的法规、技术规程和安全操作规程，维护保险标的的安全。保险人及其代表有权在适当的时候对保险标的的风险情况进行现场查验。被保险人应提供一切便利及保险人要求的用以评估有关风险的详情和资料，但上述查验并不构成保险人对被保险人的任何承诺。保险人向投保人、被保险人提出消除不安全因素和隐患的书面建议，投保人、被保险人应该认真付诸实施。投保人、被保险人未按照约定履行其对保险标的的安全应尽责任的，保险人有权要求增加保险费或者解除合同。

4）对于保险标的转让的，被保险人或者受让人应当及时通知保险人。因保险标的转让导致危险程度显著增加的，保险人自收到前款规定的通知之日起 30 日内，可以按照合同约定增加保险费或者解除合同。保险人解除合同的，应当将已收取的保险费，按照合同约定扣除自保险责任开始之日起至合同解除之日止应收的部分后，退还投保人。被保险人、受让人未履行本条规定的通知义务的，因转让导致保险标的的危险程度显著增加而发生的保险事故，保险人不承担赔偿责任。

5）在保险期间内，被保险人在工程设计、施工方式、工艺、技术手段等方面发生改变致使保险工程风险程度显著增加或其他足以影响保险人决定是否继续承保或是否增加保险费的保险合同重要事项变更，被保险人应及时书面通知保险人，保险人有权要求增加保险费或者解除合同。保险人解除合同的，应当将已收取的保险费，按照合同约定扣除自保险责任开始之日起至合同解除之日止应收的部分后，退还投保人。被保险人未履行通知义务，因上述保险合同重要事项变更而导致保险事故发生的，保险人不承担赔偿责任。

6）投保人、被保险人知道保险事故发生后，被保险人应该：①尽力采取必要、合理的措施，防止或减少损失，否则，对因此扩大的损失，保险人不承担赔偿责任。②立即通知保险人，并书面说明事故发生的原因、经过和损失情况；故意或者因重大过失未及时通知，致使保险事故的性质、原因、损失程度等难以确定的，保险人对无法确定的部分，不承担赔偿责任，但保险人通过其他途径已经及时知道或者应当及时知道保险事故发生的除外。③保护事故现场，允许并且协助保险人进行事故调查，对于拒绝或者妨碍保险人进行事故调查导致无法认定事故原因或核实损失情况的，保险人对无法核实的部分不承担赔偿责任。④在保险财产遭受盗窃或恶意破坏时，立即向公安部门报案。⑤在预知可能引起第三者责任险项下的诉讼时，立即以书面形式通知保险人，并在接到法院传票或其他法律文件后，立即将其送交保险人。

7）被保险人向保险人请求赔偿时，应向保险人提交保险单、索赔申请、财产损失清单、有关部门的损失证明以及其他投保人、被保险人所能提供的与确认保险事故的性质、原因、损失程度等有关的证明和资料。投保人、被保险人未履行前款约定的索赔材料提供义务，导致保险人无法核实损失情况的，保险人对无法核实的部分不承担赔偿责任。

8）若在某一保险财产中发现的缺陷表明或预示类似缺陷也存在于其他保险财产中时，被保险人应立即自付费用进行调查并纠正该缺陷。否则，由该缺陷或类似缺陷造成的损失保险人不承担赔偿责任。

（5）赔偿处理。保险事故发生时，被保险人对保险标的不具有保险利益的，不得向保险人请求赔偿保险金。

保险标的遭受损失后，如果有残余价值，应由双方协商处理。若协商残值归被保险人所有，应在赔偿金额中扣减残值。

保险事故发生时，如果存在重复保险，保险人按照保险合同的相应保险金额与其他保险合同及保险合同相应保险金额总和的比例承担赔偿责任。其他保险人应承担的赔偿金额，本保险人不负责垫付。若被保险人未如实告知导致保险人多支付赔偿金的，保险人有权向被保险人追回多支付的部分。

发生保险责任范围内的损失，应由有关责任方负责赔偿的，保险人自向被保险人赔偿保险金之日起，在赔偿金额范围内代位行使被保险人对有关责任方请求赔偿的权利，被保险人应当向保险人提供必要的文件和所知道的有关情况。被保险人已经从有关责任方取得赔偿的，保险人赔偿保险金时，可以相应扣减被保险人已从有关责任方取得的赔偿金额。保险事故发生后，在保险人未赔偿保险金之前，被保险人放弃对有关责任方请求赔偿权利的，保险人不承担赔偿责任；保险人向被保险人赔偿保险金后，被保险人未经保险人同意放弃对有关责任方请求赔偿权利的，该行为无效；由于被保险人故意或者因重大过失致使保险人不能行使代位请求赔偿的权利的，保险人可以扣减或者要求返还相应的保险金。

被保险人向保险人请求赔偿的诉讼时效期间为二年，自其知道或者应当知道保险事故发生之日起计算。

（6）争议处理。因履行保险合同发生的争议，由当事人协商解决。协商不成的，提交保险单载明的仲裁机构仲裁；保险单未载明仲裁机构且争议发生后未达成仲裁协议的，依法向人民法院起诉。

与保险合同有关的以及履行保险合同产生的一切争议，适用中华人民共和国法律。

（7）其他事项。保险标的发生部分损失的，自保险人赔偿之日起 30 日内，投保人可以解除合同；除合同另有约定外，保险人也可以解除合同，但应当提前 15 日通知投保人。保险合同依据前款规定解除的，保险人应当将保险标的的未受损部分的保险费，按照合同约定扣除自保险责任开始之日起至合同解除之日止应收的部分后，退还投保人。

保险责任开始前，投保人要求解除保险合同的，应当按保险合同的约定向保险人支付手续费，保险人应当退还保险费。保险人要求解除保险合同的，不得向投保人收取手续费并应退还已收取的保险费。保险责任开始后，投保人要求解除保险合同的，自通知保险人之日起，保险合同解除，保险人按照保险责任开始之日起至合同解除之日止期间与保险期间的日比例计收保险费，并退还剩余部分保险费；保险人要求解除保险合同的，应提前 15 日向投保人发出解约通知书，保险人按照保险责任开始之日起至合同解除之日止期间与保险期间的日比例计收保险费，并退还剩余部分保险费。

保险标的发生全部损失，属于保险责任的，保险人在履行赔偿义务后，保险合同终止；不属于保险责任的，保险合同终止，保险人按照保险责任开始之日起至合同解除之日止期间与保险期间的日比例计收保险费，并退还剩余部分保险费。

4. 保险费费率

（1）保险费费率的组成。理论上，财产保险费费率是每一保险金额单位应缴纳保险费的比率。它由纯费率和附加费率两部分构成。纯费率也称净费率，是保险费费率的基本组成部分。由于纯费率是根据风险损失概率确定的，因此它也称为"纯风险损失率"。按纯费率收取的保险费为纯保费。一般而言，纯保费附加一定的管理费用与利润，就是保险人向投保人收取的可维持其经营的最低保费。为了规范工程保险领域的市场行为，中国保险行业协会公布了地铁、道路、铁路、高速铁路四个行业的《纯风险损失率表》。

工程保险定价的基本思路是"分别确定，集中体现"，即尽可能按照标的的风险特征和类属进行划分，分别进行保费的计算，然后进行汇总并集中体现。建筑工程险的费率主要有以下几类：

1）业主提供的物料及项目、安装工程项目、场地清理费、工地内现存的建筑物、业主或承包人在工地的其他财产等，为一个总的费率，整个工期实行一次性费率。

2）施工用机器、装置及设备为单独的年度费率。如保期不足一年，按短期费率计收保费。

3）第三者责任险费率，实行整个工期一次性费率。

4）保证期费率，实行整个保证期的一次性费率。

5）各种附加保险增收费率或保费，实行整个工期一次性费率。

对于一般性的工程项目，为方便起见，费率构成考虑了以上因素的情况下，可以只规定整个工期的平均一次性费率，一般为合同总价的 0.2%～0.45%。但在任何情况下，建筑用施工机器装置及设备必须单独以年费率为基础开价承保，不得与总的平均一次性费率混在一起。

（2）保险费费率的制定依据。厘定建筑工程一切险费率主要根据以下因素：①保险责任范围的大小；②工程本身的危险程度；③承包人及其他工程关系方的资信、经营管理水平及经验等条件；④保险人本身以往承保同类工程的损失记录；⑤工程免赔额的高低及第三者责任和特种风险的赔偿限额。

（3）保险费的缴纳。保险费的缴纳有两种：一次性缴纳或分期缴纳。建筑工程一切险因保险期较长，保费数额大，可分期缴纳保费，但出单后必须立即缴纳第一期保费，一般首期应不低于总保费的 25%，而最后一笔保费必须在保险期限结束前的 6 个月缴清。分期付费，保险人必须出具批单说明。工程完工时，根据工程完工价值和工期，调整保费，多退少补。

如果在保险期内工程不能完工，保险可以延期，不过投保人须缴纳补充保险费。延展期的补充保险费只能在原始保险单规定的逾期日前几天确定，以便保险人能及时准确地了解各种情况。

8.2.5　安装工程一切险与建筑工程一切险条款的异同

安装工程一切险的条款措辞与建筑工程一切险基本相同，但鉴于安装工程风险的特点，某些条款存在差异，以下就不同点进行说明。

1. 适用范围

建筑工程保险和安装工程保险在形式和内容上基本一致，是承保工程项目相辅相成的两个险种，只是安装工程保险针对机器设备的特点，在承保的标的和责任范围方面与建筑工程保险有所不同，二者风险性质的区别见表 8-1。

表 8-1　建筑工程一切险与安装工程一切险风险性质的区别

风　　险	建筑工程一切险	安装工程一切险
标的风险	标的多半处在暴露状态，遭受自然灾害损失的可能性较大	标的多半在建筑物内，机器设备的安装技术性强，遭受人为事故损失的可能性较大
试车风险	不存在	在交接前必须通过试车考核，在试车期发生的损失在整个安装工期中占很大比例
风险变化	保险标的从开工以后逐渐增加，风险责任也随着标的的增加而增加	保险标的的变化不大，待安装的机器设备通常从安装开始就存放在工地上，保险人从一开始就承担着全部风险责任

2. 物质损失保险项下的除外责任部分

安装工程一切险根据其承保工程项目的特点，在除外责任方面与建筑工程一切险有一定的差异，具体内容见表 8-2。

表 8-2　安装工程一切险与建筑工程一切险除外责任部分的差异

安装工程一切险	建筑工程一切险
因设计错误、铸造或原材料缺陷或工艺不善引起的被保险财产本身的损失以及为换置、修理或矫正这些缺点错误所支付的费用	设计错误引起的损失和费用；因原材料缺陷或工艺不善引起的被保险人财产本身的损失以及为换置、修理或矫正这些缺点错误所支付的费用
由于超负荷、超电压、碰线、电弧、漏电、短路、大气放电及其他电气原因造成电气设备或电气用具本身的损失	—
施工用机具、设备、机械装置失灵造成的本身损失	非外力引起的机械或电气装置的本身损失，或施工用机具、设备、机械装置失灵造成的本身损失

3. 第三者责任项下的除外责任部分

第三者责任项下的除外责任，建筑工程一切险和安装工程一切险的措辞基本上是相同的。但其中"由于震动、移动或减弱支撑而造成的任何财产、土地、建筑物的损失及由此造成的任何人身伤害和物质损失"仅仅是针对建筑工程特点的，所以，在安装工程一切险第三者责任项下的除外责任的措辞中没有这一条。

4. 保险金额

安装工程一切险对安装工程项目的保险金额规定，投保人投保安装工程保险的保险金额不低于保险工程安装完成时的总价值，包括设备费用、原材料费用、安装费、建造费、运输费和保险费、关税、其他税项和费用，以及由工程所有人提供的原材料和设备的费用。

安装工程保险金额的确定情况与建筑工程保险金额的确定情况基本相同，但是需要注意的是，通常安装工程承包合同的承包价不包括被安装设备的价值，它仅仅是包括安装费用和安装过程中必需的辅助材料的费用。

5. 保险费的费率

安装工程一切险的费率主要有以下几类：

（1）安装项目。土木建筑工程项目、业主或承包人在工地上的其他财产及清理费用为一个总的费率，整个工期实行一次性费率。

（2）试车期为一单独费率，是一次性费率。

（3）保证期费率，实行整个保证期一次性费率。

（4）各种附加保障增收费率，实行整个工期一次性费率。

（5）安装、建筑用机器、装置及设备为单独的年费率。

（6）第三者责任险费率，实行整个工期一次性费率。

总的来讲，安装工程一切险的风险较大，费率也要高于建筑工程一切险，一般为合同总价的 0.3% ~ 0.5%。

第 9 章

违约与合同争议的处理

建设工程合同的履约过程中，不可避免地会发生一些合同争议，业主和承包（供应/服务）商都要因此花费不少时间、精力和金钱，不仅影响双方的合作基础，还会影响项目最终目标的顺利实现。业主、承包（供应/服务）商和监理人都希望尽量减少引起合同争议的潜在因素，避免和减少合同争议的产生，或以最小的代价合理处理合同争议。

9.1 | 合同违约责任

合同违约责任是对当事人违约的经济制裁，它表现为违约方丧失一定的经济权利或增加一定的经济义务。在具体合同文本中所说的违约责任是指当事人约定的关于当事人违约后应当承担的责任的方式，至于在什么情况下承担违约责任则由《合同法》予以规定，这方面当事人不能约定。

9.1.1 违约责任的内涵

合同的违约责任是指合同的当事人一方不履行合同义务或者履行合同义务不符合约定时，所应当承担的民事责任。违约责任只能在合同当事人之间产生，当事人一方因第三人的原因造成违约的，应当向合同相对方承担违约责任。当事人一方和第三人之间的纠纷，依照法律规定或者按照约定解决。

1. 合同违约责任的构成要件

违约责任的构成要件是指合同当事人应具备何种条件才应承担违约责任。违约责任的构成要件包括违约行为、损害事实以及违约行为和损害事实之间的因果关系。

（1）当事人有违约行为。违约行为是指当事人违反合同义务的行为。违约行为分为预期违约和实际违约两种。预期违约是指履行期限到来之前，当事人一方明确表示（明示违约）或者以自己的行为表明（默示违约）不履行合同义务。实际违约是指在合同履行期限到来以后，当事人不履行或不适当履行合同义务的行为。

（2）当事人有损害的事实。损害事实是指一方的违约行为造成对方财产上的损害。这种损害须是实际发生的损害，对于尚未发生的损害，不能赔偿。违约损害分为直接损害和间接损害。直接损害是指违约行为直接造成标的物的损害，如现有财产的毁损、灭失、已花费的开支等。间接损害是指违约行为造成标的物损害以外的其他损害，如应增加而未增加的收入，因违约给第三人造成的损失等。

（3）违约行为和损害事实之间有因果关系。因果关系是指违约行为与损害事实之间是前因后果的关系。按照《合同法》的规定，除了有法定免责事由的情况外，当事人只要有违约行为，无论其主观上是否有过错，都要承担违约责任。

2. 承担违约责任的一般方式

合同违约责任的承担方式主要有继续履行、支付违约金、支付赔偿金、采取补救措施等。这些方式有时单独适用，有时同时适用。

违约金是指合同当事人违约后，按照当事人约定或法律规定向对方当事人支付的一定数量的货币。违约金是预先规定的，但违约金条款在下列情况下无效：①载有违约金条款的合同无效、被撤销或不成立，则约定的违约金条款无效（此时，当事人虽有时可以要求赔偿，但其依据的是缔约过失责任）；②在违约金条款与赔偿损失条款并存时，可以认定违约金条款无效；③违约金条款中约定的违约金超过了合同中的价款或报酬（一般是对超过的部分确认无效，未超过部分有效）。同时，当事人支付违约金后，不能当然免除其继续履行的义务。当事人迟延履行时，支付违约金后，还应当履行债务。

赔偿金是指在合同当事人不履行合同或履行合同不符合约定，给对方当事人造成损失时，依照约定或法律规定应当承担的、向对方支付一定数量的货币。这里所说的赔偿金，是指违约赔偿金。违约赔偿金的数额与当事人的损失一般情况下是相等的。合同中当事人一方违约后，对方应当采取适当措施防止损失的扩大；没有采取适当措施致使损失扩大的，不得就扩大的损失要求赔偿。当事人因防止损失扩大而支出的合理费用，由违约方承担。当事人因对方违约而发生损失的，如果当事人因同一原因而获得某种利益时，在其应得的损害赔偿中，应扣除其所获得的利益部分。

3. 违约责任的免除

（1）免责事由。违约责任的免除即免责，是指在合同履行过程中，因出现了法定的免责条件和合同约定的免责事由而导致合同不能履行，将被免除履行义务，并全部或部分免除责任。这些法定的免责条件和合同约定的免责事由统称为免责事由。法定的事由通常就是指不可抗力。而当事人约定的免责事由，则包括了免责条款和当事人约定的不可抗力条款。

（2）不可抗力。《合同法》规定，不可抗力是指不能预见、不能避免并不能克服的客观情况。

《合同法》第一百一十七条规定，因不可抗力不能履行合同的，根据不可抗力的影响，部分或者全部免除责任，但法律另有规定的除外；当事人迟延履行后发生不可抗力的，不能免除责任。

《合同法》第一百一十八条规定，当事人一方因不可抗力不能履行合同的，应当及时通知对方，以减轻可能给对方造成的损失，并应当在合理期限内提供证明。

（3）不可抗力条款。合同中关于不可抗力的约定称为不可抗力条款，其作用是补充法律对不可抗力的免责事由所规定的不足，便于当事人在发生不可抗力时及时处理合同。一般来说，不可抗力条款应包括下述内容：①不可抗力的范围；②不可抗力发生后，当事人一方通知另一方的期限；③出具不可抗力证明的机构及证明的内容；④不可抗力发生后对合同的处置。

9.1.2 建设工程违约责任的承担

《合同法》《施工合同司法解释》等法律文件中，明确规定了建设工程违约责任的具体承担方式。

1.《合同法》关于违约的相关规定

勘察、设计的质量不符合要求或者未按照期限提交勘察、设计文件拖延工期，造成发包人损失的，勘察人、设计人应当继续完善勘察、设计，减收或者免收勘察、设计费并赔偿损失。（第二百八十条）

因施工人的原因致使建设工程质量不符合约定的，发包人有权要求施工人在合理期限内无偿修理或者返工、改建。经过修理或者返工、改建后，造成逾期交付的，施工人应当承担违约责任。（第二百八十一条）

因承包人的原因致使建设工程在合理使用期限内造成人身和财产损害的，承包人应当承担损害赔偿责任。（第二百八十二条）

发包人未按照约定的时间和要求提供原材料、设备、场地、资金、技术资料的，承包人可以顺延工程日期，并有权要求赔偿停工、窝工等损失。（第二百八十三条）

因发包人的原因致使工程中途停建、缓建的，发包人应当采取措施弥补或者减少损失，赔偿承包人因此造成的停工、窝工、倒运、机械设备调迁、材料和构件积压等损失和实际费用。（第二百八十四条）

因发包人变更计划，提供的资料不准确，或者未按照期限提供必需的勘察、设计工作条件而造成勘察、设计的返工、停工或者修改设计，发包人应当按照勘察人、设计人实际消耗的工作量增付费用。（第二百八十五条）

发包人未按照约定支付价款的，承包人可以催告发包人在合理期限内支付价款。发包人逾期不支付的，除按照建设工程的性质不宜折价、拍卖的以外，承包人可以与发包人协议将该工程折价，也可以申请人民法院将该工程依法拍卖。建设工程的价款就该工程折价或者拍卖的价款优先受偿。（第二百八十六条）

2.《施工合同司法解释》关于违约与争议解决的相关规定

建设工程施工合同无效，但建设工程经竣工验收合格，承包人请求参照合同约定支付工程价款的，应予支持。（第二条）

建设工程施工合同无效，且建设工程经竣工验收不合格的，按照以下情形分别处理：①修复后的建设工程经竣工验收合格，发包人请求承包人承担修复费用的，应予支持；②修复后的建设工程经竣工验收不合格，承包人请求支付工程价款的，不予支持。因建设工程不合格造成的损失，发包人有过错的，也应承担相应的民事责任。（第三条）

当事人对垫资和垫资利息有约定，承包人请求按照约定返还垫资及其利息的，应予支持，但是约定的利息计算标准高于中国人民银行发布的同期同类贷款利率的部分除外。当事人对垫资没有约定的，按照工程欠款处理。当事人对垫资利息没有约定，承包人请求支付利息的，不予支持。（第六条）

建设工程施工合同解除后，已经完成的建设工程质量合格的，发包人应当按照约定支付相应的工程价款；已经完成的建设工程质量不合格的，参照本解释第三条规定处理。因一方

违约导致合同解除的，违约方应当赔偿因此而给对方造成的损失。（第十条）

因承包人的过错造成建设工程质量不符合约定，承包人拒绝修理、返工或者改建，发包人请求减少支付工程价款的，应予支持。（第十一条）

发包人具有下列情形之一，造成建设工程质量缺陷，应当承担过错责任：①提供的设计有缺陷；②提供或者指定购买的建筑材料、建筑构配件、设备不符合强制性标准；③直接指定分包人分包专业工程。承包人有过错的，也应当承担相应的过错责任。（第十二条）

建设工程未经竣工验收，发包人擅自使用后，又以使用部分质量不符合约定为由主张权利的，不予支持；但是承包人应当在建设工程的合理使用寿命内对地基基础工程和主体结构质量承担民事责任。（第十三条）

当事人对建设工程实际竣工日期有争议的，按照以下情形分别处理：①建设工程经竣工验收合格的，以竣工验收合格之日为竣工日期；②承包人已经提交竣工验收报告，发包人拖延验收的，以承包人提交验收报告之日为竣工日期；③建设工程未经竣工验收，发包人擅自使用的，以转移占有建设工程之日为竣工日期。（第十四条）

建设工程竣工前，当事人对工程质量发生争议，工程质量经鉴定合格的，鉴定期间为顺延工期期间。（第十五条）

当事人对建设工程的计价标准或者计价方法有约定的，按照约定结算工程价款。因设计变更导致建设工程的工程量或者质量标准发生变化，当事人对该部分工程价款不能协商一致的，可以参照签订建设工程施工合同时当地建设行政主管部门发布的计价方法或者计价标准结算工程价款。建设工程施工合同有效，但建设工程经竣工验收不合格的，工程价款结算参照本解释第三条规定处理。（第十六条）

当事人对欠付工程价款利息计付标准有约定的，按照约定处理；没有约定的，按照中国人民银行发布的同期同类贷款利率计息。（第十七条）

利息从应付工程价款之日计付。当事人对付款时间没有约定或者约定不明的，下列时间视为应付款时间：①建设工程已实际交付的，为交付之日；②建设工程没有交付的，为提交竣工结算文件之日；③建设工程未交付，工程价款也未结算的，为当事人起诉之日。（第十八条）

当事人对工程量有争议的，按照施工过程中形成的签证等书面文件确认。承包人能够证明发包人同意其施工，但未能提供签证文件证明工程量发生的，可以按照当事人提供的其他证据确认实际发生的工程量。（第十九条）

当事人约定，发包人收到竣工结算文件后，在约定期限内不予答复，视为认可竣工结算文件的，按照约定处理。承包人请求按照竣工结算文件结算工程价款的，应予支持。（第二十条）

当事人就同一建设工程另行订立的建设工程施工合同与经过备案的中标合同实质性内容不一致的，应当以备案的中标合同作为结算工程价款的根据。（第二十一条）

当事人约定按照固定价结算工程价款，一方当事人请求对建设工程造价进行鉴定的，不予支持。（第二十二条）

当事人对部分案件事实有争议的，仅对有争议的事实进行鉴定，但争议事实范围不能确定，或者双方当事人请求对全部事实鉴定的除外。（第二十三条）

因建设工程质量发生争议的，发包人可以以总承包人、分包人和实际施工人为共同被告

提起诉讼。（第二十五条）

实际施工人以转包人、违法分包人为被告起诉的，人民法院应当依法受理。实际施工人以发包人为被告主张权利的，人民法院可以追加转包人或者违法分包人为本案当事人。发包人只在欠付工程价款范围内对实际施工人承担责任。（第二十六条）

因保修人未及时履行保修义务，导致建筑物毁损或者造成人身、财产损害的，保修人应当承担赔偿责任。保修人与建筑物所有人或者发包人对建筑物毁损均有过错的，各自承担相应的责任。（第二十七条）

9.2 合同争议的成因及防范

合同争议，又称合同纠纷，是指因合同的生效、解释、履行、变更、终止等行为而引起的合同当事人的所有纠纷。从本质上说，产生合同争议的根源就在于合同背后的利益因素的不确定性。合同当事人应采取有效的措施，减少这种不确定性，避免或减少合同纠纷。

9.2.1 合同争议的类型与成因

无论是大型建设项目，还是中小型建设项目，在建设工程施工合同的订立和履行过程中，发承包双方发生争议的情况是很常见的，原因是多方面的，也是十分复杂的。

1. 施工合同争议的常见类型

根据内容，施工合同争议可以归纳为以下几个基本类型：

（1）施工合同的缔约过失责任纠纷。缔约过失责任纠纷发生在订立合同过程中，相关合同一般不成立、无效、被撤销或不被追认，纠纷的产生和处理也与合同内容约定无关。

（2）施工合同主体纠纷。施工合同主体主要是发包人和承包人，有时也涉及联建单位、建筑物产权人、工程价款受让人等。由于存在着总包、分包、转包、违法分包、内部承包、挂靠等情形，实务中常因此发生争议。

（3）施工合同效力纠纷。合同效力是指法律对各方当事人合意的评价。当事人订立的合同可能是有效、无效、可撤销和效力待定等状态，当事人对合同效力的认识出现分歧时，可能会诉至法院请求法院依法确认。

（4）施工合同价款纠纷。这是指工程预付款、进度款（含工程计量）、竣工结算、质量保证金、最终结清证书等的审核与支付方面的争议。

（5）施工合同质量纠纷。

（6）施工合同工期纠纷。

（7）施工合同变更、转让、中止与解除纠纷。

2. 施工合同纠纷的成因

任何合同都是特定交易主体经过博弈，在特定的时间、空间、背景下，以特定的交易条件就特定标的所达成的利益平衡。当事人合同利益因素很容易受各种特定因素的变化影响，出现不确定性，从而产生施工合同纠纷。

从合同形成环境和主客观因素看，施工合同纠纷主要是目前建筑市场不规范、建设法律法规不完善等外部环境，市场主体行为不规范、合同意识、法律意识和诚信履约意识薄弱等主体问题，施工项目的特殊性、复杂性、长期性和不确定性等项目特点以及施工合同本身复杂性和易出错误等众多原因导致的。

从合同管理对象看，施工合同纠纷主要由三个方面因素引起：①合同条件存在质量缺陷；②当事人行为不符合合同约定，即违约；③非违约因素，如缔约过失、情势变更、异常恶劣的气候条件、不可抗力等。

9.2.2　合同争议的防范

当事人为了防止合同争议实际发生，避免资源的无谓浪费，需要采取各种措施和正确应用合同解释这一有力武器。

1. 合同争议的防范措施

为了尽可能减少合同纠纷及违约事件发生，总体上，各方当事人需要提高和强化合同意识、法律意识、诚信履约意识和合同管理意识，建立、完善和落实合同管理体系、制度、机构及相关人员，正确使用合同标准（示范）文本，提高风险管理能力和水平。

在具体项目上，各方当事人都应从以下两方面入手去解决问题：①签订合同要严肃认真；②履约要尽职尽责。同时在履约过程中，合同各方当事人应及时交换意见，或按合同条款规定，及时将争议交与监理工程师，由三方协商解决，尽可能将合同执行中的问题分别及时地加以适当处理，不要将问题累积下来算总账。

2. 合同解释规则有助于解决理解上的分歧

词语的多义性、词句表述不清楚常是导致合同争议、引发纠纷的重要原因之一。合同解释制度的出现正是出于解决当事人对条款理解分歧的需要。

（1）合同解释的含义。合同解释是指根据有关的事实，按照一定的原则和方法，对合同的内容所做的说明。它有广义、狭义之分。广义的合同解释是指所有的合同关系人基于不同的目的对合同所做的解释。狭义的合同解释，是指受理合同纠纷的法院和仲裁机构对合同及其相关资料的含义所做的有法律拘束力的分析和说明。

《合同法》第一百二十五条规定：当事人对合同条款的理解有争议的，应当按照合同所使用的词句、合同的有关条款、合同的目的、交易习惯以及诚实信用原则，确定该条款的真实意思；合同文本采用两种以上文字订立并约定具有同等效力的，对各文本使用的词句推定具有相同含义。各文本使用的词句不一致的，应当根据合同的目的予以解释。

（2）文义解释规则。文义解释是指依合同所用语言的字面含义进行解释。在适用该规则时应取词语通常含义解释，即除合同上下文、交易习惯等赋予其他含义外：词语是一般用语的，取其一般含义；词语是专业用语的，则取其专业意义。在确定词语的通常含义时，一般依词典含义确定词语的通常含义，如果词典含义有多项，如一项通常含义和一项特殊含义，则依文义解释规则取其通常含义，除非另有证据证明当事人取其特殊含义。

（3）整体解释规则。整体解释是指将词语或条款放置在整个合同文体中进行解释，不应被割裂、孤立而断章取义。整体解释要求合同的全部条款得互相解释，以确定每一条款在整个合同中的意义；特殊用语与一般用语矛盾的，应先按特殊用语解释；有印刷和书写两种条款时，应确认手写条款效力优于印刷条款；具体规定优先于原则规定；直接规定优先于间接规定；细节的规定优先于概要的规定。

（4）习惯解释规则。习惯解释是指当合同条款语句有疑义或疏漏，且当事人并未明示排斥习惯时，可依习惯进行解释。所谓习惯，是指当事人所知悉或实践的惯性表意方式。当事人对该习惯的存在负举证责任。该习惯也不得违反强行法规定、国家政策和公序良俗。

（5）目的解释规则。目的解释是指依照当事人所欲达到的经济的或社会的效果而对合同进行解释。合同目的有抽象目的和具体目的之分：抽象目的是当事人订立合同时有使合同有效的目的，如果合同条款相互矛盾有使合同有效和无效两种解释时，那么应从使合同有效的解释；具体目的是指合同本身所欲追求的具体的经济或社会效果。如果合同条款文字含义与当事人目的相背离时，应以合同目的解释之，不应拘泥于文字。司法实践中主要通过书面合同本身发现目的，如果不足以发现目的则参考各种交易证据等综合判断。

（6）公平解释规则。公平解释是指合同的解释应公平合理，兼顾双方当事人的利益公平解释要求：无偿合同的条款含义不清时，应做出有利于债务人的解释；对于有偿合同，应按双方公平的含义解释；如果合同用语有歧义，应做出不利于合同起草者的解释。

（7）诚信解释规则。它要求解释合同时应当诚实，讲究信用。该规则具有明显的补充合同的意义。诚信解释规则与其说是方法规则不如说是合同解释的原则。诚信解释原则要求法官注重合同解释的合理性、公平性，这种公平、合理的获得需要法官运用文义解释、整体解释、习惯解释等多种规则进行解释，并由诚信观念检验之。

9.3 | 合同争议的解决

对于合同争议的处理方式，《合同法》给出了明确的规定：当事人可以通过和解或者调解解决合同争议。当事人不愿和解、调解或者和解、调解不成的，可以根据仲裁协议向仲裁机构申请仲裁。涉外合同的当事人可以根据仲裁协议向中国仲裁机构或者其他仲裁机构申请仲裁。当事人没有订立仲裁协议或者仲裁协议无效的，可以向人民法院起诉。当事人应当履行发生法律效力的判决、仲裁裁决、调解书；拒不履行的，对方可以请求人民法院执行。

9.3.1 争议的处理方式与原则

合同争议解决需要遵循一定的原则，以确保解决争议的同时提高工作质量与效率。了解争议的处理方式，有利于掌握这些原则。

1. 建设领域常见的争议解决方式

我国建设领域解决争议的实践中，存在着多种争议解决方式，其内容集中体现在施工合同标准（示范）文本中。

《标准施工招标文件》的合同通用条款中提出的"争议的解决"方式是：发包人和承包人在履行合同中发生争议的，可以友好协商解决或者提请争议评审组评审；合同当事人友好协商解决不成、不愿提请争议评审或者不接受争议评审组意见的，可在专用合同条款中约定向约定的仲裁委员会申请仲裁，或者向有管辖权的人民法院提起诉讼。

《建设工程施工合同（示范文本）》（GF—2017—0201）"争议解决"条款中规定的争议解决方式为：和解、调解、争议评审、仲裁或诉讼。

2. 合同争议解决的原则

不论采用何种方式，只有及时并有效解决施工过程中的合同争议，才是工程建设顺利进行的必要保证。因此，合同争议解决应遵循以下几个原则：

（1）协商优先原则。和解与调解，其本质即为协商，以求最终达成一致。在提请争议评审、仲裁或者诉讼前，以及在争议评审、仲裁或诉讼过程中，发包人和承包人均可共同努力友好协商解决争议。友好协商成本低、效率高，有利于促进和谐，提高争议解决效果，应优先采用。

（2）继续履行原则。合同争议解决前，基于诚实信用原则和合同减损原则，合同当事人不应中止对合同义务的履行，相反，合同当事人仍应尽力促成合同目的的实现。除非争议的一方继续履行合同将会给自己造成更大的损失的，该方当事人可以及时中止履行合同，或者争议一方符合行使同时履行抗辩权、先履行抗辩权及不安抗辩权情形的，该方当事人可以中止履行合同。

（3）及时解决纠纷原则。合同争议发生之后，当事人应积极地、及时地采取措施加以解决。如果当事人拖延解决争议，一方面可能造成证据灭失，进而导致案件事实难以查清；另一方面还会导致相关权利的丧失。

9.3.2　和解

和解是指当事人在自愿互谅的基础上，就已经发生的争议自行协商并达成协议，解决合同纠纷的活动。

1. 和解的特点

和解的方式和程序十分灵活、便捷，具有成本低、效率高的优势，适合双方当事人对合同纠纷的及时解决，有利于双方当事人团结和协作，也便于协议的执行。

和解是有局限性的。双方自行和解所达成的协议能否得到切实自觉的遵守，完全取决于争议当事人的诚意和信誉。如果在双方达成协议之后一方反悔，拒绝履行应尽的义务，协议就成为一纸空文；而且在实践中，当争议标的金额巨大或争议双方分歧严重时，要通过协商达成谅解是比较困难的。

2. 和解解决合同争议的程序

从实践看，用和解的方法解决建设工程合同纠纷所适用的程序与建设工程合同的订立、变更或解除所适用的程序大致相同，采用要约、承诺方式。自行协商过程，可以采用口头方式，也可以用书面方式，但最终达成的双方都愿意接受的和解协议应形成书面文件，作为对原合同的变更或补充。

在提请争议评审、仲裁或者诉讼前，以及在争议评审、仲裁或诉讼过程中，发包人和承包人也可共同努力友好协商解决争议。

3. 监理工程师暂定

监理工程师暂定，存在于实行监理的工程项目，是指监理工程师在合同授权范围内，利用自身便利条件和专业知识，为施工合同争议事项提供解决方案，供发承包双方确认、选择。监理工程师暂定事项由发承包双方接受的，就形成了一种由监理人提供专业帮助的特殊和解。

处理合同争议是项目监理机构协调工作的重要内容。现行的施工合同标准（示范）文本中，一般会授权总监理工程师"对任何事项进行商定或确定"。这是监理人介入解决合同争议的基础。

发包人和承包人之间发生可经监理工程师"商定或确定"的争议事项，首先应根据合同的规定，提交总监理工程师解决，并应抄送另一方。监理机构在了解了合同争议情况后，应及时与合同当事人协商，尽量达成一致。不能达成一致的，总监理工程师认真研究后，应遵守客观、公正的原则，审慎确定处理方案（应附详细依据），并通知合同当事人。

发承包双方对总监理工程师的确定结果认可的，应以书面形式予以确认，暂定结果成为最终决定。对总监理工程师的确定有异议的，构成争议，按照争议条款处理。争议解决前，合同当事人暂按总监理工程师的确定执行；争议解决后，争议解决的结果与总监理工程师的确定不一致的，按照争议解决的结果执行，由此造成的损失由责任人承担。

9.3.3 调解

调解是指在第三人的参加和主持下，对争议双方当事人进行说服、疏导工作，促使双方当事人互相谅解并达成调解协议，解决合同纠纷的活动。

1. 调解的特点

通过调解的方式解决合同争议与和解方式一样，也具有方法灵活、程序简便、节省时间和费用、不伤争议双方的感情等特点，因而既可以及时、友好地解决争议，又可以保护当事人的合法权益。同时，由于调解是在第三人主持下进行的，这就决定了它所独有的特点：

（1）有第三人介入，看问题可能客观、全面一些，有利于争议的公正解决。

（2）有第三人参加，可以缓解双方当事人的对立情绪，便于当事人双方较为冷静、理智地考虑问题。

（3）有利于当事人抓住时机，便于寻找适当的突破口，公正合理地解决争议。

调解也是有局限性的。调解以双方自愿为前提，任何一方不愿意接受调解的，则调解目的不能实现。

2. 调解的种类

一般而言，调解主要有下列几种：

（1）行政调解。这是指合同发生争议后，根据双方当事人的申请，在有关行政主管部门的主持和协调下，双方自愿达成协议，解决合同争议。

（2）法院（司法）调解或仲裁调解。这是指在合同争议的诉讼或仲裁过程中，在法院审判人员或仲裁庭的主持和协调下，双方当事人进行平等协商，自愿达成协议，并经法院或仲裁庭认可从而终结诉讼或仲裁程序的活动。调解成功，法院或仲裁庭需要制作调解书，这种调解书一旦由当事人签收就与法院的判决书或仲裁裁决书具有同等的法律效力。

（3）人民（民间）调解。这是指合同发生争议后，当事人共同协商，请有威望、受信赖的第三人，包括人民调解委员会、行业协会、专业调解机构、企事业单位或其他经济组织，以及律师、专业人士等个人作为中间调解人，双方合理合法地达成解决争议的协议。

3. 调解的程序

调解合同纠纷，方法是多样的，但调解过程都应有步骤地进行，通常可以按以下程序进行：

（1）纠纷当事人向调解人提出调解意向。

（2）调解人做调解准备。

（3）调解人疏导和说服当事人。

（4）当事人达成协议。

调解达成协议的，经双方签字并盖章后作为合同补充文件，双方均应遵照执行。

9.3.4　争议评审

争议评审是指通过合同当事人的自愿选择，由合同约定一个完全独立于合同双方的专家组对提交的争议进行评审和调解，做出公正的评审决定，并约定在合同当事人不提出异议的前提下，争议评审决定产生约束力的纠纷解决机制。

1. 争议评审的特点

在国际工程合同争议解决中存在争端裁决委员会（DAB）和纠纷审议委员会（DRB）两种主要方式。虽然这两个名字的叫法不同，但其目的和作用是相差不大的，二者最大的不同在于其决定的约束力，DAB 的裁决决定具有准仲裁性质，经过异议期未被双方反对，就具有最终的约束力，双方必须遵守；DRB 仅做出通常不具约束力的争议解决建议，该建议仅为一个推荐意见。我国施工合同标准（示范）文本借鉴国际国内工程管理经验，引入了争议评审组评审的方式。

争议评审（裁决）方式具有以下优点：

（1）具有施工和管理经验的技术专家参与，处理方案符合实际，有利执行。

（2）评审组成员是合同当事人自己选择的，其评审意见容易为他们所接受。

（3）比仲裁或诉讼节省时间，解决争议便捷。

（4）解决成本比仲裁或诉讼要低。

（5）评审（裁决）决定并不妨碍再进行仲裁或诉讼。

由于具有上述诸多优势，争议评审制度更适合那些时间跨度大、情况复杂、产生各种纠纷的可能性更大的建设工程。

2. 争议评审组的产生方式

争议评审组有常任和特聘两种类型，可根据项目的具体情况选择其中一种，也可两者都有。

常任争议评审组，由在施工前任命、此后通常在施工过程中定期视察现场的 1~3 名成员组成。在视察期间，如果当事人和评审组都同意，评审组也可以协助他们避免发生争议。这种类型比较适合工程施工合同的争议评审。

特聘争议评审组，由只在发生争议时任命的 1~3 名成员组成，他们的任期通常在评审组对该争议发出其评审决定时期满。采用特聘争议评审组的目的是降低解决争议的费用。这种类型更适用于生产设备和 DB 合同或 EPC 交钥匙合同的争议评审。

3. 解决争议的程序

《标准施工招标文件》的通用合同条款中约定的争议评审的规则如下。

（1）争议评审组的成立。采用争议评审的，发包人和承包人应在开工日后的 28 天内或在争议发生后协商成立争议评审组。争议评审组由有合同管理和工程实践经验的专家组成。

（2）争议评审的程序。首先由申请人向争议评审组提交评审申请报告（附必要的文件、图纸和证明材料），并将副本提交被申请人及监理人；由被申请人在收到副本后 28 天内提交答辩报告并附证明材料；无特别约定，则争议评审组在收到合同双方报告后的 14 天内，邀请双方代表和有关人员举行调查会，调查争议细节；在调查会结束后的 14 天内，争议评审组应在不受任何干扰的情况下进行独立、公正的评审，做出书面评审意见，并说明理由。

（3）争议评审的结果。发包人和承包人接受评审意见的，由监理人根据评审意见拟定执行协议,经争议双方签字后作为合同的补充文件,并遵照执行;发包人或承包人不接受评审意见,并要求提交仲裁或提起诉讼的,应在收到评审意见后的 14 天内将仲裁或起诉意向书面通知另一方,并抄送监理人,但在仲裁或诉讼结束前应暂按总监理工程师的确定执行。

9.3.5 仲裁

仲裁又称为公断,是指当事人依据在争议发生前或发生后达成的仲裁协议,自愿将其争议提交至选定的仲裁机构进行裁决,从而解决合同争议的方法。

1. 仲裁的特点

根据《仲裁法》的规定,裁决当事人合同纠纷时,实行"或裁或审制":当事人没有仲裁协议,一方申请仲裁的,仲裁委员会不予受理;当事人达成仲裁协议,一方向人民法院起诉的,人民法院不予受理,但仲裁协议无效的除外。仲裁协议对仲裁事项或者仲裁委员会没有约定或者约定不明确的,当事人可以补充协议;达不成补充协议的,仲裁协议无效。

仲裁协议是指双方当事人自愿将争议提交仲裁机构解决的书面协议,包括:合同中的仲裁条款、专门仲裁协议以及其他形式的仲裁协议。仲裁协议应当具有下列内容:①请求仲裁的意思表示;②仲裁事项;③选定的仲裁委员会。

2. 仲裁的基本原则

(1) 意思自治原则。意思自治原则又称为自愿原则,即当事人是否将他们之间发生的纠纷提交仲裁,以及当事人将他们之间的纠纷提交哪一个仲裁委员会仲裁,由其自愿协商决定。仲裁不实行级别管辖和地域管辖。

(2) 独立公正原则。仲裁依法独立进行,不受行政机关、社会团体和个人的干涉。

(3) 一裁终局原则。仲裁裁决是终局的,裁决做出后,当事人就同一纠纷再次申请仲裁或向人民法院起诉的,仲裁委员会或者人民法院不予受理。

(4) 先行调解的原则。就是仲裁机构先于裁决之前,根据争议的情况或双方当事人自愿而进行说服教育和劝导工作,以便双方当事人自愿达成调解协议,解决纠纷。

3. 仲裁的程序

仲裁的一般程序为:

(1) 合同当事人向仲裁机构提交仲裁的申请。仲裁申请书应当载明下列事项:①当事人的基本信息;②仲裁请求和所根据的事实、理由;③证据和证据来源、证人姓名和住所。

(2) 仲裁的受理。仲裁委员会收到仲裁申请书之日起 5 日内,认为符合受理条件的,应当受理,并通知当事人;认为不符合受理条件的,应当书面通知当事人不予受理,并说明理由。

(3) 仲裁委员会向申请人、被申请人提供仲裁规则和仲裁员名册。

(4) 被申请人向仲裁委员会交答辩书,仲裁委员会将答辩书副本送达申请人。未提交答辩书的,不影响仲裁程序的进行。

(5) 组成仲裁庭。仲裁庭不是一种常设机构,采用一案一组庭。仲裁庭可以由 3 名仲裁员(合议制仲裁庭)或 1 名仲裁员(独任制仲裁庭)组成。由 3 名仲裁员组成的,设首席仲裁员。当事人约定由 3 名仲裁员组成仲裁庭的,应当各自选定或者各自委托仲裁委员会主任指定 1 名仲裁员,第 3 名仲裁员由当事人共同选定或者共同委托仲裁委员会主任指定。第 3 名仲裁员是首席仲裁员。当事人约定由 1 名仲裁员成立仲裁庭的,应当由当事人共同选定或者共同委托仲裁委员会主任指定仲裁员。

（6）开庭。仲裁应当依法定程序，对争议进行有步骤有计划的开庭审理。仲裁一般不公开进行。仲裁过程中，当事人应当对自己的主张提供证据。仲裁庭认为有必要收集的证据，可以自行收集。仲裁庭对专门性问题认为需要鉴定的，可以交由当事人约定的鉴定部门鉴定，也可以由仲裁庭指定的鉴定部门鉴定。证据应当在开庭时出示，当事人可以质证。当事人在仲裁过程中有权进行辩论。当事人申请仲裁后，可以自行和解。仲裁庭在做出裁决前，可以先行调解。仲裁机构在查明事实、分清责任的基础上，应着重进行调解，引导和促使当事人达成调解协议。

（7）裁决。裁决是指仲裁机构经过对当事人之间争议的审理，根据争议事实和法律，对当事人双方争议做出的具有法律约束力的判断。当事人协议不开庭的，仲裁庭可以根据仲裁申请书、答辩书以及其他材料做出裁决。裁决应当按照多数仲裁员的意见做出，少数仲裁员的不同意见可以记入笔录。仲裁庭不能形成多数意见时，裁决应当按照首席仲裁员的意见做出。

（8）执行。裁决书自做出之日起发生法律效力，当事人应主动履行。一方当事人不自动履行时，另一方当事人可以向有管辖权的人民法院申请执行。

（9）法院监督。当事人提出证据证明裁决有下列情形之一的，可以向仲裁委员会所在地的中级人民法院申请撤销裁决：①没有仲裁协议的；②裁决的事项不属于仲裁协议的范围或者仲裁委员会无权仲裁的；③仲裁庭的组成或者仲裁的程序违反法定程序的；④裁决所根据的证据是伪造的；⑤对方当事人隐瞒了足以影响公正裁决的证据的；⑥仲裁员在仲裁该案时有索贿受贿、徇私舞弊、枉法裁决行为的。人民法院经组成合议庭审查核实裁决有前款规定情形之一的，应当裁定撤销。人民法院认定该裁决违背社会公共利益的，应当裁定撤销。当事人申请撤销国内仲裁裁决的案件属于下列情形之一的，人民法院可以依法通知仲裁庭在一定期限内重新仲裁：①仲裁裁决所根据的证据是伪造的；②对方当事人隐瞒了足以影响公正裁决的证据的。

9.3.6　诉讼

诉讼是一方当事人将纠纷诉诸国家审判机关，由人民法院对合同纠纷案件行使审判权，按照《民事诉讼法》规定的程序进行审理，查清事实，分清是非，明确责任，认定双方当事人的权利义务关系，从而解决争议双方的合同纠纷。

1. 诉讼的特点

民事诉讼可分为三种，即确认、给付和变更之诉，这三种诉讼中给付之诉是民事诉讼的核心。

诉讼方式解决合同纠纷的特点如下：

（1）强制性。一方面，在双方当事人之间没有仲裁协议的情况下，一方当事人向法院起诉，无须征得他方的同意，如另一方当事人拒不出庭，法院可发出传票强令其出庭；另一方面，法院做出生效的判决具有强制拘束力，败诉方必须无条件予以执行。

（2）诉讼应当向有管辖权的人民法院起诉。当事人向法院提起诉讼，适用《民事诉讼法》规定的诉讼程序，应当遵循级别管辖、地域管辖和专属管辖的原则。在不违反级别管辖和专属管辖规定的前提下，可以依法选择管辖法院。

（3）法院审理合同争议案件，实行两审终审。法院审理合同纠纷案件时，可以进行调解，调解不成才进行判决。当事人对判决不服可在法定期限内向上一级人民法院上诉。当事人对已经发生法律效力的判决、裁定，认为有错误的，可以向上一级人民法院申请再审。上诉后做出的判决为终审判决，立即生效交付执行。

2. 诉讼的参加人

诉讼的参加人包括当事人、第三人和诉讼代理人。

（1）当事人。当事人是指因民事上的权利义务关系发生纠纷，以自己的名义进行诉讼，并受人民法院裁判约束，与案件审理结果有直接利害关系的人。在第一审程序中，提起诉讼的一方称为原告，被诉的一方为被告。当事人享有委托代理人、申请回避、收集提供证据、进行辩论、请求调解、提起上诉、申请执行的权利，同时，也必须承担相应的义务，包括依法行使诉讼权利，遵守诉讼秩序，履行发生法律效力的判决书、裁定书和调解书。

法人由其法定代表人进行诉讼。其他组织由其主要负责人进行诉讼。

（2）第三人。第三人是指对他人之间的诉讼标的具有独立的请求权，或者虽无独立的请求权，而案件的处理结果与其有法律上的利害关系，从而参加到诉讼中来的人。有独立请求权的第三人，有权向人民法院提出诉讼请求和事实、理由，成为当事人；无独立请求权的第三人，对他人之间的诉讼标的，没有独立的实体权利，可以申请参加诉讼，或者由人民法院通知他参加诉讼。

（3）诉讼代理人。诉讼代理人是指根据法律规定或者当事人的委托，代理当事人进行诉讼的人。在合同争议诉讼中，诉讼代理人的代理权多是由委托授权而产生的。诉讼代理人代为承认、放弃、变更诉讼请求，进行和解，提起反诉或者上诉，必须有委托人的特别授权。委托代理人在代理的权限范围内，代为诉讼行为和接受诉讼行为，视为当事人的诉讼行为，在法律上对当事人发生效力，因此，当事人有代理人的，一般可以不出庭。

3. 第一审普通程序和简易程序

普通程序是指人民法院审理民事案件时适用的基础程序，又称为第一审普通程序，它具有程序的完整性和广泛的适用性两个特点。

（1）起诉和受理。起诉必须符合下列条件：①原告是与本案有直接利害关系的公民、法人和其他组织；②有明确的被告；③有具体的诉讼请求和事实、理由；④属于人民法院受理民事诉讼的范围和受诉人民法院管辖。

起诉应当向人民法院递交起诉状，并按照被告人数提出副本。起诉状应当记明下列事项：①当事人的基本信息；②诉讼请求和所根据的事实与理由；③证据和证据来源，证人姓名和住所。

当事人对自己提出的主张，有责任提供证据。证据有下列几种：①当事人的陈述；②书证；③物证；④视听资料；⑤电子数据；⑥证人证言；⑦鉴定意见；⑧勘验笔录。

受理是人民法院对原告的起诉进行审查，确定是否立案的活动。人民法院经审查认为符合受理条件的，应在 7 日内立案，并通知当事人；不符合起诉条件的，应当在 7 日内做出裁定书，不予受理；原告对裁定不服的，可以提起上诉。

（2）审理前的准备。人民法院应当在立案之日起 5 日内将起诉状副本发送被告，被告在收到之日起 15 日内提出答辩状。人民法院应当在收到答辩状之日起 5 日内将答辩状副本发送原告。被告不提出答辩状的，不影响人民法院审理。

在案件受理后，应及时确定法庭组成人员。人民法院审理第一审民事案件，由审判员、陪审员共同组成合议庭或者由审判员组成合议庭。合议庭的成员人数必须是单数。适用简易程序审理的民事案件，由审判员 1 人独任审理。合议庭的审判长由院长或者庭长指定审判员 1 人担任；院长或者庭长参加审判的，由院长或者庭长担任。

合议庭组成人员确定后，应当在 3 日内告知当事人。

（3）开庭审理。开庭审理是指人民法院受理民事案件后，按照法定程序，对民事案件进行法庭审理和裁判的诉讼活动。人民法院审理民事案件，以公开审理为原则。

人民法院审理民事案件，应当在开庭 3 日前通知当事人和其他诉讼参与人。公开审理的，应当公告当事人姓名、案由和开庭的时间、地点。

开庭审理大致有以下几个步骤：

1）审判长宣布开庭。

2）审判长核对当事人，宣布案由，宣布审判人员、书记员名单，告知当事人有关的诉讼权利义务，询问当事人是否提出回避申请。

3）法庭调查。

法庭调查按照下列顺序进行：①当事人陈述；②告知证人的权利义务，证人做证，宣读未到庭的证人证言；③出示书证、物证、视听资料和电子数据；④宣读鉴定意见；⑤宣读勘验笔录。

证据出示后由当事人互相质证。对涉及国家秘密、商业秘密和个人隐私的证据应当保密，需要在法庭出示的，不得在公开开庭时出示。

当事人在法庭上可以提出新的证据。

当事人经法庭许可，可以向证人、鉴定人、勘验人发问。

当事人要求重新进行调查、鉴定或者勘验的，是否准许，由人民法院决定。

4）法庭辩论。在法庭调查结束后，在审判人员的主持下，当事人双方对如何认定事实和适用法律相互进行言词辩论。

法庭辩论顺序为：①原告及其诉讼代理人发言；②被告及其诉讼代理人答辩；③第三人及其诉讼代理人发言或者答辩；④互相辩论。

法庭辩论终结，由审判长按照原告、被告、第三人的先后顺序征询各方最后意见。

法庭笔录由当事人和其他诉讼参与人签名或者盖章。

5）评议和宣判。

合议庭评议案件，实行少数服从多数的原则。评议应当制作笔录，由合议庭成员签名。评议中的不同意见，必须如实记入笔录。

法庭辩论终结，应当依法做出判决。判决前能够调解的，还可以进行调解，调解不成的，应当及时判决。

人民法院对公开审理或者不公开审理的案件，一律公开宣告判决。

当庭宣判的，应当在 10 日内发送判决书；定期宣判的，宣判后立即发给判决书。

人民法院适用普通程序审理的案件，应当在立案之日起 6 个月内审结。有特殊情况需要延长的，由本院院长批准，可以延长 6 个月；还需要延长的，报请上级人民法院批准。

6）审判长宣布休（闭）庭。

（4）简易程序。简易程序是指基层人民法院和它派出的法庭审理简单民事案件所适用的一种简便易行的诉讼程序，它只适用于事实清楚、权利义务关系明确、争议不大的简单民事案件。人民法院适用简易程序审理案件，应当在立案之日起 3 个月内审结。

4. 第二审程序

第二审程序是指当事人不服第一审人民法院做出的未生效的裁判，依法向上一级人民法院提起上诉，上一级人民法院根据事实和法律，对案件进行审判的程序。

当事人不服地方人民法院第一审判决的，有权在判决书送达之日起 15 日内向上一级人民法院提起上诉。当事人不服地方人民法院第一审裁定的，有权在裁定书送达之日起 10 日内向上一级人民法院提起上诉。

上诉应当递交上诉状。上诉状的内容应当包括：当事人的姓名、法人的名称及其法定代表人的姓名或者其他组织的名称及其主要负责人的姓名；原审人民法院名称、案件的编号和案由；上诉的请求和理由。

上诉状应当通过原审人民法院提出，并按照对方当事人或者代表人的人数提出副本。

第二审人民法院应当对上诉请求的有关事实和适用法律进行审查。

第二审人民法院对上诉案件，应当组成合议庭，开庭审理。经过阅卷、调查和询问当事人，对没有提出新的事实、证据或者理由，合议庭认为不需要开庭审理的，可以不开庭审理。

第二审人民法院对上诉案件，经过审理，按照下列情形，分别处理：①原判决、裁定认定事实清楚，适用法律正确的，以判决、裁定方式驳回上诉，维持原判决、裁定；②原判决、裁定认定事实错误或者适用法律错误的，以判决、裁定方式依法改判、撤销或者变更；③原判决认定基本事实不清的，裁定撤销原判决，发回原审人民法院重审，或者查清事实后改判；④原判决遗漏当事人或者违法缺席判决等严重违反法定程序的，裁定撤销原判决，发回原审人民法院重审。原审人民法院对发回重审的案件做出判决后，当事人提起上诉的，第二审人民法院不得再次发回重审。

第二审人民法院对不服第一审人民法院裁定的上诉案件的处理，一律使用裁定。

第二审人民法院审理上诉案件，可以进行调解。调解达成协议，应当制作调解书，由审判人员、书记员署名，加盖人民法院印章。调解书送达后，原审人民法院的判决即视为撤销。

第二审人民法院的判决、裁定，是终审的判决、裁定。

人民法院审理对判决的上诉案件，应当在第二审立案之日起 3 个月内审结。有特殊情况需要延长的，由本院院长批准。

人民法院审理对裁定的上诉案件，应当在第二审立案之日起 30 日内做出终审裁定。

5. 审判监督程序

审判监督程序是指对已经发生法律效力的裁决，人民法院认为确有错误，或当事人基于法定的事实和理由认为有错误，或人民检察院发现存在应当再审的法定事实和理由，而由人民法院依法再次进行审理的程序。

当事人对已经发生法律效力的判决、裁定，认为有错误的，可以向上一级人民法院申请再审；当事人一方人数众多或者当事人双方为公民的案件，也可以向原审人民法院申请再审。当事人申请再审的，不停止判决、裁定的执行。当事人的申请符合法定情形之一的，人民法院应当再审。

当事人对已经发生法律效力的调解书，提出证据证明调解违反自愿原则或者调解协议的内容违反法律的，可以申请再审。经人民法院审查属实的，应当再审。

当事人申请再审的，应当提交再审申请书等材料。人民法院应当自收到再审申请书之日起 5 日内将再审申请书副本发送对方当事人。对方当事人应当自收到再审申请书副本之日起 15 日内提交书面意见；不提交书面意见的，不影响人民法院审查。人民法院可以要求申请人和对方当事人补充有关材料，询问有关事项。

人民法院应当自收到再审申请书之日起 3 个月内审查，符合规定情形的，裁定再审；不符合规定的，裁定驳回申请。

当事人申请再审，应当在判决、裁定发生法律效力后 6 个月内提出；存在法定的特殊情形的，自知道或者应当知道之日起 6 个月内提出。

人民法院按照审判监督程序再审的案件，发生法律效力的判决、裁定是由第一审法院做出的，按照第一审程序审理，所做的判决、裁定，当事人可以上诉；发生法律效力的判决、裁定是由第二审法院做出的，按照第二审程序审理，所做的判决、裁定，是发生法律效力的判决、裁定；上级人民法院按照审判监督程序提审的，按照第二审程序审理，所做的判决、裁定是发生法律效力的判决、裁定。

有法定情形之一的，当事人可以向人民检察院申请检察建议或者抗诉。人民检察院对当事人的申请应当在 3 个月内进行审查，做出提出或者不予提出检察建议或者抗诉的决定。当事人不得再次向人民检察院申请检察建议或者抗诉。

人民检察院提出抗诉的案件，接受抗诉的人民法院应当自收到抗诉书之日起 30 日内做出再审的裁定；符合法律规定情形的，可以交下一级人民法院再审。

9.3.7 合同争议的诉讼时效

诉讼时效制度是指权利人不行使权利的状态超过法定期间，义务人对权利人的请求发生抗辩权的法律制度。诉讼时效制度为强行法制度，诉讼时效的期间、计算方法以及中止、中断的事由由法律规定，当事人约定无效。当事人对诉讼时效利益的预先放弃无效。

1. 诉讼时效的法律依据

我国诉讼时效制度主要体现在《民法通则》、《最高人民法院关于审理民事案件适用诉讼时效制度若干问题的规定》(法释〔2008〕11 号) 以及《民法总则》中。目前《民法总则》与《民法通则》是一种并行适用关系，二者规定不一致的，根据新法优于旧法的原则优先适用《民法总则》。

法律对仲裁时效有规定的，依照其规定；没有规定的，适用诉讼时效的规定。

2. 诉讼时效的种类与起算

我国规定了三种诉讼时效：①普通诉讼时效。这即向人民法院请求保护民事权利的诉讼时效期间为 3 年。②特别诉讼时效。这是指由《民法通则》或民事特别法所规定的、短于或长于普通诉讼时效期间的时效。有特别诉讼时效规定的，应适用特别诉讼时效。③最长诉讼时效。这是指对于各类民事权利予以保护的最长时效期间，从权利被侵害之日起超过 20 年的，人民法院不予保护；有特殊情况的，人民法院可以根据权利人的申请决定延长。

三种诉讼时效期间，普通诉讼时效和特别诉讼时效从自权利人知道或者应当知道权利受到损害以及义务人之日起计算，最长诉讼时效期间自权利受到损害之日起计算。前两种诉时效期间属于可变期间，适用中止、中断规则，最长诉讼时效期间为不变期间，不适用中止、中断规则。

当事人约定同一债务分期履行的，诉讼时效期间自最后一期履行期限届满之日起计算。

无民事行为能力人或者限制民事行为能力人对其法定代理人的请求权的诉讼时效期间，自该法定代理终止之日起计算。

3. 诉讼时效期间届满的法律后果

根据现行法律，诉讼时效期间届满的法律后果是：

（1）权利人仍可起诉，但其胜诉权消灭。《最高人民法院关于适用〈中华人民共和国民事诉讼法〉的解释》第二百一十九条规定，当事人超过诉讼时效期间起诉的，人民法院应予受理。受理后对方当事人提出诉讼时效抗辩，人民法院经审理认为抗辩事由成立的，判决驳回原告的诉讼请求。

（2）义务人的自愿履行。《民法总则》第一百九十二条第二款规定，诉讼时效期间届满后，义务人同意履行的，不得以诉讼时效期间届满为由抗辩；义务人已自愿履行的，不得请求返还。

（3）时效利益的抛弃。所谓时效利益的抛弃，是指义务人在时效期间届满以后，以明示或默示的方式抛弃其取得的时效利益。尽管时效利益不得预告抛弃，但一旦时效期间届满，义务人取得的时效利益属于其私人利益，应遵循私法自治原则，允许其抛弃。时效利益一旦抛弃即视为时效期间未届满，重新开始时效期间的计算。

4. 诉讼时效中止

诉讼时效中止是指在诉讼时效期间的最后 6 个月内，因发生权利人不能行使权利的障碍，诉讼时效期间的计算暂时停止，待中止时效的客观障碍消除后，诉讼时效期间再继续计算的制度。

诉讼时效中止的障碍包括：①不可抗力；②无民事行为能力人或者限制民事行为能力人没有法定代理人，或者法定代理人死亡、丧失民事行为能力、丧失代理权；③继承开始后未确定继承人或者遗产管理人；④权利人被义务人或者其他人控制；⑤其他导致权利人不能行使请求权的障碍。

自中止时效的原因消除之日起满 6 个月，诉讼时效期间届满。

5. 诉讼时效中断

诉讼时效中断是指在诉讼时效进行期间，因发生一定的法定事由，使已经经过的时效期间统归无效，从中断、有关程序终结时起，诉讼时效期间重新计算。诉讼时效中断的法定事由有：①权利人向义务人提出履行请求；②义务人同意履行义务；③权利人提起诉讼或者申请仲裁；④与提起诉讼或者申请仲裁具有同等效力的其他情形。

诉讼时效的中断要受到 20 年最长诉讼时效的限制。

6. 诉讼时效抗辩权的行使

诉讼时效期间届满的，义务人可以提出不履行义务的抗辩。

当事人在第一审期间未提出诉讼时效抗辩，在第二审期间提出的，人民法院不予支持，但当事人基于新的证据能够证明对方当事人的请求权已过诉讼时效期间的情形除外。

下列请求权不适用诉讼时效的规定：①请求停止侵害、排除妨碍、消除危险；②不动产物权和登记的动产物权的权利人请求返还财产；③请求支付抚养费、赡养费或者扶养费；

④依法不适用诉讼时效的其他请求权。

对下列债权请求权提出诉讼时效抗辩的，人民法院不予支持：①支付存款本金及利息请求权；②兑付国债、金融债券以及向不特定对象发行的企业债券本息请求权；③基于投资关系产生的缴付出资请求权；④其他依法不适用诉讼时效规定的债权请求权。

当事人未提出诉讼时效抗辩，人民法院不得主动适用诉讼时效的规定，包括不应对诉讼时效问题进行释明、暗示义务人提出时效抗辩及主动适用诉讼时效的规定进行裁判。

法律规定或者当事人约定的撤销权、解除权等权利的存续期间，除法律另有规定外，自权利人知道或者应当知道权利产生之日起计算，不适用有关诉讼时效中止、中断和延长的规定。存续期间届满，撤销权、解除权等权利消灭。

附 录

附录 A 现行有效的招标投标部门规章及部分规范性文件名录

1. 《国务院办公厅印发国务院有关部门实施招标投标活动行政监督的职责分工意见的通知》（2000 年 5 月 3 日，国务院办公厅，国办发〔2000〕34 号）

2. 《招标投标部际协调机制实施办法》（2009 年 1 月 12 日，国家发展和改革委员会，发改法规〔2009〕124 号）

3. 《关于在招标投标活动中对失信被执行人实施联合惩戒的通知》（2016 年 8 月 30 日，最高人民法院、国家发展和改革委员会、工业和信息化部、住房和城乡建设部、交通运输部、水利部、商务部、国家铁路局、中国民用航空局，法〔2016〕285 号）

4. 《关于对公共资源交易领域严重失信主体开展联合惩戒的备忘录》（2018 年 3 月 21 日，国家发展和改革委员会、人民银行、中央组织部、中央编办、中央文明办、科技部、工业和信息化部、财政部、国土资源部、住房和城乡建设部、交通运输部、水利部、商务部、卫生计生委、国资委、海关总署、税务总局、林业局、国管局、银监会、证监会、国家公务员局、国家铁路局、民航局，发改法规〔2018〕457 号）

5. 《公平竞争审查制度实施细则（暂行）》（2017 年 10 月 23 日，国家发展和改革委员会、财政部、商务部、工商总局、国务院法制办，发改价监〔2017〕1849 号）

6. 《电子招标投标办法》（2013 年 2 月 4 日，国家发展和改革委员会、工业和信息化部、监察部、住房和城乡建设部、交通运输部、铁道部、水利部、商务部令第 20 号）

7. 《必须招标的工程项目规定》（2018 年 3 月 8 日，国务院国函〔2018〕56 号批准，2018 年 3 月 27 日，国家发展和改革委员会令第 16 号公布）

8. 《必须招标的基础设施和公用事业项目范围规定》（2018 年 6 月 6 日，国家发展和改革委员会，发改法规规〔2018〕843 号）

9. 《招标公告和公示信息发布管理办法》（2017 年 11 月 23 日，国家发展改革委令 10 号）

10. 《关于废止和修改部分招标投标规章和规范性文件的决定》（2013 年 3 月 11 日，国家发展和改革委员会、工业和信息化部、财政部、住房和城乡建设部、交通运输部、铁道部、水利部、国家广播电影电视总局、民用航空局令第 23 号）

11. 《工程建设项目申报材料增加招标内容和核准招标事项暂行规定》（2001 年 6 月 18 日，国家发展计划委员会第 9 号令公布，根据 2013 年 3 月 11 日，国家发展和改革委员会等九部委令第 23 号修正）

12. 《工程建设项目自行招标试行办法》（2000 年 7 月 1 日，国家发展计划委员会令第 5 号公布，根据 2013 年 3 月 11 日，国家发展和改革委员会等九部委令第 23 号修正）

13. 《〈标准施工招标资格预审文件〉和〈标准施工招标文件〉暂行规定》（2007 年 11 月 1 日，国家发展和改革委员会、财政部、建设部、铁道部、交通部、信息产业部、水利部、民航总局、广电总局令第 56 号公布，根据 2013 年 3 月 11 日，国家发展和改革委员会等九部委令第 23 号修正）

14. 《评标专家和评标专家库管理暂行办法》（2003 年 2 月 22 日，国家发展计划委员会令第 29 号公布，根据 2013 年 3 月 11 日，国家发展和改革委员会等九部委令第 23 号修正）

15. 《评标委员会和评标方法暂行规定》（2001 年 7 月 5 日，国家发展计划委员会、经贸委、建设部、铁道部、交通部、信息产业部、水利部令第 12 号公布，根据 2013 年 3 月 11 日，国家发展和改革委员会等

九部委令第 23 号修正）

16.《工程建设项目勘察设计招标投标办法》（2003 年 6 月 12 日，国家发展和改革委员会、建设部、铁道部、交通部、信息产业部、水利部、民用航空总局、广播电影电视总局令第 2 号公布，根据 2013 年 3 月 11 日，国家发展和改革委员会等九部委令第 23 号修正）

17.《工程建设项目货物招标投标办法》（2005 年 1 月 18 日，国家发展和改革委员会、建设部、铁道部、交通部、信息产业部、水利部、民用航空总局令第 27 号公布，根据 2013 年 3 月 11 日，国家发展改革委等九部委令第 23 号修正）

18.《工程建设项目施工招标投标办法》（2003 年 3 月 8 日，发展计划委员会、建设部、铁道部、交通部、信息产业部、水利部、民用航空总局令第 30 号公布，根据 2013 年 3 月 11 日，国家发展和改革委员会等九部委令第 23 号修正）

19.《工程建设项目招标投标活动投诉处理办法》（2004 年 6 月 21 日，国家发展和改革委员会、建设部、铁道部、交通部、信息产业部、水利部、民用航空总局令第 11 号公布，根据 2013 年 3 月 11 日，国家发展和改革委员会等九部委令第 23 号修正）

20.《招标投标违法行为记录公告暂行办法》（2008 年 6 月 18 日，国家发展和改革委员会、工业和信息化部、监察部、财政部、住房和城乡建设部、交通运输部、铁道部、水利部、商务部和法制办，发改法规〔2008〕1531 号）

21.《公共资源交易平台管理暂行办法》（2016 年 6 月 24 日，国家发展和改革委员会、工业和信息化部、财政部、国土资源部、环境保护部、住房和城乡建设部、交通运输部、水利部、商务部、卫生计生委、国资委、国家税务总局、国家林业局、国家机关事务管理局令第 39 号）

22.《公共资源交易评标专家专业分类标准》（2018 年 2 月 12 日，国家发展和改革委员会、工业和信息化部、国土资源部、环境保护部、住房和城乡建设部、交通运输部、水利部、商务部、国资委、国家林业局，发改法规〔2018〕316 号）

23.《国家重大建设项目招标投标监督暂行办法》（2002 年 1 月 10 日，国家发展计划委员会令第 18 号公布，根据 2013 年 3 月 11 日，国家发展和改革委员会等九部委令第 23 号修正）

24.《房屋建筑和市政基础设施工程施工招标投标管理办法》（2001 年 6 月 1 日，建设部令第 89 号公布，根据 2018 年 9 月 28 日，住房和城乡建设部令第 43 号修正）

25.《建筑工程设计招标投标管理办法》（2017 年 1 月 24 日，住房和城乡建设部令第 33 号）

26.《通信工程建设项目招标投标管理办法》（2014 年 5 月 4 日，工业和信息化部令第 27 号公布）

27.《水利工程建设项目招标投标管理规定》（2001 年 10 月 29 日，水利部令第 14 号）

28.《公路工程建设项目招标投标管理办法》（2015 年 12 月 8 日，交通运输部令 2015 年第 24 号）

29.《水运工程建设项目招标投标管理办法》（2012 年 12 月 20 日，交通运输部令 2012 年第 11 号）

30.《机电产品国际招标投标实施办法（试行）》（2014 年 2 月 21 日，商务部令 2014 年第 1 号）

31.《民航专业工程建设项目招标投标管理办法》（2018 年 1 月 8 日，民航局机场司发布，AP-158-CA-2018-01-R2）

32.《经营性公路建设项目投资人招标投标管理规定》（2007 年 10 月 16 日，交通部令 2007 年第 8 号发布，根据 2015 年 6 月 24 日，交通运输部令 2015 年第 13 号修正）

33.《政府采购货物和服务招标投标管理办法》（2017 年 7 月 11 日，财政部令第 87 号）

34.《政府和社会资本合作项目政府采购管理办法》（2014 年 12 月 31 日，财政部财库〔2014〕215 号）

35.《基础设施和公用事业特许经营管理办法》（2015 年 4 月 25 日，国家发展和改革委员会、财政部、住房和城乡建设部、交通运输部、水利部、中国人民银行令第 25 号）

附录 B　《标准文件》和合同示范文本名录

1.《标准施工招标资格预审文件》（2007 年版）、《标准施工招标文件》（2007 年版）（2007 年 11 月 1

日，国家发展和改革委员会、财政部、建设部、铁道部、交通部、信息产业部、水利部、民航总局、广电总局令第 56 号）

2.《简明标准施工招标文件》（2012 年版）、《标准设计施工总承包招标文件》（2012 年版）（2011 年 12 月 20 日，国家发展和改革委员会、工业和信息化部、财政部、住房和城乡建设部、交通运输部、铁道部、水利部、广电总局、中国民用航空局，发改法规〔2011〕3018 号）

3.《标准设备采购招标文件》（2017 年版）、《标准材料采购招标文件》（2017 年版）、《标准勘察招标文件》（2017 年版）、《标准设计招标文件》（2017 年版）、《标准监理招标文件》（2017 年版）（2017 年 9 月 4 日，国家发展和改革委员会、工业和信息化部、住房和城乡建设部、交通运输部、水利部、商务部、国家新闻出版广电总局、国家铁路局、中国民用航空局，发改法规〔2017〕1606 号）

4.《房屋建筑和市政工程标准施工招标资格预审文件》（2010 年版）、《房屋建筑和市政工程标准施工招标文件》（2010 年版）（2010 年 6 月 9 日，住房和城乡建设部，建市〔2010〕88 号）

5.《水利水电工程标准施工招标资格预审文件》（2009 版）、《水利水电工程标准施工招标文件》（2009 版）（2009 年 12 月 29 日，水利部，水建管〔2009〕629 号）

6.《水利工程施工监理招标文件示范文本》（2008 版）（2007 年 5 月 9 日，水利部，水建管〔2007〕165 号）

7.《公路工程标准施工招标资格预审文件》（2018 版）、《公路工程标准施工招标文件》（2018 版）（2017 年 11 月 30 日，交通运输部，公告 2017 年第 51 号）

8.《公路工程标准勘察设计招标资格预审文件》（2018 年版）、《公路工程标准勘察设计招标文件》（2018 年版）（2018 年 2 月 14 日，交通运输部，公告 2018 年第 26 号）

9.《公路工程标准施工监理招标文件》（2018 年版）、《公路工程标准施工监理招标资格预审文件》（2018 年版）（2018 年 2 月 14 日，交通运输部公告 2018 年第 24 号）

10.《经营性公路建设项目投资人招标资格预审文件示范文本》（2011 年版）、《经营性公路建设项目投资人招标文件示范文本》（2011 年版）（2011 年 3 月 28 日，交通运输部，交公路发〔2011〕135 号）

11.《通信工程建设项目货物资格预审文件范本》（2017 年版）、《通信工程建设项目货物招标文件范本》（2017 年版）、《通信工程建设项目货物集中资格预审文件范本》（2017 年版）、《通信工程建设项目货物集中招标文件范本》（2017 年版）、《通信工程建设项目施工集中资格预审文件范本》（2017 年版）、《通信工程建设项目施工集中招标文件范本》（2017 年版）、《通信工程建设项目施工资格预审文件范本》（2017 年版）和《通信工程建设项目施工招标文件范本》（2017 年版）（2016 年 12 月 30 日，工信部，通信〔2016〕450 号）

12.《机电产品国际招标标准招标文件（试行）》（2014 版）（2014 年 4 月 3 日，商务部对外贸易司组织专家编写，中国国际招标网公布）

13.《国际金融组织项目国内竞争性招标文件范本——土建工程国内竞争性招标采购招标文件》（2012 年 1 月版）、《国际金融组织项目国内竞争性招标文件范本——货物国内竞争性招标采购招标文件》（2012 年 1 月版）（2012 年 6 月 4 日，财政部，财际〔2012〕67 号）

14.《建设工程勘察合同（示范文本）》（GF—2016—0203）（2016 年 9 月 12 日，住房和城乡建设部、工商行政管理总局，建市〔2016〕199 号）

15.《建设工程设计合同示范文本（房屋建筑工程）》（GF—2015—0209）、《建设工程设计合同示范文本（专业建设工程）》（GF—2015—0210）（2015 年 3 月 4 日，住房和城乡建设部、工商行政管理总局，建市〔2015〕44 号）

16.《建设工程施工合同（示范文本）》（GF—2017—0201）（2017 年 9 月 22 日，住房和城乡建设部、工商行政管理总局，建市〔2017〕214 号）

17.《建设工程造价咨询合同（示范文本）》（GF—2015—0212）（2015 年 8 月 24 日，住房和城乡建设部、工商行政管理总局，建标〔2015〕124 号）

18.《建设工程监理合同（示范文本）》（GF—2012—0202）（2012 年 3 月 27 日，住房和城乡建设部、工商行政管理总局，建市〔2012〕46 号）

19.《建设工程施工专业分包合同（示范文本）》（GF—2003—0213）、《建设工程施工劳务分包合同（示范文本）》（GF—2003—0214）（2003 年 8 月 13 日，建设部、工商行政管理总局，建市〔2003〕168 号）

20.《工程担保合同示范文本（试行）》（2005 年 5 月 11 日，建设部，建市〔2005〕74 号）

21.《PPP 项目合同指南（试行）》（2014 年 12 月 30 日，财政部，财金〔2014〕156 号）

22.《政府和社会资本合作项目通用合同指南》（2014 年 12 月 2 日，国家发展和改革委员会，发改投资〔2014〕2724 号）

参考文献

[1] 国家计委政策法规司，国务院法制办财政金融法制司．《中华人民共和国招标投标法》释义 [M]．北京：中国计划出版社，1999．

[2] 卞耀武．中华人民共和国招标投标法释义 [M]．北京：法律出版社，2001．

[3] 国家发展和改革委员会法规司，等．中华人民共和国招标投标法实施条例释义 [M]．北京：中国计划出版社，2012．

[4] 国务院法制局农林城建司，建设部体改法规司、建筑业司．《中华人民共和国建筑法》释义 [M]．北京：中国建筑工业出版社，1997．

[5] 李适时．中华人民共和国民法总则释义 [M]．北京：法律出版社，2017．

[6] 国际咨询工程师联合会．FIDIC 招标程序 [M]．中国工程咨询协会，译．北京：中国计划出版社，1998．

[7] 中国招标投标协会．招标采购代理规范：ZBTB/T 01—2016 [S]．北京：机械工业出版社，2016．

[8] 中国土木工程学会建筑市场与招标投标研究分会．房屋建筑和市政基础设施工程施工招标评标办法编制指南及示范文本 [M]．北京：中国国际广播出版社，2006．

[9] 扈纪华．中华人民共和国政府采购法释义 [M]．北京：中国法制出版社，2002．

[10] 财政部国库司，等．《中华人民共和国政府采购法实施条例》释义 [M]．北京：中国财政经济出版社，2015．

[11] 吴高盛．《中华人民共和国合同法》释义及实用指南 [M]．北京：中国民主法制出版社，2014．

[12] 王俊安．招标投标与合同管理 [M]．2 版．北京：中国建材工业出版社，2009．

[13] 朱中华．最新招标投标法律实务操作 [M]．北京：中国法制出版社，2014．

[14] 郑边江．建筑工程招标机制设计研究 [M]．北京：北京师范大学出版社，2011．

[15] 石瑞丽．简述宋代招标投标制度的程序 [J]．唐都学刊，2010 (1)：119-122．

[16] 本书编写组．中华人民共和国 2007 年版标准施工招标文件使用指南 [M]．北京：中国计划出版社，2008．

[17] 本书编写组．中华人民共和国 2007 年版标准施工招标资格预审文件使用指南 [M]．北京：中国计划出版社，2008．

[18] 王卓甫，等．基于机制设计理论的建设工程招标最优机制设计 [J]．重庆大学学报（社会科学版），2013 (5)：73-78．

[19] 国家发展和改革委员会固定资产投资司，等．招标投标实务 [M]．北京：中国经济出版社，2004．

[20] 郝丽萍，郑远挺，谭庆美．建设工程投标报价的博弈模型研究 [J]．哈尔滨建筑大学学报，2002 (2)：109-112．

[21] 王俊安．招标投标案例分析 [M]．北京：中国建材工业出版社，2005．

[22] 刘晓君，席酉民．拍卖理论与实务 [M]．北京：机械工业出版社，2001．

[23] 梁晋．招投标中的法律责任及顺序 [J]．中国招标，2015 (9)：7-11．

[24] 马超，刘小勇．项目法人招标典型案例分析及启示 [J]．中国水利，2015 (22)：34-38．

[25] 朱建元．探讨新时代招标投标工作的新使命 [J]．招标采购管理，2017 (11)：10-13．

[26] 中国建筑业协会，等．建设工程项目管理规范：GB/T 50326—2017 [S]．北京：中国建筑工业出版社，2017．

[27] 中国勘察设计协会，等．建设项目工程总承包管理规范：GB/T 50358—2017［S］．北京：中国建筑工业出版社，2017.

[28] 谢怀栻，等．合同法原理［M］．北京：法律出版社，2000.

[29] 王利明．合同法研究：第一卷［M］．修订版．北京：中国人民大学出版社，2011.

[30] 王利明．合同法研究：第二卷［M］．修订版．北京：中国人民大学出版社，2011.

[31] 李启明．土木工程合同管理［M］．3版．南京：东南大学出版社，2015.

[32] 何伯森．工程项目管理的国际惯例［M］．北京：中国建筑工业出版社，2007.

[33] 乐云．国际新型建筑工程CM承发包模式［M］．上海：同济大学出版社，1998.

[34] 张维迎．博弈论与信息经济学［M］．上海：上海三联书店，上海人民出版社，1996.

[35] 中国工程咨询协会．工程项目管理指南［M］．天津：天津大学出版社，2013.

[36] 乐云，等．工程项目前期策划［M］．北京：中国建筑工业出版社，2011.

[37] 吴江水．完美的合同——合同的基本原理及审查与修改［M］．增订版．北京：北京大学出版社，2010.

[38] 《国际工程建设项目合同与合同管理》编委会．国际工程建设项目合同与合同管理［M］．北京：石油工业出版社，2012.

[39] 国际咨询工程师联合会．菲迪克（FIDIC）合同指南［M］．中国工程咨询协会，译．北京：机械工业出版社，2003.

[40] 中国建筑业协会工程项目管理委员会．中国工程项目管理知识体系［M］．2版．北京：中国建筑工业出版社，2011.

[41] 《建设工程项目管理规范》编写委员会．建设工程项目管理规范实施手册［M］．2版．北京：中国建筑工业出版社，2006.

[42] 特纳．项目中的合同管理［M］．戚安邦，等译．天津：南开大学出版社，2005.

[43] 梁永宽．合同与关系：项目管理成功之道［M］．广州：世界图书出版公司，2013.

[44] 王卓甫，简迎辉．工程项目管理模式及其创新［M］．北京：中国水利水电出版社，2006.

[45] 成虎．建筑工程合同管理与索赔［M］．4版．南京：东南大学出版社，2008.

[46] 杨高升，等．工程项目管理：合同策划与履行［M］．北京：中国水利水电出版社，2011.

[47] 高晓江．建设工程合同管理要旨［M］．北京：中国建筑工业出版社，2011.

[48] 王卓甫，等．建设工程交易理论与交易模式［M］．北京：中国水利水电出版社，2010.

[49] 陈勇强，张宁，杨秋波．工程项目交易方式研究综述［J］．工程管理学报，2010（10）：473-478.

[50] 宁延，黄有亮．施工工程合同激励条款分析与设计建议［J］．建筑管理现代化，2008（5）：75-78.

[51] 中国建设监理协会．建设工程监理规范（GB/T 50319—2013）应用指南［M］．北京：中国建筑工业出版社，2013.

[52] 李凌云，陈臻．关于项目法人招标法律性质及法律适用问题［C］//中国法学会．首届法律适用国际高层论坛论文集．北京：中国方正出版社，2005：671-675.

[53] 左金风．招标投标法实务教程［M］．北京：知识产权出版社，2014.

[54] 柯珠军．中国建设工程招标投标中越轨行为的阐释与分析［M］．武汉：华中科技大学出版社，2015.

[55] 钱维，尤伯军．政府投资体制的制度创新：项目法人招标制［M］．北京：中国财政经济出版社，2006.

[56] 梁慧星．"双方合同"或者"三方合同"？代建制试点中的"代建合同"模式分析［J］．中国招标，2006（2）：52-54.

[57] 张水波，陈勇强．国际工程合同管理［M］．北京：中国建筑工业出版社，2011.

[58] 朱保华．合同的经济理论研究［J］．科学，2017（2）：54-58.

[59] 梁振田．建设工程合同管理与法律风险防范［M］．北京：知识产权出版社，2012.

[60] 许婷. 工程业主与承包商的利益冲突与协调机制研究 [M]. 南京：南京大学出版社，2013.

[61] 奚晓明. 建设工程合同纠纷 [M]. 3版. 北京：法律出版社，2013.

[62] 李武伦. 建设合同管理与索赔 [M]. 郑州：黄河水利出版社，2003.

[63] 弗兰根，诺曼. 工程建设风险管理 [M]. 李世蓉，徐波，译. 北京：中国建筑工业出版社，2000.

[64] 中国标准化研究院. 项目风险管理 应用指南：GB/T 20032—2005 [S]. 北京：中国标准出版社，2006.

[65] 周锐，周盛廉. 工程担保操作实务 [M]. 北京：中国建筑工业出版社，2007.

[66] 王和. 工程保险：工程保险理论与实务：上册 [M]. 北京：中国财政经济出版社，2011.

[67] 王卓甫. 工程项目管理：风险及其应对 [M]. 北京：中国水利水电出版社，2005.

[68] 郭耀煌，王亚平. 工程索赔管理 [M]. 北京：中国铁道出版社，1999.

[69] 王文举，等. 博弈论应用与经济学发展 [M]. 北京：首都经济贸易大学出版社，2003.

[70] 李晓龙，等. 工程合同状态及其变化控制模型研究 [J]. 同济大学学报（自然科学版），2006（4）：564-568.

[71] 宋彩萍. 工程施工项目投标报价实战策略与技巧 [M]. 北京：科学出版社，2004.

[72] 宋宗宇. 建设工程合同原理 [M]. 上海：同济大学出版社，2007.

[73] 姜立军. 大型公共工程项目投标策略——以国家体育场为例 [J]. 建筑经济，2011（9）：60-62.

[74] 李颖. 竞标奥运 [N]. 中国经济时报，2004-03-31（A01）.

[75] 许谨良. 财产保险原理和实务 [M]. 5版. 上海：上海财经大学出版社，2015.

[76] 本书编委会. 建设工程施工合同（示范文本）（GF—2013—0201）使用指南 [M]. 修订版. 北京：中国城市出版社，2014.

[77] Project Management Institute. 项目管理知识体系指南（PMBOK 指南）[M]. 6版. 北京：电子工业出版社，2018.